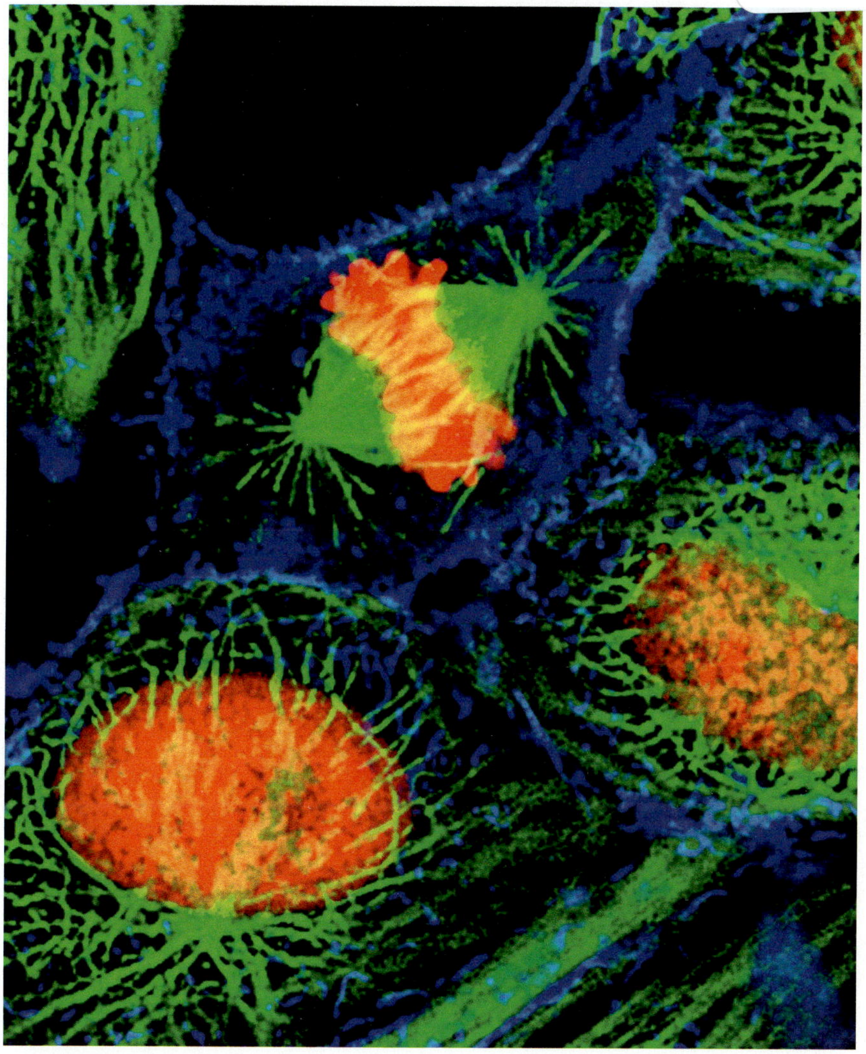

Einbandfoto: Dr. Paul Andrews/SPL/Agentur Focus

Zellen in verschiedenen Phasen des Zellzyklus, fluoreszenzmikroskopische Aufnahme

Teilungsfähige Zellen durchlaufen einen Zellzyklus, in dem sich eine Wachstums- oder Interphase und eine Teilungs- oder Mitosephase abwechseln.
Die Metaphase (Zelle oben im Foto) ist ein sehr markantes Stadium der Mitose, während dem der Spindelapparat aus Mikrotubuli (grün) bereits ausgebildet ist und die Chromosomen (orange-gelb) in einer Ebene in der Zellmitte angeordnet sind.
Die beiden Zellen unten befinden sich in der Interphase, einem Stadium, das äußerlich wenig spektakulär aussieht, in dem aber die Zelle nicht nur wächst, sondern auch die Erbsubstanz DNA verdoppelt wird. Das ist die Voraussetzung dafür, dass nach Ablauf von Mitose (Kernteilung) und eigentlicher Zellteilung (Cytokinese) genetisch identische Zellen vorliegen.

Für die Aufnahme wurden die verschiedenen Zellbestandteile mit Fluoreszenzfarbstoffen markiert, die an Antikörper gekoppelt wurden, und im Fluoreszenzmikroskop mit UV-Licht bestrahlt.

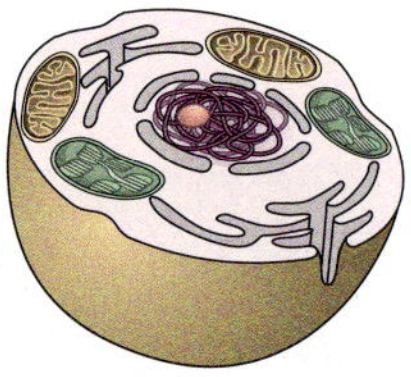

STRUKTURELLE UND ENERGETISCHE GRUNDLAGEN DES LEBENS

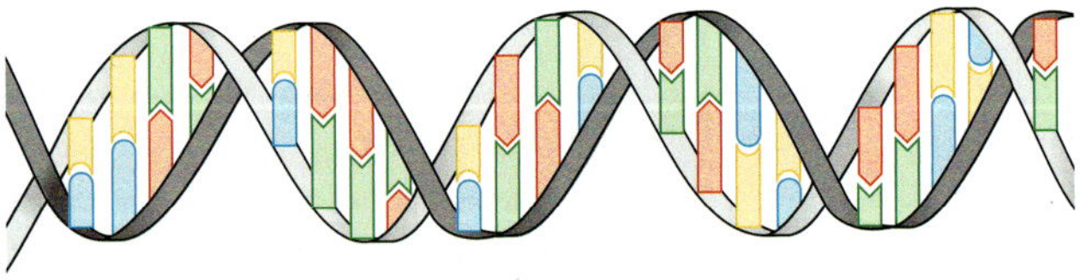

GENETIK UND GENTECHNIK

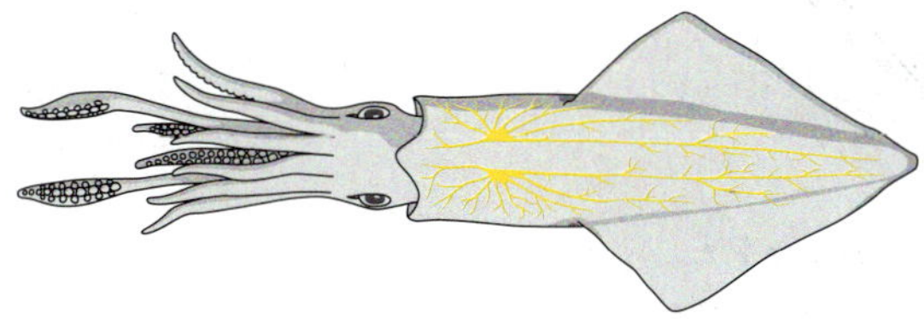

NEURONALE INFORMATIONSVERARBEITUNG

[Z] Das Symbol verweist auf Auswahl- und Zusatzthemen entsprechend dem Lehrplan.

Die Zelle und ihre Organisation

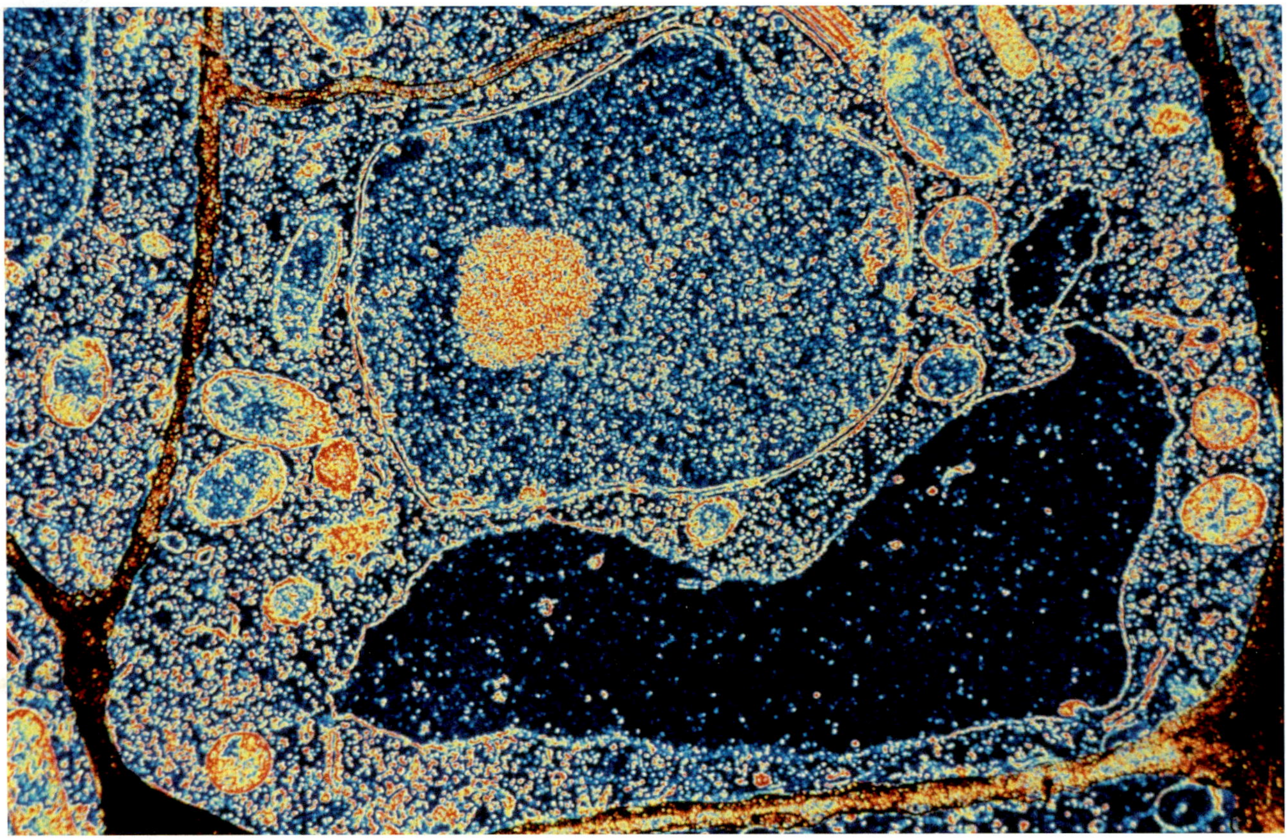

1 *Im EM-Bild einer Wurzelzelle sind Zellwand, Zellkern, Vakuole, Mitochondrien und andere Organellen zu sehen.*

Die elektronenmikroskopische Aufnahme zeigt eine Zelle aus der Wurzelspitze der Ackerschmalwand Arabidopsis thaliana. Im Vergleich zum lichtmikroskopischen Bild sind deutlich mehr Einzelheiten zu erkennen. Auffällig sind die als helle Linien sichtbaren Membranen.
Das Elektronenmikroskop liefert nur Hell-Dunkel-Bilder. Sie kommen dadurch zustande, dass die einzelnen Zellstrukturen die Elektronenstrahlen unterschiedlich stark ablenken. Die Farbe in der Aufnahme oben wurde am Computer erzeugt, indem den verschiedenen Helligkeitswerten jeweils unterschiedliche Farbwerte zugeordnet wurden.

Im Blickpunkt

- Feinbau der Zelle: die Ultrastruktur im elektronenmikroskopischen Bild
- Kompartimentierung der Zelle durch Membranen
- Lipide und Proteine als Bausteine für Biomembranen
- Wie Forschung funktioniert – Aufstellung von Hypothesen und Modellbildung am Beispiel der Biomembran
- Eigenschaften der Biomembran, ihre Bedeutung für Transportvorgänge und für die Kommunikation zwischen Zellen
- Mechanismen des Stofftransports
- Struktur und Funktion der Zellorganellen
- Entwicklung der Eukaryotenzelle aus Prokaryoten

GRUNDLAGEN Elektronenmikroskopische Aufnahmen zeigen, dass das Cytoplasma jeder Zelle von einer Membran umgeben ist. Im Cytoplasma liegen Strukturen, die im lichtmikroskopischen Bild nicht sichtbar sind. Anhand dieser „neuen" Strukturmerkmale lassen sich weitere Einzelheiten in der Funktionsweise der Zelle erklären.

Das Innere der Zellen ist durch weitere Membranen untergliedert. Sie begrenzen Räume mit besonderer Enzymausstattung, die als Organellen jeweils bestimmte Funktionen in der Zelle erfüllen. Membranen steuern den Austausch von Stoffen innerhalb der Zelle, aber auch den Kontakt der Zelle mit ihrer Umgebung. Zur Unterscheidung von technisch erzeugten Membranen werden die Membranen der Zelle auch als Biomembranen bezeichnet.

Ähnlich wie die Erbinformation sind auch die Membranen aller Lebewesen grundsätzlich gleich aufgebaut. Die spezifischen Eigenschaften der Membranen lassen sich nur auf der Grundlage ihrer molekularen Bestandteile erklären.

Man geht davon aus, dass die Entstehung von Membranbläschen, die gezielt Stoffe aufnehmen und abgeben konnten, einer der ersten Schritte zur Entwicklung der Lebewesen war. Im Lauf der Evolution wurde die Gliederung der Zelle zunehmend komplexer. Der Bau der Organellen und die Zusammensetzung der Membranen erlauben es, wichtige Schritte in der Evolution der Organismen zu rekonstruieren.

[Z] Das Elektronenmikroskop

Das *Auflösungsvermögen* von Mikroskopen ist durch die Wellenlänge der verwendeten Strahlung begrenzt. Um die lichtmikroskopisch erreichbare Auflösungsgrenze zu unterschreiten, war es notwendig, Geräte zu konstruieren, die mit kurzwelligen Strahlen arbeiten. Dies gelang ERNST RUSKA und seinen Mitarbeitern in den 30er-Jahren des 20. Jahrhunderts mit der Entwicklung des *Elektronenmikroskops*.

Anstelle von Lichtstrahlen werden *Elektronenstrahlen* benutzt. Als Elektronenquelle dient normalerweise eine Wolfram-Glühkathode. Die aus der *Kathode* austretenden Elektronen werden durch eine sehr hohe Spannung beschleunigt. Je höher diese Beschleunigungsspannung ist – bei Hochspannungselektronenmikroskopen bis zu 3 000 kV –, desto kleiner ist die Wellenlänge der Elektronen. Entsprechend nimmt das Auflösungsvermögen zu. Die Grenzauflösung liegt dabei im Bereich von 0,1 Nanometern, was dem Abstand von Atomkernen in chemischen Verbindungen entspricht. Moderne Elektronenmikroskope erreichen etwa die 1 000-fache Leistung eines Lichtmikroskops, sie vergrößern bis zu 2 000 000-fach.

Das Transmissionselektronenmikroskop (TEM). Das *TEM* funktioniert im Prinzip ähnlich wie das Lichtmikroskop. Damit die Elektronenstrahlen jedoch nicht absorbiert werden, muss das Präparat extrem dünn geschnitten sein. Das Bild kommt dadurch zustande, dass die Elektronen durch die Atome des Objekts abgelenkt, *„gestreut"* werden. Um die Streuung biologischer Präparate zu verstärken, werden diese meist mit *Schwermetallsalzen* behandelt. Die angelagerten Schwermetallionen erhöhen die *Kontraste* zwischen den Zellstrukturen. Da Elektronenstrahlen für das Auge unsichtbar sind, kann das Bild nur indirekt auf einem Leuchtschirm betrachtet werden.

Statt Glaslinsen dienen *Elektromagnete* zur Ablenkung und Bündelung der Strahlen: Ringförmige Spulen erzeugen elektromagnetische Felder, die die parallel einfallenden Elektronenstrahlen in einem Brennpunkt sammeln. Durch Veränderung der Stromstärke lässt sich die Brennweite und damit die Vergrößerung variieren. Da die Elektronen durch Zusammenstöße mit Luftmolekülen abgebremst und abgelenkt würden, muss bei allen Untersuchungen im *Hochvakuum* gearbeitet werden.

Das TEM wird hauptsächlich in der Zellbiologie eingesetzt, um die *Ultrastruktur von Zellen und Zellorganellen* zu untersuchen.

Das Rasterelektronenmikroskop (REM). Das REM eignet sich besonders zur Analyse von *Oberflächenstrukturen*. Die Untersuchungsobjekte werden nicht durchstrahlt, sondern mit einem gebündelten Primärelektronenstrahl zeilenförmig abgetastet. Dadurch werden aus der dünnen Goldschicht, die das Präparat überzieht, *Sekundärelektronen* freigesetzt. Ein seitlich angebrachter Kollektor, eine *Anode*, saugt diese Sekundärelektronen ab. Ein Rechner setzt die Zahl der herausgelösten Elektronen in Helligkeitswerte um und fügt diese Punkt für Punkt zu einem *Rasterbild* zusammen. Es entstehen Bilder von extrem großer Schärfentiefe, die einen räumlichen Eindruck von den Oberflächenstrukturen vermitteln.

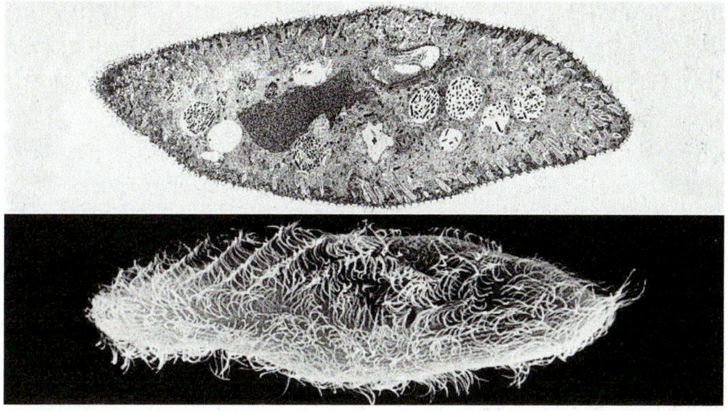

1 Paramecium, oben im TEM-, unten im REM-Bild

1 Stellen Sie tabellarisch die einander entsprechenden Teile von Licht- und Elektronenmikroskop gegenüber.

2 Erklären Sie, weshalb die Präparate bei der Arbeit im Hochvakuum vollständig entwässert sein müssen.

3 Eine kreisförmige Struktur von 0,1 nm, die im Elektronenmikroskop gerade noch auflösbar ist, erscheint auf dem Bildschirm etwa so groß wie ein Stecknadelkopf (rund 1 mm). Welchen Durchmesser hätte das Bild eines Stecknadelkopfs bei gleicher Vergrößerung?

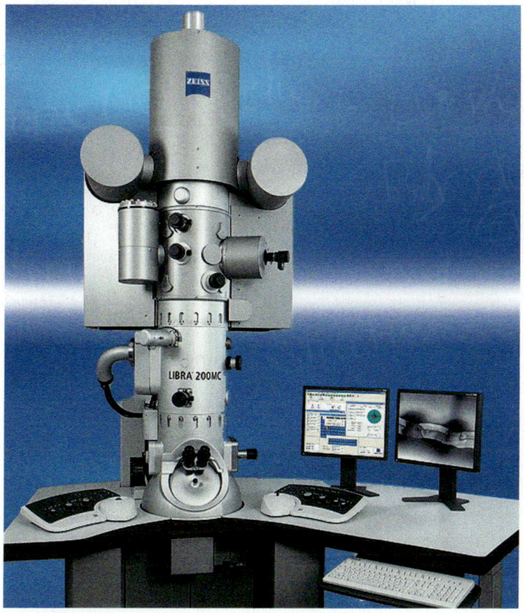

2 Moderne Elektronenmikroskope werden über einen Computer gesteuert.

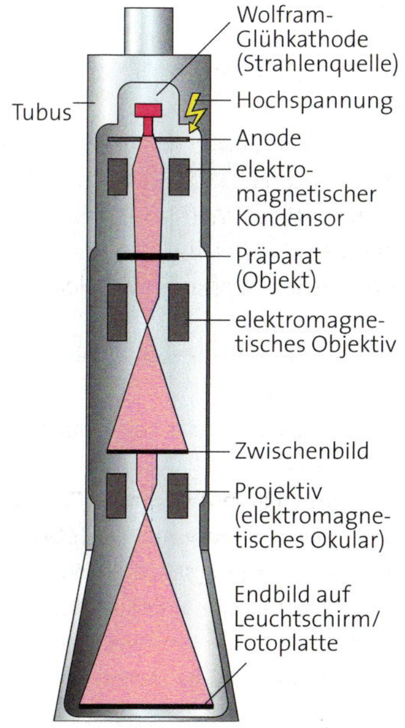

3 Strahlengang im Transmissionselektronenmikroskop

MATERIAL · METHODE · PRAXIS

Elektronenmikroskopische Präparationsmethoden

Elektronenmikroskope werden vor allem in der *Grundlagenforschung* eingesetzt. Elektronenmikroskopische Aufnahmen dienen zum Beispiel dazu, die Struktur unbekannter Moleküle aufzuklären. Mithilfe von goldmarkierten Antikörpern können seltene Krankheitserreger identifiziert werden. In der biologischen Forschung ermöglicht die Ultrastruktur einzelner Zellen Rückschlüsse auf die Verwandtschaft von Tiergruppen oder die Entwicklung bestimmter Organe. Aber auch einige Industriezweige wie die *Materialentwicklung* oder die *Halbleiterindustrie* nutzen elektronenmikroskopische Techniken.

Ultradünnschnitttechnik

Selbst einzelne Zellen sind viel zu dick, um im Elektronenmikroskop durchstrahlt zu werden. Die Schnitte sollten zwischen *20 und 80 nm dick* sein. Eine Zelle der menschlichen Mundschleimhaut zum Beispiel muss dazu in 1000 Scheiben geschnitten werden. Zunächst wird das Objekt jedoch *fixiert* und vollständig *entwässert*, zum Beispiel in reinem Alkohol oder in Aceton. Anschließend bettet man es in festes, elastisches Material ein, beispielsweise in Epoxidharz. Dann wird das in Kunstharz eingeschlossene Präparat mithilfe eines *Ultramikrotoms* in extrem dünne Scheiben geschnitten. Hierbei wird das Objekt an der frischen Bruchkante eines Glasmessers vorbeigeführt und nach jedem Schnitt automatisch nach vorn geschoben (► Bild unten). Die Schnitte gelangen in eine kleine, wassergefüllte Wanne, die an dem Glasblock befestigt ist, und schwimmen auf der Wasseroberfläche. Von hier werden die Schnitte auf Kupfernetze übertragen.

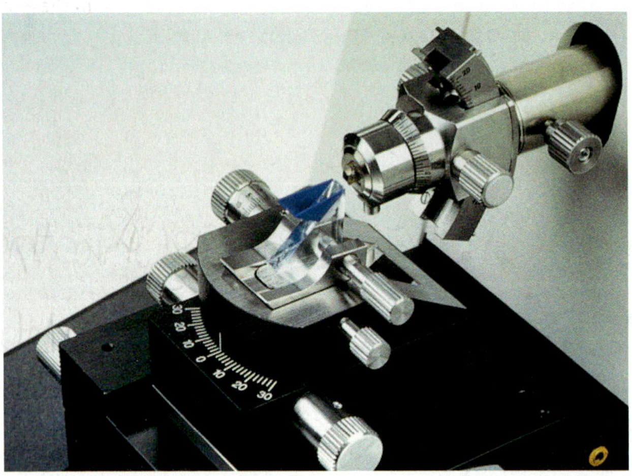

Gefrierbruch und Gefrierätzung

Das Gefrierbruchverfahren dient dazu, plastische Eindrücke von *Oberflächenstrukturen* zu gewinnen. Das Objekt wird extrem schnell auf bis zu −196 °C abgekühlt. Dadurch bleiben die Zellstrukturen weitgehend erhalten. Dann wird das Präparat im Vakuum mit einem tiefgekühlten Messer aufgebrochen, nicht geschnitten. Die *Bruchfläche* verläuft dabei oft an den Grenzen der Zellorganellen. Die Oberfläche wird mit einer feinkörnigen Kohle-Platin-Schicht bedampft. Diese Schicht gibt wie eine Matrize alle Strukturen der Oberfläche wieder. Lässt man das Präparat nach dem Aufbrechen einige Zeit stehen, so sublimiert das Eis an der

Oberfläche. Dieser als *Ätzen* bezeichnete Vorgang verstärkt die Reliefunterschiede. Die Kohle-Platin-Schicht wird vom Objekt abgelöst, gereinigt und kann dann im Elektronenmikroskop als *Abdruck* der aufgebrochenen Oberfläche betrachtet werden.

1 Vergleichen Sie die Herstellung von Präparaten für Licht- und Elektronenmikroskop. Erklären Sie die Unterschiede.

2 Ein Blatt Papier ist rund 0,1 mm dick. In wie viele Scheiben müssten Sie es für eine Untersuchung im TEM schneiden?

Stichworte zu weiteren Informationen

elektromagnetische Wellen • Fixierung • Immun-Elektronenmikroskopie • Rastertunnelmikroskop • Rasterkraftmikroskop

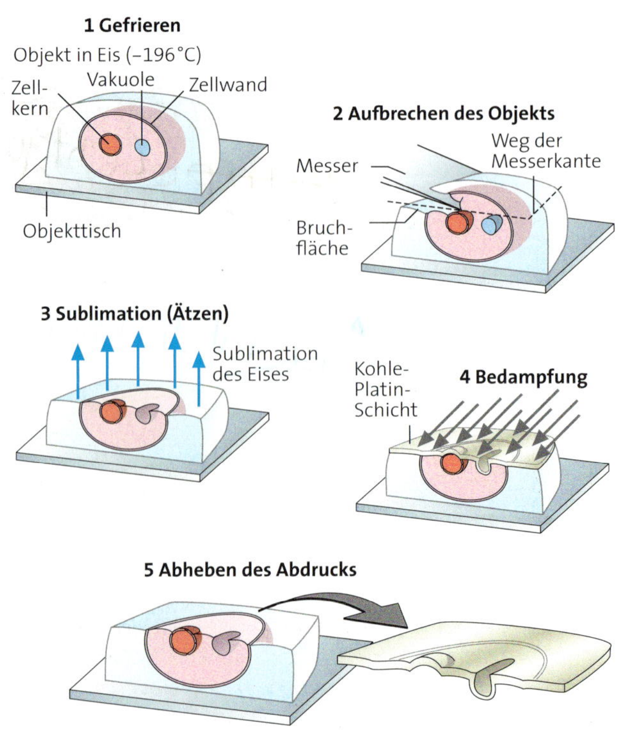

Kompartimentierung durch Membranen

Wie der vielzellige Organismus besteht auch die einzelne Zelle aus gesonderten Teilräumen. Das Prinzip der *Kompartimentierung* ist dabei nicht auf die gegen das Cytoplasma abgegrenzten Zellorganellen beschränkt. Auch innerhalb der Organellen sind einzelne Kompartimente strukturell voneinander geschieden. Die elektronenmikroskopische Untersuchung zeigt, dass die Zelle als Ganzes von einer *Membran* umgeben ist. Ebenso sind viele Zellorganellen durch Membranen abgegrenzt und innerhalb der Organellen grenzen Membranen weitere Teilbereiche ab. Auch das Cytoplasma ist von ausgedehnten Membransystemen durchzogen. Die Membranen können bis zu 90 % der Trockenmasse einer Zelle ausmachen. Daran zeigt sich, welche enorme Bedeutung die Kompartimentierung für die Abläufe in der Zelle hat.

Funktionen von Membranen. Die Zellmembran grenzt die Zelle nach außen, gegen den extrazellulären Raum, ab. Sie ist sowohl eine *Barriere* gegen die Umgebung, die unbelebt sein kann oder aus Nachbarzellen besteht, als auch ein *Vermittler* zwischen der Außenwelt und dem Zellinnern.

Membranen im Zellinnern schaffen *Reaktionsräume*, die jeweils unterschiedliche Stoffwechselprozesse begünstigen. Das geschieht zum einen dadurch, dass sie den Stoffaustausch regulieren. Die Konzentration an gelösten Teilchen sowie der pH-Wert unterscheiden sich zum Teil stark zwischen den Kompartimenten. Die Kompartimentierung ermöglicht, dass in der Zelle gegenläufige Prozesse zur gleichen Zeit ablaufen können. Während etwa an bestimmten Organellen Eiweiß aufgebaut wird, kann in anderen Organellen derselben Zelle ein Eiweißabbau erfolgen. Zum anderen sind Membranen über eingelagerte *Enzyme* auch direkt am Stoffwechselgeschehen beteiligt.

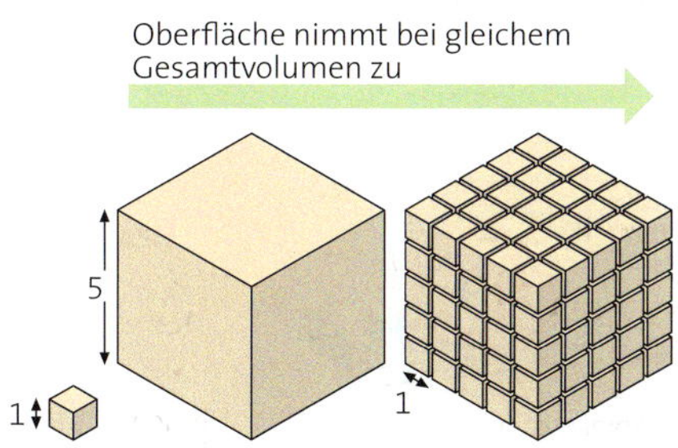

Gesamtvolumen (Höhe × Breite × Länge × Zahl der Würfel)	1	125	125
Gesamtoberfläche (Höhe × Breite × Zahl der Seitenflächen × Zahl der Würfel)	6	150	750
Verhältnis von Oberfläche zu Volumen (Fläche : Volumen)	6	1,2	6

1 Die Untergliederung der Zelle in Kompartimente bewirkt, dass die Transportwege zwischen den „Reaktionsräumen" klein sind. Gleichzeitig wird die Oberfläche, über die der Austausch stattfindet, vergrößert.

Die Untergliederung der Zelle in Kompartimente trägt dazu bei, die *innere Oberfläche* der Zelle beträchtlich zu vergrößern. Bei Zellen, die große Stoffmengen aus der Umgebung aufnehmen, ist auch die *Zelloberfläche* durch feine Ausstülpungen, die *Mikrovilli*, vergrößert. Dadurch ist ein schneller und effektiver Stoffaustausch möglich. Je nach ihrer Funktion unterscheidet sich die Durchlässigkeit von Membranen für verschiedene Stoffe.

Die Struktur der Biomembran. Elektronenmikroskopische Bilder von Zellmembranen zeigen bei starker Vergrößerung einen *typischen Aufbau*: Eine mittlere helle Schicht ist von zwei dunkleren Schichten umgeben (▶ Bild 2). Auch die Membranen, die die Zellorganellen gegen das Cytoplasma abgrenzen, zeigen diese Grundstruktur, bei der zwei elektronendichte, dunkle Linien von jeweils 2 bis 3 nm Dicke eine helle Linie von etwa 3 bis 4 nm Dicke umgeben.

Mithilfe der *Gefrierbruchtechnik* (▶ S. 8) kann die Oberfläche einer Membran sichtbar gemacht werden. In der Aufsicht sind dann viele unregelmäßig angeordnete Partikel zu erkennen (▶ Bild 3). Da alle Membranen im elektronenmikroskopischen Bild sowohl im Querschnitt als auch in der Aufsicht einen prinzipiell gleichen Bau zeigen, spricht man auch von *Elementar-* oder *Einheitsmembran* (engl. *unit membrane*).

Die chemische Analyse von Membranen ergibt, dass sie hauptsächlich aus Lipiden und Proteinen bestehen. Zellmembranen enthalten auch Kohlenhydrate (▶ S. 17).

1 Neben der Abgrenzung gegenüber der Umgebung haben Membranen weitere wichtige Funktionen. Diskutieren Sie in diesem Zusammenhang den Struktur-Funktions-Aspekt.

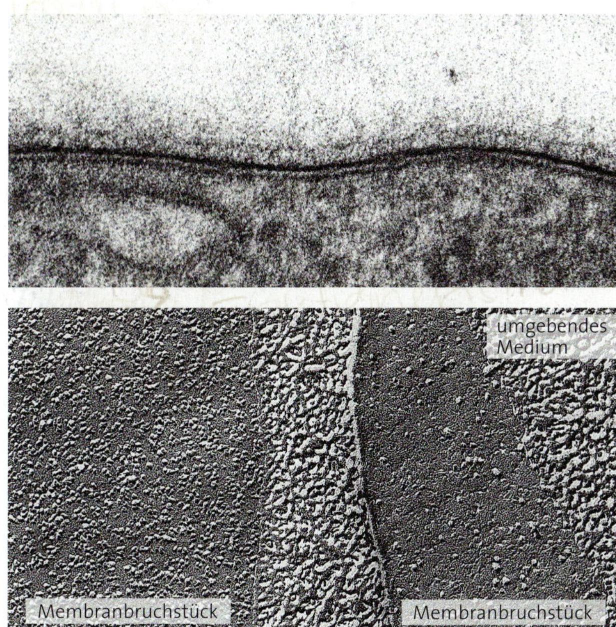

2 und 3 Alle Biomembranen zeigen im elektronenmikroskopischen Bild einen einheitlichen Bau. Oben: dreischichtige Struktur der Zellmembran eines Erythrocyten; unten: unregelmäßige Anordnung der Bestandteile in der Membran.

Proteine

Proteine oder *Eiweiße* bilden den größten Anteil aller organischen Substanzen im Körper. Sie sind an fast allen Lebensprozessen beteiligt. Darauf weist auch die Bezeichnung Proteine hin (von griech. *proteios:* erstrangig). Die Funktion vieler Proteine beruht darauf, dass sie andere Moleküle durch reversible Wechselwirkungen, vor allem Wasserstoffbrücken, *erkennen*, an sich *binden* und diese Bindung wieder *lösen* können.

Der rote Blutfarbstoff zum Beispiel, das Eiweiß *Hämoglobin*, bindet Sauerstoff, transportiert ihn durch den Körper und setzt ihn am Ort des Sauerstoffbedarfs frei. Proteine in der Zellmembran ermöglichen die *Signalübermittlung* und den *Stoffaustausch* zwischen Zellen (► S. 16). Auch für die *Bewegung* des Körpers und von Zellen sind Proteine verantwortlich (► S. 25). Andere Proteine spielen als *Hormone, Antikörper* und *Enzyme* (► S. 32) eine wichtige Rolle bei der Regulation von Körperfunktionen und des Zellstoffwechsels. *Strukturproteine* sorgen für die Festigkeit und Elastizität des Körpers. Keratin, das in Fingernägeln, Haaren, Horn und Federn vorkommt, ist eine besonders widerstandsfähige Gerüstsubstanz. In Eiern und Milch sowie in vielen Pflanzensamen sind Proteine als *Nährstoffreserven* gespeichert.

Aufbau der Proteine. Im menschlichen Körper kommen mehrere Tausend verschiedene Proteine vor. Alle diese Proteine bestehen aus nur 20 *Aminosäuren*, die in unterschiedlicher Anordnung zu langen Ketten, den *Polypeptiden*, verknüpft sind. Eine oder mehrere Polypeptidketten zusammen bilden das Protein.

Bereits für sehr kleine Proteine wie zum Beispiel Insulin, das aus nur 51 Aminosäuremolekülen besteht, ergeben sich rechnerisch mit $20^{51} \approx 10^{66}$ eine unvorstellbar große Zahl von Kombinationsmöglichkeiten. Die meisten Proteine sind jedoch sehr große Makromoleküle aus mehreren Hundert oder Tausend Aminosäure-Monomeren.

Alle Aminosäuren zeigen einen prinzipiell einheitlichen Bau (► Bild 1): An ein zentrales Kohlenstoffatom ist jeweils eine Aminogruppe ($-NH_2$), eine Carboxylgruppe ($-COOH$), ein Wasserstoffatom ($-H$) und ein Rest ($-R$) gebunden. Dieser Rest, auch als *Seitenkette* bezeichnet, ist charakteristisch für die jeweilige Aminosäure. Er kann aus einem einzelnen Wasserstoffatom bestehen – wie bei Glycin – oder verschiedene funktionelle Gruppen tragen (► Bild 3). Die Seitenketten der Aminosäuren unterscheiden sich unter anderem in ihrer *Säure-Base-Reaktion*, ihrer Polarität und ihrer Ladung sowie ihrer Fähigkeit zur Ausbildung von Wasserstoffbrücken.

Peptidbindung. Die Carboxylgruppe einer Aminosäure kann mit der Aminogruppe einer zweiten Aminosäure unter Wasserabspaltung eine *Peptidbindung* bilden (► Bild 2). Es entsteht aus den beiden Aminosäuren ein Dipeptid. Jedes Dipeptid und jede Kette von durch Peptidbindung verknüpften Aminosäuren hat eine freie Aminogruppe an dem einen Ende (N-Ende) und eine freie Carboxylgruppe am anderen Ende (C-Ende).

Primärstruktur. Die Reihenfolge oder *Sequenz* der Aminosäuren in der Kette ist für jedes Protein einzigartig. Diese Aminosäuresequenz vom N-Ende (1. Aminosäure) zum C-Ende (letzte Aminosäure) wird auch als *Primärstruktur* des Proteins bezeichnet. Sie ist durch die genetische Information festgelegt. Die Primärstruktur eines Proteins bestimmt seine spezifischen Eigenschaften.

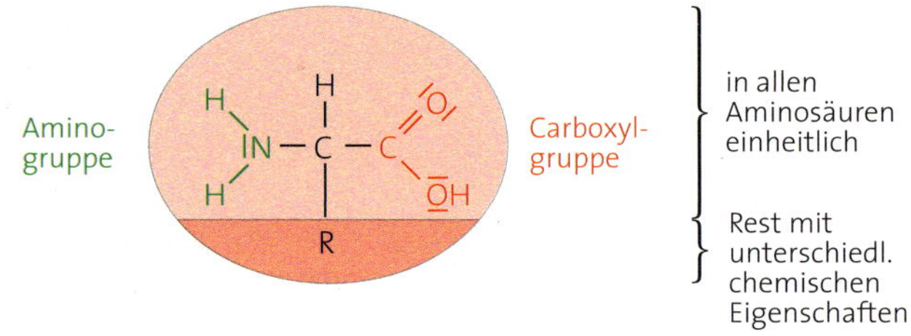

1 Allgemeines Schema einer Aminosäure

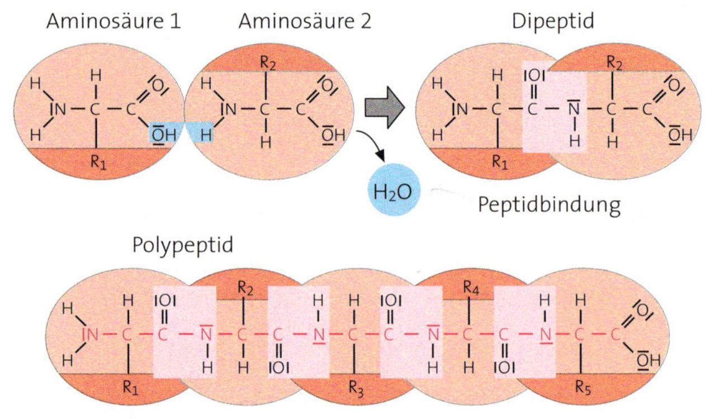

2 Die Peptidbindungen bilden das „Rückgrat" des Proteins.

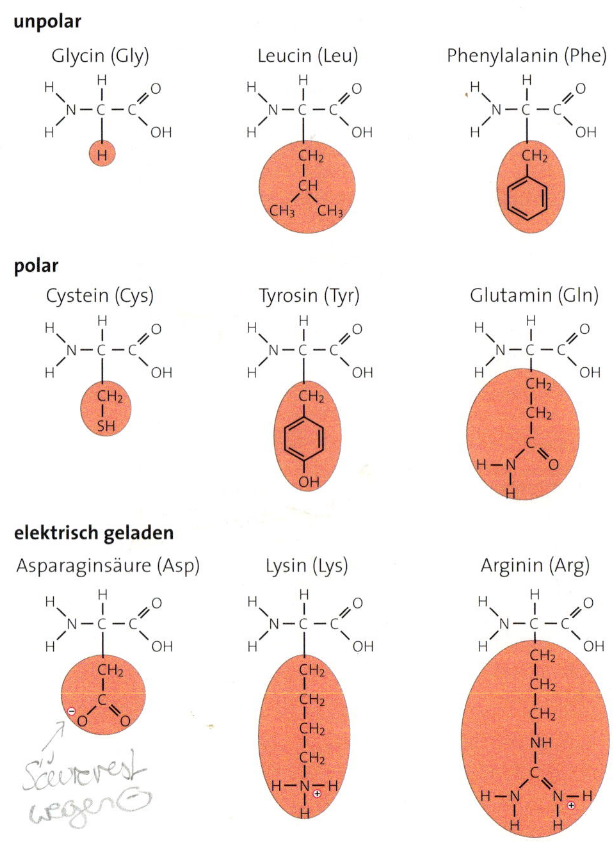

3 Aminosäuren und die Eigenschaften ihrer Seitenketten

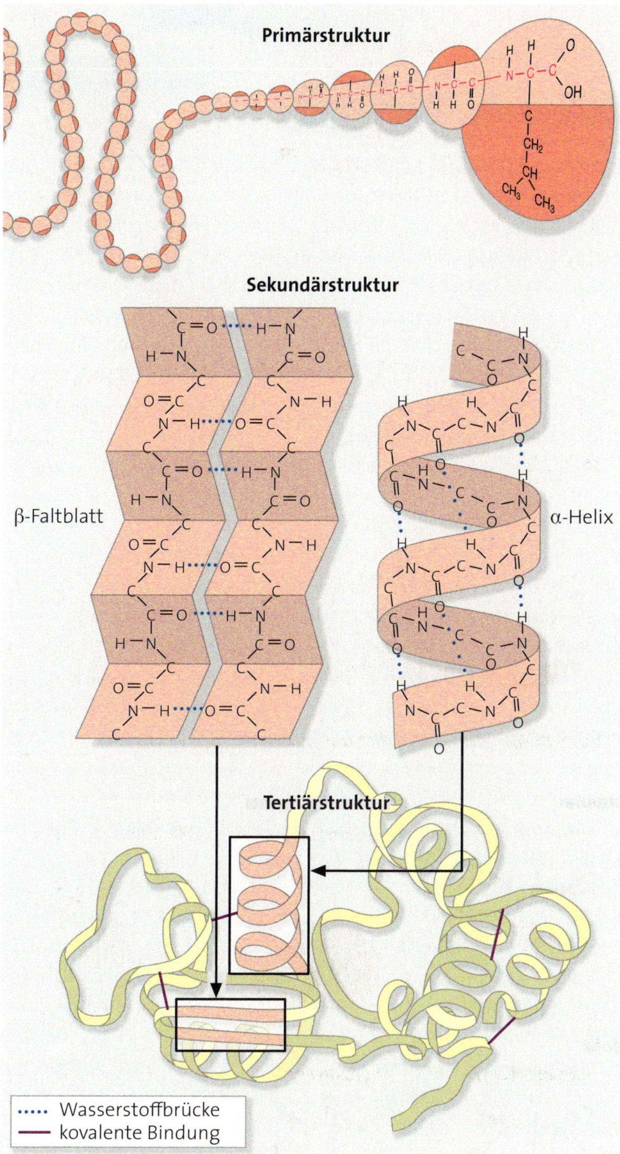

1 *Die drei Strukturebenen des Lysozyms*

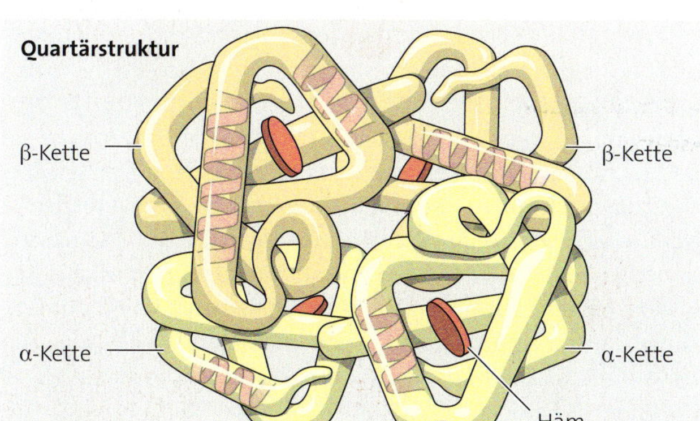

2 *Hämoglobin ist aus 4 Untereinheiten zusammengesetzt.*

Sekundärstruktur. In der Aminosäuresequenz vieler Proteine treten bestimmte sich wiederholende Abschnitte auf, die jeweils einem räumlichen Muster entsprechen. Häufig sind schraubige Anordnungen, sogenannte *α-Helices* (Einzahl *α-Helix*), und gefaltete Abschnitte, die als *β-Faltblatt-Struktur* bezeichnet werden. Diese Windungen und Faltungen machen die Sekundärstruktur des Eiweißes aus. Sie basieren auf *Wasserstoffbrückenbindungen* entlang des Polypeptidrückgrats.

Tertiärstruktur. Jedes Polypeptid oder Protein hat eine spezifische Raumstruktur oder *Konformation*. Die dreidimensionale Anordnung eines Proteins nennt man *Tertiärstruktur*. Sie beruht auf Wechselwirkungen zwischen den Seitenketten der Aminosäuren. Dabei handelt es sich vor allem um *schwache Wechselwirkungen*. Zu solchen schwachen Wechselwirkungen zählen: Wasserstoffbrückenbindungen, Ionenbindungen zwischen sauren und basischen Aminosäure-Resten und hydrophobe Wechselwirkungen. *Kovalente Bindungen* zwischen Schwefelatomen können als Disulfid-Brücken die räumliche Struktur zusätzlich stabilisieren.

Proteine wie das Lysozym, die eine annähernd kugelige Gestalt annehmen, bezeichnet man als *globuläre* Proteine. Sie weisen meist eine Abfolge von α-Helix- und β-Faltblatt-Bereichen auf. Andere Proteine sind dagegen lang gestreckt, zum Beispiel Kollagen oder Keratin. In solchen *Faserproteinen* wiederholt sich oft eine bestimmte räumliche Anordnung über die gesamte Länge des Moleküls hinweg.

Quartärstruktur. Viele Proteine sind aus mehreren Untereinheiten zusammengesetzt. Die Untereinheiten – Polypetidketten, die jeweils in ihrer Tertiärstruktur vorliegen – lagern sich zu einem noch größeren Molekül zusammen (► Bild 2). Ihre Anordnung im Raum nennt man *Quartärstruktur*.

Struktur und Funktion als Einheit. Die *Konformation* eines Proteins *bestimmt seine Funktion*: Ein Rezeptorprotein in der Zellmembran bindet nur ein ganz bestimmtes Signalmolekül, das wie ein Schlüssel zum Schloss passt (► S. 16); die Eiweißfäden der Spinnen-Seide verbinden sich an der Luft zu extrem stabilen Faltblatt-Bändern. Sekundär-, Tertiär- und gegebenenfalls auch die Quartärstruktur des Proteins sind durch die Aminosäuresequenz festgelegt.

Temperatur, pH-Wert und Ionenkonzentration beeinflussen die Konformation eines Proteins. Je nach den Bedingungen in seiner Umgebung kann das Eiweiß biologisch inaktiv werden. Unter Umständen, zum Beispiel bei zu großer Hitze und unter Einwirkung von Schwermetallen, kommt es auch zur *irreversiblen Denaturierung*. Dabei wird die Raumstruktur stark verändert.

---

1. **Bei der Sichelzellenanämie, einer Erbkrankheit des Menschen, ist im Hämoglobin eine Aminosäure gegen eine andere ausgetauscht. Informieren Sie sich über die Auswirkungen dieses Austauschs.**
2. **Erklären Sie, weshalb selbst eine geringfügige Änderung der Primärstruktur die Funktionsfähigkeit eines Proteins beeinträchtigen kann.**
3. **Lysozym ist ein Enzym, das in Pflanzen und Tieren vorkommt und zum Beispiel auch in menschlicher Tränenflüssigkeit enthalten ist. Informieren Sie sich über seine Bedeutung.**

Kohlenhydrate

1 Kohlenhydratreiche Pflanzen und Pflanzenteile: Zuckerrohr und Zuckerrübe, Maiskolben und Kartoffelknolle

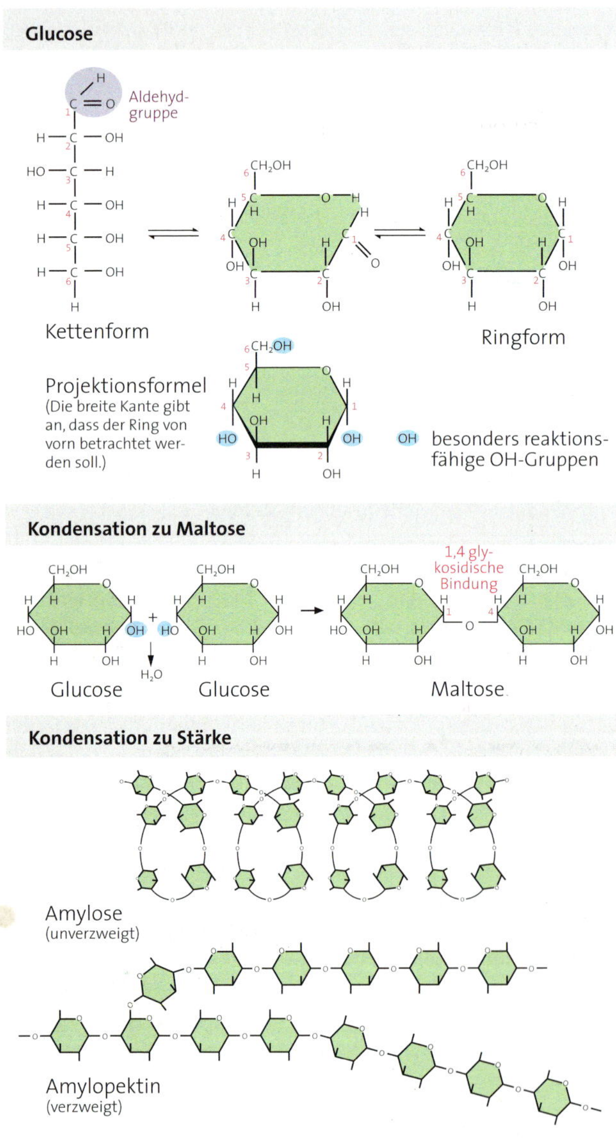

2 Vom Monosaccharid Glucose zum Polysaccharid Stärke

Kohlenhydrate sind als Bau- und Gerüstsubstanzen, als Reservestoffe und als Grundlage des Energiestoffwechsels in der Natur weit verbreitet. Dabei handelt es sich um Aldehyde und Ketone mit zahlreichen Hydroxylgruppen. Viele Kohlenhydrate schmecken süß („Zucker").

Monosaccharide. Die einfachsten Zucker sind die *Monosaccharide*. Ihr Molekülgerüst besteht aus 3 bis 7 C-Atomen, wonach sie zum Beispiel als *Triosen* (C_3), *Pentosen* (C_5) oder *Hexosen* (C_6) benannt werden. Biologisch wichtig sind die Pentosen *Ribose* und *Desoxyribose* als Bestandteil der Nucleinsäuren RNA bzw. DNA und die Hexosen *Fructose* (Fruchtzucker) und *Glucose* (Traubenzucker). Die Glucose ist Endprodukt der Fotosynthese und kann von den Zellen der Lebewesen direkt zur Energieversorgung genutzt werden.

Die C-Atome im Glucosemolekül sind als Kette angeordnet oder bilden eine Ringstruktur aus, indem die Aldehydgruppe (–CHO) am C_1-Atom mit der Hydroxylgruppe (–OH) am C_5-Atom reagiert. Dabei können zwei unterschiedliche Glucosemoleküle entstehen, je nachdem, ob die Hydroxylgruppe am C_1-Atom von der Ringebene aus nach unten (α-Glucose) oder nach oben weist (β-Glucose). In der Kettenform wirkt die freie Aldehydgruppe reduzierend, worauf Nachweisreaktionen für Glucose und ähnlich gebauten Zuckern beruhen.

Monosaccharide können sich zu Di-, Tri- usw., schließlich zu Polysacchariden verbinden. Dabei ist stets die reaktionsfähigste OH-Gruppe am C_1-Atom beteiligt. Sie reagiert mit einer OH-Gruppe eines anderen Zuckermoleküls unter Wasserabspaltung, wobei eine *glykosidische Bindung* über ein Sauerstoffatom entsteht.

Große Bedeutung im Stoffwechsel haben phosphorylierte Zucker mit einer oder mehreren Phosphatgruppen.

Disaccharide. *Disaccharide* (Zweifachzucker) bestehen aus zwei Monosaccharid-Bausteinen verbunden über ein Sauerstoffatom. Bei zwei α-Glucosemolekülen erfolgt die Bindung zwischen dem C_1-Atom des einen und dem C_4-Atom des anderen Moleküls. Man spricht daher von einer *α-1,4-glykosidischen Bindung*. Das entstandene Disaccharid ist *Maltose* (Malzzucker). *Saccharose* (Rohrzucker) oder *Saccharose* ist ein Disaccharid aus Glucose und Fructose in α-1,2-Bindung.

Polysaccharide. Polysaccharide sind Makromoleküle aus vielen Monosaccharidmolekülen. Sie bilden verzweigte oder unverzweigte Ketten. Viele dienen als Reservestoffe, aus denen sich die Monosaccharide leicht wieder mobilisieren lassen. Wichtigster Reservestoff bei Pflanzen ist die *Stärke*, die als Amylose und Amylopektin vorkommt. Beide bestehen aus α-Glucose-Bausteinen, unterscheiden sich aber in Molekülgröße und -struktur: *Amylose* besteht aus einigen hundert Glucose-Bausteinen, ist unverzweigt und schraubig gewunden. *Amylopektin* hat eine 10fach größere Molekülmasse und ist über α-1,6-Bindungen zusätzlich verzweigt. Noch stärker verzweigt ist *Glykogen* aufgebaut, der Reservestoff tierischer Zellen. *Cellulose*, der Hauptbestandteil pflanzlicher Zellwände, besteht aus β-Glucose-Molekülen, die in 1,4-Bindung zu langen Ketten verknüpft sind. Da die Bindung nur mithilfe von Enzymen gespalten werden kann, die Säugetiere nicht haben, ist Cellulose der Hauptballaststoff in unserer Nahrung. Auch die meisten anderen Tieren können Cellulose nur mithilfe symbiontischer Bakterien und Einzeller verwerten.

NACHGEHAKT

Monosaccharide

Triosen

Glycerinaldehyd
(wichtig in Glykolyse und Calvinzyklus)

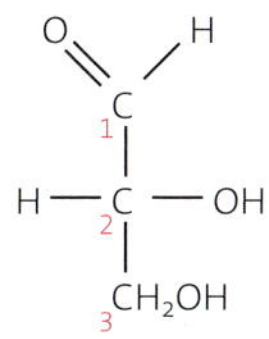

Pentosen

α-Ribose
(Bestandteil der RNA)

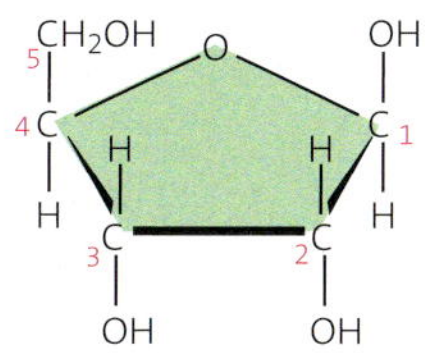

β-Desoxyribose
(Bestandteil der DNA)

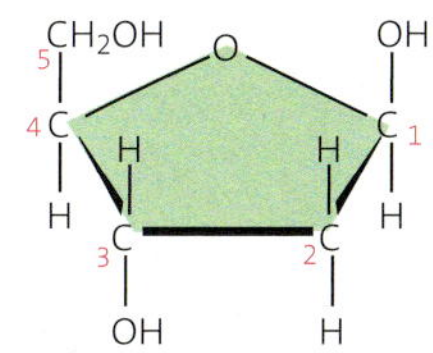

Ribulose
(wichtige Verbindung im Calvinzyklus der Fotosynthese)

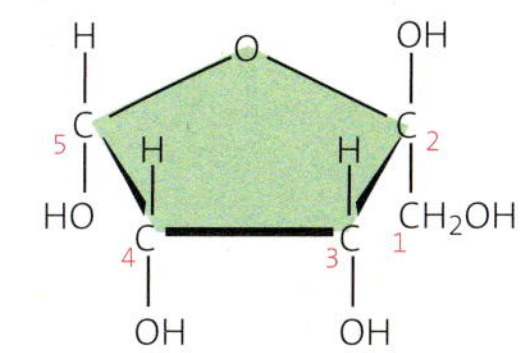

Hexosen

β-Fructose
(Fruchtzucker; in süßen Früchten, Honig, Baustein von Saccharose)

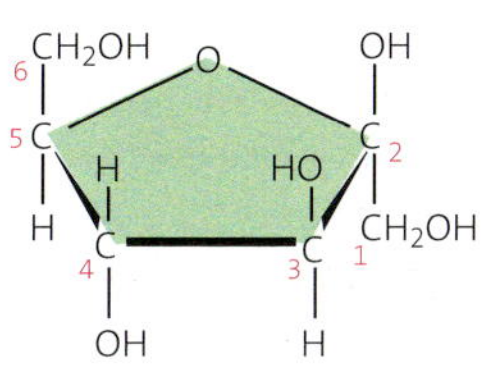

α-Glucose / β-Glucose
(Traubenzucker; Endprodukt der Fotosynthese und Ausgangsstoff für die Zellatmung; in süßen Früchten; Baustein von Di- und Polysacchariden)

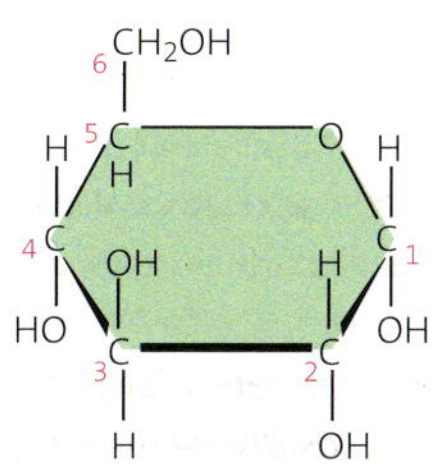

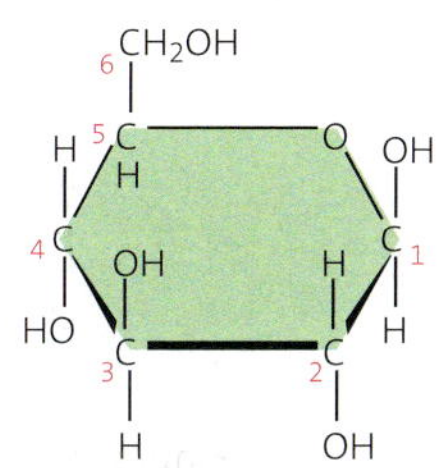

β-Galactose
(in Milch; Baustein von Lactose)

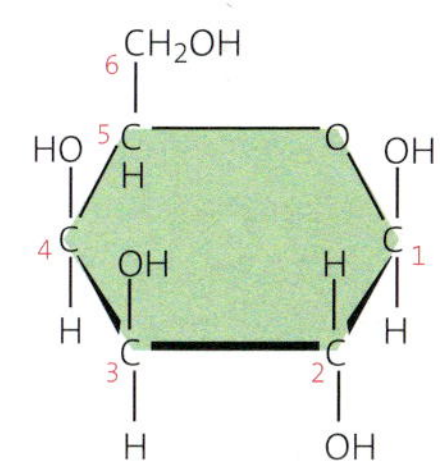

Disaccharide

Saccharose
(Rohrzucker, Haushaltszucker; Reservestoff bei Zuckerrohr und -rübe)

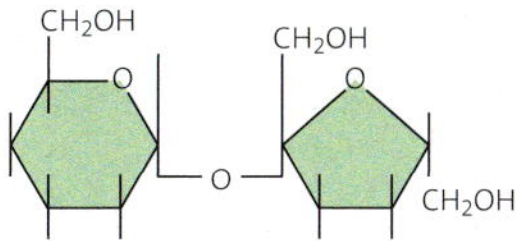

α-1,2-Bindung

Maltose
(Malzzucker; Abbauprodukt bei der Stärkespaltung durch Amylase)

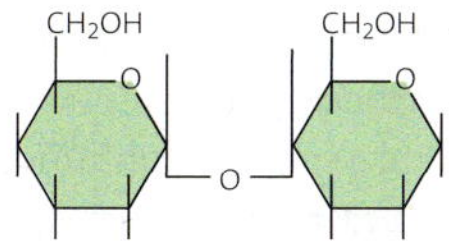

α-1,4-Bindung

Cellobiose
(Abbauprodukt bei der Cellulosespaltung)

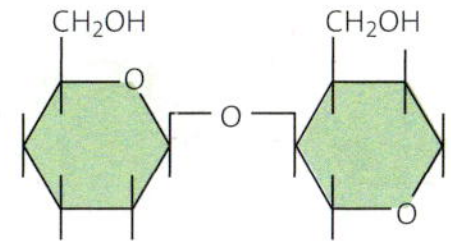

β-1,4-Bindung

Lactose
(Milchzucker; Hauptkohlenhydrat der Milch)

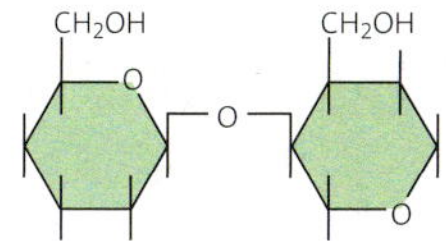

β-1,4-Bindung

Polysaccharide

Amylose / Amylopektin
(Bestandteile der Stärke)

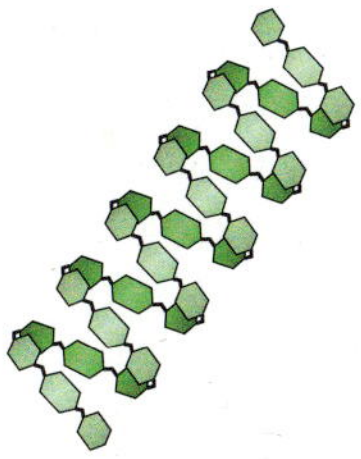

α-1,4-Bindung

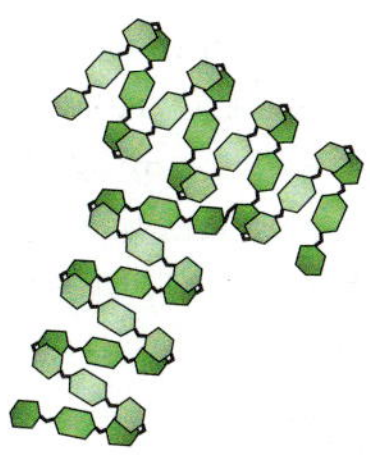

α-1,4- und α-1,6-Bindung

Glykogen
(tierische Stärke; Reservestoff in Leber und Muskel)

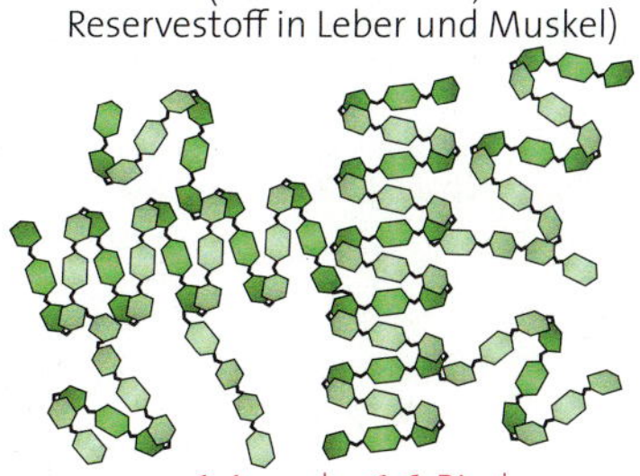

α-1,4- und α-1,6-Bindung

Cellulose
(Gerüstsubstanz pflanzlicher Zellwände)

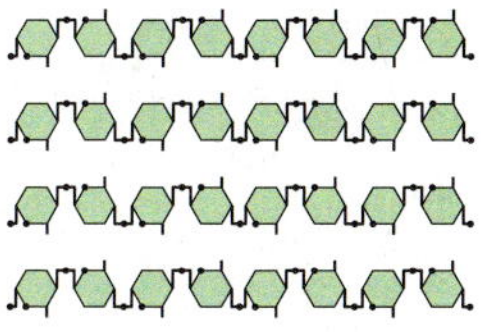

β-1,4-Bindung

NACHGEHAKT

Lipide

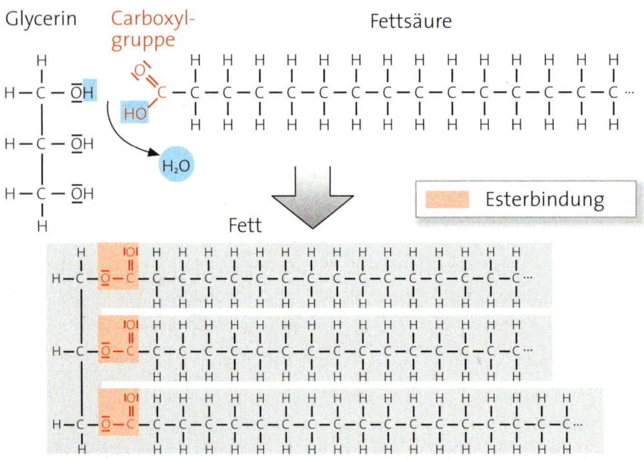

1 *Bildung eines Fettmoleküls aus Fettsäuren und Glycerin*

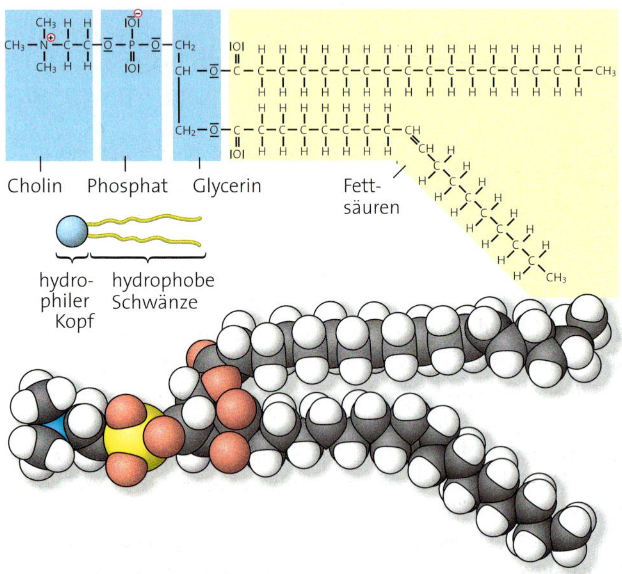

2 *Strukturformel und Modell des Phospholipids Lecithin*

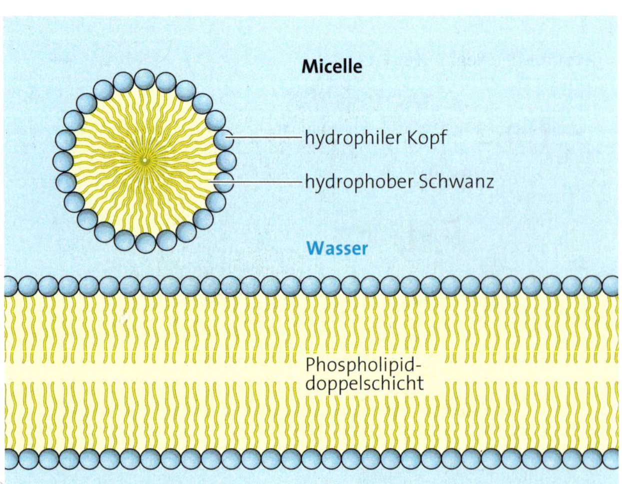

3 *Lipide bilden in Wasser Micellen oder Doppelschichten.*

Als *Lipide* werden sehr verschiedenartige Stoffe bezeichnet, zu denen unter anderem Fette, Öle und Wachse zählen. Diese in Pflanzen und Tieren vorkommenden Substanzen sind dadurch gekennzeichnet, dass sie sich schlecht oder gar nicht in Wasser lösen.

Fette sind vor allem als *Energiespeicher* von Bedeutung. Für wirtschaftliche Zwecke gewinnt man sie aus Früchten und Samen der Ölpalme, Raps, Sonnenblumenkernen, Nüssen und Oliven, aber auch aus Schweinen. Bis vor wenigen Jahrzehnten wurden große Mengen Fett auch durch Fang von Walen gewonnen. Den Tieren dienen Fettpolster nicht nur als Energiereserve, sondern auch als *Wärmeisolierung* und *Schutz* vor Verletzungen. *Wachse* schützen vor Verdunstung und bilden *Wasser abweisende Schichten*. Andere Lipide erfüllen spezifische Funktionen im Stoffwechsel, zum Beispiel bestimmte *Hormone, Farbstoffe* und *Vitamine*.

Fette. Fettmoleküle sind Verbindungen aus einem dreiwertigen Alkohol, dem *Glycerin*, und *Fettsäuren*. Eine Fettsäure ist ein langkettiger Kohlenwasserstoff, der an seinem Ende eine *Carboxylgruppe* trägt. Diese kann unter Wasserabspaltung mit einer OH-Gruppe des Glycerins eine *Esterbindung* bilden (▶ Bild 1). Drei verschiedene Fettsäuren können am Aufbau eines Fettmoleküls beteiligt sein. Die Esterbindungen des Fetts sind unter Wasseraufnahme wieder spaltbar. In den langen Kohlenstoffketten der Fettsäuren liegen nur *unpolare* C–C- und C–H-Bindungen vor. Daher sind Fette in Flüssigkeiten löslich, die ebenfalls Kohlenwasserstoffketten besitzen. Sie lösen sich außerdem in Lösungsmitteln wie Benzol, Chloroform und Aceton. Diese Löslichkeitseigenschaft nennt man *lipophil*.

Fettsäuren, in denen nur Einfachbindungen zwischen den Kohlenstoffatomen bestehen, nennt man *gesättigt*, während *ungesättigte* Fettsäuren eine oder mehrere *Doppelbindungen* (–C=C–) aufweisen. Je höher der Anteil an ungesättigten Fettsäuren, desto niedriger liegt der Schmelzpunkt. Tierische Fette bestehen überwiegend aus gesättigten Fettsäuren, sie sind bei Zimmertemperatur fest. Pflanzliches Fett enthält dagegen mehr ungesättigte Fettsäuren, es liegt als Öltröpfchen in der Zelle vor. Mehrfach ungesättigte Fettsäuren sind für den Menschen lebensnotwendig und müssen mit der Nahrung aufgenommen werden.

Phospholipide. *Phospholipide* sind ähnlich aufgebaut wie Fette. Allerdings ist bei ihnen das Glycerin mit zwei Fettsäuren und einer Phosphorsäure verestert (▶ Bild 2). An die Phosphatgruppe, die eine negative Ladung trägt, sind meist weitere polare oder geladene Moleküle gebunden. Dieser Phosphatrest mit den angehängten Gruppen bildet einen *hydrophilen* „Kopf", einen Teil des Moleküls, das in Wasser und anderen *polaren* Flüssigkeiten gut löslich ist. Die Fettsäure-„Schwänze" sind dagegen *hydrophob*, sie lösen sich in *unpolaren* Stoffen.

In Wasser bilden Phospholipide eine von der Umgebung getrennte Phase. Dabei ordnen sich die Moleküle stets so an, dass nur die Köpfe mit Wassermolekülen in Kontakt treten. Die unpolaren Fettsäureketten werden vom Wasser ausgeschlossen. Dadurch entstehen spontan tröpfchenartige Strukturen, die *Micellen*, oder größere Vesikel aus *Lipiddoppelschichten*, bei denen sich die Schwänze gegeneinander, die Köpfe dagegen zum Wasser ausrichten (▶ Bild 3). Phospholipide sind wesentlich am Aufbau biologischer Membranen beteiligt.

Modellvorstellungen von der Biomembran

[Z] Das Bilayer-Modell. Die niederländischen Wissenschaftler GORTER und GRENDEL extrahierten um 1925 den gesamten Lipidanteil aus einer bekannten Zahl von Erythrocyten. Auf Wasser aufgebracht, bildeten die Lipide einen Fleck, der etwa doppelt so groß war wie die Gesamtoberfläche aller verwendeten Erythrocyten. Die Forscher schlossen daraus, dass die Lipide in der Membran als *Doppelschicht* angeordnet sind, wobei die hydrophilen Gruppen der Lipide jeweils nach außen, die hydrophoben in das Innere der Doppelschicht zeigen. Das elektronenmikroskopische Bild künstlich erzeugter Lipiddoppelschichten stimmt relativ gut mit dem der Biomembran überein. Das von GORTER und GRENDEL entwickelte *Bilayer-Modell* ließ allerdings den relativ großen Proteinanteil aller bekannten Biomembranen völlig außer Acht.

[Z] Das Davson-Danielli-Modell. H. DAVSON und J.F. DANIELLI stellten 1936 ein Modell vor, das auch die Proteine mit berücksichtigt. Sie nahmen an, die Proteinmoleküle seien den hydrophilen Außenseiten der Lipiddoppelschicht aufgelagert. Diese Vorstellung stellte eine gute Basis dar, um die physiologischen Eigenschaften von Membranen zu erklären. Röntgenuntersuchungen und elektronenmikroskopische Forschung unterstützten das Modell von DAVSON und DANIELLI.

Ende der 1960er-Jahre offenbarten weitere Untersuchungen jedoch die Schwachpunkte des bis dahin allgemein akzeptierten Modells: Zum einen erkannte man, dass keineswegs alle Membranen genau gleich aufgebaut sind. Während die Zellmembran zum Beispiel 7 bis 8 nm dick ist, misst die innere Mitochondrienmembran nur 6 nm. Darüber hinaus ist ihr Proteingehalt deutlich höher als der anderer Membranen. Diese Beobachtung legte den Schluss nahe, dass die Struktur und die chemische Zusammensetzung einer Membran *je nach ihrer Funktion unterschiedlich* sein können. Das zweite Problem betraf die Lage der Proteine. Im Davson-Danielli-Modell grenzen die Proteine auf beiden Seiten an hydrophile Bereiche. Aus Membranen isolierte Proteine zeigten jedoch – genau wie die Lipide, mit denen sie verbunden sind – sowohl hydrophile als auch hydrophobe Eigenschaften.

Mit der Gefrierbruchtechnik war es möglich, die beiden Lipidschichten voneinander zu trennen. So wurden unregelmäßig angeordnete Erhebungen und Vertiefungen sichtbar. Diese Partikel sind auf den beiden Schichten *asymmetrisch* verteilt. Versuche, bei denen bestimmte Proteine in der Zellmembran mit Farbstoffen markiert worden waren, erwiesen darüber hinaus, dass die Proteine in der Membran *beweglich* sind. Alle diese Befunde konnte das Davson-Danielli-Modell nicht erklären.

Das Flüssig-Mosaik-Modell der Biomembran. S. J. SINGER und G. L. NICOLSON entwickelten auf der Grundlage dieser Erkenntnisse 1972 ein neues, als *Flüssig-Mosaik-Modell* bezeichnetes Konzept. Danach besteht die Membran aus einer zähflüssigen Lipiddoppelschicht, in der Proteine „schwimmen". Während manche Proteine nur teilweise in die Doppelschicht eintauchen, durchdringen andere die Lipidschicht und ragen auf beiden Seiten der Membran in wässriges Milieu.

Naturwissenschaftliche Modelle. Jedes *naturwissenschaftliche Modell* stellt eine Annäherung an die Wirklichkeit dar. Es versucht möglichst viele *Beobachtungen* und bekannte Sachverhalte zu *erklären*. Außerdem ermöglicht es *Voraussagen*, an denen sich die weitere Forschung orientiert. Neue Befunde machen es häufig notwendig, das gültige Modell weiterzuentwickeln oder gar durch ein neues zu ersetzen. Das Flüssig-Mosaik-Modell stellt die derzeit gültige, allgemein akzeptierte Vorstellung von der Biomembran dar. Es dient als Grundlage der aktuellen zellbiologischen Forschung.

---

1. **Definieren Sie den Begriff „Modell" selbst und vergleichen Sie mit der Definition in einem Lexikon. Prüfen Sie, ob sich die Definitionen auf die Membranmodelle anwenden lassen.**
2. **Erläutern Sie, welche Schritte beim Arbeiten mit Modellen unterschieden werden können. Bringen Sie die einzelnen Schritte in eine logische Reihenfolge.**
3. **Beschreiben Sie die Eigenschaften von Biomembranen (► S.16 bis 21) und überprüfen Sie, welche sich mithilfe der beschriebenen Modelle erklären lassen.**
4. **Nennen Sie andere Bereiche der Biologie, aus denen Sie die Verwendung von Modellen kennen. Welche Bereiche sind ganz besonders auf Modelle angewiesen?**

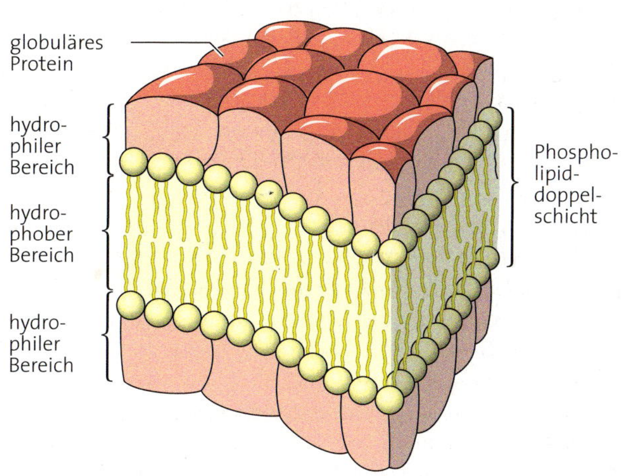

1 Davson-Danielli-Modell

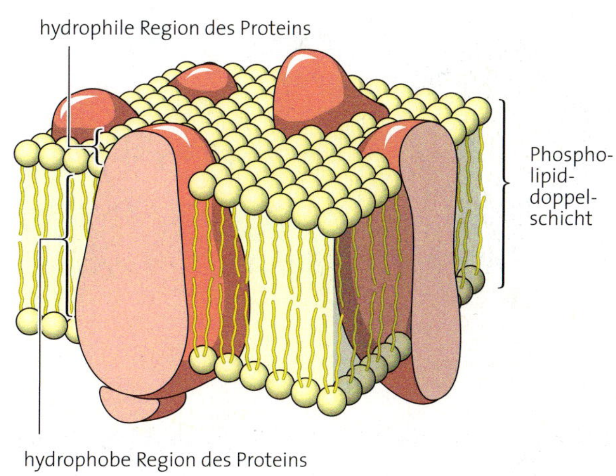

2 Flüssig-Mosaik-Modell

Feinbau der Biomembran

Membranlipide. Nach dem Flüssig-Mosaik-Modell (▶ S. 15) stellt die Lipiddoppelschicht die *Grundstruktur* der Biomembran dar. Sie bestimmt ihre wesentlichen Eigenschaften wie *Stabilität, Flexibilität* und *Durchlässigkeit*. Die unpolaren Bereiche der Lipide weisen zum Innern der Membran hin, während die polaren „Köpfe" nach außen zur wässrigen Phase hin gerichtet sind. Für den Zusammenhalt zwischen den Molekülen sind *hydrophobe Wechselwirkungen* verantwortlich. Daher können sich die Moleküle um ihre eigene Achse und horizontal innerhalb der Membranebene gut bewegen. Mit den in der Doppelschicht gegenüberliegenden Lipiden findet dagegen kaum ein Austausch statt.

Die Membran hat eine *zähflüssige Konsistenz*. Mit steigender Temperatur nimmt die Beweglichkeit der Moleküle zu, die Membran wird flüssiger. Bei sinkender Temperatur verfestigt sie sich gelartig. In den Membranen tierischer Zellen sorgt das Lipid *Cholesterin* dafür, dass der Flüssigkeitszustand auch bei Temperaturschwankungen weitgehend konstant bleibt.

Membranproteine. Die *Membranproteine* sind in unregelmäßigen Abständen in die Lipiddoppelschicht eingebettet. Sie sind viel größer und weitaus weniger beweglich als die Lipidmoleküle. Proteine, die mehr oder weniger weit in die Lipidschicht hineinragen *(integrale Proteine)*, sind durch hydrophobe Wechselwirkungen an Lipidmoleküle gebunden. Sie sind daher in der Membran verankert. *Periphere Proteine* stehen hingegen nur locker mit der Membran in Kontakt. Proteine sind ungleichmäßig auf die beiden Lipidschichten verteilt, sodass sich die Struktur der äußeren und inneren Membranebene unterscheidet.

Membranproteine erfüllen sehr verschiedene Aufgaben. In der Zellmembran und in den Membranen der einzelnen Organellen finden sich daher ganz verschiedene Arten von Proteinen. Auch ihre Anteile unterscheiden sich sehr stark. Dies weist darauf hin, dass Proteine die *spezifische Funktion* der Membran bestimmen.

Eine wesentliche Aufgabe von Proteinen besteht darin, den Transport von polaren oder sehr großen Molekülen und Ionen durch die Membran zu gewährleisten. *Porenproteine* sorgen dafür, dass Öffnungen in der Membran – wie beispielsweise die Kernporen (▶ S. 22) – nicht sofort wieder „zufließen", sondern offen gehalten werden. *Transportproteine* befördern dagegen sehr spezifisch bestimmte Stoffe durch die Membran oder bilden Kanäle für den Stoffaustausch (▶ S. 20).

Ebenso spezifisch reagieren in die Membran eingelagerte *Enzyme* und *Rezeptoren*. Diese Proteine besitzen Bindungsstellen für bestimmte Moleküle. Während Enzyme Stoffwechselprozesse innerhalb der Zelle oder eines Membranraums beschleunigen, sorgen Rezeptoren für den Austausch von Informationen zwischen der Zelle und ihrer Umgebung. Ein chemisches Signal in der extrazellulären Flüssigkeit, zum Beispiel ein Hormon oder ein Nervenüberträgerstoff *(Neurotransmitter)*, das von außen an einen Rezeptor bindet, löst eine Reaktion innerhalb der Zelle aus.

Schließlich gibt es Eiweißmoleküle mit eingebauten *Signalsequenzen*. Sie werden im Cytoplasma aufgebaut, in Membranen eingeschleust und in speziellen Zellorganellen, den Dictyosomen, verändert (▶ S. 22/23). Das Signal sorgt wie eine „Adresse" dafür, dass die Proteine in ihre jeweiligen Zielorganellen gelangen.

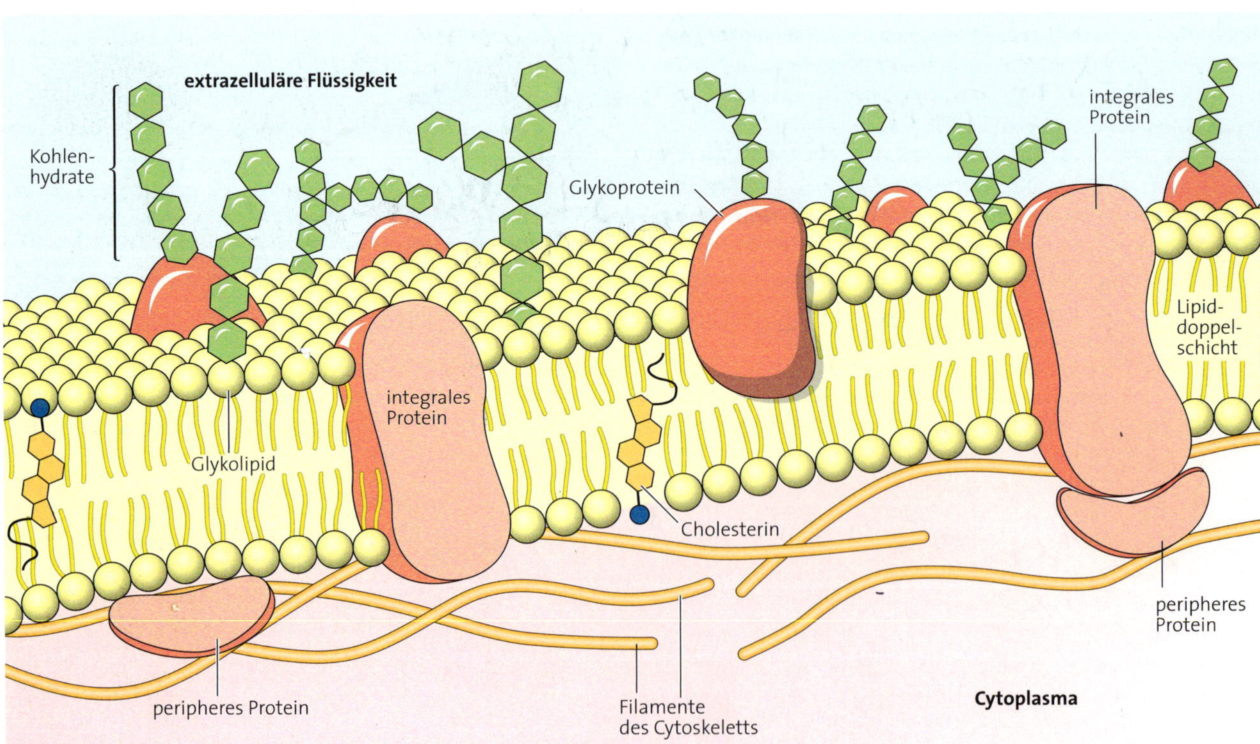

1 *Feinbau der Zellmembran einer Tierzelle. In pflanzlichen Membranen kommt Cholesterin nicht vor.*

Membrankohlenhydrate. Anders als die Membranen innerhalb der Zelle enthält die Zellmembran außer Lipiden und Proteinen auch *Kohlenhydrate*. Sie können rund 10 % des Trockengewichts ausmachen. Bei diesen Kohlenhydraten handelt es sich um kurze, in der Regel verzweigte Zuckerketten, die an Lipid- oder an Proteinmoleküle gebunden sind. Die entstehenden Moleküle werden als *Glykolipide* beziehungsweise *Glykoproteine* bezeichnet. Sie finden sich ausschließlich in der nach außen gerichteten Schicht der Zellmembran. Die Gesamtheit der Membrankohlenhydrate nennt man *Glykokalyx*.

Die Zusammensetzung der Kohlenhydrate der Glykokalyx unterscheidet sich zwischen verschiedenen Arten, zwischen Individuen einer Art und sogar zwischen den Zellen eines Organismus. Sie dient also als *Erkennungsmerkmal* für die Zellen. Bei den Erythrocyten erfüllt sie die Funktion von *Antigenen*. Antigene dienen der Immunabwehr und sorgen für die Unterscheidung von körpereigenen und fremden Zellen.

[Z] **Verbindungen zwischen Zellen.** Bei vielzelligen Organismen sind Zellen zu Geweben zusammengeschlossen, die eine strukturelle und funktionelle Einheit darstellen. Benachbarte Zellen stehen in Kontakt miteinander, sodass ein Informationsaustausch möglich ist.

Bei Pflanzenzellen schließt sich nach außen an die Zellmembran eine *Zellwand* an, die scheinbar eine Barriere darstellt. Zellwände sind jedoch von Kanälen durchsetzt, durch die sich Cytoplasmastränge hindurchziehen. An diesen *Plasmodesmen* geht die Zellmembran der einen Zelle kontinuierlich in die Zellmembran der Nachbarzelle über.

Kontakte zwischen den Zellen bei Tieren werden durch Proteine vermittelt. Man unterscheidet drei Typen von Zellkontakten: solche, die dem *mechanischen Zusammenhalt* dienen und das Gewebe stabilisieren, Kontakte mit *Abdichtungsfunktion* und *Kommunikationskontakte*.

Der Stabilisierung dienen zum Beispiel *Desmosomen*. Sie bestehen aus *Haftplatten*, punktförmigen Bereichen aufgelagerter Proteine, an denen sich auf der Cytoplasmaseite ganze Bündel von Cytoskelettfilamenten anheften. Spezielle Filamente verbinden die Haftplatten der benachbarten Zellen durch beide Zellmembranen hindurch. Desmosomen verleihen dem Gewebe eine hohe mechanische Festigkeit.

Verschlusskontakte oder *tight junctions* verhindern, dass extrazelluläre Flüssigkeit in die Zellzwischenräume gelangt. Sie finden sich vor allem zwischen Epithelzellen. Tight junctions wirken wie Dichtungsringe rund um jede Zelle. Die Abdichtung entsteht dadurch, dass sich die Membranen der benachbarten Zellen direkt aneinanderlegen und – wie die Stofflagen einer Steppdecke – durch eine Art „molekularen Reißverschluss" fest verbinden. Sie verhindern auch, dass sich Membranproteine von der Oberseite zu den anderen Seiten einer Zelle verlagern.

Kommunikationskontakte oder *gap junctions* gewährleisten den Austausch zwischen benachbarten Zellen. In diesen Bereichen bilden große Proteinmoleküle Poren in der Membran. Die Poren der aneinandergrenzenden Zellmembranen stehen direkt miteinander in Kontakt. Dadurch wird die chemische Kommunikation ermöglicht.

Zusammensetzung verschiedener Membranen
(in Prozent der Gesamttrockenmasse)

Membranen	Proteine	Lipide
Zellmembran (Erythrocyt)	60	40
Zellmembran (Leberzelle)	50–70	30–50
Kernhülle (Leberzelle)	70	17
ER (Leberzelle)	70	30
Mitochondrien (Leberzelle)		
Außenmembran	41–51	48–59
Innenmembran	70–80	20–30
Chloroplasten-Thylakoide	44–50	50–56

1. **Erläutern Sie die Bezeichnung Flüssig-Mosaik-Modell.**
2. **Erklären Sie, warum die Lipidmoleküle innerhalb einer Membranebene beweglich sind, während ein Austausch zwischen den Lipidschichten kaum möglich ist.**
3. **Eine künstliche Lipiddoppelschicht ist im elektronenmikroskopischen Bild etwa 4 nm dick. Die Erythrocytenmembran misst dagegen rund 8 nm. Erklären Sie, worauf sich dieser Unterschied zurückführen lässt.**
4. **Nennen Sie die Moleküle, aus denen Membranen aufgebaut sind. Erläutern Sie anhand von Beispielen die Funktionen der einzelnen Bestandteile.**
5. **Das Verhältnis von Lipiden und Proteinen ist in verschiedenen Membranen sehr unterschiedlich (▶ Tabelle oben). Welche Schlüsse auf die Funktion dieser Membranen erlaubt das?**
6. **Erläutern Sie, auf welchen Eigenschaften der Erythrocyten die Blutgruppen des AB0-Systems (▶ S. 115) beruhen.**

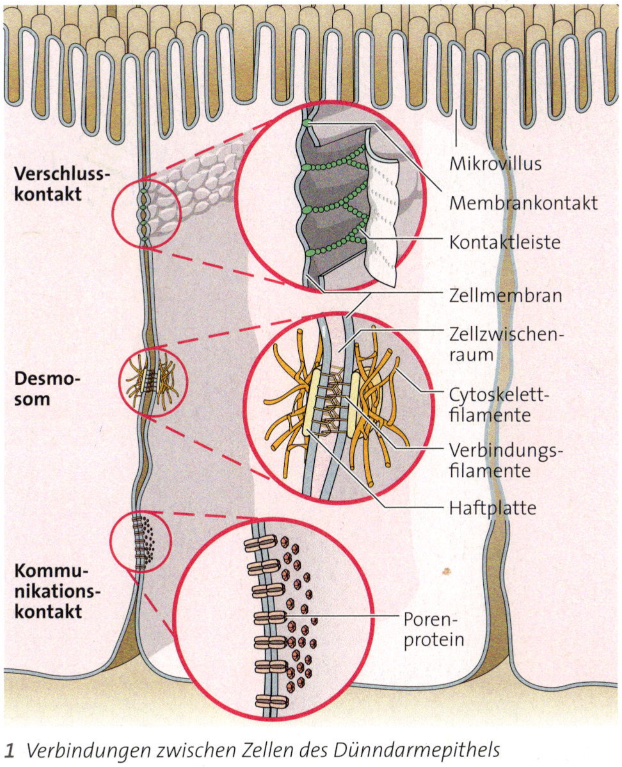

1 *Verbindungen zwischen Zellen des Dünndarmepithels*

Stofftransport: Diffusion und Osmose

Zellen sind von einer Vielzahl von Stoffen umgeben. Einige davon werden in einer ganz bestimmten Konzentration im Zellinnern benötigt. Andere werden in der Zelle aufgebaut und an die Umgebung abgegeben. Der Austausch von Molekülen zwischen der Zelle und ihrer Umgebung erfolgt über die Zellmembran. Ihm liegen verschiedene *Transportmechanismen* zugrunde, die sich durch ihre Geschwindigkeit und die dafür notwendige Energie unterscheiden.

Diffusion. Alle Teilchen eines Gases oder einer Lösung sind ständig in Bewegung. Diese Eigenbewegung ist ungerichtet und nimmt mit steigender Temperatur zu. Nach ihrem Entdecker nennt man sie die *brownsche Molekularbewegung*.

Überschichtet man in einem Glasgefäß eine konzentrierte Zuckerlösung mit Wasser, so sind die beiden Flüssigkeiten zunächst deutlich voneinander getrennt. Allmählich breiten sich die Zuckermoleküle aufgrund ihrer Eigenbewegung aus. Schließlich ist der Konzentrationsunterschied ausgeglichen, Lösemittel und gelöste Teilchen sind gleichmäßig verteilt. Diese selbstständige Durchmischung nennt man *Diffusion*. Die Geschwindigkeit, mit der die Durchmischung vor sich geht, ist unter anderem abhängig von der Art des gelösten Stoffs, der Höhe des Konzentrationsgefälles sowie von der Strecke, die überwunden werden muss.

Osmose. In Lebewesen sind Kompartimente – Zellen oder Organellen – durch Membranen voneinander abgegrenzt. Findet die Diffusion von Lösungen über Membranen statt, spricht man von *Osmose*. Die meisten biologischen Membranen sind *selektiv permeabel*, das heißt, sie lassen verschiedene Stoffe unterschiedlich gut hindurchdiffundieren. Meist kann Wasser ungehindert diffundieren, gelöste Stoffe dagegen nicht oder nur eingeschränkt.

Bringt man eine Zuckerlösung in ein Gefäß, das durch eine selektiv permeable Membran von reinem Wasser getrennt ist, diffundiert Wasser in beiden Richtungen durch die Membran. Da die Konzentration an Wassermolekülen in reinem Wasser höher ist als in der Zuckerlösung, diffundieren mehr Wassermoleküle in die Lösung hinein als von ihr nach außen. Für Zuckermoleküle ist die Membran nicht durchlässig. Diese können daher dem Bestreben, den Konzentrationsunterschied auszugleichen, nicht folgen. Das einströmende Wasser erzeugt auf der Seite der Zuckerlösung einen Druck, den man *osmotischen Druck* nennt. Er hängt vor allem von der Zahl der gelösten Teilchen ab, also dem *osmotischen Wert* der Lösung. Es kommt zu einer Volumenzunahme. Sie ist im Steigrohr eines *Osmometers* als Anstieg der Wassersäule messbar. Der osmotische Druck wirkt dem vollständigen Konzentrationsausgleich entgegen. Dadurch stellt sich nach einiger Zeit ein *Gleichgewicht* ein: Je Zeiteinheit diffundieren gleich viele Wasserteilchen durch die Membran in die Lösung, wie sie diese in umgekehrter Richtung aufgrund des steigenden Drucks wieder verlassen.

Stoffwechselvorgänge in lebenden Zellen laufen bevorzugt in einem bestimmten Milieu ab, das heißt bei einer bestimmten Konzentration verschiedener Stoffe. Da sich die Konzentration dieser Stoffe in den Zellen meist von der im umgebenden Medium unterscheidet, diffundiert stets Wasser aus den Zellen hinaus oder hinein. Osmose ist daher ein einfacher, energiesparender und effektiver Transportmechanismus für Wasser über kurze Distanz.

Viele Lebewesen können Veränderungen des osmotischen Drucks ausgleichen, indem sie Ionen oder Wasser aufnehmen beziehungsweise ausscheiden. Diese Fähigkeit bezeichnet man als *Osmoregulation*.

1 Begründen Sie die geringe Geschwindigkeit von Diffusion und Osmose. Warum reicht diese für Transportvorgänge in der Zelle trotzdem aus?

2 Reife Kirschen platzen im Regen. Erläutern Sie die Gründe dafür.

3 Lange war die ungehinderte Diffusion von Wasser über biologische Membranen völlig rätselhaft. Erklären Sie den Sachverhalt.

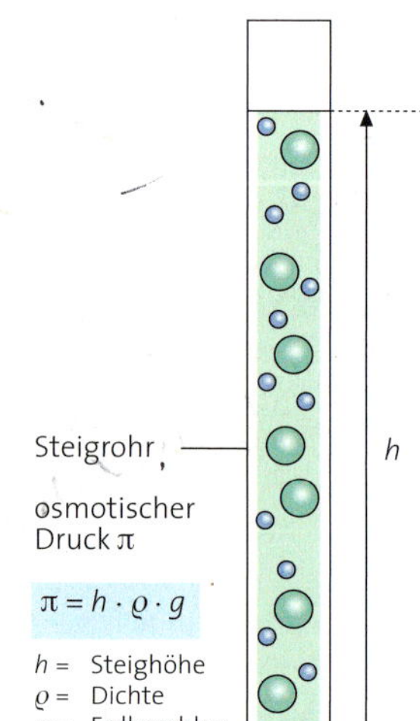

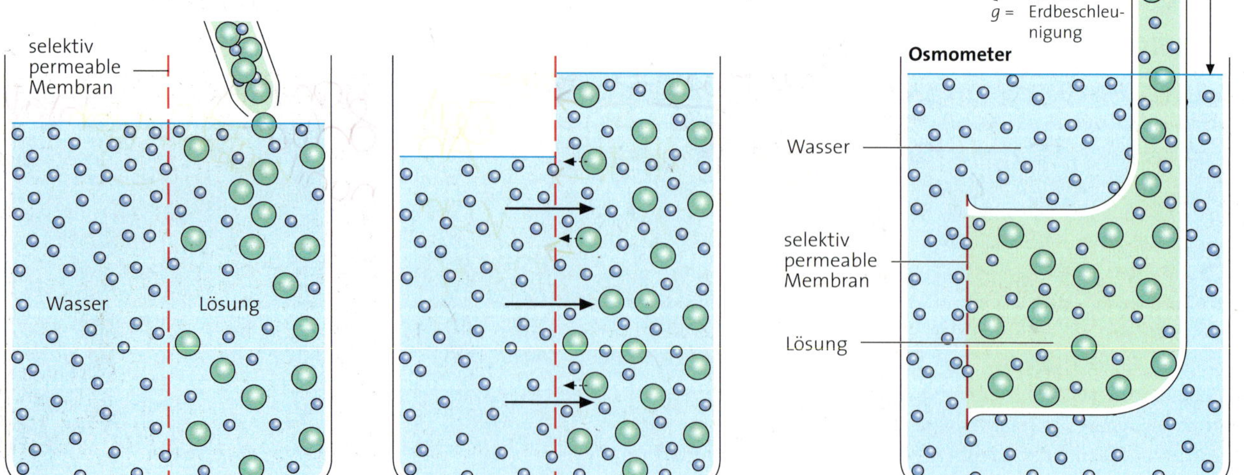

1 Osmose durch eine selektiv permeable Membran. Der Wassereinstrom hat eine Zunahme von Volumen oder Druck zur Folge.

[Z] Osmose und der Wasserhaushalt der Zelle

Die Biomembranen der lebenden Zelle sind selektiv permeabel. Osmose ist daher die Grundlage des Wasserhaushalts von Zelle und Organismus. Gelangen Zellen in eine Umgebung, deren osmotischer Wert von dem des Zellplasmas abweicht, ändert sich ihr Wassergehalt: In höher konzentrierter, *hypertonischer* Umgebung verlieren sie Wasser, in niedriger konzentrierter, *hypotonischer* Umgebung dringt Wasser in sie ein. Unter natürlichen Bedingungen bleibt allerdings bei vielen Lebewesen der Wassergehalt der Zellen durch *Osmoregulation* sehr konstant. Im Experiment lassen sich dagegen Situationen schaffen, die das Verhalten der Zellen zeigen.

Plasmolyse. In hypertonische Umgebung gebracht nimmt das Volumen des Zellplasmas ab, da es Wasser an die Umgebung verliert. Dieser Vorgang wird als *Plasmolyse* bezeichnet. Er lässt sich bei Pflanzenzellen unter dem Mikroskop gut beobachten (► Bild 1). Das zunehmend entwässerte Zellplasma löst sich dabei nach und nach von der Zellwand ab, zusammengedrückt durch den hohen osmotischen Druck der umgebenden Lösung. Gleichzeitig verliert auch die Vakuole durch ausströmendes Wasser an Volumen.

Tierische Zellen schrumpfen in hypertonischer Umgebung und verlieren ihre Form. Rote Blutkörperchen nehmen zum Beispiel eine kennzeichnende „Stechapfelform" an (► Bild 4).

Deplasmolyse. Die Plasmolyse lässt sich wieder rückgängig machen, wenn man die Zellen in eine ihrem osmotischen Wert entsprechende, *isotonische* Umgebung bringt (► Bilder 2 und 5). Diese *Deplasmolyse* gelingt jedoch nur so lange, wie die Zellen durch den Wasserverlust noch keinen Schaden genommen haben. Die Fähigkeit zu Plasmolyse und Deplasmolyse ist deshalb ein Testkriterium für die Lebensfähigkeit von Zellen.

Bringt man Zellen in eine hypotonische Lösung (► Bilder 3 und 6) oder gar in reines Wasser, können sie durch den Wassereinstrom platzen. Das gilt besonders für tierische Zellen. Bei Pflanzenzellen übt die etwas elastische Zellwand einen Gegendruck aus. Sie nehmen nur so viel Wasser auf, bis der osmotische Druck in der Zelle durch den Gegendruck der elastischen Zellwand gerade ausgeglichen ist. Osmotisch wirksam ist in der Pflanzenzelle vor allem der Zellsaft in der Vakuole. Der Zellsaftdruck wird auch als *Turgor* bezeichnet. Er ist für die Festigkeit pflanzlicher Gewebe entscheidend.

---

1. **Begründen Sie, weshalb nur lebende Zellen die Erscheinung der Plasmolyse zeigen.**
2. **Ein Blutverlust darf unter keinen Umständen mit reinem Wasser ausgeglichen werden. Geben Sie dafür eine Erklärung.**

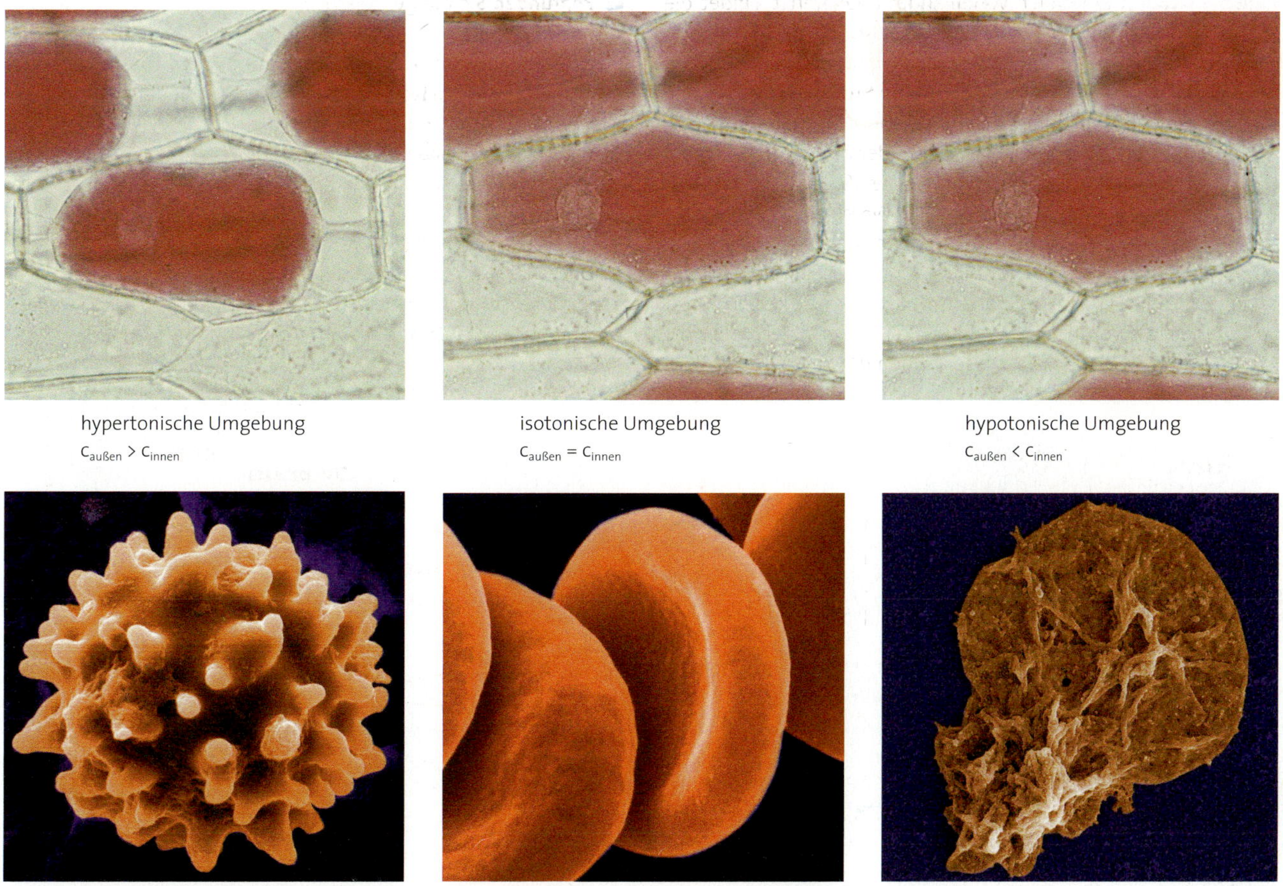

1–6 Verhalten pflanzlicher und tierischer Zellen in hypertonischer, isotonischer und hypotonischer Umgebung. Oben: Zellen aus der Epidermis einer roten Zwiebel; unten: rote Blutkörperchen des Menschen. Bild 6 zeigt Reste des geplatzten Blutkörperchens.

Stofftransport: Kanal- und Carriertransport

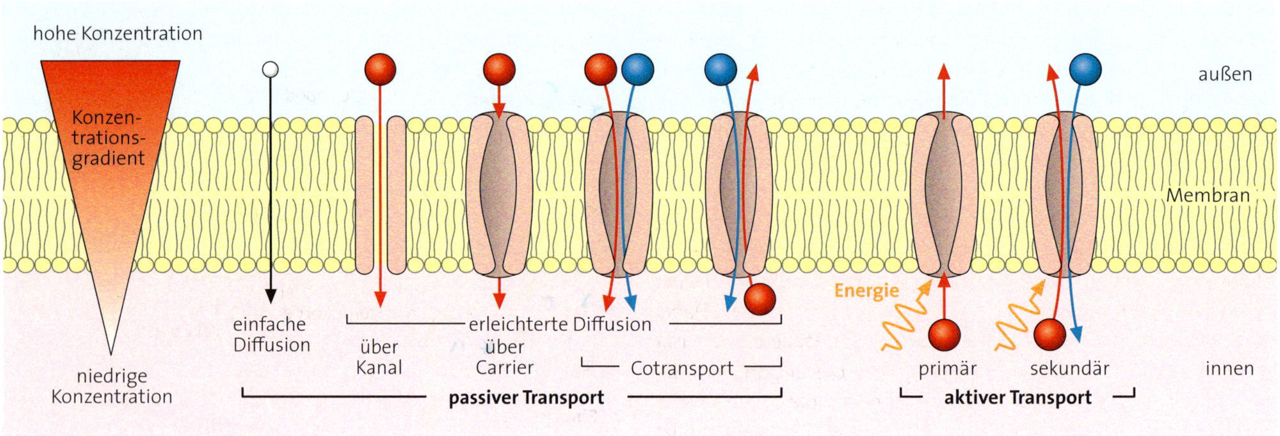

1 *Schematische Darstellung der aktiven und passiven Transportmechanismen*

Während lipophile und sehr kleine ungeladene Moleküle wie Gase und – mit Einschränkungen – Wasser Membranen direkt passieren können, ist das hydrophobe Innere der Lipiddoppelschicht für Ionen und größere polare Moleküle nahezu undurchdringlich. Sie werden mithilfe von *Transportproteinen* oder *Transportern* durch die Membran geschleust.

Passiver Transport. Bei den Transportproteinen unterscheidet man zwischen Kanälen und Carriern. *Kanäle* werden von Tunnelproteinen gebildet, die die Membran ganz durchspannen. Zum Innern des Kanals hin tragen sie polare Aminosäuren. Dadurch können *kleine polare* oder *geladene Teilchen* wie Ionen über die Kanäle in die Zelle gelangen. Auch Wasser passiert die Zellmembran über spezielle Wasserkanäle (Aquaporine). Ein Tunnelprotein ist nur für Ionen einer bestimmten Größe oder Art durchlässig. Die meisten Kanäle öffnen sich erst auf ein Signal hin. Dies kann ein Botenstoff sein, etwa ein *Hormon*, oder die Änderung des elektrischen Potenzials.

Carrier sind auf ganz bestimmte Moleküle spezialisiert, für die sie – ähnlich wie *Enzyme* – eine Bindungsstelle haben (▶ S. 16). Wenn sich der Carrier kurzzeitig mit dem Substrat verbindet, ändert er seine *Konformation*. Durch diese Umlagerung wird das betreffende Molekül durch die Membran geschleust und auf der anderen Seite freigesetzt. Manche Carrier haben Bindungsstellen für zwei verschiedene Moleküle. Sie ändern ihre Konformation erst dann, wenn beide Bindungsstellen besetzt sind (▶ Bild 2). Der Transport erfolgt in der gleichen oder in entgegengesetzter Richtung *(Cotransport)*.

Dieser spezifische Transport findet ebenso wie der Transport über Tunnelproteine immer in *Richtung des Konzentrationsgefälles* statt. Die Zelle muss dafür keine Energie aufwenden. Es handelt sich also um *passive Transportmechanismen*. Kanaltransport und passiven Carriertransport bezeichnet man auch als *erleichterte Diffusion*.

Aktiver Transport. Beim Bakterium Escherichia coli (E. coli) übertrifft die Konzentration des Milchzuckers im Zellinnern diejenige in der Umgebung um das 2000-Fache. Eine solche Anreicherung von Milchzucker ist durch passive Transportvorgänge nicht möglich. Viele lebensnotwendige Stoffe liegen außerhalb der Zelle nur in geringer Konzentration vor und müssen daher gegen das *Konzentrationsgefälle* durch die Membran befördert werden. Für den *aktiven Transport* muss die Zelle Energie bereitstellen. Er erfolgt ebenfalls mithilfe von Carriern. Beim *primär aktiven Transport* erfordert das An- oder Abkoppeln des Substrats selbst Energie. In vielen Fällen wird die Energie auch dazu verwendet, einen Ionengradienten zu erzeugen. Der zu transportierende Stoff wird dann zusammen mit den zurückströmenden Ionen von einem Carrier durch die Membran befördert *(sekundär aktiver Transport)*.

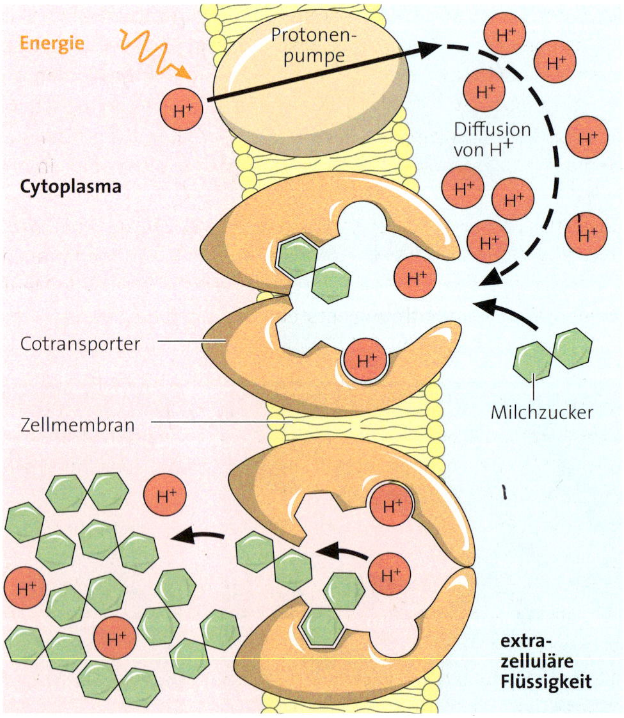

2 *Die Protonenpumpe erzeugt unter Energieaufwand einen Protonengradienten. Die Protonen diffundieren wieder zurück in die Zelle. Dabei werden Milchzuckermoleküle im sekundär aktiven Transport mittransportiert.*

Stofftransport: Endocytose, Exocytose, Membranfluss

Wasser und kleine Moleküle diffundieren entweder durch die Membran oder werden von Transportproteinen in die Zelle geschleust. Größere Moleküle oder Nahrungspartikel dagegen können die Membran passieren, indem sie in Membranbläschen oder *Vesikel* eingeschlossen werden. Vesikel, die eine bestimmte Größe überschreiten, nennt man *Vakuolen*. Der Vorgang, bei dem Stoffe mithilfe von Vesikeln oder Vakuolen in die Zelle gelangen, heißt *Endocytose*. Der entsprechende Prozess der Stoffausscheidung wird als *Exocytose* bezeichnet.

Endocytose. Weiße Blutkörperchen können Krankheitserreger oder gealterte Blutzellen in sich aufnehmen und verdauen. Dabei senkt sich zunächst ihre Zellmembran an der Stelle ein, die mit dem Fremdkörper in Berührung kommt. Ist dieser ganz von der Membran umschlossen, schnürt sich eine Vakuole ab und befördert das aufgenommene Material in die Zelle. Dort verschmilzt die Vakuole meist mit Lysosomen, die Verdauungsenzyme enthalten (► S. 23). Die Form der Endocytose, bei der feste Partikel aufgenommen werden, bezeichnet man als *Phagocytose*. Gelangen Flüssigkeitströpfchen in die Zelle, spricht man von *Pinocytose*. Bei der Pinocytose nimmt die Zelle alle in dem Tropfen gelösten Stoffe mit auf.

Sehr spezifisch verläuft dagegen die *rezeptorvermittelte Endocytose*. Rezeptorproteine ragen aus der Membran heraus. Sie tragen spezielle Erkennungsstrukturen, an die nur ganz bestimmte Moleküle binden. Die Rezeptoren finden sich gehäuft an leicht eingesenkten Membranstellen, den *coated pits*, die auf der Cytoplasmaseite besondere Proteine tragen. Sobald der Stoff an die Rezeptoren bindet, bilden sich mit Proteinen ummantelte Vesikel, die *coated vesicles*. Mithilfe der rezeptorvermittelten Endocytose können große Mengen einer Substanz aufgenommen werden, deren Konzentration in der Umgebung der Zelle sehr gering ist. So gelangt beispielsweise Cholesterin als Baumaterial für Membranen oder als Synthesevorstufe für Hormone aus dem Blut in die Zellen.

Exocytose. Abfallstoffe der Zelle, aber auch Sekrete aus Drüsenzellen werden ausgeschieden, indem Vesikel mit der Zellmembran in Kontakt treten. An der Berührungsstelle „verschmelzen" die Membranen, sodass eine Öffnung entsteht. Der Inhalt des Vesikels wird nach außen abgegeben. Auf diese Weise entleeren Einzeller ihre pulsierende Vakuole und stoßen aus den Verdauungsvakuolen unverdauliche Reste aus.

Membranfluss. Nicht nur an der Zellmembran werden Stoffe mithilfe von Vesikeln aufgenommen und abgegeben. Auch innerhalb der Zelle finden ständig Endo- und Exocytosen statt. Sie dienen dazu, Substanzen zur Weiterverarbeitung, aber auch Membranstücke von einem Organell zum anderen zu transportieren. Dadurch erneuern sich gleichzeitig auch die Membranen der Zelle. Das ständige Ineinanderübergehen der Membranen wird als *Membranfluss* bezeichnet. Nur die Membranen von Mitochondrien, Plastiden und Peroxisomen (► S. 23) nehmen an diesem Austausch nicht teil.

---

1 Definieren Sie die Begriffe Endocytose, Exocytose und Membranfluss. Erklären Sie, wie die beschriebenen Prozesse miteinander in Zusammenhang stehen.

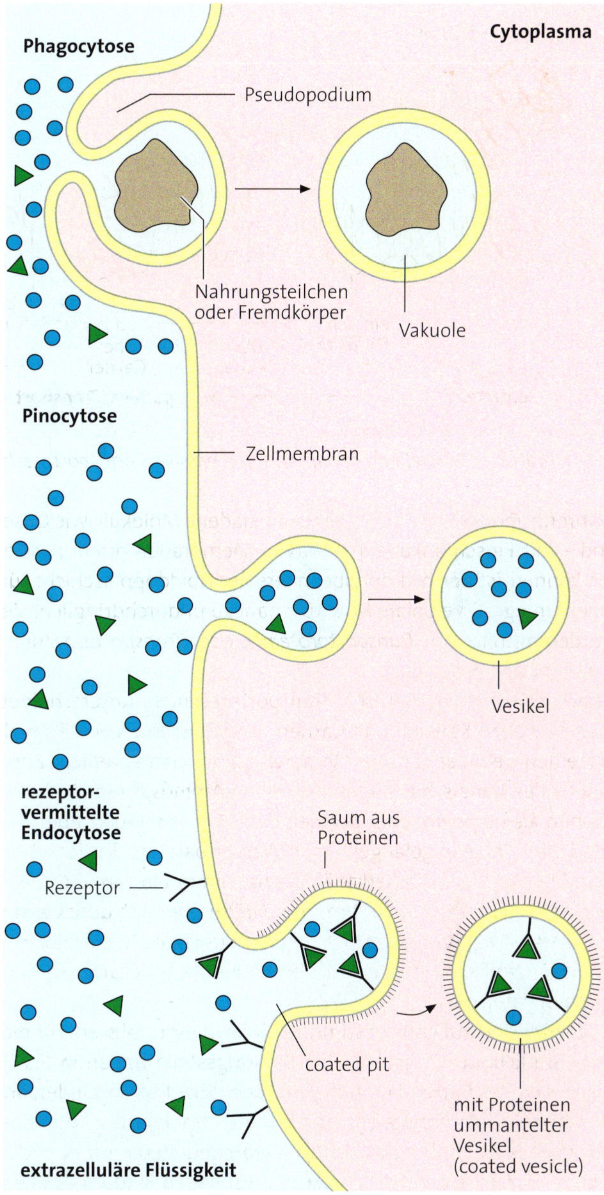

1 Verschiedene Formen der Stoffaufnahme. Phagocytose kommt nur bei Einzellern und tierischen Zellen vor.

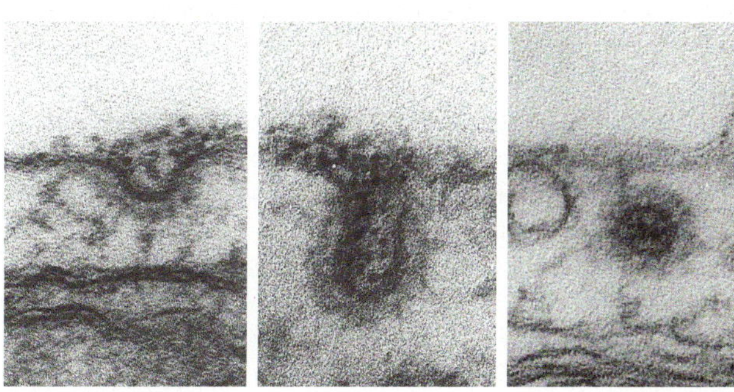

2 Bei der rezeptorvermittelten Endocytose entstehen mit Proteinen ummantelte Vesikel.

Die Zellorganellen

Nach ihrem Bau und ihren spezifischen Funktionen im Stoffwechsel abgrenzbare Bestandteile von Pflanzen- und Tierzellen bezeichnet man als Organellen, insbesondere wenn sie von Membranen umschlossen vom Cytoplasma abgegrenzt sind. Dies zeigt sich nur im elektronenmikroskopischen Bild.

Zellkern. Der *Zellkern*, auch Nucleus oder Karyon genannt, ist das Steuerzentrum der Zelle. Er ist von einer doppelten Membran, der *Kernhülle*, umschlossen. Die beiden Membranen der Kernhülle sind durch einen 20 bis 40 nm breiten Zwischenraum getrennt. Im Bereich der *Kernporen* gehen äußere und innere Kernmembran ineinander über. Die Kernporen, Öffnungen von rund 100 nm Durchmesser, ermöglichen den Austausch größerer Moleküle zwischen dem Innern des Zellkerns und dem Cytoplasma.

Besonders auffällig erscheint in gefärbten Präparaten der Nucleolus, das Kernkörperchen. Je nach Art und Entwicklungsstadium der Zelle können auch mehrere Nucleoli im Zellkern vorkommen. Im Nucleolus werden die Ribosomen gebildet.

1 *Äußere und innere Membran der Kernhülle mit Kernporen*

Der Zellkern enthält den Großteil der Erbinformation einer Zelle. Das genetische Material liegt in Form von *Chromosomen* vor, die jedoch nur während der Zellteilung als solche erkennbar werden (► S. 104).

Während der übrigen Zeit erscheint das *Chromatin*, ein leicht anfärbbarer Komplex aus *Desoxyribonukleinsäure* (DNA) und Strukturproteinen, als unstrukturierte Masse.

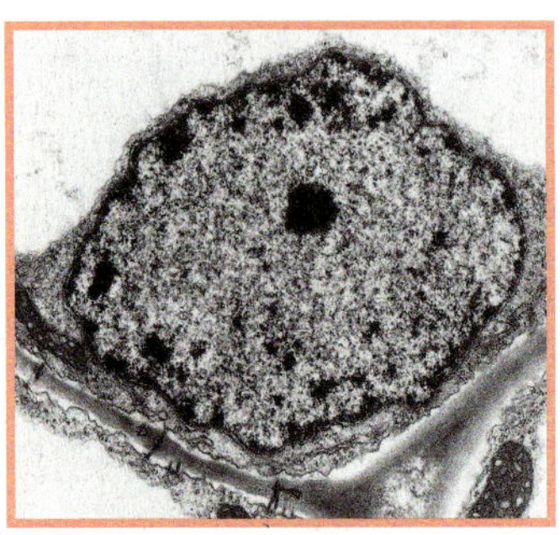

2 *Im Innern des Zellkerns ist der dunkel gefärbte Nucleolus deutlich zu erkennen.*

Der Zellkern steuert alle Stoffwechselprozesse innerhalb der Zelle mithilfe von Botenmolekülen aus *Ribonukleinsäure* (RNA), die über die Kernporen nach außen geschleust werden. Jedes RNA-Botenmolekül enthält die genetische Information für die Aminosäuresequenz eines bestimmten Proteins (Enzyms).

Ribosomen. *Ribosomen* sind die Orte der *Eiweißbildung*. Hier werden Aminosäuren miteinander zu Proteinen verbunden. Ein Teil der Ribosomen einer Zelle liegt frei im Cytoplasma. Diese sogenannten freien Ribosomen stellen vor allem Enzyme her, die Stoffwechselvorgänge im Cytoplasma katalysieren. Ribosomen können sich jedoch auch an die Membranen des endoplasmatischen Reticulums anlagern. Chemisch bestehen Ribosomen aus Proteinen und RNA. Sie sind nicht von einer Membran umgeben.

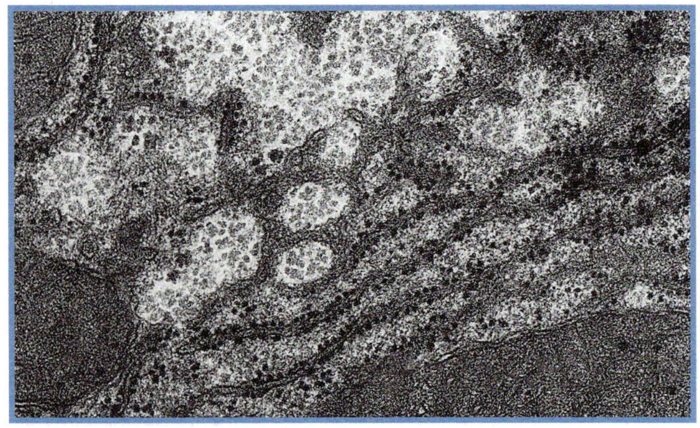

3 *Raues und glattes endoplasmatisches Reticulum*

[Z] Das endoplasmatische Reticulum. Das *endoplasmatische Reticulum* (ER) durchzieht als ausgedehntes Membransystem die gesamte Zelle. Dabei bilden die Membranen des ER flächige oder röhrenförmige Hohlräume, die als *Zisternen* bezeichnet werden. Das ER steht mit anderen Organellen in Verbindung. Es geht beispielsweise direkt in die Kernhülle über. Das ER dient neben der Synthese und der Verarbeitung verschiedener Stoffe vor allem dem *innerzellulären Stofftransport*.

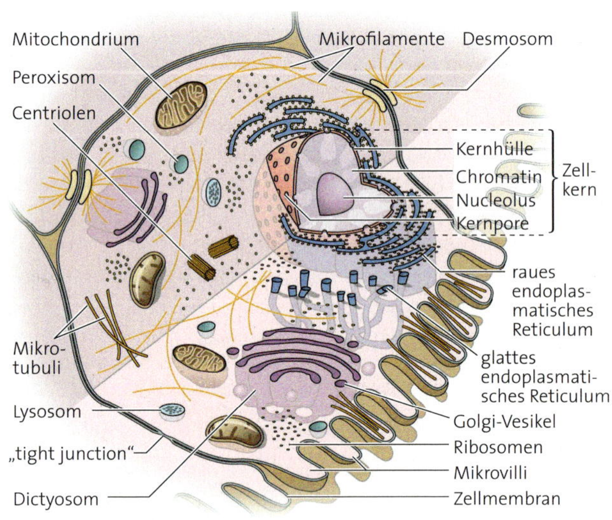

4 *Schema einer Tierzelle*

Die Bereiche des ER, an dessen Membranflächen Ribosomen angelagert sind und die im elektronenmikroskopischen Bild ein „raues" Aussehen haben, bezeichnet man als *raues ER*. Die Ribosomen des rauen ER synthetisieren Proteine, die entweder für den Einbau in Membranen bestimmt sind oder als *Sekrete*, in Vesikel verpackt, die Zelle verlassen. Drüsenzellen sind besonders stark vom rauen ER durchzogen.

Ribosomenfreie Abschnitte heißen *glattes ER*. Das glatte ER synthetisiert vor allem Lipide für neue Membranen. In tierischen Zellen stellt das glatte ER auch bestimmte Hormone wie zum Beispiel Geschlechtshormone her. In Leberzellen werden hier Gifte und Arzneimittel abgebaut.

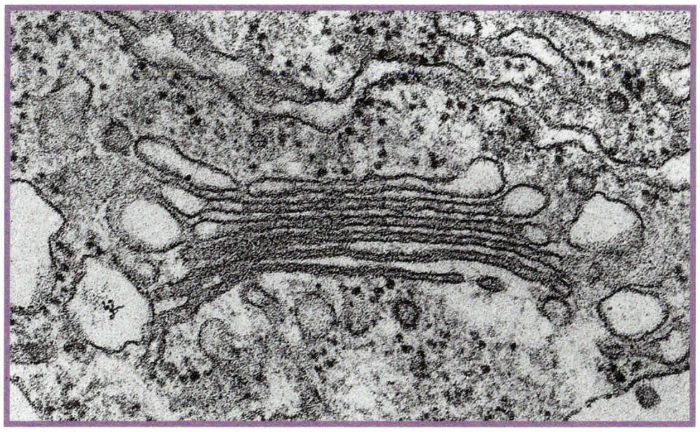

1 *An den Dictyosomen schnüren sich Golgi-Vesikel ab.*

[Z] Dictyosomen. *Dictyosomen* bestehen aus übereinandergestapelten, flachen Membranzisternen. Nach ihrem Entdecker wird die Gesamtheit aller Dictyosomen einer Zelle als *Golgi-Apparat* bezeichnet. In den Dictyosomen werden die Syntheseprodukte des ER umgewandelt, gespeichert, in sogenannte *Golgi-Vesikel* verpackt und weitertransportiert. Der Stofftransport zwischen ER, den einzelnen Zisternen der Dictyosomen und der Zelloberfläche erfolgt durch Aufnahme und Abgabe von Vesikeln. Dabei zeigen

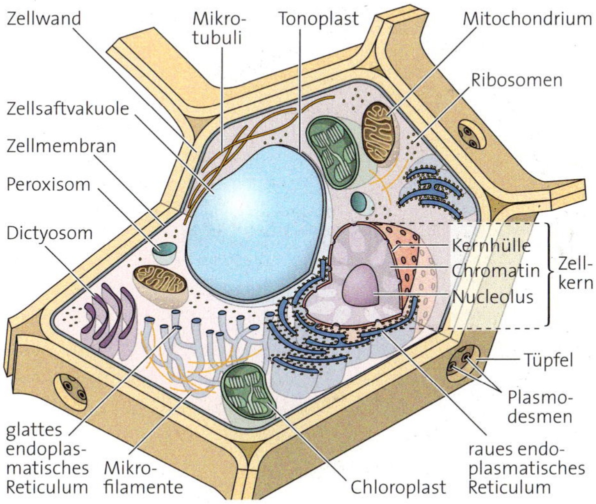

2 *Schema einer Pflanzenzelle*

die Dictyosomen eine eindeutige *Polarität*. Auf der dem Zellkern und dem ER zugewandten *Bildungsseite* werden Syntheseprodukte aufgenommen, indem vom ER abgeschnürte Transportvesikel mit der Dictyosomenmembran verschmelzen. Auf der gegenüberliegenden, der Zellmembran zugewandten *Sekretionsseite* schnüren sich Golgi-Vesikel ab, die zur Zelloberfläche oder zu den Lysosomen weitertransportiert werden.

Die Produkte des ER werden, während sie den Golgi-Apparat passieren, chemisch verändert. Hier werden zum Beispiel Membranproteine und -lipide mit Zuckerketten versehen, sodass Glykoproteine und Glykolipide entstehen (► S. 17). Ihre „individuelle Kennung" erhalten die Moleküle, indem einzelne Zuckerbausteine „angehängt" oder „abgeschnitten" werden. Die Dictyosomen stellen auch solche Kohlenhydrate her, die als *Sekrete* aus der Zelle ausgeschieden werden. Die vom Golgi-Apparat abgegebenen Sekrete können jedoch sehr unterschiedlich sein. Golgi-Vesikel pflanzlicher Zellen enthalten zum Beispiel Moleküle, die für den Aufbau der Zellwand benötigt werden. In Zellen der Dünndarmwand bilden die Dictyosomen Schleimbestandteile. Bei Einzellern, die im Süßwasser vorkommen, sind Golgi-Vesikel an der Wasserausscheidung über die pulsierende Vakuole beteiligt.

[Z] Lysosomen. In der Zelle kommen weitere vom Golgi-Apparat abgeschnürte Vesikel vor, die entsprechend ihrer Funktion als *Lysosomen* bezeichnet werden. Sie dienen dazu, zelleigenes und zellfremdes Material zu verdauen, um die Bausteine der Zelle für neue Synthesen zugänglich zu machen. Lysosomen enthalten Enzyme für den Abbau aller in der Zelle vorhandenen Makromoleküle. Wenn die Zelle stirbt, geben die Lysosomen ihre Enzyme nach außen ab, sodass die Zelle sich selbst verdaut. Die Abbauprodukte werden von Nachbarzellen wieder verwendet. Pflanzenzellen enthalten keine Lysosomen. Deren Funktion wird dort von der Vakuole erfüllt.

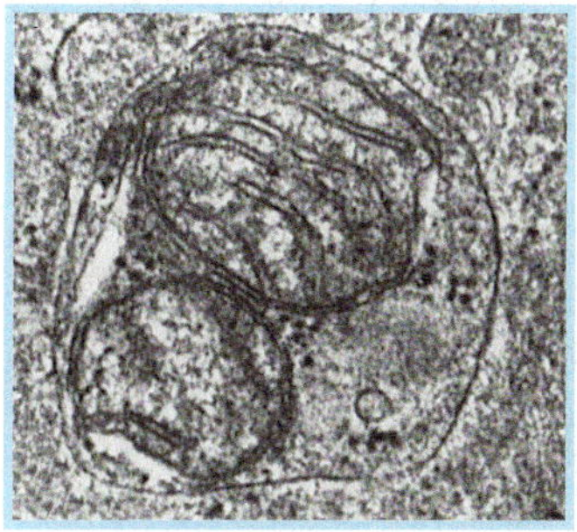

3 *Ein Lysosom verdaut ein Mitochondrium.*

[Z] Vakuolen. *Vakuolen* sind große Vesikel, die der Verdauung von Makromolekülen dienen, aber auch Produkte des Zellstoffwechsels speichern. Sie entstehen bei der Endocytose oder durch die Fusion von Vesikeln, die von ER und Golgi-Apparat abgeschnürt werden. Damit sind Vakuolen Bestandteile des inneren Membransystems. In ausgewachsenen Pflanzenzellen findet sich meist eine große, zentral gelegene Vakuole. Durch ihren osmotischen Wert sorgt die Zentralvakuole für den *Innendruck* der Pflanzenzelle, der auch *Turgor* genannt wird (► S. 19).

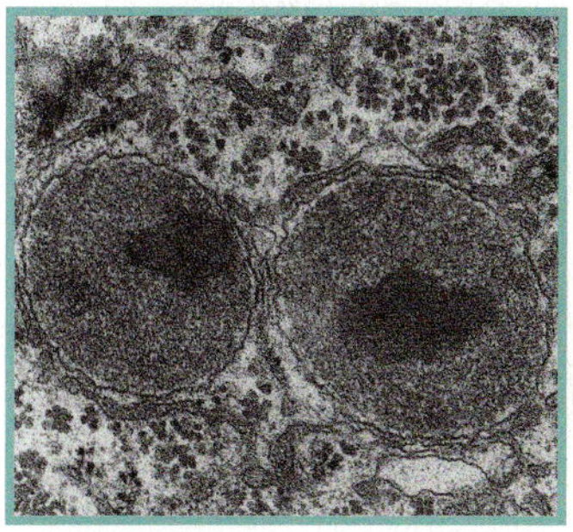

4 *Peroxisomen*

[Z] Peroxisomen. *Peroxisomen* oder *Microbodies* sind vesikelähnliche Organellen, die in unterschiedlichen Zellen sehr verschiedene Funktionen haben. Mithilfe von Enzymen bauen sie Fettsäuren und andere Substrate ab. Häufig enthalten sie *Katalase*, die das im Stoffwechsel entstehende Zellgift *Wasserstoffperoxid* in Sauerstoff und Wasser zerlegt. In Leberzellen dienen sie dazu, Alkohol und andere schädliche Verbindungen zu entgiften. Peroxisomen schnüren sich nicht vom inneren Membransystem ab, sondern vermehren sich durch Teilung.

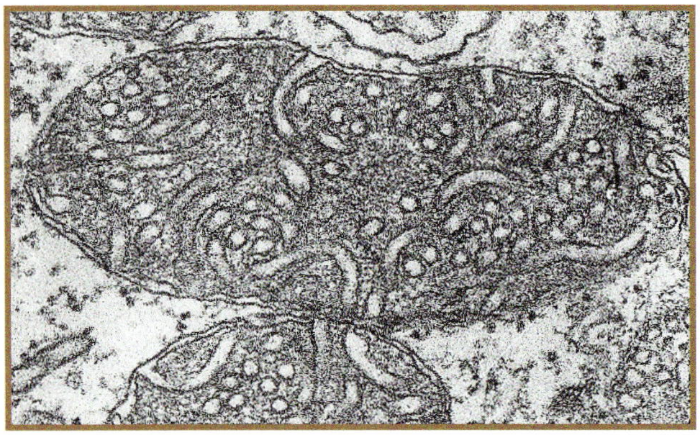

1 *Die innere Mitochondrienmembran ist stark eingefaltet.*

Mitochondrien. *Mitochondrien* sind von zwei Membranen umgeben. Die äußere Mitochondrienmembran ist glatt, die innere Membran zeigt dagegen zahlreiche Einfaltungen nach innen, die als *Cristae* (Einzahl *Crista*) bezeichnet werden. Die beiden Membranen gliedern das Mitochondrium in zwei Kompartimente: den *Intermembranraum* zwischen den Membranen und die *Matrix* im Innern des Mitochondriums. Die Matrix enthält Ribosomen, mitochondriale DNA und zahlreiche Enzyme des Kohlenhydrat- und Lipidstoffwechsels.

Mitochondrien sind die Organellen der *Zellatmung*. Bei diesem Stoffwechselvorgang wird aus Zuckern, Fetten und anderen Nährstoffen mithilfe von Sauerstoff Energie gewonnen und in eine chemische, für die Zelle nutzbare Form umgesetzt (► S. 66). In Zellen mit hoher Stoffwechselrate finden sich daher besonders viele Mitochondrien. Leberzellen enthalten beispielsweise über 1000 Mitochondrien, manche Algenzellen dagegen nur ein einziges.

Chloroplasten. *Chloroplasten* gehören zu den *Plastiden*, sie kommen nur in Pflanzenzellen vor. Wie die Mitochondrien sind sie durch zwei Membranen gegen das Cytoplasma abgegrenzt. Im Innern des Chloroplasten befindet sich ein weiteres Membransystem aus flachen Zisternen, den sogenannten *Thylakoiden*. Bereiche, in denen die Faltungen der Thylakoidmembran wie dicht übereinandergestapelte Münzen aussehen, nennt man *Grana*. Sie erscheinen im elektronenmikroskopischen Bild dunkel gefärbt. Der Raum außerhalb der Thylakoide heißt *Stroma*. Im Chloroplasten lassen sich demnach drei Kompartimente unterscheiden: der schmale Intermembranraum zwischen äußerer und innerer Membran, das Stroma und der Thylakoid-Innenraum. Die Chloroplasten sind die Organellen der *Fotosynthese* (► S. 46).

Mitochondrien und Chloroplasten im Vergleich. Mitochondrien und Chloroplasten sind die wichtigsten Energieumwandler der Zellen. Beide sind von Membranen umschlossen, die keine Verbindung zum inneren Membransystem der Zelle haben. Beide Organellen besitzen auch eigene DNA und RNA sowie Ribosomen, die einen Teil der Eiweiße synthetisieren. Mitochondrien wie Chloroplasten vermehren sich unabhängig vom Zellteilungszyklus durch Zweiteilung.

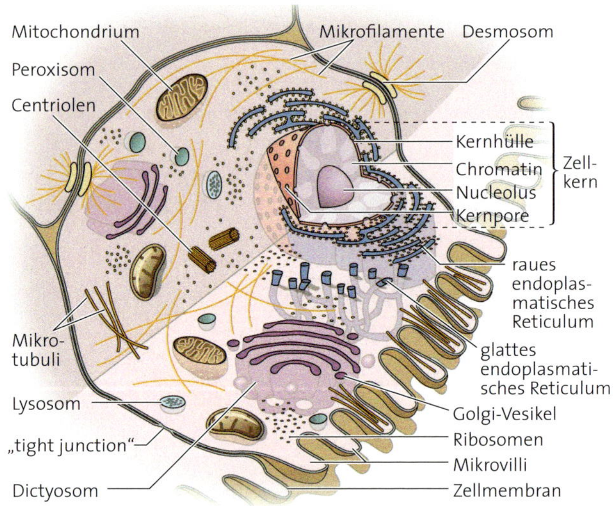

[Z] Cytoskelett. Das Cytoplasma ist von einem Netzwerk feiner Proteinstrukturen durchzogen, das in seiner Gesamtheit als *Cytoskelett* bezeichnet wird. Es sorgt für die *mechanische Festigkeit* der Zelle und hält die Zellorganellen an ihrem Platz im Cytoplasma. In tierischen Geweben, deren Zellen keine festen Zellwände haben, gewährleistet das Cytoskelett Zusammenhalt und Stabilität. Daneben ist das Cytoskelett für *Bewegungsvorgänge* verantwortlich. Dazu gehören Formveränderungen ganzer Zellen wie zum Beispiel die Bildung von Pseudopodien bei Amöben, aber auch Trans-

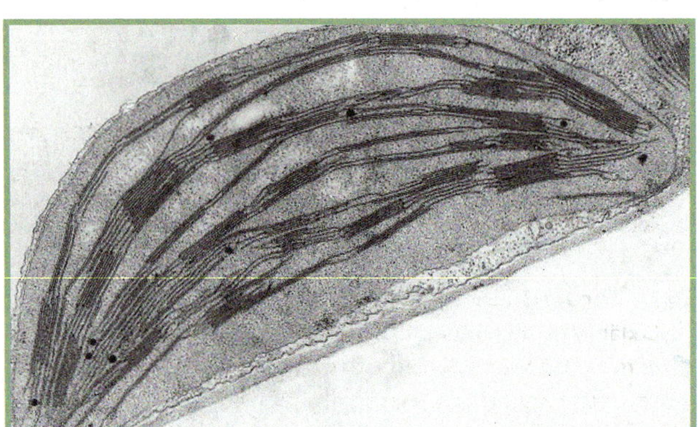

2 *Chloroplasten sind in drei Kompartimente gegliedert.*

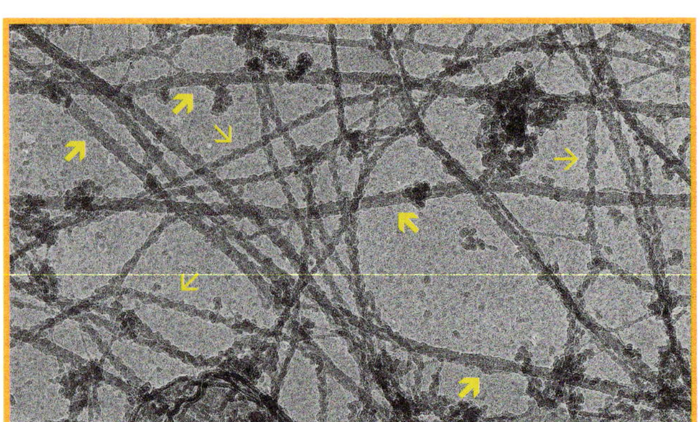

3 *Mikrofilamente (→) und Mikrotubuli (→) des Cytoskeletts*

portvorgänge innerhalb der Zelle wie die Cytoplasmaströmung und der Transport von Vesikeln. Man unterscheidet röhrenförmige und fadenartige Bestandteile:

Mikrotubuli sind Röhren von rund 25 nm Durchmesser, deren Wand aus Tubulin, einem globulären Protein, besteht. Mikrotubuli wachsen, indem sich an einem Ende neue Tubulinmoleküle anlagern. Werden Tubulinbausteine abgebaut, so verkürzt sich die Röhre. Durch Auf- und Abbau von Mikrotubuli kommt die Bewegung der Chromosomen bei der Kernteilung zustande (► S. 104). Aber auch Geißeln und Cilien enthalten Mikrotubuli. Diese zeigen im Querschnitt ein Muster von neun kreisförmig angeordneten Doppelröhren und zwei zentralen Einzelröhren (► Bild 1).

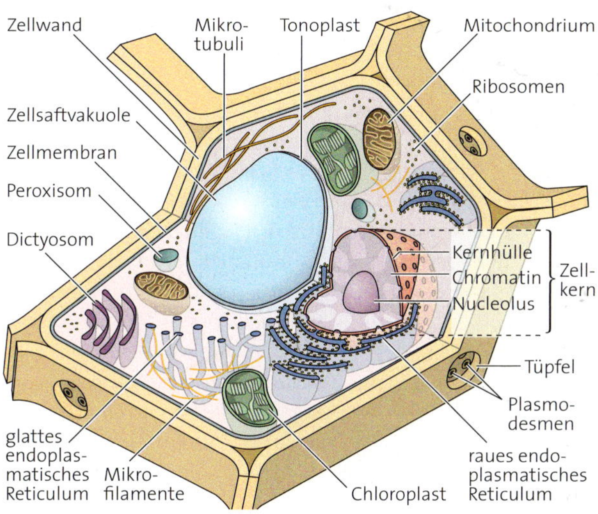

Geißeln und Cilien sind stets durch den *Basalkörper* in der Zelle „verankert". In diesem Bereich finden sich Mikrotubuli nicht als Doppelröhren, sondern in Dreiergruppen angeordnet. Genau dieselbe Struktur weisen *Centriolen* auf, die bei Tierzellen paarweise und senkrecht zueinander in der Nähe des Zellkerns liegen. Die Centriolen gelten als Zentren zur Organisation der Mikrotubuli. Sie verdoppeln sich, bevor sich die Zelle teilt, und können am Aufbau des Spindelapparats in der als Centrosom bezeichneten Region beteiligt sein (► S. 104).

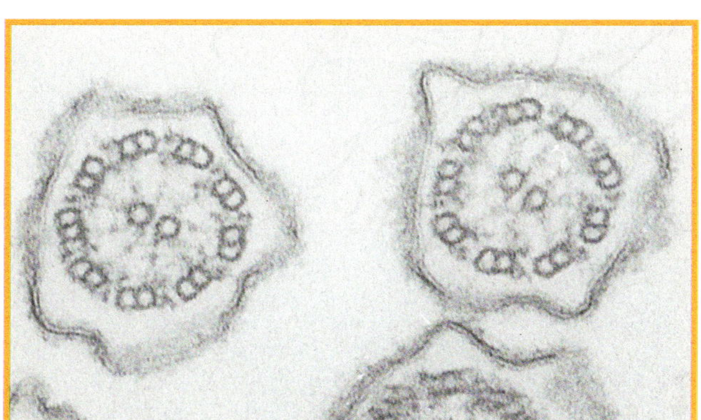

1 Geißelquerschnitte: typische Anordnung der Mikrotubuli

Mikrofilamente sind sehr dünne, aber dennoch stabile Proteinfäden. Sie bestehen aus Aktin und Myosinelementen. Aktinmoleküle reihen sich wie Perlen aneinander. Je zwei „Perlschnüre" bilden, kordelartig umeinandergewunden, das Mikrofilament (► Bild 3, gegenüberliegende Seite). Die Bewegung entsteht dadurch, dass Aktinfilamente an Myosinmolekülen entlangwandern. So kommt beispielsweise die Cytoplasmaströmung in Pflanzenzellen zustande. In Muskeln gibt es auch reine Myosinfilamente. Bei der Muskelanspannung verkürzt sich die Faser, indem Aktin- und Myosinfilamente ineinandergleiten. In Zellen der Darmwand versteifen fest miteinander verbundene Mikrofilamente die Mikrovilli.

Die Zellwand. Nur Pflanzenzellen besitzen eine *Zellwand*. Sie wird an der Außenseite der Zellmembran gebildet. Die Zellwand verleiht der Zelle eine feste Form. Sie wirkt dem osmotischen Innendruck (► S. 19) entgegen und verhindert so, dass die Zelle zu viel Wasser aufnimmt und platzt. Zusammen mit der Vakuole gewährleistet die Zellwand die Stabilität krautiger Pflanzenteile. Poren in der Zellwand ermöglichen den Durchtritt von *Plasmodesmen*. Plasmodesmen sind membranumhüllte Cytoplasmastränge, die das Zellinnere benachbarter Pflanzenzellen miteinander verbinden. Sie treten gehäuft im Bereich sogenannter *Tüpfel* auf.

Die Zellwand besteht aus 20 bis 30 nm dicken *Cellulosefasern*, die in eine Grundsubstanz aus anderen Kohlenhydraten und Proteinen eingebettet sind. Nach einer Zellteilung entsteht zunächst eine Mittellamelle aus Pektin. Dieses gelartige Kohlenhydrat hält die Tochterzellen zusammen. Dann wird die Primärwand aufgelagert, die unregelmäßig angeordnete Cellulosefasern enthält. Ist die endgültige Zellgröße erreicht, wird die Sekundärwand gebildet. Da die Cellulosefasern parallel und sehr dicht angeordnet sind, ist die Sekundärwand nicht mehr dehnbar. Die Tüpfel werden bei der Sekundärwandbildung ausgespart. Einlagerung des Holzstoffs Lignin in die Zellwand kann ihre Druckfestigkeit verstärken, Auflagerung der Korkstoffe Suberin und Cutin die Wasserdurchlässigkeit der Zellwand einschränken.

2 Anordnung der Cellulosefibrillen in der Zellwand

1 **Zellbestandteile sind gegenüber dem Cytoplasma unterschiedlich abgegrenzt. Stellen Sie in einer Tabelle Bestandteile mit zwei, einer und ohne Membran zusammen und erklären Sie ihre Funktion.**

2 **Zellwand und Zellmembran werden immer wieder verwechselt. Erklären Sie die Unterschiede.**

3 **Vergleichen Sie die Schemazeichnungen von Tier- und Pflanzenzelle miteinander und machen Sie sich Gemeinsamkeiten und Unterschiede klar.**

Isolierung von Zellbestandteilen

Einen wichtigen Fortschritt in der Erforschung der Zellorganellen brachten Methoden, mit denen man die Zellbestandteile voneinander trennen kann. Sie ermöglichen es, bestimmte Organellen anzureichern, um ihre jeweilige Funktion zu untersuchen. So lassen sich auch die Stoffwechselprozesse gut analysieren, die dort stattfinden. Das Verfahren, mit dem die Zellorganellen getrennt und angereichert werden, heißt *Zellfraktionierung*.

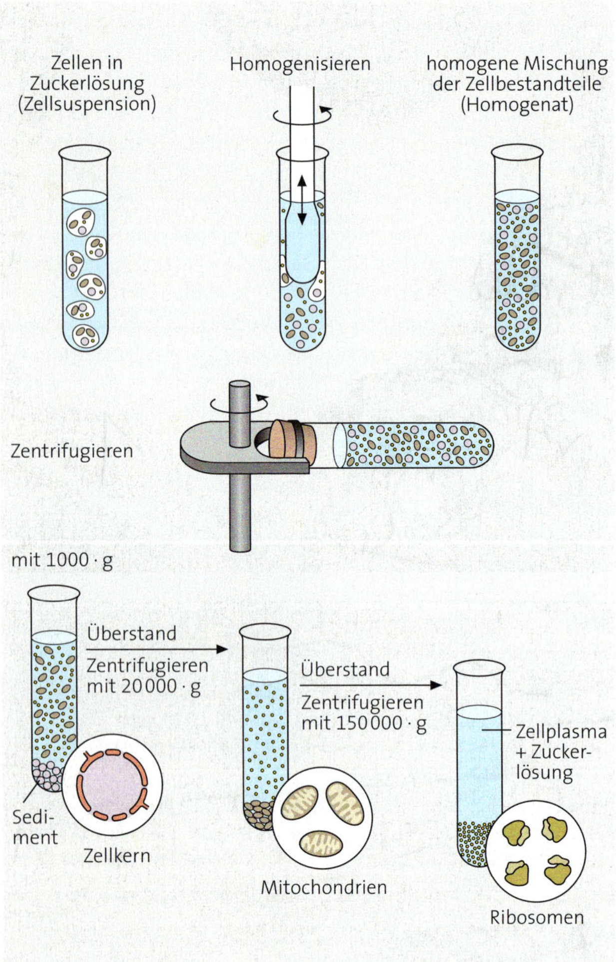

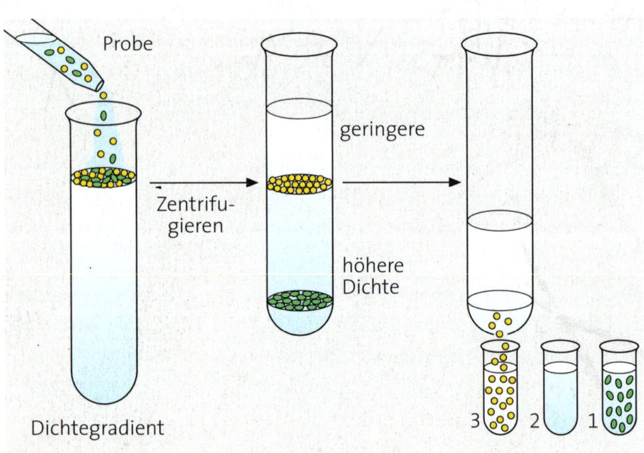

Zellfraktionierung

Homogenisieren. Zunächst wird das Gewebe vorsichtig in einer Lösung zerkleinert, die einen ähnlichen osmotischen Wert hat wie das Zellinnere, sodass die Organellen funktionsfähig bleiben. Man erhält ein Gemisch aus verschiedenen Zellbestandteilen, das *Zellhomogenat*.

Zentrifugieren. Durch Zentrifugieren werden die Zellbestandteile voneinander getrennt. Moderne *Ultrazentrifugen* erreichen mehr als 100 000 Umdrehungen pro Minute. Große und schwere Zellbestandteile setzen sich schon bei niedriger Drehzahl als *Sediment* am Boden des Gefäßes ab. Die Flüssigkeit darüber, der *Überstand*, enthält kleine und leichte Zellstrukturen. Er wird in ein anderes Glas gegossen und bei höherer Drehzahl erneut zentrifugiert. Das mehrmalige Wiederholen der Schritte bei zunehmender Drehzahl dient der Auftrennung der Zellbestandteile: Man spricht von *differenzieller Zentrifugation*.

Eine Trennmethode, bei der durch einmaliges Zentrifugieren Bestandteile ähnlicher Größe, aber verschiedener Dichte voneinander getrennt werden können, ist die *Dichtegradientenzentrifugation* (► unten links). Sie eignet sich zur Feinauftrennung von Proben, die bereits durch differenzielle Zentrifugation gereinigt sind, aber auch zur Isolierung von Makromolekülen. Dazu füllt man ein Zentrifugengefäß mit einer Lösung, deren Dichte von oben nach unten zunimmt. Um einen solchen *Dichtegradienten* zu erzeugen, verwendet man beispielsweise Rohrzuckerlösung mit steigender Konzentration. Dann gibt man das Zellhomogenat zu und zentrifugiert. Die Zellbestandteile reichern sich in der Zone an, die ihrer eigenen Dichte entspricht. Die einzelnen Schichten mit Organellen gleicher Dichte können getrennt entnommen werden.

---

1. **Erläutern Sie, warum die Zellfraktionierung zu den wichtigsten Methoden der Zellbiologie gehört.**
2. **Vergleichen Sie die beiden Trennverfahren. Welche Vorteile bietet die Dichtegradientenzentrifugation gegenüber der differenziellen Zentrifugation?**
3. **Aus den Volumenanteilen der Organellen kann man auf die Funktion der Zellen rückschließen. Das Bild unten zeigt das Ergebnis der Zellfraktionierung von wachsenden und ausdifferenzierten Zellen einer Erbsenpflanze. Erklären Sie.**

☞ Stichworte zu weiteren Informationen

Sedimentationskoeffizient • Svedberg-Einheit • Herstellung von Dichtegradienten • Zonenzentrifugation

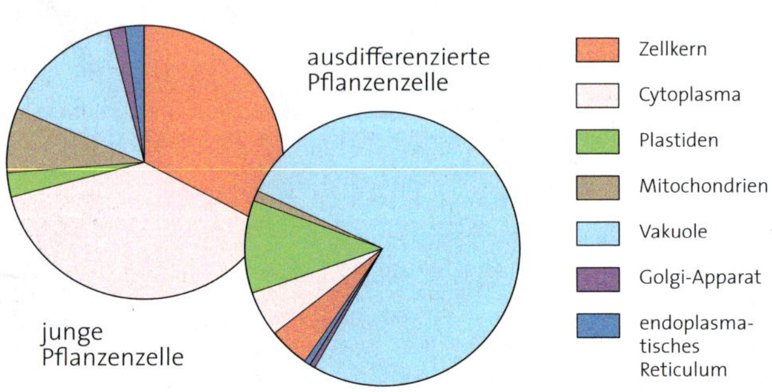

MATERIAL · METHODE · PRAXIS

Interpretation elektronenmikroskopischer Bilder

Das Elektronenmikroskop bildet winzige Strukturen mit einer sehr hohen Auflösung ab. Allerdings sind die Abbildungen nicht immer leicht zu deuten, vor allem weil *keine lebenden Gewebe* untersucht werden können. Die Objekte müssen fixiert und meist auch kontrastiert werden. Durch die Präparation können künstliche Veränderungen, sogenannte *Artefakte*, entstehen. Zudem zeigen die Bilder äußerst dünne Schnitte räumlicher Strukturen. Unter dem Einfluss der Elektronenstrahlen werden die Präparate extrem erhitzt, sodass leicht flüchtige Elemente verdampfen. Elektronenmikroskopische Aufnahmen zeigen daher oft eher ein lebensnahes Modell als ein „Foto" der ursprünglichen Strukturen.

1 **Licht- und elektronenmikroskopische Aufnahmen unterscheiden sich grundlegend. Erörtern Sie, woran man erkennt, von welchem Mikroskoptyp eine Aufnahme stammt.**

2 **Diskutieren Sie, welche Schwierigkeiten bei der Interpretation der EM-Bilder aufgetreten wären, hätte man das Elektronenmikroskop vor dem Lichtmikroskop erfunden.**

3 **Die Abbildungen auf dieser Seite wurden nach verschiedenen Präparationstechniken angefertigt. Benennen Sie die Methoden und erklären Sie die jeweils notwendigen Arbeitsschritte. Vergleichen Sie, welches Verfahren bestimmte Strukturen besser sichtbar macht.**

4 **Das Bild unten zeigt einen Ausschnitt aus einer Hefezelle. Fertigen Sie eine Schemazeichnung des Zellausschnitts an, die den Feinbau der Organellen verdeutlicht.**

5 **Benennen Sie die Strukturen, die in den beiden Abbildungen rechts mit Ziffern versehen sind. Handelt es sich um tierische oder pflanzliche Zellen? Begründen Sie. Erklären Sie, welche Aufgaben die beschrifteten Zellbestandteile haben.**

6 **Legen Sie eine Folie über das Bild unten rechts und zeichnen Sie die verschiedenen Organellen mit unterschiedlichen Farben nach. Ermitteln Sie mithilfe von Karopapier den ungefähren Flächenanteil der Organellen an der Gesamtfläche. Aus welchem Organ könnte die abgebildete Zelle stammen? Begründen Sie Ihre Meinung.**

☞ Stichworte zu weiteren Informationen

Kontrastierung • Einbettung • Artefakt • Serienschnitte

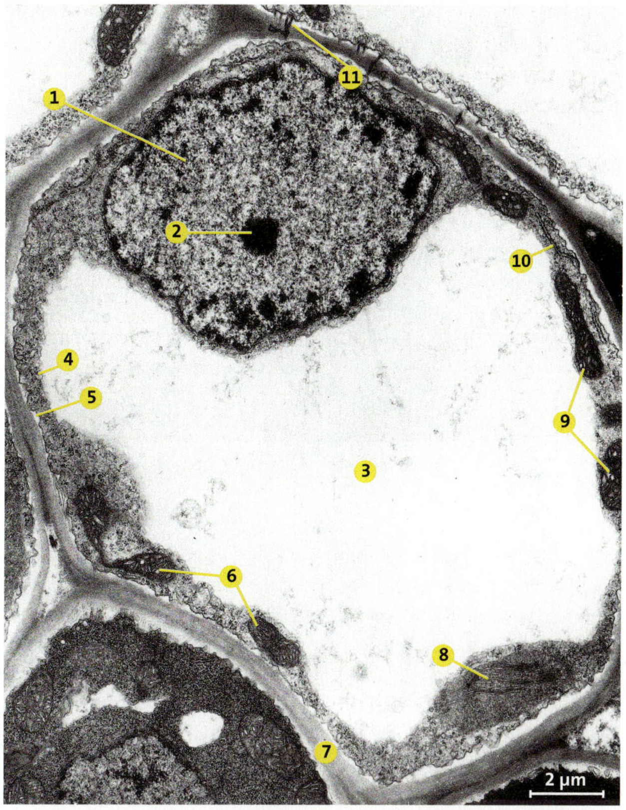

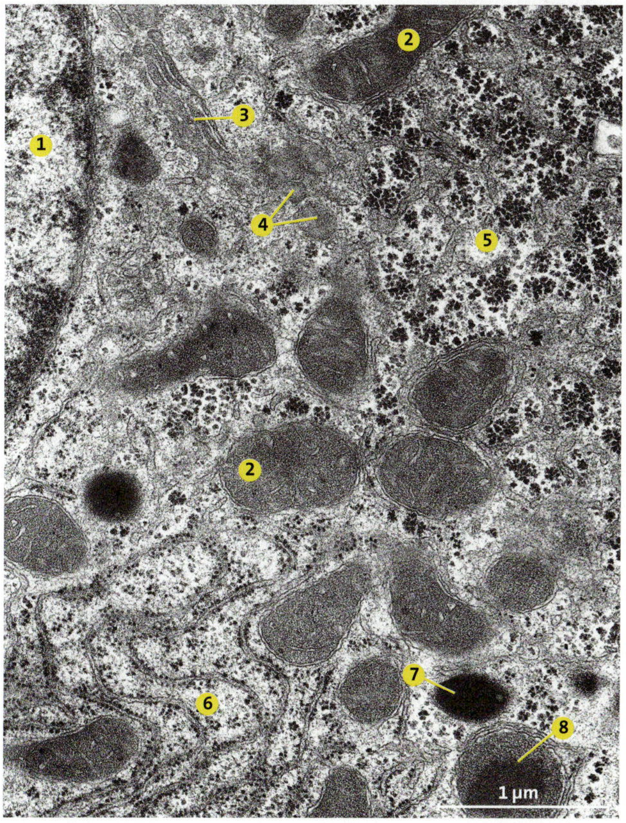

[Z] Prokaryoten

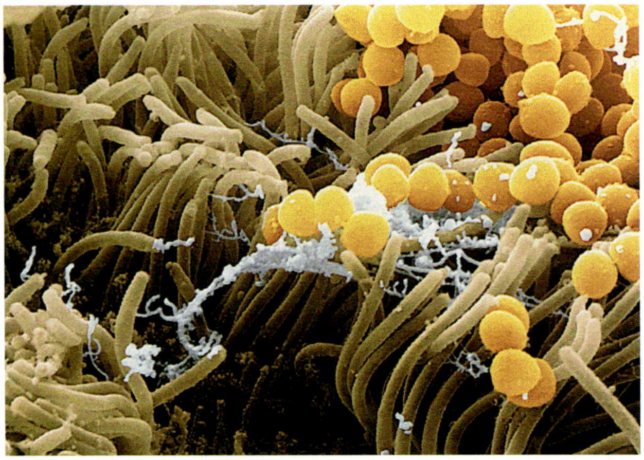

1 Staphylococcus aureus lebt auf der Nasenschleimhaut.

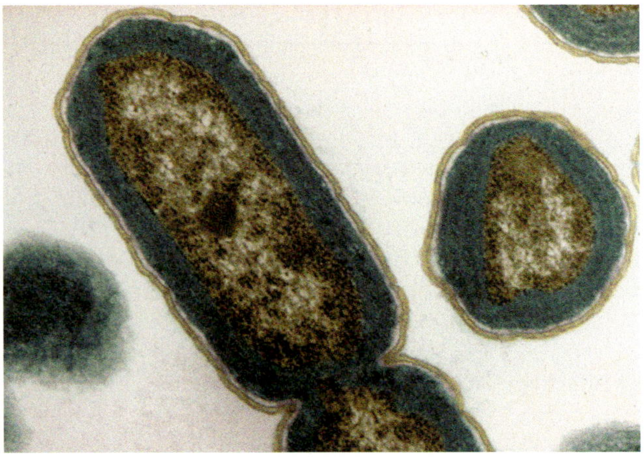

2 Die Zellmembran des Cyanobakteriums bildet Thylakoide.

Fast alle für uns sichtbaren Lebewesen in unserer Umgebung – Tiere, Pflanzen und Pilze – sind *Eukaryoten*. Sie bestehen aus Zellen, die sich vor allem durch den Besitz eines Zellkerns auszeichnen. Weitaus häufiger sind jedoch Organismen, deren Zellen keinen Kern haben und die nicht in Kompartimente oder Organellen gegliedert sind: die *Prokaryoten*.

Die größte Gruppe unter den bisher bekannten Prokaryoten sind die *Bakterien*. Sie besiedeln in unvorstellbar großer Zahl fast alle Lebensräume der Erde. Im Alltag nehmen wir Bakterien am ehesten als *Verursacher von Infektionen* oder durch verdorbene Lebensmittel wahr. Dabei sind Bakterien für das Leben auf der Erde unentbehrlich. Als *Destruenten* sorgen sie für den Abbau organischer Stoffe. Sie sind verantwortlich dafür, dass Stickstoff, Kohlenstoff und andere Elemente aus der Körpersubstanz der Lebewesen den Stoffkreisläufen in mineralischer Form wieder zugeführt werden. Darüber hinaus spielen sie eine wichtige Rolle als *Symbionten* von Pflanzen, Tieren und des Menschen. Ein bekanntes Beispiel sind die Pansenbakterien, die im Magen von Wiederkäuern zusammen mit Einzellern Cellulose abbauen.

Die meisten Bakterien sind relativ klein, ihre Länge liegt bei 1 bis 10 µm. Die Zellen sind sehr unterschiedlich geformt. Im Mikroskop lassen sich kugelige, stäbchenförmige und spiralartig gewundene Arten unterscheiden. Die Zellgestalt ist aber nicht typisch für eine bestimmte Bakteriengruppe. Viele Arten bilden zwei- oder mehrzellige Verbände.

Bei fast allen Bakterien ist der Zellmembran nach außen eine *Zellwand* aufgelagert. Deshalb wurden Bakterien früher den Pflanzen zugerechnet. Die Bakterienzellwand unterscheidet sich jedoch grundsätzlich von der der Pflanzen (► S. 25). Sie besteht aus *Murein*, einem Makromolekül aus Zuckerketten, die durch Proteine verbunden sind. Das Mureinmolekül umhüllt die Zelle wie ein festes Netz.

Die Erbsubstanz liegt als einziges, ringförmiges Chromosom im Cytoplasma. Diesen Bereich in der Zellmitte nennt man *Nucleoid*. Weitere kleine DNA-Ringe, die *Plasmide*, tragen meist nur wenige Gene. Diese sind vor allem für „Sonderaufgaben" wie die Resistenz gegen Antibiotika oder den Abbau ungewöhnlicher Substanzen verantwortlich.

Bakterien vermehren sich asexuell durch *Zweiteilung*. Unter günstigen Bedingungen verdoppelt sich die Population bei manchen Arten alle 20 Minuten. Die extrem kurze Generationsdauer ermöglicht es den Bakterien, sich sehr rasch an veränderte Umweltbedingungen anzupassen. Voraussetzung dafür sind genetische Veränderungen. Bei der *Konjugation* (► S. 84) wird durch den Austausch von Plasmiden genetische Information zwischen zwei Zellen übertragen. Hauptursache für genetische Variabilität sind jedoch Mutationen.

Cyanobakterien. *Cyanobakterien* sind ähnlich aufgebaut, jedoch meist 5- bis 10-mal größer als die übrigen Bakterien. Wegen ihrer oft blaugrünen Färbung und der Fähigkeit, Fotosynthese zu betreiben, bezeichnete man sie früher als *Blaualgen*. Ihre Zellmembran ist – ähnlich wie die innere Membran der Chloroplasten – vielfach eingefaltet, sodass Thylakoide entstehen. Die meisten Cyanobakterienarten kommen im Boden und im Süßwasser vor. Sie bilden häufig fadenförmige Zellkolonien. Manche leben in Symbiose mit Pilzen als *Flechten*. Auffällig ist das oft massenhafte Vorkommen von Cyanobakterien an extremen Standorten. Neben der Toleranz vieler Arten gegenüber Kälte und Trockenheit kommt ihnen dabei die Fähigkeit zugute, *Luftstickstoff* für die Proteinsynthese zu nutzen.

Archaeen. *Archaeen* sind einzellige, von einer Zellwand umgebene Organismen, die vor allem extreme Lebensräume besiedeln. Sie werden auch als *Archaebakterien* (von griech. *archeios*: urtümlich) bezeichnet. Der Name weist darauf hin, dass Archaeen an solche Lebensbedingungen angepasst sind, wie sie vermutlich in der Frühzeit der Erdentwicklung geherrscht haben. Da sie ähnlich gebaut sind wie Bakterien, hielt man sie lange Zeit für sehr ursprüngliche Bakterien. Erst molekulargenetische Untersuchungen zeigten, dass Archaeen zwar wie Bakterien Prokaryoten sind, in bestimmten Merkmalen aber den Eukaryoten näherstehen.

---

1. **Informieren Sie sich über Bakterien in der Biotechnologie, bei der Abwasserreinigung und als Indikatororganismen.**
2. **Das Cyanobakterium Spirulina wird als Nahrungszusatz angeboten. Erkunden Sie seine ernährungsphysiologischen Vorteile.**

[Z] Eukaryoten – Prokaryoten – Viren

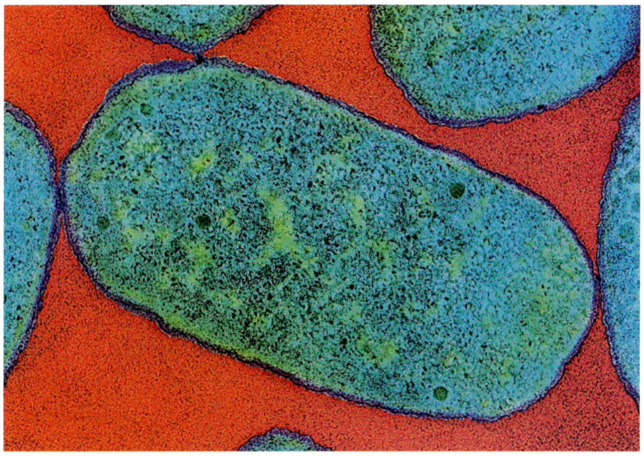
1 TEM-Aufnahme des Bakteriums Escherichia coli

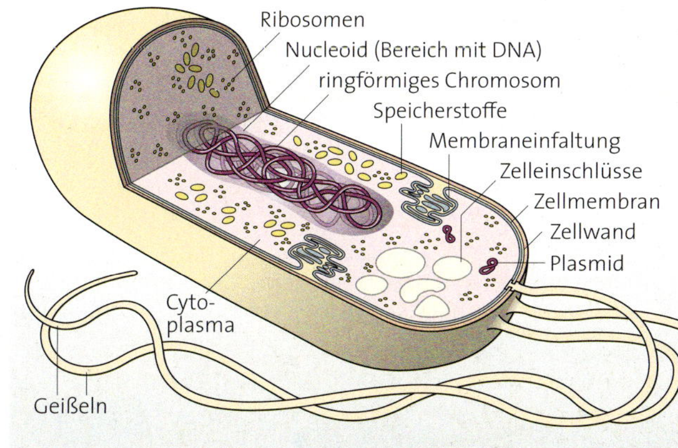

2 Schematischer Aufbau einer Bakterienzelle

Eucyte. Eukaryotische Zellen haben charakteristische Merkmale, die im Elektronenmikroskop sichtbar gemacht werden können. Dazu gehören die Kompartimentierung durch Biomembranen und das Cytoskelett. Die Erbsubstanz ist in mehrere Chromosomen gegliedert, deren Anzahl typisch ist für Arten oder Verwandtschaftsgruppen. Bei Vielzellern sind besondere Strukturen ausgebildet, um die einzelnen Zellen miteinander zu verbinden. Die Organisationsform der eukaryotischen Zelle wird als *Eucyte* bezeichnet. Man nimmt an, dass die Eucyte aus einer Symbiose prokaryotischer Vorläuferorganismen hervorgegangen ist (► S. 30).

Protocyte. Die *Protocyte*, die Organisationsform der Prokaryoten, ist deutlich einfacher strukturiert. Die Zellen sind im Durchschnitt wesentlich kleiner, sie unterscheiden sich untereinander nur wenig in ihrem Bau. Die Erbsubstanz ist in einem einzigen Chromosom konzentriert, dessen DNA-Gehalt nur etwa ein Tausendstel der DNA einer Eukaryotenzelle ausmacht. Von Membranen umgebene Organellen, wie sie für die Eucyte typisch sind, treten nicht auf. An einigen Stellen faltet sich die Zellmembran ins Zellinnere ein. In diesen Bereichen findet die Zellatmung statt. Die Ribosomen der Protocyte sind etwas kleiner als die der Eucyte. Ihre Masse wird in Svedberg-Einheiten (abgekürzt S), einem Maß für die Sedimentationsgeschwindigkeit, angegeben. Prokaryotische Ribosomen haben eine Masse von 70 S, während im Cytoplasma der Eucyte 80-S-Ribosomen vorliegen. Echte Vielzelligkeit ist bei den Prokaryoten nicht entstanden. Bei einigen Arten gibt es jedoch Zellverbände, die eine Arbeitsteilung erkennen lassen, wie sie auch bei Einzellerkolonien vorkommt.

Viren. Im Gegensatz zu Prokaryoten sind *Viren* keine Zellen. Sie bestehen nur aus einem Nukleinsäurefaden, der von einer Eiweißhülle umgeben ist. Komplizierter gebaute Viren sind zusätzlich von einer Membran umhüllt. Der Nukleinsäurefaden enthält die Erbinformation. Da Viren keinen eigenen Stoffwechsel haben, können sie sich nicht selbst vermehren. Indem sie ihre Erbinformation in eine Wirtszelle einschleusen, bringen sie diese dazu, infektiöse Viren herzustellen. Bestimmte Viren, die *Bakteriophagen*, befallen ausschließlich Bakterien. Andere sind auf Pflanzen oder Pilze spezialisiert. Im menschlichen Körper sind sie als Erreger für Krankheiten wie Grippe, Masern und Tollwut verantwortlich. Ihre Größe liegt mit 10 bis 300 nm nochmals deutlich unter der der Prokaryoten.

Vergleich zwischen Eukaryoten und Prokaryoten

Merkmal	Eukaryoten	Prokaryoten
membranumgrenzte Organellen	+	–
Erbsubstanz	mehrere Chromosomen	1 ringförmiges Chromosom, Plasmide
genet. Austausch	Geschlechtszellen	Konjugation
Ribosomen	80 S	70 S
Cytoskelett	+	–
Geißeln	Aufbau aus Mikrotubuli (9 × 2 + 2-Muster)	Proteinfilamente, außen an der Zelle befestigt
Zellgröße	2–20(–300) µm	0,2–10(–50) µm
Vielzelligkeit	(+)	–

1 Ergänzen Sie die Tabelle: Vergleichen Sie die entsprechenden Merkmale für Mitochondrien und Plastiden mit denen der Prokaryoten. Welche Schlüsse legt der Vergleich nahe?

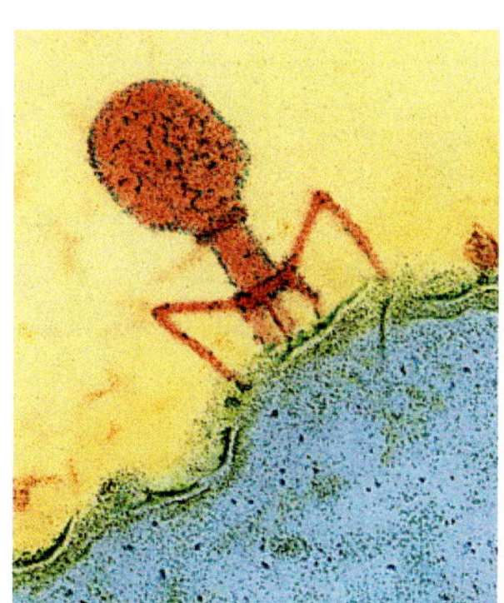

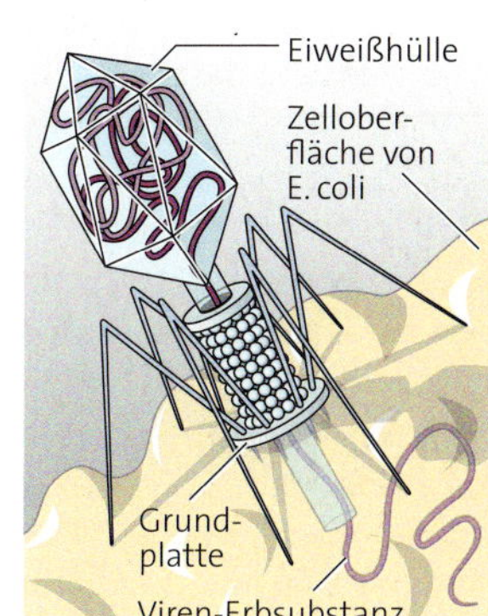

3 und 4 Ein Bakteriophage befällt ein E.-coli-Bakterium.

[Z] Herkunft der Eukaryotenzelle

Alle bekannten Lebewesen lassen sich auf die Zelltypen Protocyte und Eucyte zurückführen. Trotz ihrer grundsätzlichen Verschiedenheit weisen Übereinstimmungen wie die einheitliche Verschlüsselung der Erbinformation und die Art der Proteinsynthese auf eine *Verwandtschaft von Prokaryoten und Eukaryoten* hin. Man nimmt an, dass sich die eukaryotische Zelle aus der evolutiv wesentlich älteren prokaryotischen Zelle entwickelt hat. Wie dieser Prozess verlaufen sein könnte, ist eine der fundamentalen Fragen der Biologie.

Die Endosymbiontentheorie. Schon Ende des 19. Jahrhunderts machten Wissenschaftler die Beobachtung, dass sich Mitochondrien und Plastiden unabhängig vom Zellzyklus durch Zweiteilung vermehren. Der Biologe R. ALTMANN stellte daraufhin die Hypothese auf, die beiden Organellen könnten von ursprünglich frei lebenden Einzellern abstammen.

Aus dieser Hypothese entstand die *Endosymbiontentheorie*. Sie geht davon aus, dass große, organellenfreie Prokaryoten kleinere, bakterienähnliche Organismen zum Beispiel als Beute in die Zelle aufnahmen. Diese wurden aber nicht verdaut, sondern lebten im Cytoplasma der Wirtszelle weiter, zunächst vielleicht als Parasiten. Das Verhältnis zwischen den Zellen entwickelte sich jedoch so, dass beide Partner Vorteile daraus zogen. Indem Wirt und Symbiont immer stärker voneinander abhängig wurden, entstand ein *Organismus*, dessen einzelne Bestandteile nicht mehr getrennt voneinander existieren konnten. Als Vorläufer der Mitochondrien werden Prokaryoten angenommen, die mithilfe von Sauerstoff aus organischer Nahrung Energie gewinnen konnten. Die Plastiden könnten dagegen aus blaualgenähnlichen, Fotosynthese betreibenden Prokaryoten hervorgegangen sein.

Aus der Vorstellung, dass die Vorläufer von Mitochondrien und Plastiden durch Phagocytose in die Wirtszelle gelangten, ergibt sich von selbst, dass die Organellen von einer *doppelten Membran* umgeben sind: Die äußere Membran entspricht demnach dem Phagocytosevesikel, also der Zellmembran der Wirtszelle, die innere Membran entspricht der Zellmembran des Prokaryoten. Auch die Entdeckung, dass Mitochondrien und Plastiden eine *eigene Erbsubstanz* besitzen, stützt die Endosymbiontentheorie.

Außerdem ähneln sich Mitochondrien, Plastiden und heute lebende Prokaryoten in einigen Merkmalen. Sie stimmen beispielsweise in der *Größe* gut überein. Auch die *Größe der Ribosomen* entspricht sich: Sie haben eine Masse von 70 S. *Die Proteine der inneren Membranen* von Plastiden und Mitochondrien stimmen mit denen der Zellmembran von Prokaryoten überein. Sie unterscheiden sich dagegen erheblich von allen anderen Membranen der eukaryotischen Zelle.

Endosymbiontische Beziehungen zwischen heute lebenden Organismen können als Modell für die Entstehung der Eucyte angesehen werden. Die Amöbe *Pelomyxa palustris* zum Beispiel besitzt keine eigenen Mitochondrien. Sie nimmt stattdessen Bakterien auf, die Zellatmung betreiben und die gewonnene Energie an die Wirtszelle abgeben. Das Grüne Pantoffeltier *Paramecium bursaria* enthält in der Natur stets zahlreiche Zellen der Grünalge *Chlorella* als Endosymbionten. Im Licht kommt es völlig ohne organische Stoffe aus.

Offene Fragen. Die Endosymbiontentheorie konzentriert sich auf die Entstehung von Mitochondrien und Chloroplasten. Daher reicht sie als Erklärung für die Entwicklung der Eucyte nicht aus. Um die Entstehung des inneren Membransystems zu verstehen, muss man andere Vorstellungen heranziehen. Die Kernhülle, das endoplasmatische Reticulum, der Golgi-Apparat und verwandte Strukturen sind vemutlich durch *Einstülpungen der Zellmembran* entstanden. Dabei wurden Bereiche mit speziellen Aufgaben, also einer bestimmten Enzymausstattung, voneinander abgegrenzt und zum Teil DNA-Ringe und Ribosomen umschlossen. Unklar ist jedoch, wie es zur Gliederung der Erbinformation in Chromosomen, zur Entwicklung des Spindelapparats und zu den Abläufen bei der Zellteilung kam. Auch über die Entstehung der Eukaryotengeißel mit ihrer typischen Anordnung von Mikrotubuli gibt es noch verschiedene Auffassungen.

1. **Stellen Sie die Merkmale der Eucyte zusammen, die durch die Endosymbiontentheorie erklärt werden.**
2. **Erläutern Sie, welche Vorteile die beiden Partner aus einer Endosymbiose ziehen.**

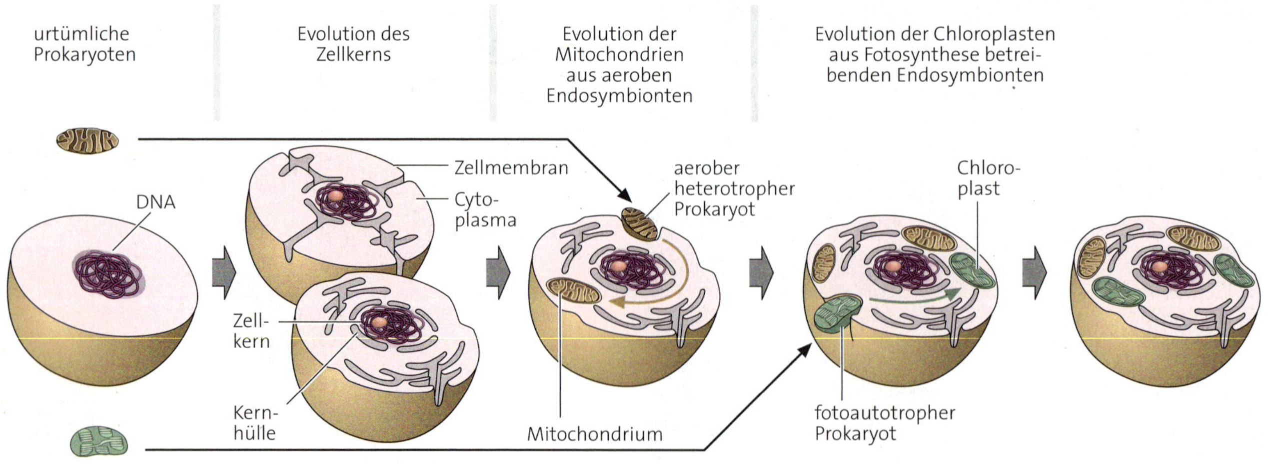

1 Um die Entstehung der Eucyte zu erklären, müssen verschiedene Vorstellungen herangezogen werden.

Mithilfe dieses Kapitels können Sie

- erläutern, wie das lichtmikroskopische Bild der Zelle durch das Elektronenmikroskop erweitert und der Feinbau der Organellen in weiten Bereichen geklärt werden konnte
- das biologische Prinzip der Kompartimentierung am Beispiel der Zellkompartimente der Eucyte erläutern
- den Bau der Biomembran und die verschiedenen Transportmechanismen, die an Biomembranen ablaufen, beschreiben
- den Feinbau der Eucyte skizzieren und die Aufgaben von Biomembranen, Chloroplasten, Mitochondrien und Zellkern nennen
- am Beispiel des Flüssig-Mosaik-Modells der Biomembran beschreiben, wie wissenschaftliche Forschung zu Modellvorstellungen der Wirklichkeit führt
- einfache elektronenmikroskopische Bilder interpretieren
- Unterschiede und Gemeinsamkeiten zwischen eukaryotischen und prokaryotischen Zellen nennen und beide gegenüber Viren abgrenzen

Testen Sie Ihre Kompetenzen

Eukaryotische Zellen können sich nicht nur in ihrer äußeren Gestalt, sondern auch in der Ausstattung mit Organellen unterscheiden.

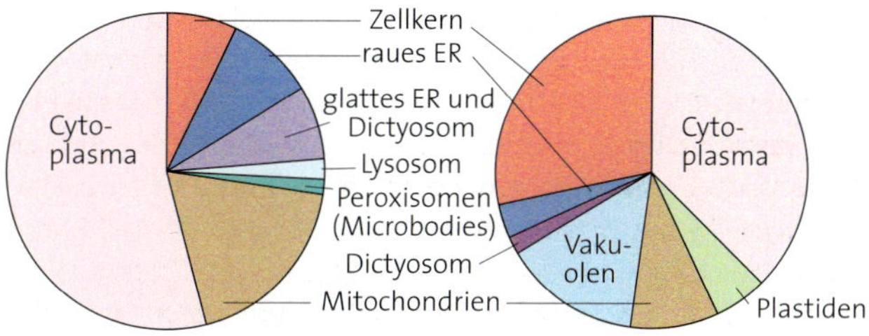

❶ Vergleichen Sie die unterschiedlichen Volumenanteile von Zellkern und Mitochondrien. Ziehen Sie daraus Schlussfolgerungen zur Funktion der Zellen.

❷ Im elektronenmikroskopischen Bild unten ist ein Ausschnitt aus der Rattenzelle zu sehen. Benennen Sie die mit Ziffern versehenen Organellen und Strukturen und geben Sie für Nummer 1 und 2 deren Funktion im Zellstoffwechsel an.

❸ Beim Zellorganell 2 lässt sich eine äußere Hüllmembran von einer inneren Membran unterscheiden. Erläutern Sie an diesem Beispiel das biologische Prinzip der Organisationsebenen und nennen Sie weitere Beispiele.

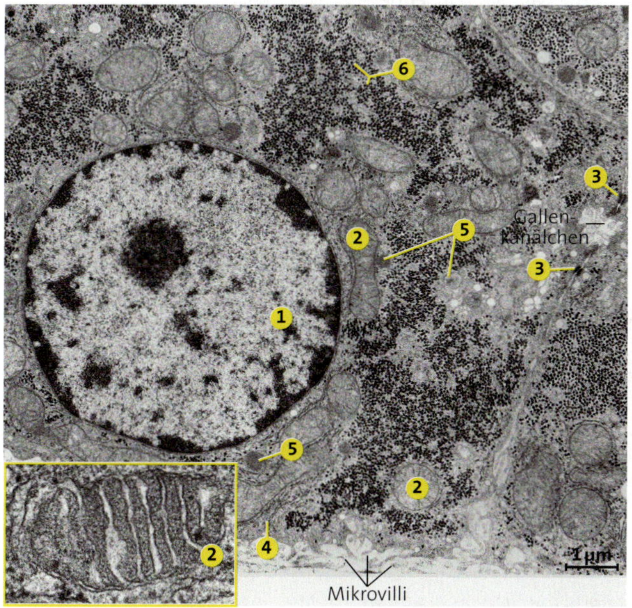

Membranen haben für den Stofftransport in und zwischen eukaryotischen Zellen große Bedeutung.

❹ Erläutern Sie die Vorgänge in der Grafik unten, in denen Membranen ineinander übergehen.

❺ Definieren Sie die dargestellten Transportvorgänge. Gehen Sie dabei auch auf den Aspekt ein, ob Energie benötigt wird und ob eine Stoffanreicherung gegen das Konzentrationsgefälle möglich ist.

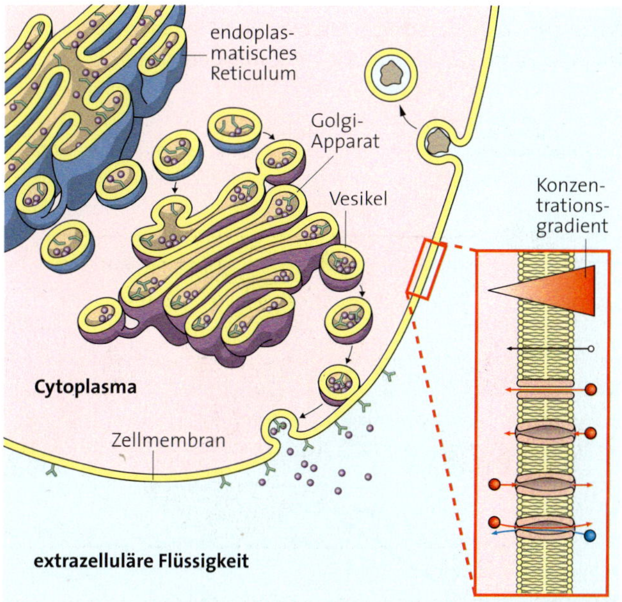

Biokatalyse

1 Weibchen des einheimischen Kleinen Leuchtkäfers. Das Leuchten beginnt spätabends und hält etwa drei Stunden an.

In lauen Sommernächten kann man die „Glühwürmchen" genannten Leuchtkäfer an Waldrändern tanzen sehen. Leuchten können Männchen wie Weibchen, fliegen jedoch nur die Männchen. Das gelbliche Licht, das im Hinterleib in Leuchtorganen entsteht, dient bei den Weibchen zum Anlocken der fortpflanzungsfähigen Männchen.
In den Leuchtorganen wird mithilfe eines Enzyms, der Luciferase, das Leuchtmittel Luciferin umgewandelt. Die Lichtausbeute ist dabei hoch: 96 % der frei werdenden Energie werden in Licht umgesetzt. Der Wirkungsgrad herkömmlicher Glühbirnen liegt im Vergleich dazu nur bei etwa 5 %. Die enzymatische Umsetzung von Luciferin ist ein sehr spektakuläres Beispiel für das Wirken von Enzymen. Tatsächlich sind aber Enzyme die Grundlage fast aller Lebensäußerungen von Organismen.

Im Blickpunkt

- Katalysatoren im Organismus: die Enzyme
- Wirkungsweise und Spezifität von Enzymen erklären sich aus ihrem Bau
- Wer ist wer bei den Biokatalysatoren?
- Enzymaktivität: Aktivierung, Hemmung, Regulation
- Experimente mit Enzymen
- Enzyme als Helfer in Medizin und Biotechnologie

GRUNDLAGEN Alle Lebensvorgänge beruhen darauf, dass Reaktionen in den Zellen mit hinreichender Geschwindigkeit, geordnet und regulierbar verlaufen. Die dafür verantwortlichen Wirkstoffe sind die Enzyme: hoch spezialisierte Katalysatoren, die Stoffwechselreaktionen beschleunigen, ohne sich dabei selbst chemisch zu verändern. Im Prinzip wirken diese „Biokatalysatoren" wie anorganische Katalysatoren, doch ist ihre katalytische Wirkung fast immer um ein Vielfaches größer. Da sie fast immer Proteine sind, werden sie nach der in den Genen gespeicherten Information hergestellt (Ein-Gen-ein-Enzym-Hypothese ► S. 86).
Die jeweilige Ausstattung mit verschiedenen Enzymen bestimmt die Leistung von Zellkompartimenten, Zellen, Geweben, Organen und letztlich die Leistung des ganzen Organismus:

- Im Zellkern steuern Enzyme die Replikation der DNA und die Umsetzung der genetischen Information (► S. 80, 90).
- In den Mitochondrien sind sie entscheidend für die Energiegewinnung der Zelle (► S. 68).
- Die Fotosynthese in den Chloroplasten der grünen Pflanzen beruht auf einer Vielzahl enzymatisch katalysierter Reaktionen (► S. 51, 54–55).
- Nahezu alle Zellen bilden zudem extrazellulär, also außerhalb der Zelle wirkende Enzyme. Bekannte Beispiele dafür sind Bakterien sowie Zellen des Immunsystems, des Verdauungstrakts und der Schleimhäute von Tieren.

Enzyme – Katalysatoren biologischer Reaktionen

Im Jahr 1897 entdeckte der Chemiker EDUARD BUCHNER, dass ein Hefepresssaft, der keine intakten Hefezellen mehr enthält, trotzdem die alkoholische Gärung einer Zuckerlösung bewirkt. Diese Entdeckung revolutionierte die bis dahin verbreitete Ansicht, dass die für das Leben typischen Vorgänge an eine „Lebenskraft" gebunden und nur innerhalb lebender Zellen möglich sind (Vitalismus; von lat. *vis vitalis:* Lebenskraft). Die Unterscheidung zwischen mikroskopisch sichtbaren „geformten Fermenten", zu denen Bakterien und Hefen gerechnet wurden, und „löslichen Fermenten oder Enzymen" erwies sich als unhaltbar. Als immer mehr solcher *Enzyme* als Ursache von Lebensreaktionen gefunden wurden, erkannte man zu Beginn des 20. Jahrhunderts ihre zentrale Bedeutung als *Katalysatoren aller Stoffwechselreaktionen*.

Aktivierungsenergie. Wie alle chemischen Reaktionen sind auch die Reaktionen im Stoffwechsel mit *Energieumwandlungen* verknüpft:

Erfordern sie – wie die Synthese großer Moleküle aus einfachen Bausteinen – die *Zufuhr von Energie*, spricht man von *endergonischen Reaktionen* (Differenz der freien Energie $\Delta G > 0$).

Wird *Energie frei*, wie beim anaeroben und aeroben Stoffabbau (► S. 68), handelt es sich um *exergonische Reaktionen* ($\Delta G < 0$).

Höchst selten laufen endergonische wie exergonische Reaktionen von selbst ab: Aus Glucose entsteht spontan weder Stärke noch reagiert sie mit Sauerstoff zu Kohlenstoffdioxid und Wasser. Stoffgemische exergonischer Reaktionen, die unter gegebenen Bedingungen nicht spontan reagieren, nennt man *metastabil*. Sie benötigen zur Überwindung einer für die Reaktion spezifischen Energiebarriere eine „Starthilfe". Diese von außen zuzuführende Energiemenge wird als *Aktivierungsenergie* bezeichnet. Sie ist notwendig, um bestehende chemische Bindungen in den Ausgangsstoffen zu lösen und neue Bindungen zur Bildung der Reaktionsprodukte zu knüpfen.

Herabsetzung der Aktivierungsenergie. Ein Weg, um die Energiebarriere zu überwinden, die die Aktivierungsenergie darstellt, besteht darin, die Ausgangsstoffe zu erhitzen. Eine Temperatur deutlich über 40 °C wird jedoch nur von wenigen Organismen toleriert. Anders als bei Reaktionen in der anorganischen Chemie kann die benötigte Aktivierungsenergie für Stoffwechselreaktionen in lebenden Zellen daher nur in geringem Umfang als Wärme zugeführt werden. Stattdessen wird die Aktivierungsenergie durch Enzyme herabgesetzt (► Bild 1): Als Katalysatoren sind sie in der Lage, chemische Bindungen in Molekülen auch bei niedrigen Temperaturen zu lockern und in veränderter Weise neu zu bilden.

Beschleunigung von Reaktionen. Wird die Aktivierungsenergie einer Reaktion herabgesetzt, kann sich das Gleichgewicht zwischen Ausgangsstoffen und Endprodukten schneller einstellen (► Bild 2). Darin liegt die entscheidende Wirkung aller Katalysatoren: Sie können ein Reaktionsgleichgewicht *nicht* verschieben, auch die Differenz der freien Energie ΔG zwischen Ausgangsstoffen und Endprodukten *nicht* verändern, aber sie können Reaktionen beschleunigen.

Schon eine geringfügige Herabsetzung der Aktivierungsenergie bewirkt eine enorme Beschleunigung der Reaktion. So braucht eine Reaktion mit einer Aktivierungsenergie von 125 kJ/mol rund 12 Jahre, um die Hälfte der Moleküle umzusetzen, mit 63 kJ/mol nur 5 Millisekunden.

Katalyseweltmeister Enzyme. Gegenüber technischen Katalysatoren zeigen sich Enzyme weit überlegen:

- Enzyme sind höchst spezifisch. Jedes Enzym katalysiert in der Regel nur eine einzige Reaktion eines bestimmten Stoffs, der als sein *Substrat* bezeichnet wird.
- Ein Enzymmolekül kann bis zu 10 Millionen Substratmoleküle in der Sekunde umsetzen und ist damit rund tausendmal wirksamer als technische Katalysatoren.
- Enzyme können in ihrer Wirksamkeit reguliert (► S. 42) und so an wechselnde Anforderungen angepasst werden.

1 Begründen Sie, weshalb die Aussage missverständlich ist, dass ein Enzym einen Stoff spaltet oder herstellt.

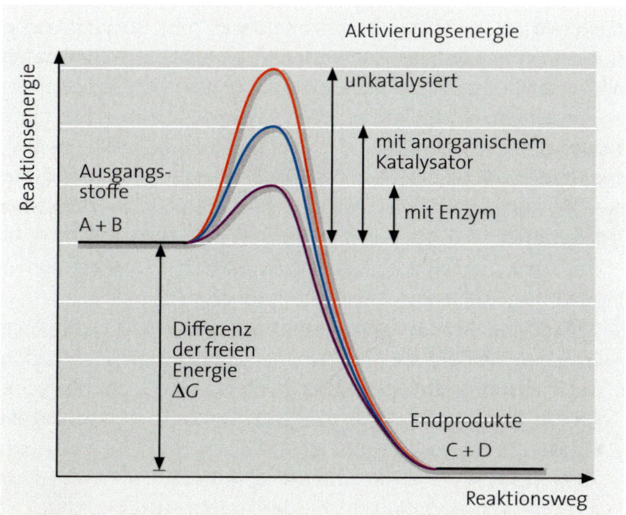

1 Katalysierte Reaktionen benötigen weniger Aktivierungsenergie als unkatalysierte (Beispiel: exergonische Reaktion)

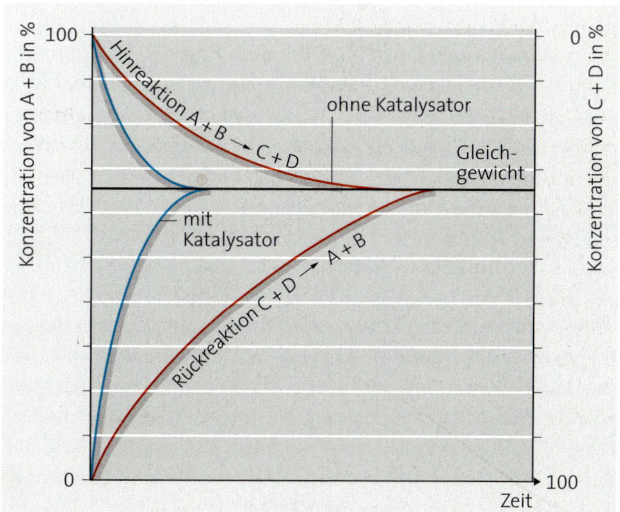

2 Katalyse beschleunigt die Geschwindigkeit von Reaktionen, verändert jedoch nicht die Lage des Reaktionsgleichgewichts.

Struktur und Wirkungsweise von Enzymen

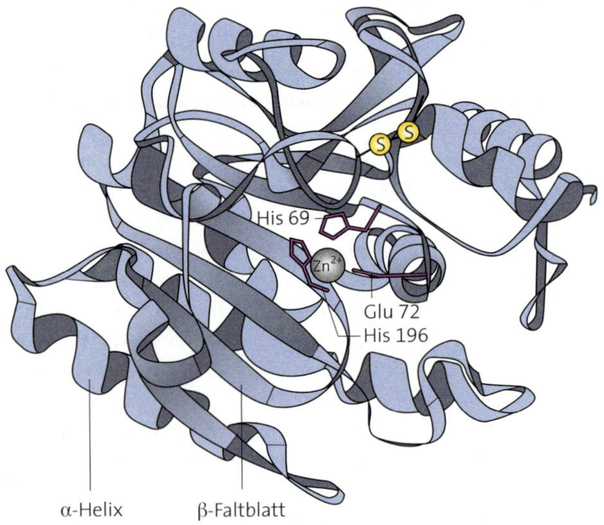

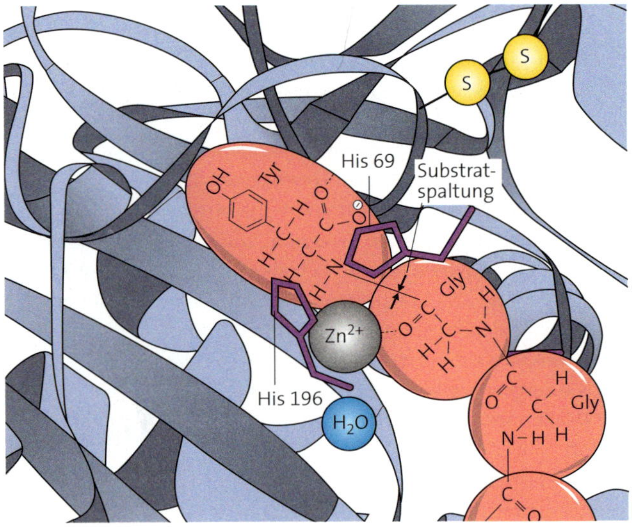

1 und 2 Aufbau und Funktion des Verdauungsenzyms Carboxypeptidase. Das Enzym, hier dargestellt als Bändermodell, hat ein Zinkion als Cofaktor im aktiven Zentrum (links). Es katalysiert die Abspaltung der endständigen Aminosäure eines Proteins als Substrat. Rechts: Enzym-Substrat-Komplex, Blick auf das aktive Zentrum. Wichtige Aminosäurereste sind hervorgehoben.

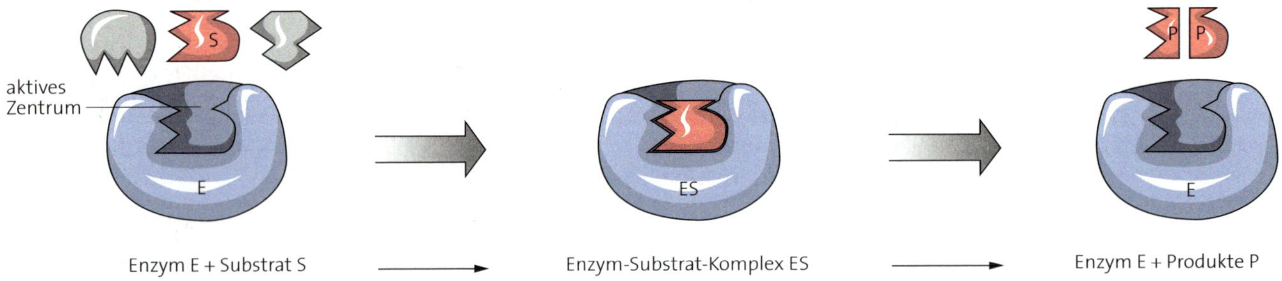

3 Ablauf einer enzymatisch katalysierten Reaktion, allgemeines Schema

Enzyme sind fast immer *Proteine*, die noch durch weitere Bestandteile ergänzt sein können. Proteine eignen sich als Biokatalysatoren besonders wegen ihrer ungeheuren Vielfalt zusammen mit der Fähigkeit, zwischenmolekulare Kräfte, besonders *Wasserstoffbrückenbindungen*, auszubilden. Dieselben Kräfte, auf denen die Sekundär- und Tertiärstruktur der Proteine beruht (► S. 11), sind auch für die Bindung der Substratmoleküle an die Enzyme maßgeblich.

Aktives Zentrum. Die räumliche Struktur der Enzymproteine ist für ihre katalytische Funktion entscheidend. In einer taschen- oder spaltenförmigen Einbuchtung des Proteinmoleküls, dem *aktiven Zentrum*, spielt sich die Reaktion ab, nachdem das Substrat hier gebunden wurde. Das aktive Zentrum ist so geformt, dass Moleküle des Substrats hineinpassen wie ein Schlüssel in ein Schloss. Dieses *Schlüssel-Schloss-Prinzip* hatte der Chemiker EMIL FISCHER bereits 1894 als Grundlage der enzymatischen Katalyse erkannt.
In einigen Fällen wird diese Passform erst bewirkt, indem das Substrat bei seiner Bindung eine Konformationsänderung des Proteins verursacht. Man spricht dann vom *Induced-fit-Mechanismus*.

Aus der genauen Passung zwischen Enzym und Substrat ergibt sich die hohe *Substratspezifität* der Enzyme: Die meisten binden nur einen einzigen Stoff als Substrat oder aber wenige chemisch eng verwandte Stoffe.

Enzym-Substrat-Komplex. Das Substrat wird in einer für die Reaktion günstigen Position im aktiven Zentrum vorübergehend an das Enzym gebunden. Es entsteht ein *Enzym-Substrat-Komplex (ES-Komplex)*.

Dass der Katalysator dabei direkt an der Reaktion beteiligt ist, lässt sich aus verschiedenen Beobachtungen schließen:

- Bei gleichbleibender Enzymkonzentration erreicht die Reaktionsgeschwindigkeit einer enzymatisch katalysierten Reaktion auch dann einen Maximalwert, wenn man die Substratkonzentration immer weiter erhöht (► S. 41). Da die Substratmoleküle an die Enzymmoleküle binden, bevor sie umgesetzt werden, kann die Reaktionsgeschwindigkeit nicht mehr zunehmen, sobald die aktiven Zentren aller Enzymmoleküle besetzt sind.
- Viele ES-Komplexe absorbieren Licht anderer Wellenlängen als die beteiligten Enzyme oder Substrate allein.

„Trick" der Enzyme:
↳ instabil machen von Bindungen

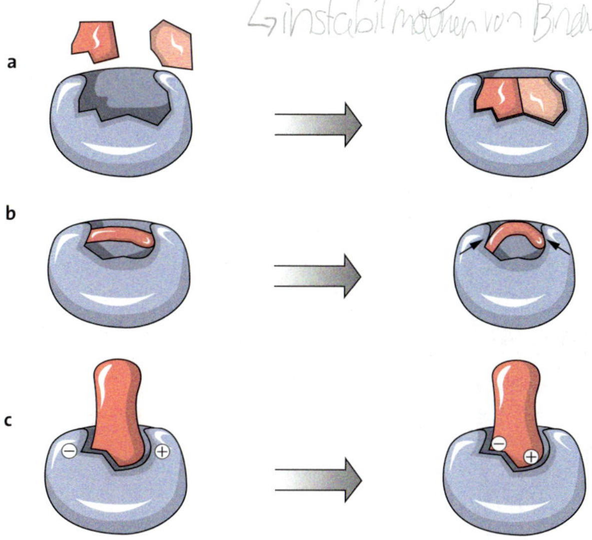

1 Enzyme versetzen ihr Substrat in einen Übergangszustand mit verringerter Aktivierungsenergie. Das kann durch passende räumliche Ausrichtung (a), physikalische Spannung (b) oder Hinzufügen von Ladungen erfolgen (c).

Übergangszustand mit verringerter Aktivierungsenergie. Bei einer chemischen Reaktion müssen sich Bindungen der Ausgangsstoffe lösen, bevor sich neue Bindungen bilden können. Die Überwindung dieses *Übergangszustands* erfordert Aktivierungsenergie. Der „Trick" der Enzyme besteht darin, dass die Bildung des ES-Komplexes praktisch einen neuen Reaktionsweg eröffnet, dessen Übergangszustand mit deutlich weniger Aktivierungsenergie überwunden wird als bei der unkatalysierten Reaktion. Das geschieht zum Beispiel dadurch, dass beim Binden an das aktive Zentrum im Substratmolekül Bindungen gestreckt und dadurch instabil werden oder dass vom Enzym hinzugefügte Ladungen Bindungen instabil machen (► Bild 1). Verantwortlich für den energieärmeren Übergangszustand – und damit für die Wirkungsspezifität des Enzyms, das nur eine ganz bestimmte Reaktion zu katalysieren vermag – sind die Ladungseigenschaften von Aminosäureresten im aktiven Zentrum, zum Teil auch weitere Wirkgruppen des Enzyms wie das Zinkion der Carboxypeptidase.

[Z] Zusammengesetzte Enzyme. Viele Enzyme sind reine Proteine. Andere bestehen aus einem Proteinanteil, den man dann als *Apoenzym* bezeichnet, und anderen Wirkgruppen. Solche *zusammengesetzten Enzyme* sind nur funktionsfähig, wenn beide Anteile zusammen als *Holoenzym* vorliegen. Man unterscheidet drei Wirkgruppen (► Tabelle unten):

- *Coenzyme* sind kleine organische Moleküle und nur lose mit dem Apoenzym verbunden. Sie übertragen während der Katalyse bestimmte Molekülgruppen wie Wasserstoff, Phosphat- oder Acetylgruppen, werden wie das Substrat verändert und daher oft auch *Cosubstrat* genannt (► Bild 2). Dabei können unterschiedliche Enzyme das gleiche Coenzym verwenden. Wichtige Coenzyme enthalten oder bestehen aus einem *Vitamin*, vor allem der B-Gruppe.
- *Prosthetische Gruppen* sind dauerhaft an das Apoenzym gebunden. Die meisten von ihnen übertragen vor allem Wasserstoff und Elektronen.
- *Cofaktoren* sind mit dem Apoenzym fest verbundene *Metallionen* wie das Zinkion der Carboxypeptidase. Ihre elektrische Ladung stabilisiert das Enzymprotein und polarisiert zugleich das Substrat derart, dass die zu seiner Umsetzung erforderliche Aktivierungsenergie herabgesetzt wird. Viele lebenswichtige *Spurenelemente* sind Cofaktoren von Enzymen.

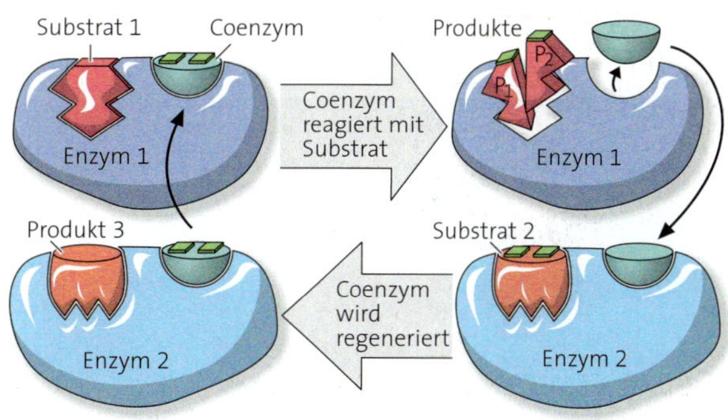

2 Wirkungsweise von Coenzymen

❶ **Beschreiben Sie anhand von Bild 2 die Wirkungsweise von Coenzymen.**

[Z] Wirkgruppen zusammengesetzter Enzyme

Coenzyme	NAD^+	Übertragung von Elektronen und Wasserstoff (► S. 52); Vitaminbestandteil: Niacin
	FAD	Übertragung von Elektronen und Wasserstoff (► S. 52); Vitaminbestandteil: Vitamin B_2
	Coenzym A	Übertragung der Acetylgruppe (► S. 68); Vitaminbestandteil: Pantothensäure
	ATP	Übertragung von Phosphat (► S. 53)
prosthetische Gruppen	Häm	Übertragung von Elektronen in Cytochrom Katalyse der Wasserstoffperoxidspaltung in Katalase (► S. 23)
	Retinal	Lichtabsorption in Rhodopsin
Cofaktoren	Zn^{2+}	in Carboxypeptidase, Carboanhydrase, Alkoholdehydrogenase
	Fe^{2+} / Fe^{3+}	Übertragung von Elektronen in Ferredoxin (► S. 54) und Cytochrom
	Cu^{2+}	Übertragung von Elektronen auf Sauerstoff in Cytochromoxidase
	Ni^{2+}	in Urease (► S. 38/39)
	Mn^{2+}	Wasserspaltung in Fotosystem II (► S. 54)
	Co^{4+}	Stickstofffixierung in Nitrogenase

[Z] Werkzeuge der Zellen: Übersicht Enzyme

Zwischen 4 000 und 5 000 Enzyme sind der Wissenschaft bekannt. Wie viele in den Zellen aller Arten als chemische Werkzeuge tatsächlich im Einsatz sind, weiß niemand. Man schätzt, dass schon eine lebende Zelle mindestens 100, meist aber mehrere Tausend verschiedene Enzyme besitzt. Da praktisch jeder einzelne Stoffwechselschritt enzymatisch katalysiert wird und Enzyme meist sehr spezifisch wirken, verwundert die große Zahl nicht.

Um jedes Enzym eindeutig identifizieren zu können, werden Enzyme entsprechend einer internationalen Übereinkunft benannt und in Gruppen geordnet.

Systematische Benennung. Enzyme werden wissenschaftlich nach ihrer Substrat- und Wirkungsspezifität benannt. Danach setzt sich der Name eines Enzyms zusammen aus
- der Bezeichnung des Substrats,
- der Bezeichnung der Reaktion, die das Enzym katalysiert,
- der Endung -ase, die allen Enzymnamen gemeinsam ist.

Es entstehen so zwar zungenbrecherische, aber kennzeichnende Namen. Zum Beispiel wird vom Enzym *Succinatdehydrogenase* im Citratzyklus das Substrat *Succinat dehydrogeniert*, also Wasserstoff von ihm abgespalten.

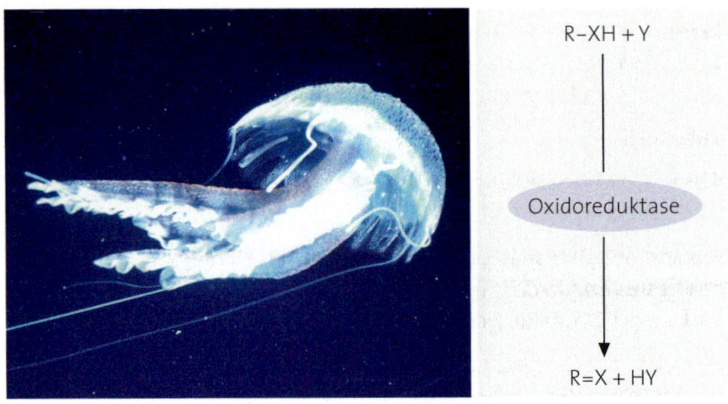

1 Die Oxidoreduktase Luciferase bewirkt biologisches Leuchten durch Oxidation von Luciferin.

Oxidoreduktasen
katalysieren Oxidationen und Reduktionen durch Übertragung von Sauerstoff, Wasserstoff oder Elektronen.

BEISPIELE

Katalase (► S. 23): Spaltung von H_2O_2

Glucoseoxidase (► S. 43): Oxidation von Glucose

Cytochromoxidase: Oxidation von Wasserstoff mit Sauerstoff; Abschluss der Atmungskette

Ferredoxin: Reduktion von $NADP^+$, letzter Schritt der Fotosynthese-Primärreaktion (► S. 54)

Nitrogenase: Reduktion von Stickstoff N_2 zu Ammoniak NH_3 durch Knöllchenbakterien

2 Bei der Milchzuckerbildung überträgt eine Transferase Galaktose auf Glucose.

Transferasen
katalysieren die Übertragung chemischer Gruppen (wie Methyl-, Amino-, Phosphatgruppe).

BEISPIELE

Hexokinase: Übertragung einer Phosphatgruppe von ATP auf Glucose als Glykolysestart

Phosphofructokinase: Übertragung einer Phosphatgruppe auf Fructose-6-phosphat

DNA-Polymerase (► S. 81): Kettenverlängerung eines DNA-Strangs

reverse Transkriptase (► S. 134):
Kettenverlängerung des DNA-Strangs mit RNA als Matrize

3 Eine Krabbenspinne injiziert ihren Verdauungssaft aus Hydrolasen in die Beute.

Hydrolasen
katalysieren Substratspaltung durch Hydrolyse, also Umsetzung eines Wassermoleküls je gespaltener Bindung.

BEISPIELE

Proteasen, Peptidasen: Spaltung von Peptidbindungen bei Proteinen und Peptiden

Amylasen: Spaltung von glykosidischen Bindungen bei Oligo- und Polysacchariden

Lipasen: Spaltung der Lipid-Esterbindungen

DNAse (► S. 76): Spaltung der Zucker-Phosphat-Esterbindung bei DNA

Acetylcholinesterase (► S. 156): Spaltung der Esterbindung bei Acetylcholin

Historische Namen. Neben den wissenschaftlichen Namen existieren gerade für verbreitete und schon lange bekannte Enzyme auch noch *historische Bezeichnungen*. Wegen ihrer Kürze werden sie – selbst in Lehrwerken der Biochemie – weiterhin neben den wissenschaftlichen Bezeichnungen verwendet.

Die Verdauungsenzyme *Pepsin* (von griech. *pepsis:* das Kochen), *Trypsin* (von griech. *tryein:* aufreiben) und *Chymotrypsin* (von griech. *chymos:* Saft, Speisebrei) sind dafür Beispiele. Auch *Katalase*, *Luciferase* oder *Lysozym* sind solche historischen Namen, die noch häufig in Gebrauch sind.

Einteilung. Nach einer internationalen Klassifikation der *Enzyme Commission* (EC) werden alle Enzyme, dem Typ der katalysierten Reaktion entsprechend, in *sechs Hauptgruppen* zusammengefasst (► tabellarische Übersicht S. 36 und unten). Die Hauptgruppen werden nach bestimmten Merkmalen der Reaktionen weiter unterteilt. Mithilfe eines vierstelligen Ziffernsystems lässt sich dann jedem Enzym eine eindeutige EC-Codenummer zuweisen.

Das Reaktionsschema in der tabellarischen Übersicht zeigt für jede Hauptgruppe nur ein Beispiel. (R, X, Y bezeichnen organische Reste und Gruppen.)

1 *Für die Bildung von CO_2 bei der alkoholischen Gärung ist eine Lyase verantwortlich, die Pyruvatdecarboxylase.*

Lyasen
katalysieren nichthydrolytische Spaltungsreaktionen durch Addition an Doppelbindungen oder ihre Umkehrung.

BEISPIELE

Adenylatcyclase: Bildung von cyclischem Adenosinmonophosphat (cAMP) aus ATP

Ribulose-bisphosphat-carboxylase/oxidase (Rubisco, mengenmäßig häufigstes Enzym der Biosphäre) (► S. 55): Einbau von CO_2 in Ribulose-bisphosphat bei der Fotosynthese

Pyruvatdecarboxylase: Abspaltung von CO_2 aus Pyruvat (Brenztraubensäure) bei der alkoholischen Gärung (► S. 70)

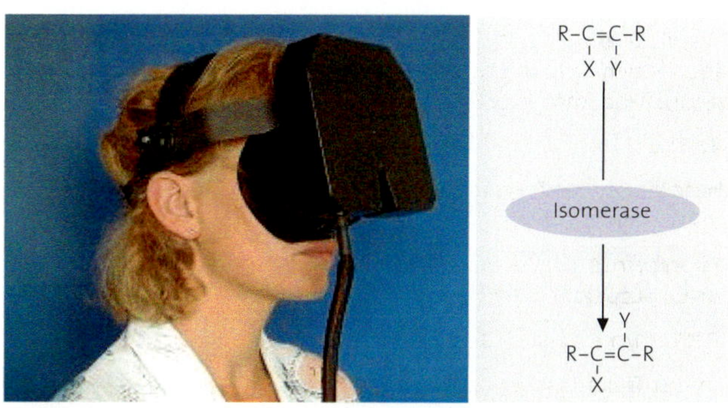

2 *Mit Adaptationsbrillen wird getestet, wie Sehfarbstoff durch eine Isomerase (Retinal-isomerase) regeneriert wird.*

Isomerasen
katalysieren Umlagerungen innerhalb von Molekülen.

BEISPIELE

Triosephosphat-isomerase: Umwandlung von Glycerinaldehyd-3-phosphat in Dihydroxyacetonphosphat in der Glykolyse (► S. 68)

Glucose-isomerase: Umwandlung von Glucose-6-phosphat in Fructose-6-phosphat zu Beginn der Glykolyse (► S. 139)

Retinal-isomerase: Umwandlung von alltrans-Retinal in 11-cis-Retinal zur Regeneration von belichtetem Sehfarbstoff im Wirbeltierauge

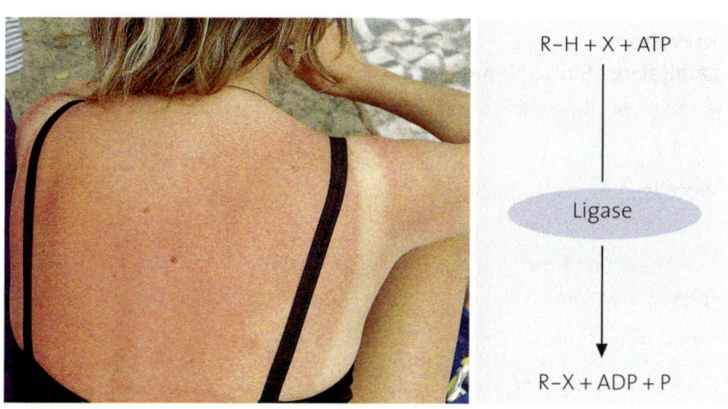

3 *Ligasen sind an der Beseitigung von DNA-Schäden durch UV-Strahlung beteiligt.*

Ligasen
katalysieren die Ausbildung neuer Bindungen unter Spaltung von ATP.

BEISPIELE

Glutaminsynthetase (► S. 138): Bildung von Glutamin aus Glutaminsäure und Ammoniak

Aminoacyl-tRNA-Synthetase (► S. 90): Bindung von Aminosäuren an tRNA bei der Proteinbiosynthese

DNA-Ligase (► S. 81, 99, 133): Herstellen einer Bindung zwischen Phosphat und Desoxyribose in einem Strang der DNA, zum Beispiel bei der Replikation, bei der DNA-Reparatur oder in der Gentechnik

Urease – ein Enzym im Experiment

Im Jahr 1926 gelang es dem amerikanischen Chemiker JAMES B. SUMNER (Nobelpreis 1946), das Enzym *Urease* aus dem Mehl der in Afrika und Asien angebauten Schwertbohne in reiner Form zu gewinnen und zu kristallisieren. Er konnte so zum ersten Mal schlüssig beweisen, dass ein Enzym ein Protein ist. Dies wurde bis dahin nach allgemeiner Lehrmeinung als abwegig angesehen.

Auch heute noch ist die Kristallisation von Proteinen eine anspruchsvolle Aufgabe. Sie ist von großer Bedeutung, da die Aufklärung der Molekülstruktur durch Röntgenstrahlenbeugung nur mit kristallinen Substanzen möglich ist (► Bild unten: Urease eines Bakteriums, Bändermodell).

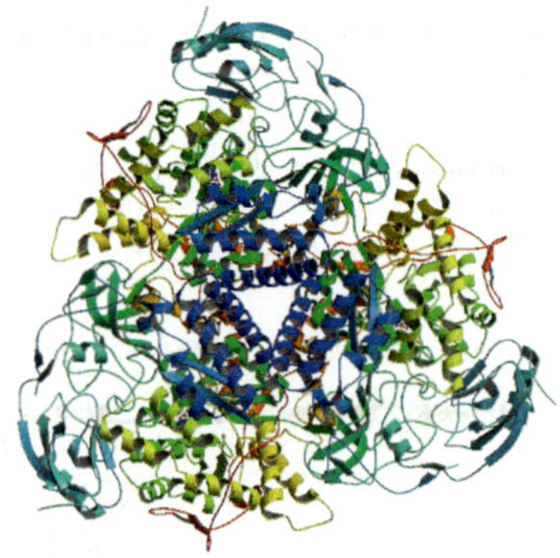

Urease ist eine Hydrolase (► S. 36), die die Hydrolyse der C-N-Bindung in Harnstoff katalysiert und dadurch den Harnstoff in Ammoniak NH_3 und Kohlenstoffdioxid CO_2 spaltet. NH_3 bildet in Wasser NH_4^+- und OH^--Ionen:

$$O{=}C(NH_2)_2 + H_2O \xrightarrow{\text{Urease}} 2\,NH_3 + CO_2 \xrightarrow{2\,H_2O} 2\,NH_4^+ + OH^- + HCO_3^-$$

Das Enzym kommt in Pflanzen, Pilzen, Krebstieren, Muscheln und Bakterien vor. Es spielt insbesondere bei der Tätigkeit von Bodenbakterien im Stickstoffkreislauf eine wichtige Rolle.

Für Experimente ist Urease gut geeignet, da das Enzym nicht sehr empfindlich ist und sich seine Katalyse an der Bildung von OH^--Ionen in Wasser leicht verfolgen lässt.

Gewinnung von Urease aus Sojabohnen

MATERIAL: Sojabohnenmehl oder 2–4 Tage angekeimte Sojabohnen, Mörser, Reibesand, Filtertrichter und Filtrierpapier oder Zentrifuge, Becherglas

DURCHFÜHRUNG: Zerreiben Sie Sojabohnen bzw. Sojabohnenmehl in Portionen mit wenig Sand und Wasser. Filtrieren oder zentrifugieren Sie den Brei. Das Filtrat bzw. der Überstand enthält Urease und kann für die weiteren Versuche verwendet werden (Wirksamkeit zuvor prüfen!).

Wirkung von Urease auf Harnstoff

MATERIAL: Reagenzgläser, Ureaselösung (bei Einsatz käuflicher Urease: 1 Spatel in 5 ml Wasser), Harnstofflösung (ca. 1%ig), Phenolphthaleinlösung *(Xn)*, gekochte Ureaselösung

DURCHFÜHRUNG: Befüllen Sie 4 Reagenzgläser wie in der Tabelle angegeben.

Glas-Nr.	1	2	3	4
Ureaselösung	1 ml	1 ml	–	1 ml gekocht
Phenolphthaleinlsg.	2 Tr.	2 Tr.	2 Tr.	2 Tropfen
Harnstofflösung	5 ml	–	5 ml	5 ml

Protokollieren Sie das Experiment. Erklären Sie jeweils das Ergebnis und begründen Sie die Versuche in Glas 2 und 3.

Wirkung von Urease auf Stoffe mit ähnlicher Molekülstruktur wie Harnstoff

Das Bild unten zeigt Versuche mit demselben Ansatz wie im Versuch oben in Glas 1. Die Gläser 2–4 enthalten statt des Harnstoffs die angegebenen Stoffe. Erklären Sie die Versuchsergebnisse.

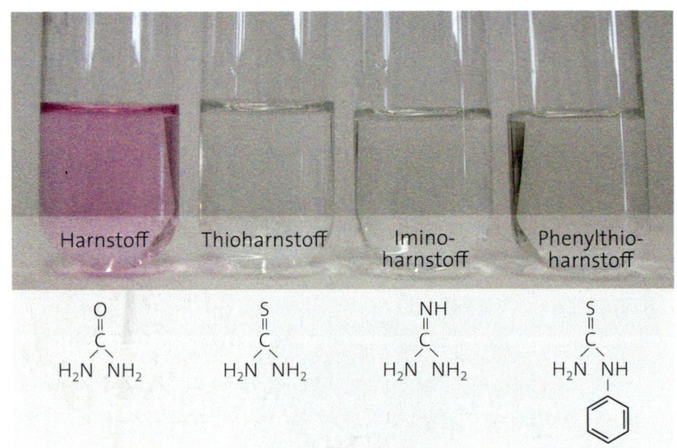

Urease und Schwermetallionen

MATERIAL: Reagenzgläser, Tropfpipetten, destilliertes Wasser, Kupfersulfatlösung (1%ig), Harnstofflösung (5%ig), Phenolphthaleinlösung *(Xn)*, Salzsäure (0,01 mol/l), EDTA-Lösung (0,1 mol/l), Ureaselösung (bei Einsatz käuflicher Urease: 1 Spatel in 5 ml Wasser), Indikatorpapier

DURCHFÜHRUNG: Befüllen Sie 3 Reagenzgläser wie in der Tabelle angegeben.

Glas-Nr.	1	2	3
Harnstofflösung	5 ml	5 ml	5 ml
Phenolphthaleinlsg.	2 Tropfen	2 Tropfen	2 Tropfen
dest. Wasser	1 ml	1 ml	–
EDTA-Lösung	–	–	1 ml *

(* Vorsichtig mit Salzsäure neutralisieren, bis farblos!)

Geben Sie in 3 weitere Reagenzgläser (Nr. 4–6) je 1 ml Ureaselösung und in Glas 5 und 6 je 5 Tropfen Kupfersulfatlösung. Lassen Sie die Kupfersulfatlösung 2–3 min auf die Ureaselösung einwirken. Vereinigen Sie dann den Inhalt der Gläser 1 und 4, 2 und 5, 3 und 6. Erklären Sie die Versuchsergebnisse.

Verlauf der Harnstoffspaltung durch Urease

MATERIAL: Leitfähigkeitsmessgerät, Magnetrührer mit Rührstab, Stoppuhr, Becherglas (250 ml), Messzylinder (100 ml), Pipette (1 ml), Harnstofflösung (1%ig), Ureaselösung (bei Einsatz käuflicher Urease: 1 Spatel in 5 ml Wasser), Kupfersulfatlösung (1%ig), dest. Wasser

DURCHFÜHRUNG: Bauen Sie die Messgeräte auf (▶ Bild unten). Füllen Sie 100 ml Harnstofflösung in das Becherglas und schalten Sie den Rührer mit kleiner Drehzahl ein. Messen Sie die Leitfähigkeit der Lösung und verwenden Sie diesen Wert als Ausgangswert („Nullwert"). Fügen Sie nun 1 ml Ureaselösung zu, starten Sie die Stoppuhr und lesen Sie 15 Minuten lang jede Minute die Leitfähigkeit ab. (Messgerät immer nur zur Messung kurz einschalten!)

Wiederholen Sie den Versuch, wobei Sie aber nach 5 Minuten einmalig 1 ml Kupfersulfatlösung hinzufügen.

Zeichnen Sie aus den Messwerten Diagramme. Erklären Sie deren Verlauf.

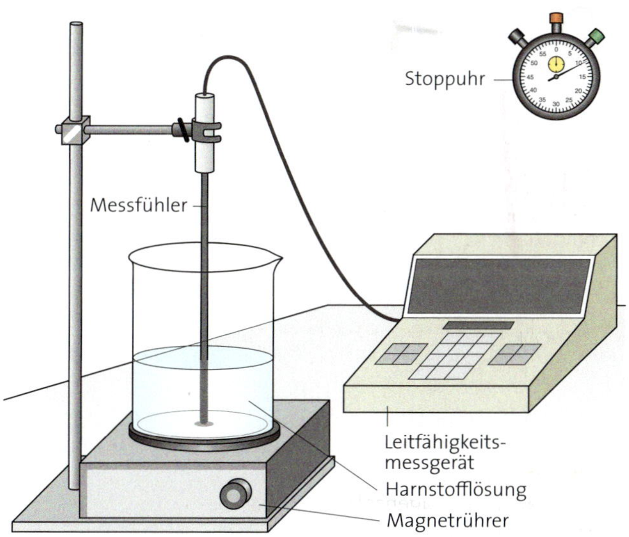

Ureasewirkung und Substratkonzentration

MATERIAL: Wasserbad (auf 40 °C vorgewärmt), Waage, Stoppuhr, Bechergläser (50 ml), Spatel, Glasstäbe, dest. Wasser, Harnstoff, Ureaselösung (bei Einsatz käuflicher Urease: 2 Spatel in 10 ml dest. Wasser), Bromthymolblaulösung (20 mg in 50 ml dest. Wasser)

DURCHFÜHRUNG: Geben Sie in 6 Bechergläser jeweils 20 ml dest. Wasser und dann zum ersten 0,05 g Harnstoff, zum zweiten 0,1 g, zum dritten 0,2 g, zum vierten 0,4 g, zum fünften 0,8 g und zum sechsten 1,6 g. Rühren Sie um, bis der Harnstoff jeweils vollständig aufgelöst ist. Geben Sie in nun jedes Glas einen Tropfen Bromthymolblaulösung. Pipettieren Sie zu jedem Ansatz 1 ml der Ureaselösung. Stellen Sie die Ansätze in das vortemperierte Wasserbad. Schütteln Sie die Gläser alle 60 Sekunden und messen Sie die Zeit bis zum Farbumschlag des Indikators in den 6 Gläsern.

Stellen Sie das Ergebnis des Experiments in geeigneter Form dar und erklären Sie es.

Urease in der Medizin

Obwohl Urease kein Enzym ist, das beim Menschen oder allgemein bei Säugetieren vorkommt, hat es Bedeutung in der Medizin. Schon länger wird das aus Pflanzen oder Bakterien gewonnene Enzym verwendet, um bei Urinuntersuchungen die Menge des ausgeschiedenen Harnstoffs zu bestimmen.

In neuerer Zeit ist der Helicobacter-Urease-Test (HUT) wichtig geworden. Mit ihm wird geprüft, ob sich das für das Entstehen von Entzündungen und Geschwüren im Magen verantwortliche Bakterium Helicobacter pylori in der Magenschleimhaut angesiedelt hat. Das Bakterium spaltet Harnstoff mithilfe seiner zelleigenen Urease. Darauf beruht auch der Test: Ist Helicobacter in einer durch Magensondierung gewonnenen Probe enthalten, vermehren sich die Keime im Testmedium und spalten den hier ebenfalls vorhandenen Harnstoff mit Urease. Ein Indikator wird durch das bei der Reaktion gebildete Ammoniak umgefärbt und zeigt so das Vorhandensein von Helicobacter an.

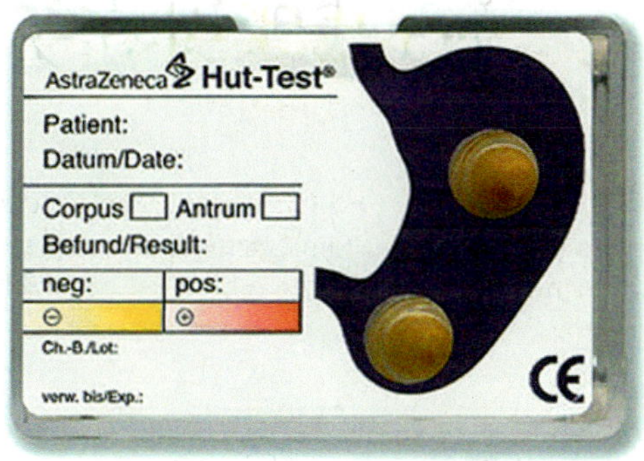

1. **Planen Sie ein Experiment zur Abhängigkeit der Ureasewirkung von der Enzymkonzentration und führen Sie das Experiment durch.**
2. **Begründen Sie, warum man statt der Leitfähigkeit (▶ Experiment oben links) auch den pH-Wert messen kann, um den Verlauf der Harnstoffspaltung durch Urease zu ermitteln.**
3. **Urease ist ein Metalloenzym mit Nickelionen als Cofaktor. Untersuchen Sie in einem Experiment, ob das Enzym damit unempfindlich gegenüber Nickelsalzen ist.**
4. **EDTA (▶ Experiment S. 38 unten) ist ein Chelatbildner. Informieren Sie sich über Chelatbildner und ihre Verwendung bei der Behandlung von Schwermetallvergiftungen.**
5. **Die Harnstoffspaltung bewirkt einen basischen „Schutzmantel" um die Helicobacter-Zelle. Erklären Sie mithilfe der durch Urease katalysierten Reaktion, wie er entsteht. Warum ist er für das Bakterium im Magen lebenswichtig?**

Stichworte zu weiteren Informationen

Enzymes Structures Database • Proteinkristallisation • Enzymtests • Metalloenzyme

Einflüsse auf die Enzymwirkung

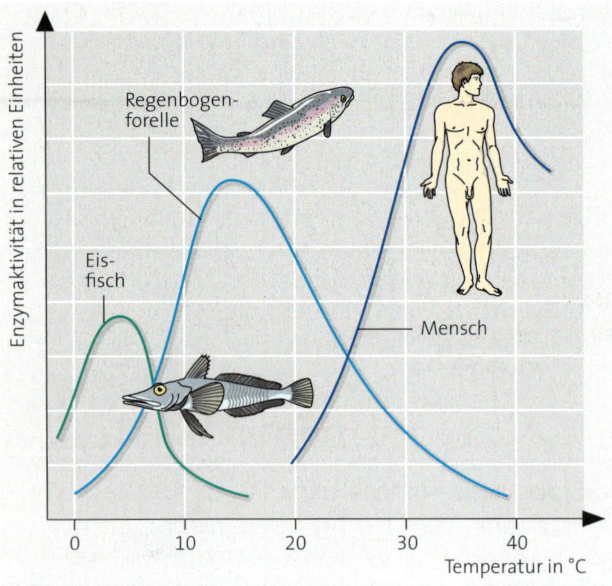

1 *Temperaturabhängigkeit der Pyruvatkinase*

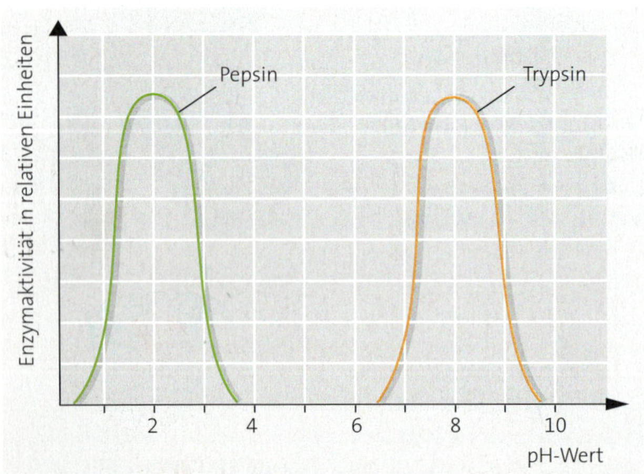

2 *pH-Abhängigkeit menschlicher Verdauungsenzyme*

3 *Grüner Knollenblätterpilz. Sein Gift blockiert die RNA-Polymerase.*

Auch wenn sich beinahe jede Leistung eines Lebewesens auf die Wirkung von Enzymen zurückführen lässt und sie für das Überleben notwendig sind, handelt es sich letztlich „nur" um Proteine, die von äußeren Faktoren beeinflusst werden.

Temperatur. Da Enzyme komplexe Makromoleküle sind, beeinflusst eine *Temperaturänderung* nicht nur ihre Reaktionsgeschwindigkeit, sondern zugleich ihre *Konformation*: Die Tertiär- und Quartärstruktur von Proteinen wird vor allem durch schwache Bindungen wie Wasserstoffbrücken aufrechterhalten (► S. 11). Solche Bindungen können schon durch die thermische Bewegung der Moleküle beeinflusst werden. Im Extremfall – meist oberhalb 70 °C – kommt es zur irreversiblen *Denaturierung* der Enzyme. Doch selbst geringe Temperaturänderungen können über eine graduelle Veränderung der schwachen Bindungen im Molekül zu einer ebenso graduellen Veränderung der Enzymaktivität führen. Daher werden einige Enzyme bereits bei Temperaturen inaktiv, bei denen eine Denaturierung ausgeschlossen ist. Da sich Enzyme mit gleicher Funktion in ihrer Aminosäuresequenz von Art zu Art unterscheiden können – man spricht in diesem Fall von *Isoenzymen* –, sind diese Temperaturgrenzen artspezifisch. Für Menschen ist zum Beispiel Fieber mit einer Körpertemperatur von 40 °C sehr gefährlich, für Vögel ist es die Normaltemperatur. Ein antarktischer Eisfisch, der bei einer Wassertemperatur von konstant –1,9 °C lebt, stirbt schon bei 6 °C.

pH-Wert. Die Tertiärstruktur der Enzyme kann vom *pH-Wert* ihrer Umgebung beeinflusst werden. Einige Aminosäurereste in Proteinen reagieren nämlich als schwache Säuren oder Basen. So ist ein Glutaminsäurerest in neutralem oder alkalischem Milieu negativ geladen, in saurem Milieu dagegen ungeladen. Solche Ladungsunterschiede wirken sich auf die Konformation aus. Enzyme sind deshalb dem pH-Wert des Milieus, in dem sie Reaktionen katalysieren, jeweils angepasst. Sie haben nicht nur ein Temperatur-, sondern auch ein *pH-Optimum*, bei dem die Enzymaktivität – und damit auch die Reaktionsgeschwindigkeit – am größten ist.

Enzymgifte. Neben Wasserstoffionen können auch andere Ionen die Konformation eines Enzyms und damit seine Wirkung beeinflussen. Ionen, die sich so an das Enzym binden, dass es dadurch *vollkommen inaktiviert* wird, bezeichnet man als *Enzymgifte*. Viele *Schwermetallionen* wie Blei-, Cadmium-, Arsen- oder Quecksilberionen sind solche Gifte. Sie reagieren bevorzugt mit den für die Molekülgestalt wichtigen *Schwefelbrücken* der Enzymproteine. Damit deformieren sie auch das aktive Zentrum, sodass das Substrat nicht mehr gebunden und umgesetzt werden kann.
Auch andere Stoffe wirken als Enzymgifte:

- *Amanitin*, das Hauptgift des Knollenblätterpilzes, blockiert die RNA-Polymerase (► S. 90) und damit den Start der Proteinbiosynthese. 0,1 mg Amanitin, enthalten in 0,5 Gramm des Pilzes, sind für einen Menschen tödlich.
- *Cyanide* inaktivieren irreversibel, also unumkehrbar das Enzym *Cytochromoxidase*. Da dieses Enzym eine Schlüsselfunktion in der Atmungskette (► S. 100) besitzt, führen Cyanidvergiftungen sehr schnell zu innerem Ersticken.
- *E 605*, ein inzwischen verbotenes Insektizid, bindet sich an das aktive Zentrum von *Acetylcholinesterase* und blockiert dieses wichtige Enzym der Nervenzellen (► S. 156).

Substratkonzentration. Je mehr Substrat zur Verfügung steht, desto wahrscheinlicher wird es, dass sich Enzym- und Substratmoleküle treffen und eine Katalyse stattfinden kann. Daher wird die Reaktionsgeschwindigkeit der enzymatischen Katalyse von der *Substratkonzentration* beeinflusst. Ein linearer Zusammenhang besteht aber nur bei geringen Substratkonzentrationen. Sind alle Enzymmoleküle mit Substrat gesättigt, haben also jeweils ein Substratmolekül gebunden, hat eine Erhöhung der Substratkonzentration keinen Einfluss mehr auf die Reaktionsgeschwindigkeit. Dann wird eine Maximalgeschwindigkeit V_{max} gemessen, die nicht mehr von der Substratkonzentration abhängt (► Bild 1).

Ein Maß für die Aktivität von Enzymen und damit für die Geschwindigkeit der von ihnen katalysierten Reaktion ist die Wechselzahl. Sie gibt die Anzahl von Substratmolekülen an, die von einem Enzymmolekül in der Sekunde umgesetzt werden kann, wenn das Enzym vollständig mit Substrat gesättigt ist. Eine besonders hohe Wechselzahl hat Katalase. Ihr Substrat ist das im Stoffwechsel entstehende Zellgift Wasserstoffperoxid, das in Sauerstoff und Wasser zerlegt wird (► Tabelle rechts).

Inhibitoren. Manche Stoffe hemmen durch ihre Anwesenheit die Enzymaktivität. Bei diesen *Inhibitoren* oder *Hemmstoffen* unterscheidet man zwei verschiedene Wirkungstypen:

- Bei der *kompetitiven Hemmung* tritt der Inhibitor mit dem Substrat in einen „Wettbewerb" um die Bindung am aktiven Zentrum. Seine Hemmwirkung nimmt daher mit zunehmender Substratkonzentration ab, sodass die Maximalgeschwindigkeit unverändert bleibt.
- Bei der *allosterischen Hemmung* bindet der Inhibitor nicht am aktiven Zentrum des Enzyms, sondern an einer anderen, als allosterisches Zentrum bezeichneten Stelle. Die Bindung des Inhibitors – nach dem Schlüssel-Schloss-Prinzip – verändert die Konformation des aktiven Zentrums so, dass das Substrat nicht mehr umgesetzt wird. Anders als bei der kompetitiven Enzymhemmung wird bei der allosterischen Hemmung die Maximalgeschwindigkeit der nicht gehemmten Reaktion auch bei hoher Substratkonzentration nicht erreicht.

Aktivatoren. Andere Enzyme mit zweiter Bindungsstelle benötigen bestimmte Ionen wie K^+, Ca^{2+}, Mg^{2+} oder Mn^{2+} als *Aktivatoren*, um ihre maximale Aktivität zu erreichen. Neben Ionen können auch manche Aminosäuren, AMP (Adenosinmonophosphat) oder ATP als Aktivatoren wirken. Die Aktivatoren bewirken eine bessere Passung zwischen dem aktiven Zentrum und dem Substratmolekül.

Sowohl Aktivierung als auch Hemmung von Enzymen sind von großer Bedeutung für die *Regulation der Enzymaktivität* (► S. 42) und liegen vielfach auch der Wirkung von Arzneimitteln zugrunde (► S. 43).

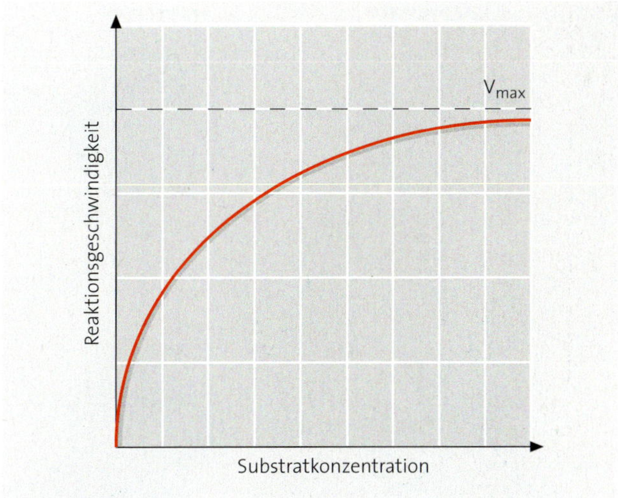

1 Abhängigkeit der Reaktionsgeschwindigkeit von der Substratkonzentration

Maximale Wechselzahlen einiger Enzyme	
Enzym	**Wechselzahl [s^{-1}]**
Katalase	40 000 000
Carboanhydrase	600 000
Lactatdehydrogenase	1 000
Chymotrypsin	100
DNA-Polymerase	15
Tryptophan-Synthetase	2
Lysozym	0,5

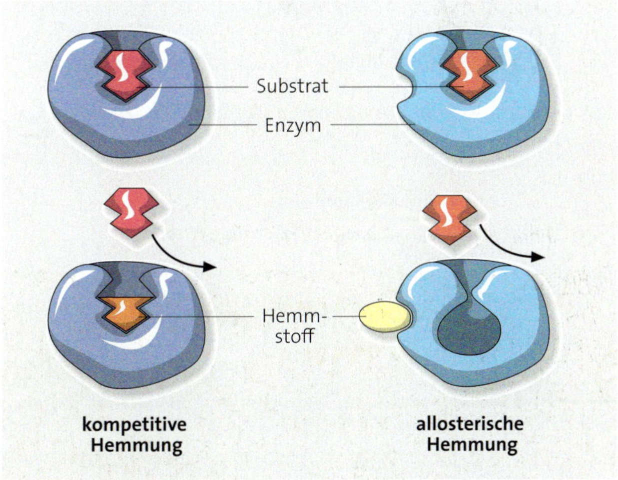

2 Kompetitive Enzymhemmung (links) und allosterische Enzymhemmung (rechts), Schema

1 **Erläutern Sie, weshalb Konformationsänderungen eines Enzyms in jedem Fall seine Aktivität beeinflussen.**

2 **Isoenzyme kommen nicht nur bei verschiedenen Arten vor, sondern auch bei verschiedenen Individuen derselben Art und in unterschiedlichen Geweben desselben Individuums. Erklären Sie Ursachen und Bedeutung dieser Tatsache.**

3 **Schwermetalle binden in Enzymen bevorzugt an schwefelhaltige Aminosäuren. Erklären Sie die Folgen.**

4 **Belegen Sie mit Bild 2 auf der linken Seite, dass Enzyme dem pH-Wert des Milieus angepasst sind, in dem sie Reaktionen katalysieren.**

5 **Informieren Sie sich über Amanitin und seine Wirkungsweise.**

Enzymregulation

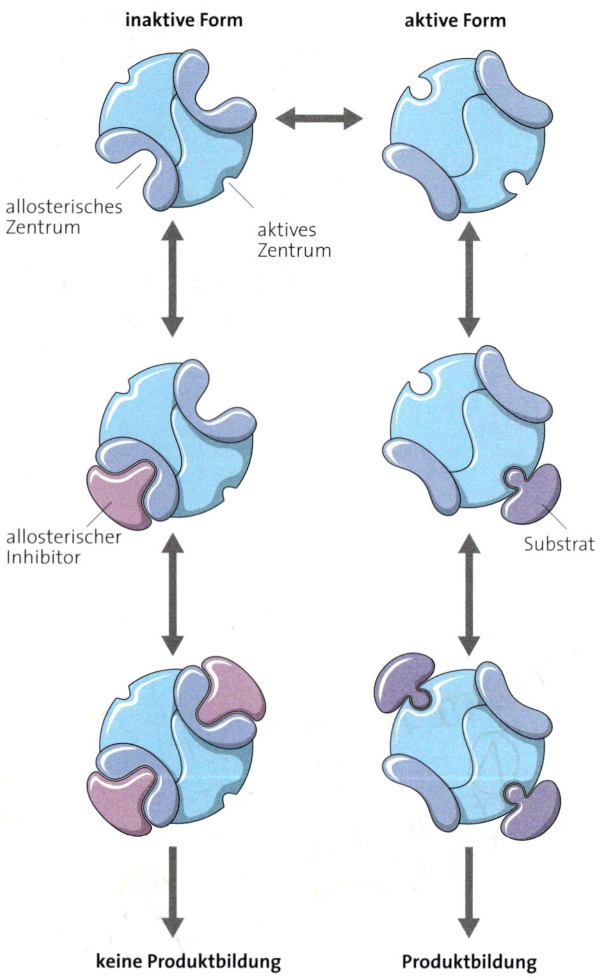

1 Allosterische Enzyme aus mehreren Untereinheiten sind auf Regulation spezialisiert

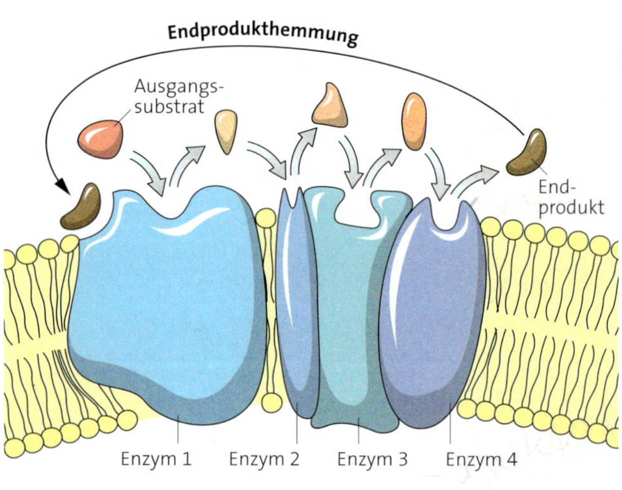

2 Negative Rückkopplung über das Endprodukt durch allosterische Hemmung, Schema. Membrangebundene Enzyme einer Reaktionsfolge sind oft räumlich benachbart.

In jeder Zelle laufen zur gleichen Zeit mehrere Tausend Stoffwechselprozesse ab. Um sie zu steuern und zu regeln, sind Enzyme die idealen Werkzeuge:
- Praktisch jeder Stoffwechselschritt erfordert ein Enzym.
- Enzyme werden ständig neu synthetisiert und abgebaut.
- Die Aktivität der Enzyme ist in vielfältiger Weise regulierbar.

Besonders schnell und flexibel kann die Enzymaktivität durch *Aktivatoren* und *Inhibitoren* (► S.41) beeinflusst werden, die sich reversibel an die Enzymmoleküle binden.

Regulation durch kompetitive Hemmung. Substratähnliche *kompetitive Hemmstoffe* binden an das aktive Zentrum, ohne umgesetzt zu werden. Sind sie in höherer Konzentration vorhanden als das eigentliche Substrat, kommt die Reaktion zum Erliegen, da fast nur noch Hemmstoff an die Enzymmoleküle gebunden ist. Bei genügend hoher Substratkonzentration wird dagegen der Hemmstoff vom Substrat verdrängt und das Substrat kann umgesetzt werden.

Regulation durch allosterische Enzyme. Am wichtigsten für die Enzymregulation des Stoffwechsels sind allosterische Enzyme. Sie bestehen aus mehreren Untereinheiten, liegen also in Quartärstruktur (► S.11) vor. Jede der Untereinheiten besitzt ein aktives Zentrum zur Bindung des Substrats und ein ***allosterisches oder regulatorisches Zentrum*** für Inhibitoren oder Aktivatoren.

Entscheidend für die Regulationsfunktion dieser Enzyme ist, dass sie in der Zelle in zwei verschiedenen, ineinander überführbaren Aktivitätsformen vorliegen. Bindet eine Untereinheit der aktiven Form des Enzyms ein Substratmolekül, begünstigt dies auch die Substratbindung der anderen Untereinheiten. Durch diese *molekulare Kooperation* der Untereinheiten wird die Geschwindigkeit, mit der ein allosterisches Enzym sein Substrat umsetzt, erheblich gesteigert. Aktivatoren verstärken diesen Effekt in gleicher Weise. Ein Inhibitor stabilisiert dagegen die inaktive Form des Enzyms und fördert zugleich die Bindung weiterer Inhibitormoleküle an die anderen Untereinheiten (► Bild 1).

Durch die Zusammenarbeit der Untereinheiten und die Verstärkungseffekte der Aktivatoren bzw. Inhibitoren können allosterische Enzyme die Geschwindigkeit der Katalyse sehr empfindlich regeln, wenn sich die Substratkonzentration ändert. Sie finden sich daher besonders an Knotenpunkten des Stoffwechsels, wo sie als *Schlüsselenzyme* wie „Stellschrauben" wirken.

Endprodukthemmung. Vor allem bei Stoffwechselwegen, die aus mehreren aufeinanderfolgenden Reaktionen bestehen, kann das Endprodukt der Reaktion hemmend auf eines der beteiligten Enzyme wirken (► Bild 2). Die enzymatische Reaktion wird dann durch *negative Rückkopplung* reguliert: Je mehr Produkt, desto weniger aktive Enzymmoleküle, desto weniger Produkt usw. Ein Beispiel sind Stoffwechselwege, die letztlich der Bereitstellung von Energie durch Produktion von ATP dienen, wie der Abbau der Glucose (► S.68). Hat sich in der Zelle durch Zellatmung genügend ATP gebildet, werden Schlüsselenzyme, die im Dienst der ATP-Produktion stehen, allosterisch durch ATP gehemmt. Allgemein sorgt die Endprodukthemmung dafür, dass ein Stoff im Organismus nur so lange synthetisiert wird, bis er sich anzusammeln beginnt. Das erspart dem Organismus unnötigen Rohstoff- und Energieaufwand.

[Z] Enzyme in der Medizin

Wenn wir erkranken, sind fast immer Stoffwechselprozesse betroffen. Daher kommt Enzymen als den zentralen Wirkstoffen im Stoffwechselgeschehen auch große medizinische Bedeutung zu.

Enzyme in der Diagnose von Krankheiten. Als Folge krankhafter Prozesse können Enzyme aus geschädigten Zellen in Körperflüssigkeiten wie das Blutserum gelangen. Da verschiedene Organe unterschiedliche Enzyme besitzen, kann deren Nachweis im Blut zur *Diagnose* von Krankheiten dienen. So weist *Kreatinkinase* auf einen Herzinfarkt, *Lipase* auf eine Erkrankung der Bauchspeicheldrüse hin.

Auch viele medizinische Tests verwenden Enzyme als hochspezifische Reagenzien auf Teststreifen oder in Messgeräten. Mit dem Enzym *Glucoseoxidase* arbeitende Blutzuckermessgeräte (▶ Bild 1) für Diabetiker können beispielsweise die Glucosekonzentration in einem winzigen Blutstropfen sehr genau messen.

Beeinflussung körpereigener Enzyme. Zu geringe oder zu hohe Aktivität bestimmter Enzyme kann selbst *Ursache* von Krankheiten sein. Die Wirkung zahlreicher Medikamente beruht daher auf der Beeinflussung der Enzymaktivität.

- Organische Salpetersäure-Ester wie Nitroglycerin (genauer: das daraus freigesetzte Stickstoffmonooxid) beseitigen die für Menschen mit Herzkrankheiten häufig lebensgefährliche Gefäßenge durch rasche Aktivierung der *Guanylatcyclase*.
- Gebräuchliche Schmerzmittel wie die Acetylsalicylsäure hemmen das Enzym *Cyclooxygenase*, das für die Bildung von Signalstoffen für Entzündungsprozesse (*Prostaglandine*) entscheidend ist.
- Das Gichtmedikament Allopurinol hemmt das Enzym *Xanthinoxidase* kompetitiv. Damit wird die Bildung von Harnsäure unterbrochen, deren Ablagerung in den Gelenken die schmerzhafte Gelenkentzündung Gicht zur Folge hat.
- Blutdrucksenkende Medikamente sind die ACE-Hemmer. Dabei handelt es sich um kompetitive Hemmstoffe des *Angiotensin-Converting Enzymes ACE*. Ihr Wirkprinzip wurde in einem Schlangengift entdeckt (▶ Bild 2). Das Enzym ACE spaltet aus einer Vorstufe des Hormons Angiotensin zwei Aminosäuremoleküle ab, sodass das blutdrucksteigernde Hormon Angiotensin entsteht.

Enzymhemmung bei Krankheitserregern. Im Stoffwechsel von Pro- und Eukaryoten gibt es Unterschiede. Die Wirkung wichtiger Antibiotika beruht darauf, dass sie Enzyme beeinflussen, die nur bei Bakterien vorkommen. Penicillin zum Beispiel tötet Bakterien bei der Teilung, indem es irreversibel das aktive Zentrum der *Transpeptidase* blockiert. Das Enzym ist für die Quervernetzung der Polysaccharidketten (Murein) in der Bakterienzellwand verantwortlich.

Wirksame Komponente des Penicillins ist der β-Lactamring. Gegen Penicillin resistente Bakterien zerstören ihn mit ihrem Enzym *β-Lactamase* und heben so die Wirkung des Medikaments auf. Penicillinderivate gegen resistente Bakterien erhält man dadurch, dass man mit dem Enzym *Penicillinacylase* eine Seitengruppe des Penicillinmoleküls abspaltet und durch andere Reste ersetzt.

1 **Erklären Sie mit Bild 3, warum Penicillinderivate auch gegen penicillinresistente Bakterien wirken.**

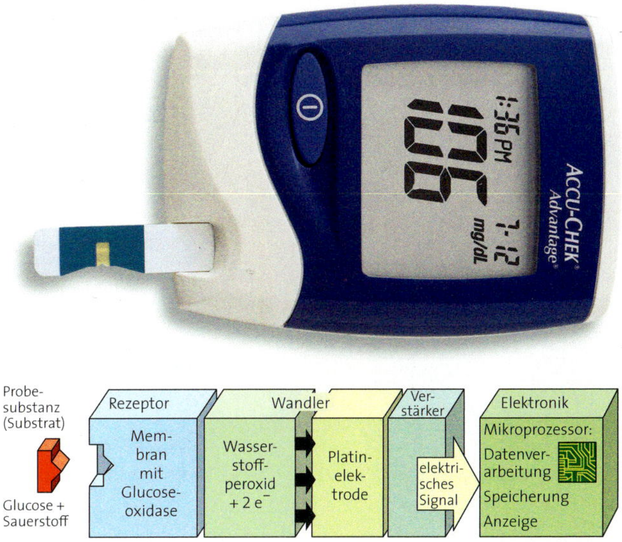

1 *Blutzuckermessgerät und Funktionsschema*

2 *Das Gift der Lanzenotter (Foto) wirkt als Inhibitor des Enzyms ACE. Es war Vorbild für blutdrucksenkende Medikamente.*

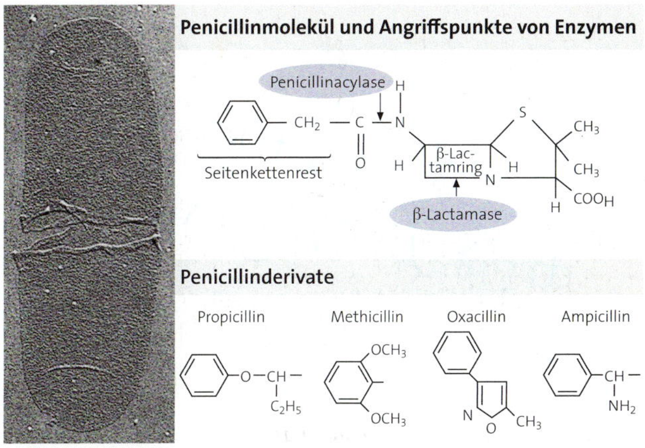

3 *Penicillin: Wirkung auf die Bakterienzelle (Foto links), Bau des Moleküls und Derivate sowie Angriffspunkte von Enzymen*

[Z] Enzyme in der Biotechnologie

1 Für die Käseherstellung benutzt man das Enzym Chymosin, das früher nur aus Kälbermägen gewonnen wurde.

2 Heute wird Chymosin oft in solchen Biofermentern von gentechnisch veränderten Bakterien produziert.

Werden Lebewesen, Zellen oder Zellbestandteile in technisch-industriellen Prozessen verwendet, spricht man von *Biotechnik* oder *Biotechnologie*. Viele biotechnologische Verfahren sind uralte Kulturtechniken: Wein-, Bier- und Essigbereitung, Brotbacken oder die Herstellung von Sauermilch und Käse. Heute wissen wir, dass diese klassische Biotechnologie auf der Leistung von Mikroorganismen beruht und diese wiederum auf deren Ausstattung mit Enzymen. Immer häufiger werden daher in biotechnologischen Verfahren nicht mehr lebende Organismen eingesetzt, sondern die aus ihnen gewonnenen Enzyme (► Tabelle unten).

Vorteile biotechnologischer Verfahren. Gegenüber rein chemischen Verfahren bietet die Biotechnologie Vorteile:

- Die Ausgangsstoffe, aus denen Mikroorganismen ihre Stoffwechselprodukte erzeugen, zum Beispiel Stärke, sind billig.
- Da Mikroorganismen die gewünschten Stoffe durch enzymatisch katalysierte Reaktionen herstellen, läuft die Reaktion bei niedrigen Temperaturen ab. Unkatalysierte Synthesereaktionen benötigen dagegen oft hohe Temperaturen.
- Enzymreaktionen vollziehen sich in wässriger Lösung bei einem pH-Wert in der Nähe des Neutralpunkts. In der chemischen Industrie werden dagegen oft aggressive Säuren, Laugen oder organische Lösemittel benötigt.
- Enzyme wirken äußerst spezifisch. So entstehen in enzymatisch katalysierten Reaktionen kaum Nebenprodukte. Die Ausbeute beträgt daher oft 100 %, das heißt, alle Ausgangsstoffe werden ausschließlich zum gewünschten Endprodukt umgesetzt.

Biotechnologische Verfahren haben sich deshalb in vielen Bereichen durchgesetzt, zum Beispiel in der Lebensmittelproduktion, der Umwelttechnik und in der Pharma-, Textil-, Leder- und Kosmetikindustrie.

Gentechnisch erzeugte Enzyme. Durch *gentechnisch veränderte Mikroorganismen* hat die Verwendung von Enzymen in der Biotechnologie eine neue Dimension erreicht. Werden artfremde Gene in das Erbgut geeigneter Mikroorganismen übertragen (► S. 130), können deren Enzymsysteme so verändert werden, dass sie erwünschte Stoffwechselprodukte in enorm gesteigerter Menge produzieren. Viele Enzyme lassen sich auch in gereinigter Form gewinnen und so in industriellem Maßstab preiswert produzieren. *Rund 60 %* der etwa 150 heute industriell verwendeten Enzyme *stammen aus gentechnisch veränderten Mikroorganismen*.

Enzyme in biotechnologischen Prozessen

Produkte	Enzyme	Enzymwirkung und technischer Anwendungszweck
Backmischungen	Amylasen	Verbesserung der Verarbeitungs- und Backeigenschaften von Teig
Fruchtsäfte Fruchtaromen	Pektinasen	Abbau von Pektinen der pflanzlichen Zellwand, dadurch höhere Saftausbeute sowie Aroma- und Farbstoffgewinnung aus den Fruchtschalen; auch zum Klären von Fruchtsäften
Käse	Protease Chymosin	Abbau von Proteinen zur „Dicklegung“ von Milch
Zuckersirup	Amylasen, Glucoseisomerase	Abbau von (Mais-, Kartoffel-, Weizen-)Stärke zu Maltodextrin (Stärkebruchstücke und Maltose) und Umwandlung zu Glucose und Fructose
Futtermittel	Phytase	Freisetzen von Phosphat aus Phytinsäure in Pflanzennahrung, dient zur Nahrungsoptimierung in der Geflügel- und Schweinehaltung, Zufüttern von Phosphat entfällt
Waschmittel	Proteasen, Lipasen, Amylasen	Abbau von Proteinen, Fetten und Stärke in verschmutzter Kleidung durch gentechnisch erzeugte Enzyme
Textilien	Lipasen, Amylasen, Cellulasen	Entfernen von Fett, Wachs und Stärke als natürliche oder technische Begleitstoffe, Entfernen störender Baumwollfussein vor dem Färben
Leder	Proteasen, Lipasen	Enthaaren und Entfetten von Tierhäuten
Zellstoff, Papier	Lipasen, Laccase, Xylanasen	Entfärben von bedrucktem Altpapier beim Recycling, Entfernen des Holzstoffs Lignin

Kompetenzen

Mithilfe dieses Kapitels können Sie

- begründen, warum Enzyme zu den wichtigsten Wirkstoffen der belebten Natur zählen
- die Funktion der Enzyme als Biokatalysatoren erläutern und mit anorganischen Katalysatoren vergleichen
- den Aufbau von Enzymen beschreiben
- die typischen Eigenschaften der Enzyme nennen und aus ihrem Bau begründen
- die Bildung eines Enzym-Substrat-Komplexes und seine Bedeutung erklären
- Beispiele für Enzyme und ihre Benennung und Einteilung angeben
- Einflüsse verschiedener Inhibitoren auf Enzyme erklären und mithilfe einer Schemaskizze erläutern
- die Giftigkeit von Schwermetallen für Lebewesen aus ihrer Wirkung auf Enzyme begründen
- Experimente zur Abhängigkeit der Enzymwirkung von verschiedenen Faktoren planen, durchführen, auswerten und in geeigneter Form darstellen
- das Prinzip der Verwendung von Enzymen in der Medizin an Beispielen erklären
- Beispiele für den Einsatz von Enzymen in der Biotechnologie angeben

Testen Sie Ihre Kompetenzen

Chymotrypsin ist ein Verdauungsenzym, das von der Bauchspeicheldrüse als inaktives Chymotrypsinogen produziert und in den Dünndarm ausgeschieden wird. Hier, an seinem Wirkungsort, wird es zu Chymotrypsin (▶ Bild rechts) aktiviert, indem eine einzige Peptidbindung im Chymotrypsinogen-Molekül durch Trypsin, ein anderes Verdauungsenzym, gespalten wird.

Chymotrypsin katalysiert die hydrolytische Spaltung von Peptidbindungen in Proteinen, die auch durch Erhitzen mit konzentrierter Säure erreicht werden kann. Produkte der Hydrolyse durch Chymotrypsin sind Peptide unterschiedlicher Kettenlänge mit den Aminosäuren Phenylalanin (Phe) oder Tyrosin (Tyr) am Ende:

(H_2N)Val-Glu-Ala-Ala-Lys-Tyr(COOH)
(H_2N)Glu-Leu-Cys-Ser-Asp-Tyr(COOH)
(H_2N)Leu-Gly-Gly-Ser-Phe(COOH)
(H_2N)Ile-Glu-Glu-Arg-Phe(COOH)
(H_2N)Gly-Leu-Phe(COOH)

❶ Erklären Sie an diesem Beispiel die Funktion eines Enzyms.

❷ Die Reaktionsprodukte der Chymotrypsinkatalyse sind vor allem Peptide mit Tyrosin oder Phenylalanin am Ende. Erklären Sie den Sachverhalt mit einer typischen Enzymeigenschaft. Ziehen Sie dazu auch Bild 3 auf Seite 10 sowie Aufgabe 6 heran.

❸ Chymotrypsin wird als inaktive Vorstufe gebildet. Erläutern Sie die Bedeutung dieser Tatsache.

❹ Erklären Sie, warum eine kleine Veränderung im Molekül, wie sie beispielsweise der Aktivierung von Chymotrypsin zugrunde liegt, für ein Enzym große Bedeutung haben kann.

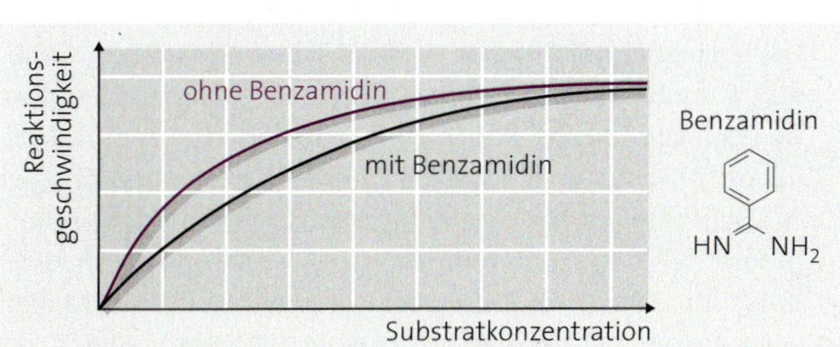

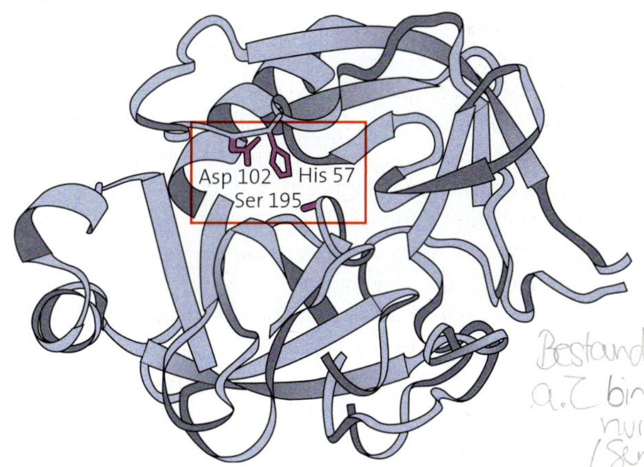

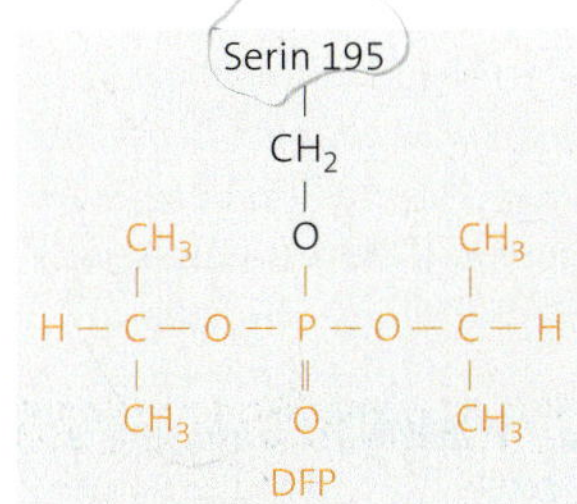

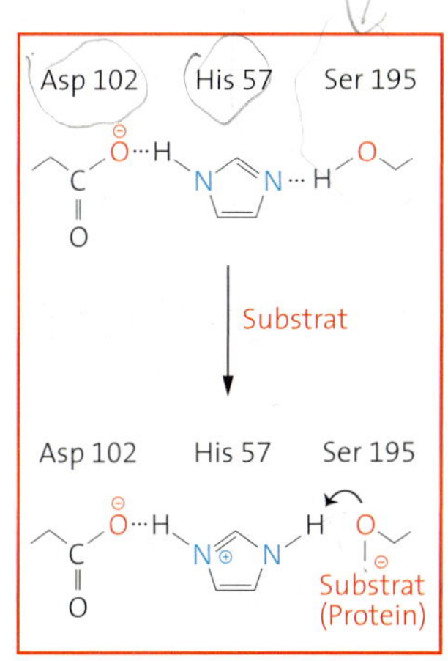

❺ Das Chymotrypsinmolekül enthält 28 Aminosäurereste der Aminosäure Serin. Die Substanz Diisopropylfluorophosphat (DFP) bindet sich nur an den Serinrest in Position 195 (▶ kleines Bild oben) und macht das Enzym dadurch unwirksam. Entwickeln Sie eine Hypothese zur Funktion dieses Serinrests und seiner Nachbarschaft Asparaginsäure (Asp) 102 und Histidin (His) 57 (Bild oben und Mitte rechts).

❻ Interpretieren Sie den im Diagramm links dargestellten Einfluss des Stoffs Benzamidin auf Chymotrypsin.

Energiebindung und Stoffaufbau durch Fotosynthese

1 Im Frühjahr bedecken die Keimpflanzen der Rotbuche den Boden im Buchenwald.

Nur 0,2 g Nährstoffe im Samen bekommt eine Buche von der Elternpflanze als „Startkapital" für ihr Leben. Diese Nährstoffmenge muss reichen, bis der junge Baum auf eigenen Wurzeln steht ... Noch ist der fettreiche Vorrat, gespeichert in den nun entfalteten und ergrünten Keimblättern, nicht völlig aufgebraucht. Gleichwohl haben die jungen Buchen längst begonnen, sich selbst zu ernähren: Wie alle grünen Pflanzen fangen sie die Energie des Sonnenlichts ein und bauen mit ihr aus Wasser und Kohlenstoffdioxid körpereigene Stoffe auf. Einige Dutzend Tonnen stellt eine Buche im Laufe ihres langen Lebens her, einen Teil davon wird sie vom 50. Lebensjahr an in ihre Nachkommen investieren.

Im Blickpunkt

- Licht – die entscheidende Energiequelle des Lebens
- Kurzübersicht über die Fotosynthese, den wichtigsten Bioprozess der Erde
- Blätter, Zellen, Chloroplasten: Reaktionsorte der Fotosynthese
- vom Licht zur stofflichen Energiekonserve: die Prozesse in den Chloroplasten
- Umweltfaktoren und ihre Einflüsse auf die Fotosynthese an verschiedenen Standorten
- Pflanzen verwerten die erzeugten Stoffe
- Alleskönner und Spezialisten: Varianten der Fotosynthese

GRUNDLAGEN Über eine Erde ohne grüne Pflanzen und deren Fähigkeit zur Fotosynthese lässt sich nur spekulieren. Fest steht dagegen: Die Fotosynthese ist der wichtigste biologische Prozess auf unserem Planeten.

- Durch sie gelingt es Pflanzen, vielen Protisten und manchen Bakterien, Strahlungsenergie des Sonnenlichts in chemisch gebundene Energie zu überführen.
- Die als Energiespeicher gebildeten organischen Stoffe sind die Lebensgrundlage aller Organismen. Darüber hinaus dienen sie, vor allem ihre fossilen Überreste wie Kohle und Erdöl, auch als wichtigste technische Energieträger.
- Der gesamte Sauerstoff der Erdatmospäre, die Voraussetzung für Atmung wie Verbrennung, ist durch Fotosynthese entstanden.
- Die Fotosynthese ist Teil des Kohlenstoffkreislaufs der Biosphäre. Will man ausdrücken, dass zur Fotosynthese fähige Lebewesen die Energie für ihre „Ernährung", also den Aufbau körpereigener organischer Stoffe aus dem Sonnenlicht beziehen, nennt man sie fototroph. Soll herausgestellt werden, dass sie auch Wasser und Kohlenstoffdioxid, also die zum Aufbau der organischen Verbindungen genutzten Ausgangsstoffe der Fotosynthese, unabhängig von anderen Organismen gewinnen, bezeichnet man sie als autotroph. Tiere, Pilze und die meisten Bakterien sind heterotroph. Sie benötigen von Autotrophen erzeugte organische Stoffe als Energie- und Stoffquelle.

[Z] Licht – Farbe – Absorption

Licht ist Energie. Licht, eine Form von Energie, ist der mithilfe unserer Augen wahrnehmbare Teil des Spektrums *elektromagnetischer Strahlung* mit Wellenlängen *zwischen 400 und 760 nm*. Zum breiten Spektrum elektromagnetischer Strahlung zwischen 10^{-3} und 10^{13} nm gehören außerdem Gamma(γ)-, Röntgen-, Ultraviolett(UV)-, Infrarot(IR)-Strahlen, Mikrowellen-, Fernsehwellen- und Radiowellenstrahlen. Sie alle breiten sich mit *Lichtgeschwindigkeit* – der maximal erreichbaren Geschwindigkeit – aus (c = 300 000 km/s) und setzen sich aus nicht weiter aufteilbaren kleinsten Energiebeträgen zusammen, die man als *Quanten* bezeichnet. Stellt man sich solche „Energiepakete" als Teilchen vor, spricht man von *Photonen*. Andererseits lassen sich Licht und andere elektromagnetische Strahlen auch als *Wellen* auffassen, deren Energie von der *Wellenlänge* λ beziehungsweise der *Frequenz* ν bestimmt wird:

$E \sim 1/\lambda$, $E \sim \nu$ oder $E \sim c/\lambda$.

Bei gleicher Intensität ist daher kurzwellige Strahlung energiereicher als langwellige.

Farbe. Licht, das sich wie Sonnenlicht aus allen Wellenlängen zusammensetzt, empfinden wir als unbunt. Licht eines einzelnen Wellenlängenbereichs wirkt dagegen in unserem Auge als *Farbreiz*. Licht des Wellenlängenbereichs von 400 bis 500 nm erscheint uns blau, von 500 bis 550 nm grün, von 550 bis 600 nm gelb und über 600 nm rot. Die „Regenbogenfarben" des Spektrums, das entsteht, wenn ein Sonnenstrahl auf ein *Prisma* aus Glas trifft, gehen kontinuierlich ineinander über. Licht einer einzigen Wellenlänge nennt man *monochromatisch*.

Absorption. Ein Gegenstand erscheint uns farbig, wenn das Licht, das von ihm in unser Auge gelangt, nicht alle Wellenlängen in gleichen Anteilen umfasst. Dann enthält er Farbstoffe oder *Pigmente*, die einzelne Wellenlängenbereiche „verschlucken" oder *absorbieren*. Die Wellenlängenbereiche des nicht absorbierten Lichts entsprechen der Farbe, in der wir den Gegenstand wahrnehmen. Mit einem *Fotometer* kann man die von einem Stoff absorbierte Lichtmenge in Abhängigkeit von der Wellenlänge messen (► S. 57). Man erhält so sein *Absorptionsspektrum*. Wenn ein Stoff Strahlungsenergie absorbiert, wird diese in andere Energieformen umgewandelt:

- Strahlung kann in thermische Energie verwandelt werden und dann Reaktionen beschleunigen.
- Strahlung kann die Struktur von Molekülen zerstören, sie zum Beispiel ionisieren. Für Lebewesen sind die kurzwelligen UV-, Röntgen- und γ-Strahlen besonders gefährlich.
- Strahlung kann Elektronen von Molekülen „anregen", das heißt sie in einen höheren Energiezustand versetzen. Sie werden dadurch reaktionsfähig und können chemische Arbeit leisten. Das ist der zentrale Vorgang bei der *Fotosynthese*.

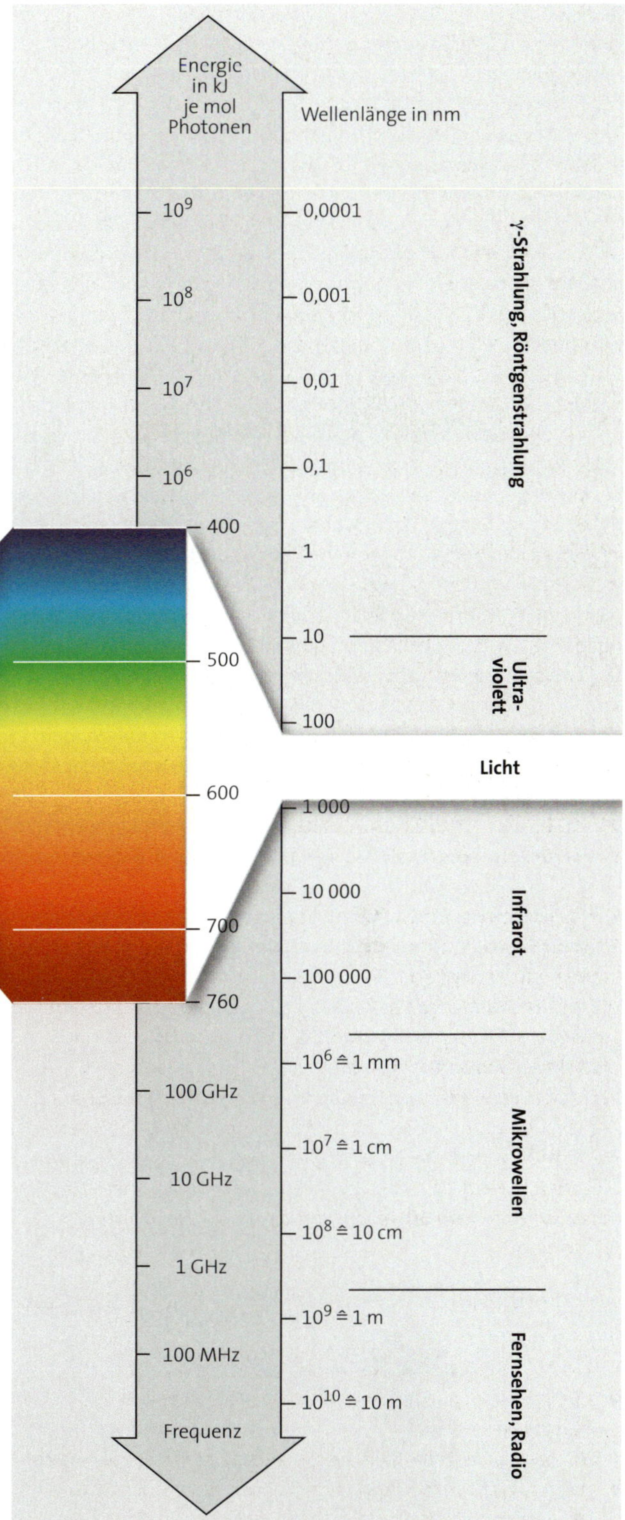

1 Den sichtbaren Anteil des Spektrums elektromagnetischer Strahlung nennen wir Licht. Sonnenlicht erscheint uns unbunt. Erst das Prisma zeigt, dass es aus Strahlung verschiedener Wellenlängen besteht, die wir als Farben empfinden.

Fotosynthese: Überblick

Bedeutung. Fotosynthese erschließt der Biosphäre die *Sonnenstrahlung als Energiequelle.* Damit ist sie ohne Zweifel der wichtigste Bioprozess der Erde. Voraussetzung dafür ist die Fähigkeit der fototrophen Organismen, die Strahlungsenergie zu absorbieren, entscheidend ist jedoch, dass diese in Form chemischer Energie dauerhaft gebunden wird. Auf dieser *Energiebindung* durch den Aufbau organischer Verbindungen beruht letztlich die Bedeutung der Fotosynthese für den Energiefluss durch die Biosphäre.

Die *Primärproduktion* organischer Stoffe durch Fotosynthese liefert nicht nur den Produzenten selbst, sondern auch den heterotrophen Organismen als Konsumenten und Destruenten die erforderliche Energie und Materie, unabhängig von ihrer Ernährungsweise und Stellung in der Nahrungskette. Dabei werden die organischen Stoffe durch die Heterotrophen wieder abgebaut und in den Stoffen gespeicherte Energie biologisch genutzt. Da bei jeder Umwandlung von Energie ein Teil nicht nutzbar ist, geht bei diesem Energiefluss letzten Endes die gesamte durch Fotosynthese fixierte Energie der Biosphäre auch wieder verloren.

Erfolgt der Abbau organischer Stoffe durch Destruenten unvollständig, enthalten ihre Reste noch chemische Energie. Unsere wichtigsten *technischen Energieträger* sind solche, ursprünglich durch Fotosynthese gebildeten Stoffe.

Organische Kohlenstoffverbindungen in der Technik. Mehr als drei Viertel der in der Technik weltweit eingesetzten Energie entstammt der Nutzung *organischer Kohlenstoffverbindungen* in Kohle, Erdöl und Erdgas. Bei diesen Energieträgern handelt es sich um fossile Reste von Fotosyntheseprodukten, die durch komplexe geochemische Prozesse im Verlauf vieler Millionen Jahre entstanden und dem Kohlenstoffkreislauf der Geo- und Biosphäre seit langem entzogen waren:

- *Kohle* ist Ergebnis von Abbauvorgängen (Inkohlung) der organischen Reste riesiger Sumpfwälder in Erdzeitaltern sehr hoher Bioproduktion wie der Karbonzeit,
- *Erdöl* entstand sehr wahrscheinlich durch Zersetzung (Bitumierung) von Faulschlamm unter der Wirkung von Druck, Hitze und Bakterien in großen Meerestiefen,
- *Erdgas* bildet ein Nebenprodukt dieser beiden Prozesse.

Bei der Verbrennung der *fossilen Energieträger* in Heizungen, Kraftwerken oder Motoren entstehen weltweit jährlich 10 Milliarden Tonnen Kohlenstoffdioxid, die den CO_2-Gehalt der Atmosphäre messbar steigern. Als sogenanntes „Treibhausgas" ist dieses CO_2 an der gegenwärtigen Erwärmung des Erdklimas entscheidend beteiligt.

Dagegen ist die direkte technische Nutzung von Fotosyntheseprodukten wie Pflanzenöl oder Holz „klimaneutral": Diese *nachwachsenden Rohstoffe* setzen bei ihrer Verbrennung nur so viel CO_2 frei, wie die Pflanzen zu ihrer Erzeugung ursprünglich gebunden haben.

Vorgänge der Fotosynthese in der Zusammenschau. In ihrer Gesamtbilanz ist die Fotosynthese seit langem verstanden: Aus Kohlenstoffdioxid und Wasser erzeugen Pflanzen mit der Energie von Licht in ihren grünen Teilen Sauerstoff und Kohlenhydrate, beispielsweise Glucose. Diese „Wortgleichung" gibt jedoch keinen Anhalt, welche Teilprozesse in den Zellen der fototrophen Lebewesen dabei ablaufen. Auch wenn für die Wissenschaft Einzelheiten noch offen sind, sind die wichtigsten Schritte der Fotosynthese aufgeklärt:

- Der Gesamtprozess besteht aus zwei miteinander verknüpften Abschnitten, als lichtabhängige *Primärreaktionen* und lichtunabhängige *Sekundärreaktionen* bezeichnet.
- Für beide Abschnitte sind in den Chloroplasten – auch räumlich – *getrennte Reaktionssysteme* zuständig.
- *Absorption von Licht* durch Blattpigmente und seine Umwandlung in chemische Energie ist der zentrale, Energie liefernde Vorgang. Als Energieüberträger dient ATP.
- Das in die Reaktion eingehende *Wasser* wird in Sauerstoff und Wasserstoff gespalten.
- Während der Sauerstoff abgegeben wird, dient der Wasserstoff – an das Coenzym NADP gebunden – als *energiereiches Reduktionsmittel* (Reduktionsäquivalent), indem er Elektronen auf andere Stoffe überträgt.
- ATP und Wasserstoff werden eingesetzt, um aus CO_2 in den Sekundärreaktionen Kohlenhydrate zu bilden und auf diese Weise chemische Energie dauerhaft zu binden.

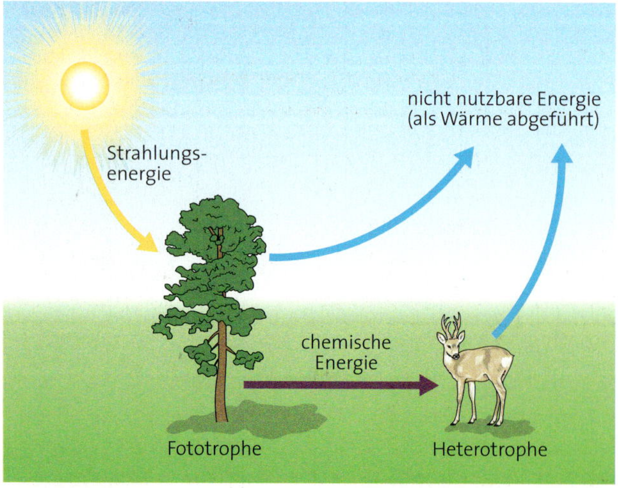

1 Fotosynthese und Energiefluss durch die Biosphäre

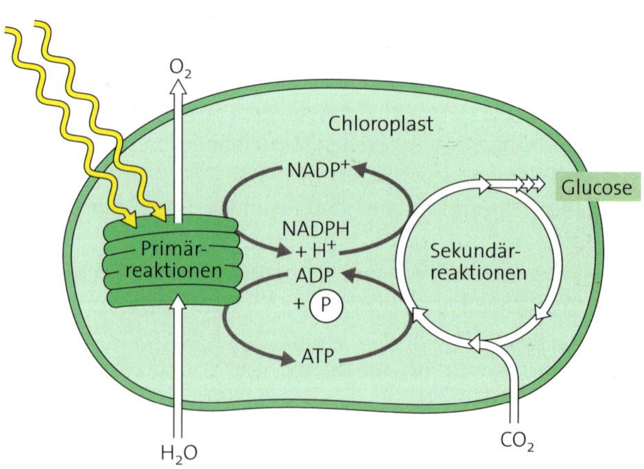

2 Ausgangsstoffe, Produkte und Teilprozesse der Fotosynthese

Experimente zur Aufklärung der Fotosynthese

Die Aufklärung der Fotosynthese ist aufs engste mit experimentellen Methoden und deren findiger Anwendung durch viele Wissenschaftler verknüpft. Bereits die ersten Erkenntnisse über die Besonderheiten pflanzlicher Lebensweise, beispielsweise die am Ende des 18. Jahrhunderts von J. PRIESTLEY in England entdeckte *Sauerstoffbildung* durch Pflanzen, sind Ergebnisse ausgeklügelter Experimente. Vor allem im 20. Jahrhundert hat sich durch experimentelle Fortschritte ein immer detailreicheres Bild der Fotosynthese entwickelt.

Chromatographie. 1903 entdeckte der russische Botaniker M. TSWETT ein von ihm als „chromatographische Methode" bezeichnetes Verfahren, mit dem er das „Blattgrün" der Pflanzen in *verschiedene Farbstoffe* auftrennte. Auch wenn die Chromatographie bis 1930 in Vergessenheit geriet, wurde durch sie erkannt, dass außer Chlorophyll noch weitere Farbstoffe an der Fotosynthese beteiligt sein müssen.

HILL-Reaktion. Grundlegend für das Verständnis der Fotosynthesevorgänge waren Experimente des britischen Chemikers R. HILL von 1939. Ihm gelang es erstmals, *intakte Chloroplasten* aus Pflanzen zu isolieren und damit zu experimentieren. Seine Experimente zeigten, dass zur Bildung von Sauerstoff durch bestrahlte Chloroplasten kein CO_2 nötig ist, wenn an dessen Stelle ein Elektronen- und Wasserstoffakzeptor zugesetzt wird. Demnach muss der bei der Fotosynthese gebildete *Sauerstoff aus Wasser* und nicht aus Kohlenstoffdioxid stammen und Licht bewirkt in den Chloroplasten offensichtlich die Übertragung von Elektronen von einem Elektronendonator auf einen Elektronenakzeptor.

Tracer-Methode. Mit Isotopen, also Atomen eines chemischen Elements mit abweichender Masse der Atomkerne, kann man Stoffe markieren. Solche *Tracer* („Spurenleger") eignen sich vor allem zur Aufklärung von Stoffwechselwegen, Stoffwechselumsatzraten und Transportprozessen, da sich die Isotope anhand ihrer abweichenden physikalischen Eigenschaften relativ leicht unter den Atomen mit „normalen" Eigenschaften wieder aufspüren lassen: Radioaktive Isotope (Radionuklide) verraten sich durch ihre Strahlung (► S. 55, S. 75), nicht radioaktive durch abweichende Atommasse (► S. 80).

Durch Verwendung von Wasser bzw. Kohlenstoffdioxid mit dem „schweren" *Sauerstoffisotop* ^{18}O konnte der kanadische Chemiker M. D. KAMEN 1941 die Folgerung aus der Hill-Reaktion bestätigen, dass der durch Fotosynthese gebildete Sauerstoff ausschließlich aus dem Wasser stammt und nicht aus Kohlenstoffdioxid oder aus beiden Ausgangsstoffen.

EMERSON-Effekt. Im Jahr 1958 schloss der amerikanische Biologe R. EMERSON aus Fotosyntheseexperimenten mit Algen, dass bei der Aufnahme von Lichtenergie *zwei Reaktionssysteme* mit unterschiedlichen Absorptionseigenschaften existieren müssen, die zusammenwirken. Die Algen erzeugten in seinen Experimenten nämlich nur dann maximale Mengen Sauerstoff, wenn er sie gleichzeitig und nicht nacheinander mit Licht der Wellenlängen 680 nm und 700 nm bestrahlte. Noch erstaunlicher war, dass die Energieausbeute in diesem Fall auch deutlich größer war, als bei einer Summierung der einzelnen Werte. Der EMERSON-Effekt wird danach auch als Steigerungseffekt bezeichnet.

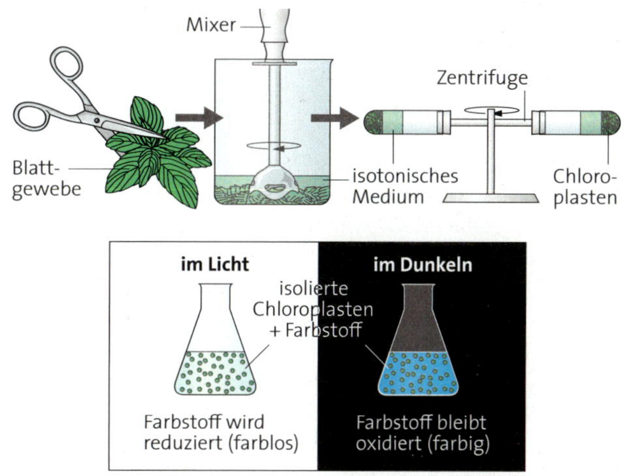

1 Isolierung von Chloroplasten und HILL-Reaktion (Schema). Elektronenakzeptor ist ein Farbstoff, dessen Farbe im oxidierten und reduzierten Zustand wechselt.

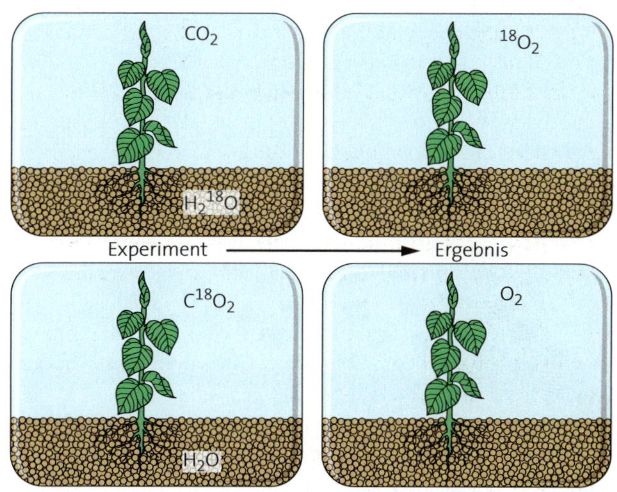

2 Durch das Sauerstoffisotop ^{18}O als Tracer lässt sich die Herkunft des Fotosynthese-Sauerstoffs nachweisen (Schema).

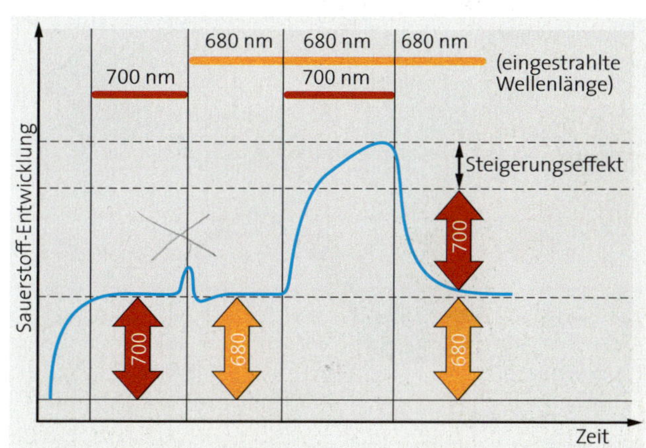

3 EMERSON-Effekt: Gleichzeitige Bestrahlung mit Licht von 680 und 700 nm steigert die Lichtwirkung bei der Fotosynthese (Schema).

Fotosynthese: Strukturen

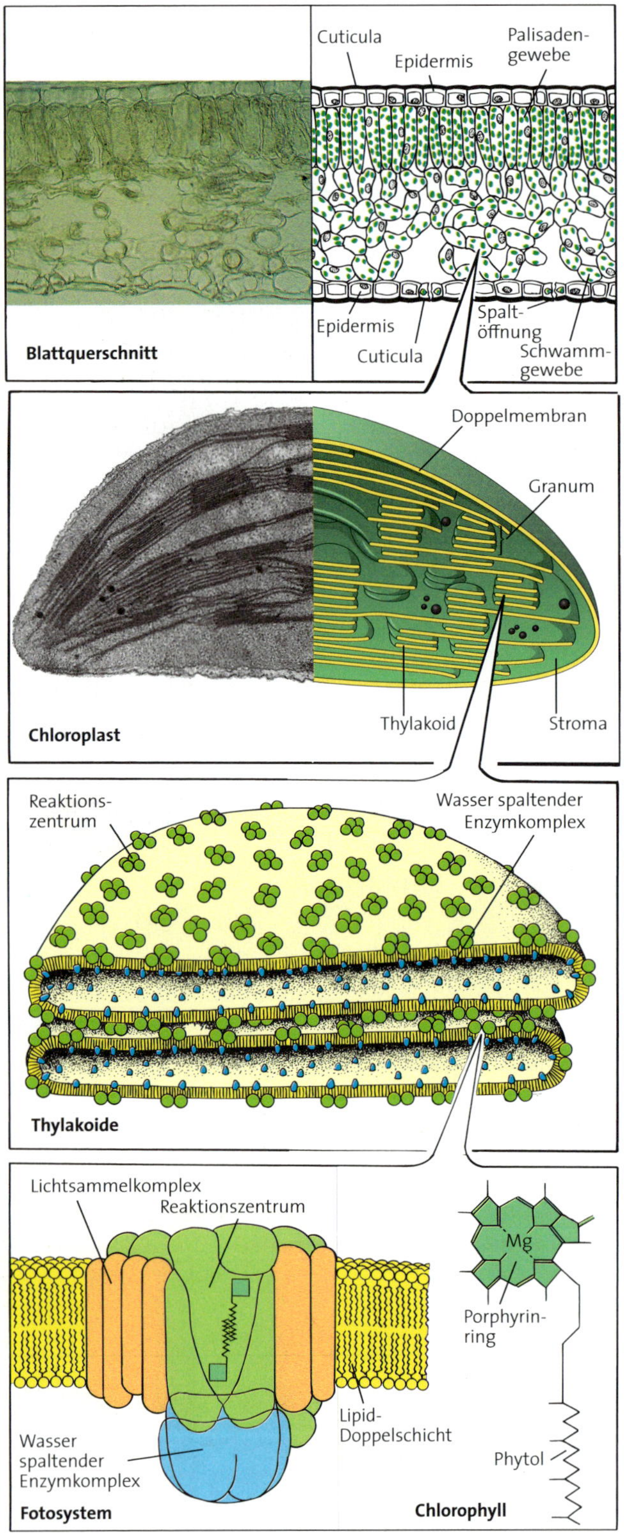

1–6 Die Strukturen der Fotosynthese; von oben nach unten: Blattquerschnitt (lichtmikroskopisches Bild und Grafik), Chloroplast (elektronenmikroskopisches Bild und Grafik), Thylakoide, Fotosystem und Chlorophyllmolekül

[Z] **Blatt.** Fotosynthese findet in *allen grünen Pflanzenteilen* statt. Die *Laubblätter* der hoch entwickelten Samenpflanzen sind jedoch die eigentlichen *Organe der Fotosynthese.* Durch ihren dünnen, flächigen, an Leitbündeln reichen Bau sind sie auf das Einfangen von Licht, den Gasaustausch und die Abgabe von Wasserdampf spezialisiert.

Cuticula und *Epidermis* der Ober- und Unterseite verhindern den Durchtritt von Stoffen, vor allem den von Wasserdampf. Die *Spaltöffnungen* übernehmen die kontrollierte Wasserdampfabgabe und den Austausch von Sauerstoff und Kohlenstoffdioxid. Sie werden durch je zwei *Schließzellen* gebildet und in ihrer Öffnungsweite durch das Zusammenwirken von Licht, Wasserversorgung, Luftfeuchtigkeit und Temperatur geregelt. Meist sitzen sie in der Epidermis der Blattunterseite. Nach innen münden sie in das lockere *Schwammgewebe*, das zusammen mit dem chloroplastenreichen *Palisadengewebe* der Fotosynthese dient (► Bilder 1 und 2).

Chloroplast. Im Zellplasma jeder Zelle von Schwamm- und Palisadengewebe finden sich bis zu über 100 *Chloroplasten*, die während der Blattentwicklung aus farblosen Proplastiden hervorgehen. Das Elektronenmikroskop enthüllt den Feinbau dieser 5–10 µm großen Fotosynthese-Organellen: Eine doppelte Membran umgibt das als *Stroma* bezeichnete Innere. Es wird von einem System in sich geschlossener, flacher Membransäcke durchzogen, die man *Thylakoide* nennt. Bereiche dicht übereinandergestapelter Thylakoide heißen *Grana* (► Bilder 3 und 4).

Thylakoid. Die Thylakoidmembran besteht wie andere Biomembranen auch aus einer etwa 6 nm dicken *Lipid-Doppelschicht*, in die *Proteinmoleküle eingelagert* sind. In zwei wichtigen Punkten unterscheidet sie sich jedoch von anderen Biomembranen: Ihr Proteinanteil ist durch die zahlreichen Enzymkomplexe der Fotosynthese besonders hoch und sie enthält die *Blattpigmente*. Diese sind an spezielle Proteinkomplexe gebunden, die man als *Fotosysteme* bezeichnet und die für die Aufnahme der Lichtenergie verantwortlich sind (► Bild 5).

Fotosystem. In einem Fotosystem umgeben viele Hundert Pigmentmoleküle – Carotinoide und Chlorophyll – als Lichtsammelkomplex ein *Reaktionszentrum* aus wenigen Chlorophyllmolekülen. Die äußeren Pigmentmoleküle wirken dabei als „Antennenpigmente“: Sie absorbieren die Lichtenergie und leiten sie wie in einer „Lichtfalle“ gezielt den Chlorophyllmolekülen im Reaktionszentrum zu, um diese anzuregen, also in einen energiereicheren Zustand zu versetzen (► Bild 6).

Chlorophyll. Das Chlorophyllmolekül hat einen Licht absorbierenden „Kopf“ aus einem sogenannten Porphyrinring, in dessen Zentrum ein Magnesiumion sitzt. Mit einem langen Kohlenwasserstoff-„Schwanz“, dem Phytol, ist es in der Thylakoidmembran verankert.

1. **Stellen Sie Zusammenhänge zwischen Blattbau und Fotosynthesevorgängen her.**
2. **Thylakoide bilden eine große „innere Oberfläche“ des Chloroplasten. Erklären Sie deren Bedeutung.**
3. **Magnesiummangel bewirkt bei Pflanzen eine gelbliche Verfärbung der Blätter. Suchen Sie dafür eine Erklärung.**

Thylakoidmembran – die „Werkbank" der Fotosynthese

Wasser mithilfe von Licht in Wasserstoff und Sauerstoff zu zerlegen und diese Stoffe dann in einer Brennstoffzelle unter Arbeitsleistung wieder zu Wasser zu verbinden, das ist ein Zukunftstraum der Techniker. Pflanzen verfügen über eine kombinierte Solar- und Wasserstofftechnik schon seit Milliarden Jahren: die Fotosynthese. Voraussetzung dafür sind *spezialisierte Molekülkomplexe* in der Thylakoidmembran der Chloroplasten. Einer Werkbank vergleichbar ist die Membran mit solchen Molekülkomplexen bestückt – gewissermaßen chemischen Maschinen und Werkzeugen. Diese sind teils in fester Anordnung in der Lipid-Doppelschicht der Membran verankert, teils bilden sie bewegliche Carrier innerhalb des Flüssigmosaiks. Sie sind entweder selbst *Enzyme* oder enthalten Enzyme und bewirken in enger Kopplung drei Teilprozesse der Fotosynthese: *Lichtenergieaufnahme, Elektronentransport* und *ATP-Produktion*.

Lichtenergieaufnahme durch Fotosysteme. Die Molekülkomplexe der Fotosysteme können Licht einer bestimmten Wellenlänge absorbieren. Seine Energie wird dabei auf Elektronen der Chlorophyllmoleküle im Reaktionszentrum übertragen. Anders als in den meisten Fällen von Strahlungsabsorption kehren diese angeregten Elektronen nicht sofort unter Aussenden von längerwelligem Licht (Fluoreszenzlicht) oder Abgabe von Wärme in den energiearmen Zustand zurück. Sie werden vielmehr von einem *Elektronenakzeptor* im Fotosystem übernommen. Durch Licht angeregtes *Chlorophyll wirkt* demnach als *Elektronendonator*, also reduzierend.

Elektronentransport durch Redoxsysteme. Auch bei den weiteren Teilprozessen der Fotosynthese sind *Abgabe und Aufnahme von Elektronen*, also *Oxidation* und *Reduktion*, die entscheidenden Vorgänge. Wie in der Atmungskette (► S. 100) stehen der Transport von Elektronen und Wasserstoffionen (Protonen) durch Enzyme im Zentrum des Geschehens. Die prosthetischen Gruppen dieser Enzyme können reversibel zwischen einer oxidierten und reduzierten Form wechseln, indem sie Elektronen abgeben oder aufnehmen. Ob sie reduzierend oder oxidierend wirken, hängt vom Reaktionspartner ab. Je stärker sich zwei Stoffe unterscheiden in ihrem Bestreben, Elektronen aufzunehmen oder abzugeben, umso größer ist die *Reaktionsenergie* zwischen ihnen. Sie lässt sich in diesem Fall auch als *elektrische Spannung* messen und wird als Redoxpotenzialdifferenz oder kurz *Redoxpotenzial* bezeichnet. In der Thylakoidmembran sind – ebenso wie in der Mitochondrienmembran – mehrere Redoxsysteme nach steigender Tendenz zur Elektronenaufnahme angeordnet. Durch diese *Elektronentransportkette* wird die Energie im Fotosyntheseprozess weitergegeben.

ATP-Produktion durch ATP-Synthase. Ein Teil der Redoxsysteme nutzt die Reaktionsenergie der Elektronenweitergabe zum *aktiven Transport* (► S. 20) von Protonen durch die Thylakoidmembran. Protonen häufen sich so im Innern der Thylakoide an. An der Membran entsteht ein *Ladungs-* und *Konzentrationsgradient* ähnlich wie in einer Batterie. Ihm entspricht ein Energiegefälle, das von der *ATP-Synthase* zur ATP-Produktion genutzt wird: Nur über dieses „Spezialwerkzeug" können Protonen den Innenraum des Thylakoids verlassen und nach diesem *chemiosmotischen Modell* ADP mit Phosphat zu ATP phosphorylieren.

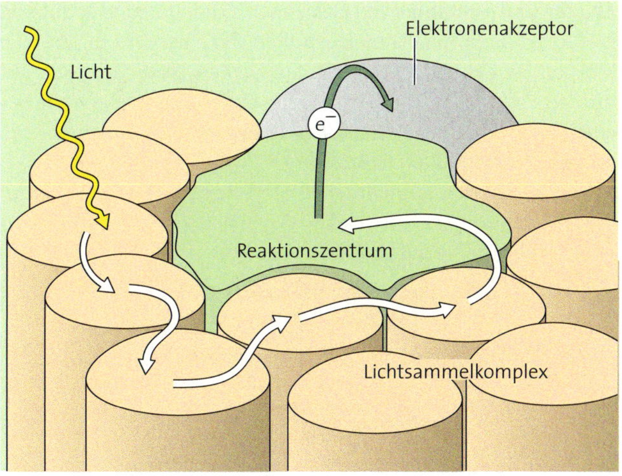

1 Übertragung eines energiereichen Elektrons auf einen Akzeptor nach Belichtung des Fotosystems

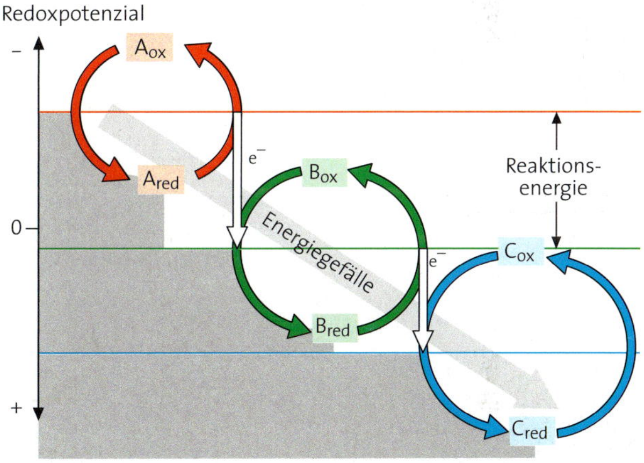

2 Schema einer Elektronentransportkette aus drei Redoxsystemen mit unterschiedlichem Redoxpotenzial

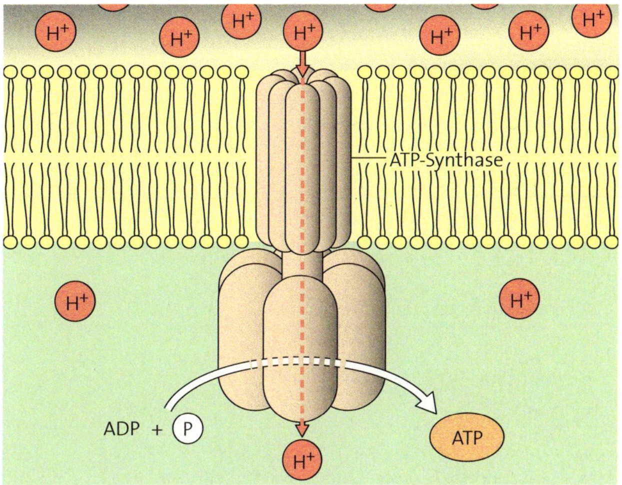

3 ATP-Synthase nutzt den Ladungs- und Konzentrationsgradienten an der Membran zur ATP-Bildung (chemiosmotisches Modell).

NACHGEHAKT

Oxidation, Reduktion, Reduktionsäquivalente

Abgabe und Aufnahme von Elektronen. Oxidation und Reduktion sind Reaktionen, bei denen Elektronen von einem Atom, Ion oder Molekül auf ein anderes übertragen werden: *Oxidation* bedeutet *Abgabe*, *Reduktion Aufnahme von Elektronen*. *Oxidationen* sind *exergonische*, also Energie freisetzende, *Reduktionen endergonische*, also Energie benötigende *Reaktionen*.

Der Elektronen aufnehmende Stoff heißt *Elektronenakzeptor* oder *Oxidationsmittel*, der Elektronen abgebende wird als *Elektronendonator* oder *Reduktionsmittel* bezeichnet.

$$\underset{\text{(Red)}}{\text{Reduktionsmittel}} \underset{\text{Reduktion}}{\overset{\text{Oxidation}}{\rightleftharpoons}} \underset{\text{(Ox)}}{\text{Oxidationsmittel}} + \underset{n\,e^-}{\text{Elektronen}}$$

Oxidation und Reduktion sind immer gekoppelt, da die von einem Reaktionspartner abgegebenen Elektronen vom anderen Reaktionspartner aufgenommen werden. Man spricht deshalb von *Redoxreaktion*. An jeder Redoxreaktion sind also zwei korrespondierende Redoxpaare – auch *Redoxsysteme* genannt – beteiligt:

korrespondierendes Redoxpaar (Red 1 / Ox 1)

$$\text{Red 1} + \text{Ox 2} \rightleftharpoons \text{Ox 1} + \text{Red 2}$$

korrespondierendes Redoxpaar (Ox 2 / Red 2)

Bei der Oxidation organischer Moleküle werden meist zwei Elektronen und zwei Wasserstoffionen (Protonen) abgegeben. Das entspricht formal zwei Wasserstoffatomen. Aus diesem Grund kann auch die Wasserstoffabgabe als Oxidation und die Wasserstoffaufnahme als Reduktion bezeichnet werden (► Bild 1).

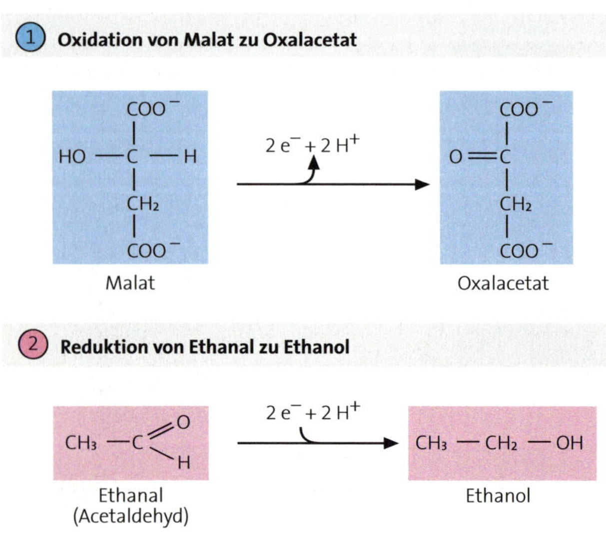

1 *Beispiel für einen Oxidations- und einen Reduktionsvorgang*

Reduktionsäquivalente. Der Energiebedarf der Zelle wird durch die Oxidation energiereicher organischer Stoffe gedeckt, insbesondere von Glucose. Von diesen Substraten wird in der Glykolyse und im Citratzyklus (► S. 68) Wasserstoff abgespalten und in Form von Elektronen und Protonen auf Transportmoleküle übertragen. Unter ihnen ist das *Coenzym NAD⁺* (*N*icotinamid-*a*denin-*d*inucleotid) ein besonders wichtiger Elektronenakzeptor. Wird ein NAD⁺-Molekül reduziert, nimmt es zwei Elektronen und ein Proton auf, das zweite Proton wird an das umgebende Medium abgegeben:

$$NAD^+ + 2\,H^+ + 2\,e^- \rightleftharpoons NADH + H^+$$

Das reduzierte *NADH + H⁺* (vereinfacht auch $NAD{\cdot}H_2$ geschrieben) kann die energiereichen Elektronen auf andere Stoffe übertragen. Es wird (bezogen auf ein Mol Elektronen) als *Reduktionsäquivalent* bezeichnet.

Auch andere Coenzyme (► S. 35) wie *FAD/FADH₂* (*F*lavin-*a*denin-*d*inucleotid) fungieren – als Bestandteile von Enzymen – als Reduktionsäquivalente. Das Paar *NADP⁺/NADPH + H⁺* transportiert Elektronen in gleicher Weise wie NADH, wird jedoch vor allem für Biosynthesen verwendet, NADH dagegen zur Erzeugung von ATP in der Atmungskette (► S. 68).

---

1. **Redoxreaktionen spielen auch im Alltag eine Rolle. Nennen Sie einige Beispiele und geben Sie diese in einem Redoxschema an.**
2. **Nennen Sie Ihnen bekannte Coenzyme und erklären Sie deren Wirkungsweise.**
3. **Definieren Sie die Begriffe Oxidation sowie Reduktion und erläutern Sie deren Zusammenhang.**
4. **NADH wird neuerdings als „Wundermittel" angepriesen. Informieren Sie sich im Internet, welche Wirkungen ihm zugeschrieben werden und warum Experten darüber skeptisch urteilen.**

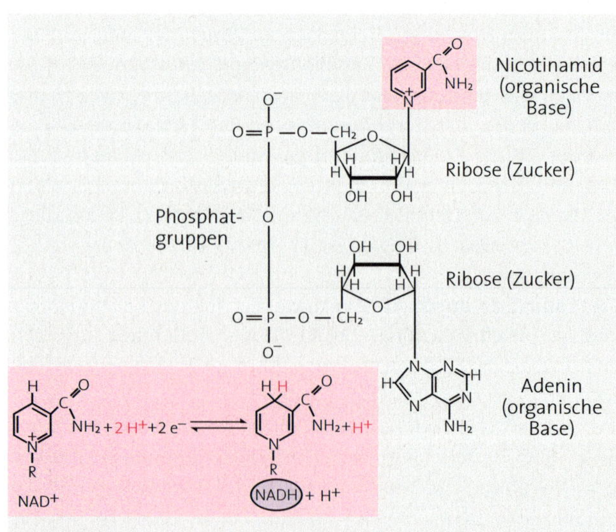

2 *Strukturformel von NAD⁺ und Reaktion von NAD⁺ zu NADH + H⁺*

NACHGEHAKT

Energiewährung ATP

1 *Energiezufuhr heißt für Tiere: fressen.*

Leben ist auf die Zufuhr von *Energie* angewiesen. Um die Energie zu übertragen und Arbeit zu leisten, nutzen alle Organismen *Adenosintriphosphat*, abgekürzt ATP. Deshalb wird ATP auch als „universelle Energiewährung" der Zelle bezeichnet.

Struktur von ATP. ATP ist ein *Nucleotid* (► S. 76) aus der organischen Base *Adenin*, dem Zucker *Ribose*, eine Pentose, und drei *Phosphatgruppen* (► Bild 2). Die Anordnung der drei dicht gedrängten, negativ geladenen Phosphatgruppen ist das Besondere an diesem Molekül. Da gleiche Ladungen sich abstoßen, wird die endständige energiereiche Phosphatgruppe unter Beteiligung von Wasser – also durch *Hydrolyse* – leicht abgespalten. Aus ATP entstehen das energieärmere *Adenosindiphosphat (ADP)* und *anorganisches Phosphat*:

$$ATP + H_2O \rightleftharpoons ADP + (P) + H^+ \quad \text{Energiedifferenz 29 kJ/mol}$$

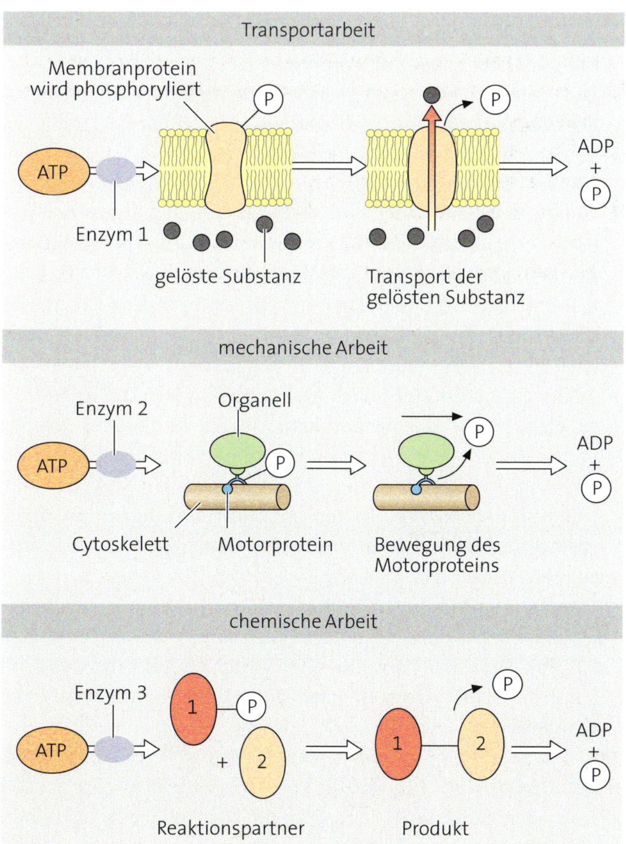

3 *Mit ATP kann in der Zelle Arbeit verrichtet werden.*

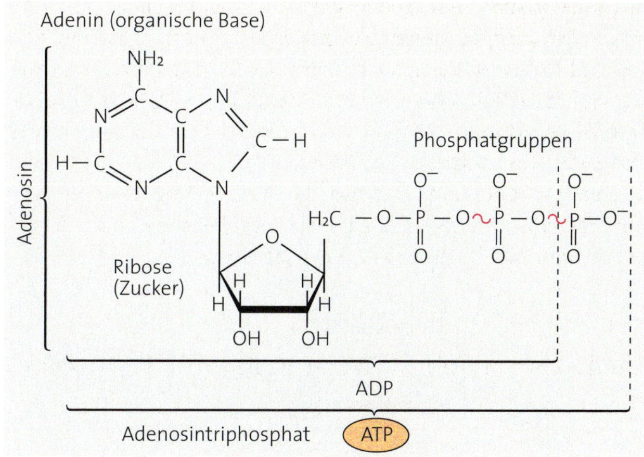

2 *Strukturformel von ATP; ~ bedeutet energiereiche Bindung.*

ATP ermöglicht Arbeit. Die Zelle nutzt die Energiequelle ATP häufig zur Aktivierung von chemischen Reaktionen, indem sie die Phosphatgruppe mithilfe von Enzymen von ATP auf andere Moleküle überträgt. Die Energiezufuhr durch die *Phosphorylierung* bewirkt eine strukturelle Veränderung in dem betreffenden Molekül, durch die Arbeit verrichtet wird (► Bild 3). Dabei wird die Phosphatgruppe wieder abgespalten.

ATP kann für viele energiebedürftige Vorgänge eingesetzt werden: Es liefert Energie für den aktiven Transport von Molekülen durch Zellmembranen, ermöglicht mechanische Arbeit bei der Muskelkontraktion und chemische Arbeit bei der Biosynthese vieler Stoffe. Ein Teil der Energie wird dabei allerdings ungenutzt als Wärme frei.

ATP-Bedarf. In der Zelle wird ein neu gebildetes ATP-Molekül durchschnittlich innerhalb einer Minute verbraucht. ATP muss daher ständig aus ADP und anorganischem Phosphat regeneriert werden. Die dafür eingesetzte Energie stammt aus dem Abbau energiereicher Nährstoffe. Je nach dem Mengenverhältnis von ATP zu ADP, der *Energieladung (energy charge)* einer Zelle, wird entweder die Aktivität von Enzymen des Baustoffwechsels oder aber des Betriebsstoffwechsels aktiviert (► Bild 4) und so der ATP-Vorrat genau geregelt.

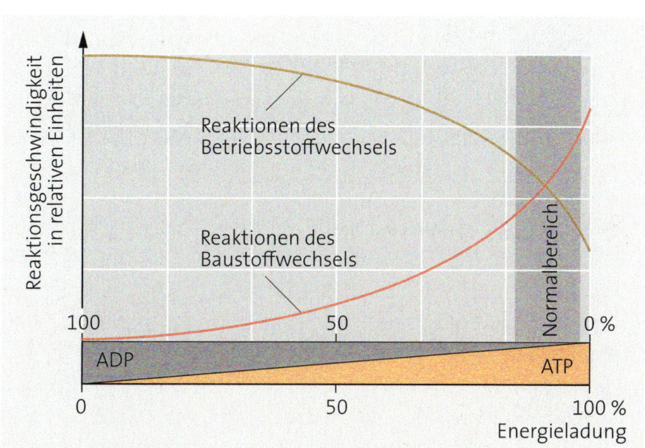

4 *Das ATP/ADP-Verhältnis regelt zentrale Stoffwechselwege.*

Ablauf der Fotosynthese

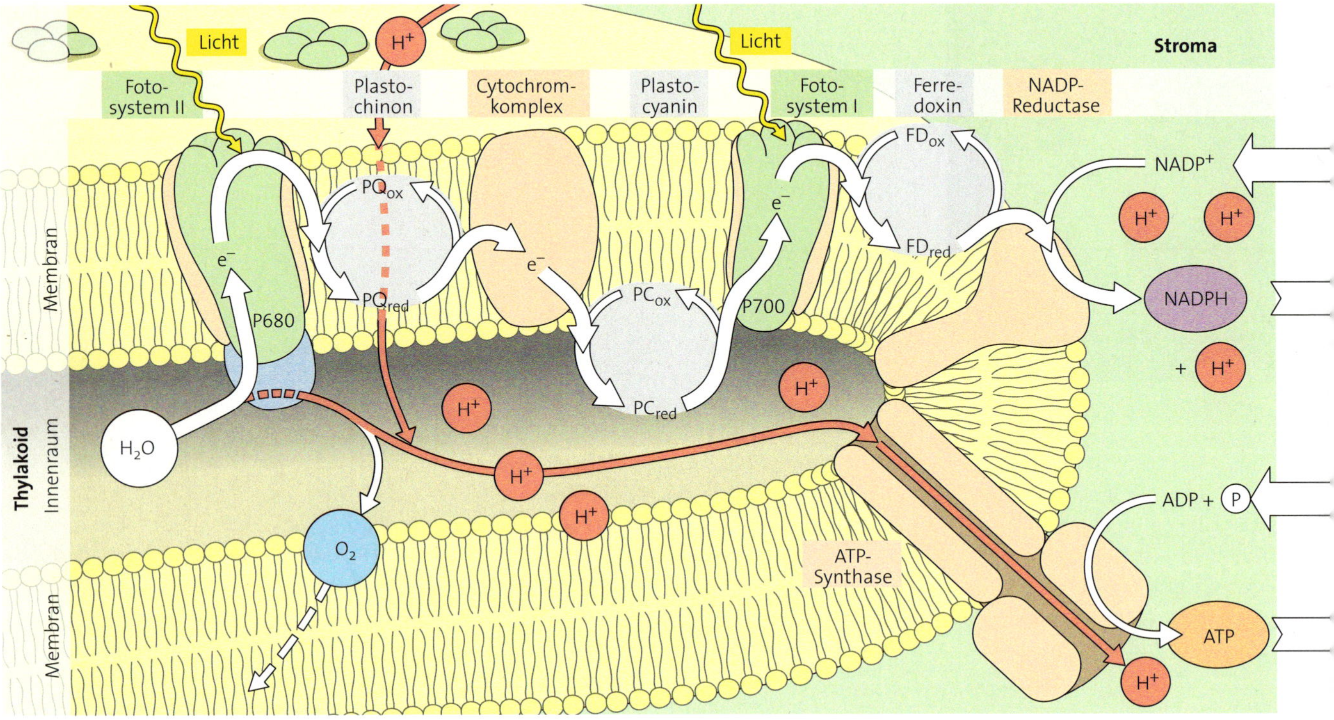

1 Fotosynthese-Primärreaktionen, Schema. Elektronen- (⇨) und Protonenfluss (➡) sind die entscheidenden Vorgänge.

Der Wortgleichung der Fotosynthese entsprechend (► S. 48) nahm man für die Fotosynthese lange Zeit einen einfachen Reaktionsverlauf an. Heute kennt man so viele Teilprozesse, dass man darauf achten muss, das Ziel des Ganzen nicht aus den Augen zu verlieren: die *Reduktion des Kohlenstoffdioxids zu Kohlenhydraten*. Sie ist formal betrachtet eine Reduktion und erfordert daher *chemische Energie* und *Reduktionsmittel*. Diese werden in Form von ATP und NADPH + H^+ im ersten Abschnitt der Fotosynthese bereitgestellt, den *Primärreaktionen, oder auch Lichtreaktionen genannt*. Sie laufen in den *Thylakoiden der Chloroplasten* ab. Im zweiten Abschnitt der Fotosynthese, den *Sekundärreaktionen*, werden dann durch Reduktion des Kohlenstoffdioxids Kohlenhydrate erzeugt.

Primärreaktionen. Die Experimente von HILL, KAMEN und EMERSON (► S. 49) zeigten, dass der bei der Fotosynthese gebildete Sauerstoff aus Wasser entsteht und bei der Aufnahme von Lichtenergie zwei Fotosysteme zusammenarbeiten. Diese beiden Fotosysteme werden heute nach der Reihenfolge ihrer Entdeckung I und II oder nach der jeweils optimal wirksamen Strahlung *P 700* und *P 680* genannt.

Neben den Fotosystemen sind mehrere Redoxsysteme und die ATP-Synthase an den Primärreaktionen beteiligt (► Bild 1):

- Wird Fotosystem II mit Licht bestrahlt, wird Chlorophyll in seinem Reaktionszentrum angeregt und gibt ein Elektron an einen Akzeptor ab.
- Dem oxidierten Chlorophyll wird durch den Wasser spaltenden Enzymkomplex wieder ein Elektron zugeführt. Dieses Elektron stammt aus dem Wasser, das – auf nicht ganz geklärte Weise – in Elektronen, Protonen und Sauerstoff gespalten wird. Die durch Licht veranlasste Wasserspaltung wird *Fotolyse* genannt. Der gebildete Sauerstoff wird frei.
- Vom Fotosystem II gelangen die Elektronen über eine *Elektronentransportkette aus mehreren Redoxsystemen* (Plastochinon, Cytochrom, Plastocyanin) zum Fotosystem I.
- Parallel zum Elektronenfluss „pumpt“ das Redoxsystem Plastochinon Protonen in das Innere der Thylakoide. Zusammen mit den aus der Wasserspaltung stammenden Protonen bewirken sie das Ladungs- und Konzentrationsgefälle (► S. 51), das die ATP-Synthase nach dem chemiosmotischen Modell zur *ATP-Bildung* nutzt. Da der Vorgang durch Lichtenergie angetrieben wird, bezeichnet man ihn als *Fotophosphorylierung*.
- Auch Fotosystem I gibt nach Anregung durch Licht ein Elektron an eine zweite Elektronentransportkette weiter und gelangt dann – indem es ein vom Fotosystem II zugeführtes Elektron übernimmt – wieder in den Grundzustand. Am Ende der Elektronentransportkette werden die Elektronen auf das Wasserstoff übertragende Coenzym NADP$^+$ übertragen, das dadurch zu NADPH + H^+ reduziert wird.
- Steht zeitweise kein NADP$^+$ zur Verfügung – beispielsweise bei CO_2 Mangel – können Elektronen von Fotosystem I in einem *zyklischen Elekronentransport* über verschiedene Redoxsysteme zu ihm zurückgelangen und dabei ATP bilden (zyklische Fotophosphorylierung).

Mit der Bereitstellung des *Energieträgers ATP* und des *Reduktionsmittels NADPH + H$^+$* sind die Primärreaktionen abgeschlossen. In Form einer Summengleichung lassen sich die Primärreaktionen bilanzierend zusammenfassen:

$$2\,H_2O + 2\,NADP^+ \longrightarrow O_2 + 2\,NADPH + 2\,H^+$$

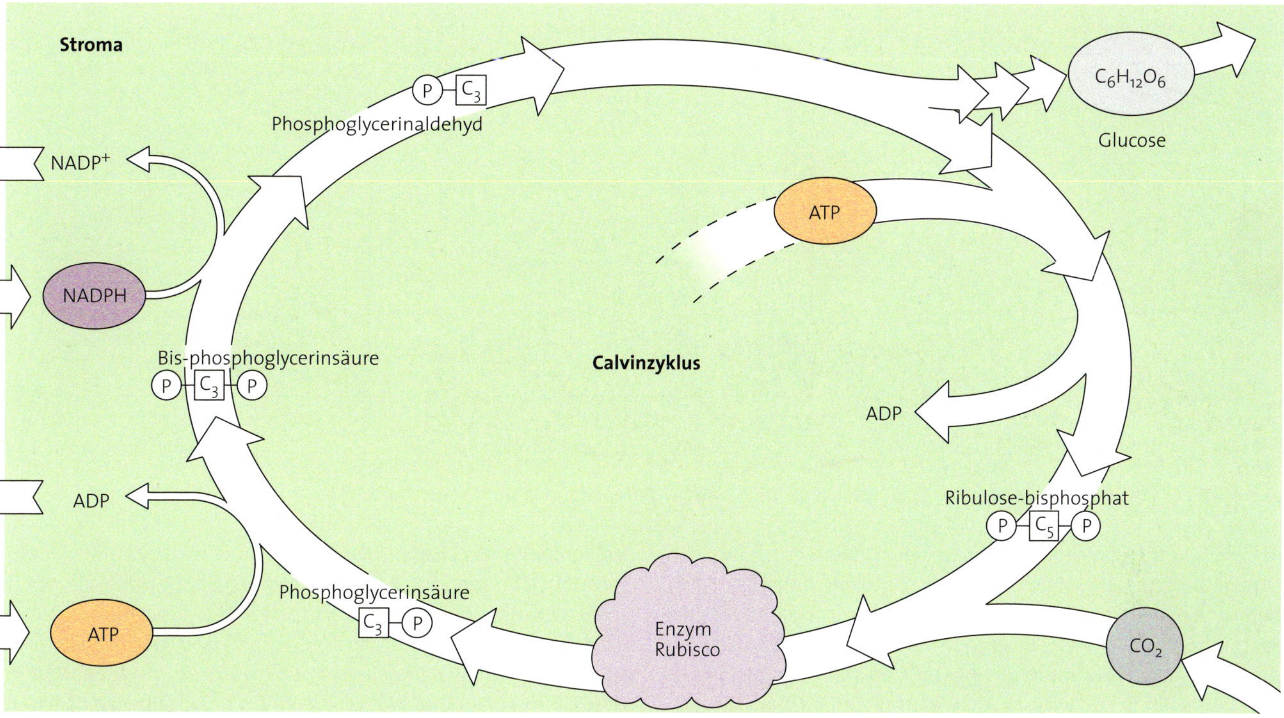

1 *Fotosynthese-Sekundärreaktionen (Calvinzyklus), stark vereinfachtes Schema, ohne Angabe der Mengenverhältnisse*

Sekundärreaktionen. Im Stroma der Chloroplasten wird nun in einer komplizierten zyklischen Reaktionsfolge Kohlenstoffdioxid in Kohlenhydrate umgewandelt. Nach ihrem Entdecker, dem amerikanischen Chemiker M. CALVIN, wird die Reaktionsfolge als *Calvinzyklus* bezeichnet.

Licht ist für diese Reaktionen nicht unmittelbar notwendig. Sie sind jedoch an die Lichtreaktionen eng gekoppelt, da sie deren Endprodukte ATP und NADPH + H^+ benötigen. Die wichtigsten Schritte sind (► Bild 1):

- *Einschleusung von Kohlenstoffdioxid.* Durch den Enzymkomplex *Rubisco (Ribulose-bisphosphat-carboxylase/oxidase)* wird CO_2 auf den Zucker Ribulose-bisphosphat, eine Pentose (► S. 12), als CO_2-Akzeptor übertragen.

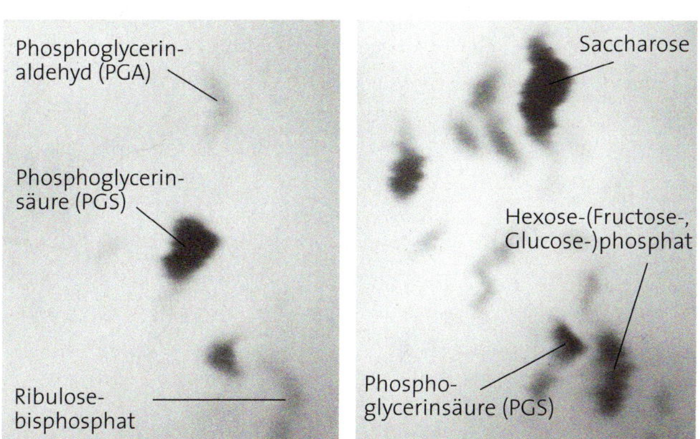

2 und 3 *Autoradiogramme der Fotosyntheseprodukte, 5 s (links) und 120 s nach Zugabe von radioaktivem $^{14}CO_2$*

- *Energiezufuhr.* Das Reaktionsprodukt mit 6 C-Atomen zerfällt sofort in 2 Moleküle *Phosphoglycerinsäure (PGS)* mit 3 C-Atomen. Sie wird durch ATP der Lichtreaktionen zu *Bis-phosphoglycerinsäure* aktiviert, also energiereich gemacht.
- *Reduktion.* Bis-phosphoglycerinsäure wird durch NADPH + H^+ aus den Lichtreaktionen zu *Phosphoglycerinaldehyd (PGA)* reduziert.
- *Bildung von Glucose.* Aus PGA entstehen verschiedene Kohlenhydrate, schließlich auch Glucose. Ribulose-bisphosphat wird mit ATP regeneriert und der Zyklus damit geschlossen.

Als *Summengleichung der Sekundärreaktionen* ergibt sich:

$$CO_2 + 2\,NADPH + 2\,H^+ \longrightarrow [CH_2O] + H_2O$$

Diese Bilanz muss für je ein Mol PGA 3-fach, für Glucose 6-fach aufgewendet werden.

Bei der Erforschung des Calvinzyklus spielte die *Autoradiographie* eine zentrale Rolle: Den Versuchspflanzen wurde radioaktiv markiertes $^{14}CO_2$ zugeführt und ihre Fotosynthese nach unterschiedlich langer Zeit (Sekunden!) unterbrochen. Mithilfe der Chromatographie wurden dann die radioaktiven Reaktionsprodukte in der Reihenfolge ihrer Bildung identifiziert (► Bilder 2 und 3).

Gesamtbilanz der Fotosynthese. Energetisch gesehen ist die Fotosynthese ein Vorgang, bei dem je Mol Glucose 2880 kJ Strahlungsenergie der Sonne in chemische Energie überführt werden. In der stofflichen Bilanz muss Wasser als Ausgangsstoff, aber auch als Produkt erscheinen, da der Sauerstoff durch die Fotolyse aus Wasser entsteht und in den Sekundärreaktionen Wasser „neu" gebildet wird:

$$12\,H_2O + 6\,CO_2 \longrightarrow C_6H_{12}O_6 + 6\,O_2 + 6\,H_2O.$$

Die farbige Unterlegung gibt dabei die Herkunft der beteiligten Elemente an.

Abhängigkeit der Fotosynthese von Umweltfaktoren

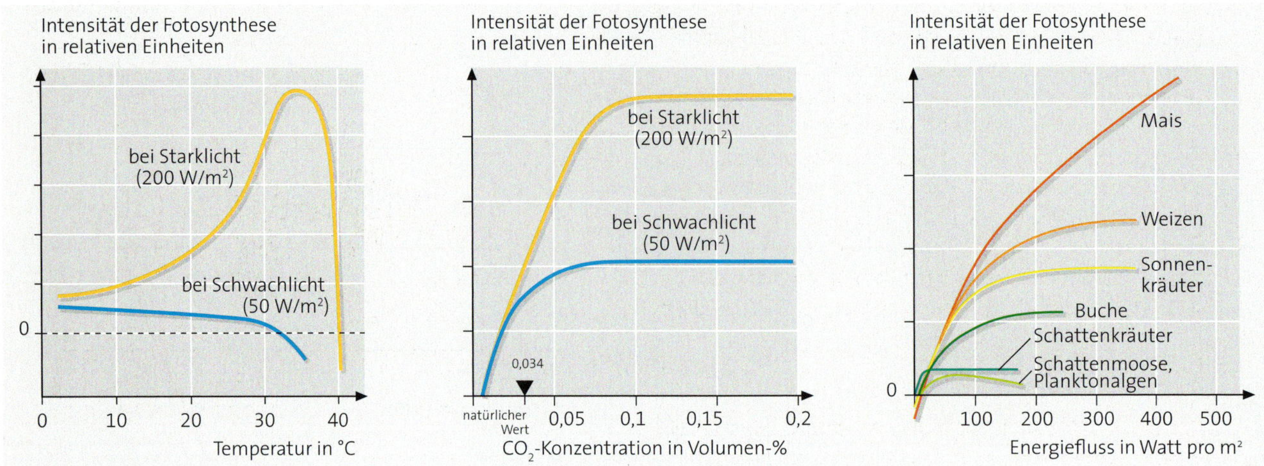

1–3 Einfluss von Temperatur, Kohlenstoffdioxidkonzentration und Lichtintensität auf die Fotosynthese

Aus der Summengleichung kann man leicht ableiten, von welchen Umweltfaktoren die Fotosynthese unmittelbar abhängt. Daneben ist vor allem die Temperatur von Bedeutung. Der Einfluss der Faktoren ist jedoch schwer einzeln zu erfassen. Wird beispielsweise ein Faktor nur minimal angeboten, kann auch das gesteigerte Angebot der anderen nicht verwertet werden. Der Faktor im Minimum wird zum *limitierenden Faktor*. Die Fotosyntheseintensität unter verschiedenen Bedingungen lässt sich am einfachsten bestimmen, wenn man entweder das von einer Pflanze pro Zeiteinheit verbrauchte Kohlenstoffdioxid oder aber den gebildeten Sauerstoff misst.

Temperatur. *Bei geringem Lichtangebot* wirkt sich eine Änderung der *Temperatur kaum* auf die Fotosynthese aus, da unter diesen Bedingungen vor allem die Aufnahme der Lichtenergie begrenzend wirkt. *Im Starklicht* hat die Temperatur dagegen einen *ausgeprägten Einfluss*. Dann bestimmen temperaturabhängige Transportvorgänge in den Membranen die Geschwindigkeit.

Kohlenstoffdioxid. Auch ein verändertes Angebot an *Kohlenstoffdioxid* wirkt sich *nur bei Starklicht* deutlich auf die Fotosynthese aus. Unter diesen Bedingungen ist der natürliche Kohlenstoffdioxidgehalt der Luft oft der begrenzende Faktor. Daher lassen sich durch künstliche „CO_2-Düngung" bei manchen Gewächshauskulturen, beispielsweise Gurken, höhere Erträge erzielen. Durch Atmung der Mikroorganismen im Boden kann sich ebenfalls eine optimale Kohlenstoffdioxidkonzentration in Bodennähe einstellen.

Lichtintensität. Die *bei der Fotosynthese wirksame Strahlung* PAR (*Ph*otosynthetically *A*ctive *R*adiation) wird als Photonenfluss (in µmol pro m^2 und s) oder als Energiefluss (in Watt pro m^2) gemessen (► S. 59). Sie ist ein wichtiger Faktor der Fotosynthese. Vor allem zwei Werte kennzeichnen die von Art zu Art unterschiedliche Abhängigkeit einer Pflanze von der Lichtintensität:

- Der *Lichtkompensationspunkt* (► S. 60) entspricht der Energiemenge, bei der durch Fotosynthese gerade so viel Sauerstoff gebildet wie durch Atmung verbraucht wird.
- Die *Lichtsättigung* bezeichnet die Menge der Lichtenergie, bei der die Fotosynthese maximale Intensität erreicht.

Wellenlänge des Lichts. Dass Licht von den Blättern und Chloroplasten nicht über den ganzen sichtbaren Spektralbereich gleichmäßig absorbiert wird, lässt sich schon aus ihrer grünen Farbe schließen. Genaueren Aufschluss erhält man aus dem *Absorptionsspektrum* der Blattpigmente. Am stärksten absorbiert Chlorophyll das Licht im Blau- und Rotbereich, im Grün-gelb-Bereich dagegen nur schwach. Dem entspricht das *Wirkungsspektrum* der Fotosynthese. Man erhält es, indem man die Intensität der Fotosynthese, beispielsweise den gebildeten Sauerstoff, in Abhängigkeit von der Wellenlänge des eingestrahlten Lichts bestimmt.

1. **Erklären Sie aus dem Absorptionsspektrum, warum uns Chlorophyll grün erscheint.**
2. **Vergleichen Sie den Verlauf der verschiedenen Absorptionsspektren mit dem Fotosynthese-Wirkungsspektrum (► Bild 4). Welchen Schluss ziehen Sie?**

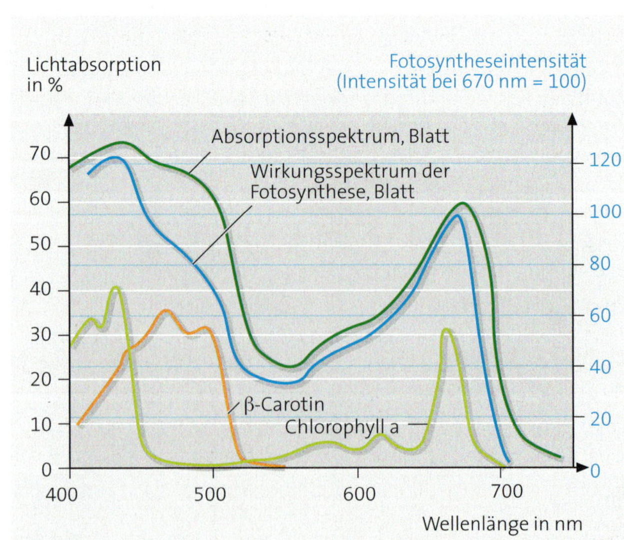

4 Wirkungsspektrum der Fotosynthese und Absorptionsspektrum von Blatt und Blattpigmenten

MATERIAL · METHODE · PRAXIS

Licht, Blattpigmente und Fotosynthese

Die Aufnahme von Lichtenergie durch die Blattpigmente ist der grundlegende Vorgang der Fotosynthese. Um die Zusammenhänge zwischen Strahlung und Fotosynthesevorgängen zu analysieren, kann man ein Absorptionsspektrum der Blattpigmente oder ein Wirkungsspektrum der Fotosyntheseleistung erstellen:

- Das *Absorptionsspektrum* ist ein Diagramm, das die Absorption von Licht durch einen Stoff oder ein Stoffgemisch in Abhängigkeit von der Wellenlänge darstellt und das mithilfe eines *Fotometers* ermittelt wird.
- Als *Wirkungsspektrum* bezeichnet man ein Diagramm, das zeigt, wie die Intensität einer Stoffwechselleistung von der Wellenlänge des eingestrahlten Lichts abhängt.

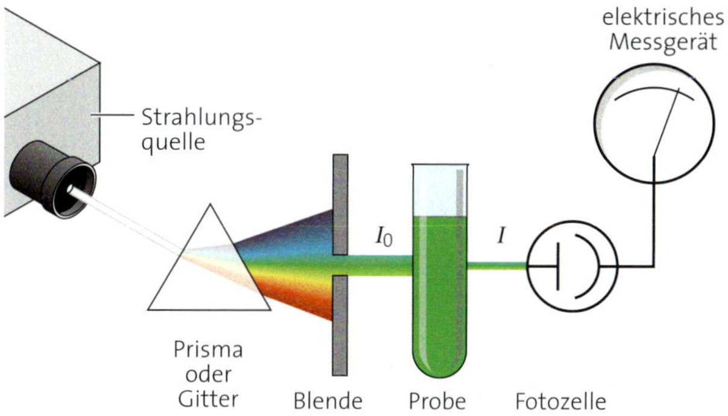

Transmission $T = \frac{I}{I_0}$

Extinktion $E = \log \frac{I_0}{I}$

Fotometrie

Im Fotometer misst eine lichtempfindliche *Fotozelle*, wie stark ein in Lösung befindlicher Stoff die Intensität des Lichts beim Durchstrahlen schwächt. Das Verhältnis von ausgestrahlter zu eingestrahlter Intensität I/I_0 bezeichnet man als *Transmission T*, ihren negativen Logarithmus als *Extinktion E*. Sie dient als Maß für die Lichtabsorption. Im *Spektralfotometer* wird die Extinktion für einzelne Wellenlängen getrennt gemessen, indem eine Blende jeweils nur einen Strahl des Spektrums für die Messung herausblendet.

Da die Extinktion außer von der Schichtdicke der Probe auch von der Konzentration des gelösten Stoffs abhängt, verwendet man sie in der Praxis häufig zur Konzentrationsbestimmung gelöster Stoffe.

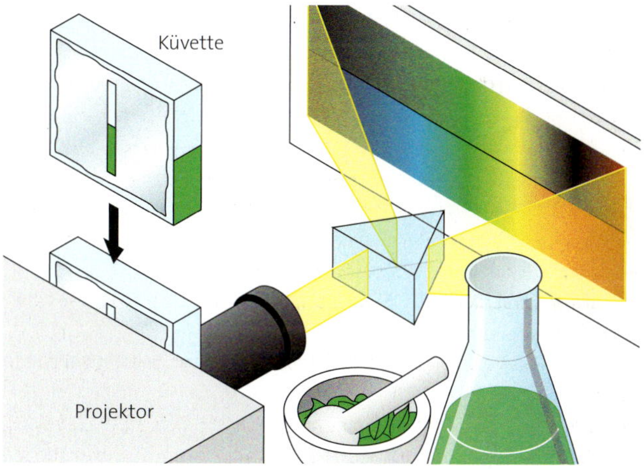

Absorptionsbereiche der Blattpigmente

MATERIAL: Blätter, Schere, Mörser, Quarzsand, Aceton *(F, Xi)*, Filtertrichter, Filtrierpapier, Glasküvette mit Spalt, Diaprojektor, Prisma, verdunkelbarer Raum

Vorsicht beim Umgang mit Aceton!

DURCHFÜHRUNG: Füllen Sie die Küvette etwa zur Hälfte mit dem filtrierten Blattextrakt (Herstellung ► S. 49) und bringen Sie die Küvette in die Bildbühne des Projektors. Stellen Sie ein Prisma unmittelbar vor das Objektiv des Projektors und projizieren Sie im weitgehend abgedunkelten Raum das Projektorlicht auf das Prisma. Drehen Sie dieses so, dass sein Spektrum auf eine Projektionswand trifft. Vergleichen Sie obere Hälfte (Blattextrakt) und untere Hälfte (Luft) des Spektrums.

Historisches Experiment: Wirkungsspektrum der Fotosynthese nach ENGELMANN

Bereits 1881 konnte der Physiologe ENGELMANN in einem berühmt gewordenen Experiment zeigen, dass Rot- und Blaulicht für die Fotosynthese am wirksamsten sind. Er benutzte Sauerstoff liebende Bakterien als „Indikatoren" der Fotosyntheseintensität: Bestrahlte er eine Fadenalge mit Spektrallicht, so sammelten sich die Bakterien bevorzugt um diese Spektralbereiche an (► Bild rechts).

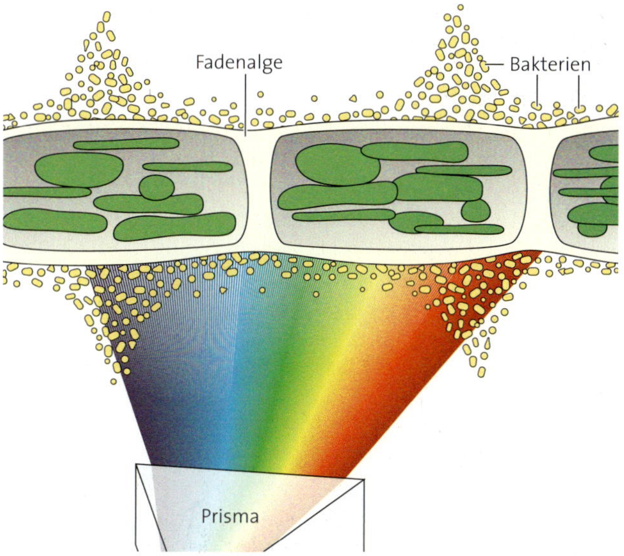

1 Entwerfen Sie einen Versuchsplan für ein Wirkungsspektrum der Fotosynthese. Worin liegen die Schwierigkeiten?

Stichworte zu weiteren Informationen

lambert-beersches Gesetz • optischer Test

Bedingungen und Leistungen der Fotosynthese

Mit der Messung der pflanzlichen Produktivität unter verschiedenen Bedingungen ermittelt man wichtige biologische Basisdaten. Dabei dient der Gaswechsel zwischen aufgenommenem Kohlenstoffdioxid und fotosynthetisch gebildetem Sauerstoff als häufig verwendetes und gut quantifizierbares Maß für die Fotosyntheseintensität.

Als Versuchspflanzen eignen sich Wasserpflanzen mit einem speziellen Durchlüftungsgewebe besonders gut, weil sich bei ihnen der gebildete Sauerstoff aus einem angeschnittenen Spross direkt auffangen und messen lässt.

Jede Versuchsreihe muss so angelegt werden, dass immer nur einer der Faktoren wie Temperatur, Kohlenstoffdioxidgehalt, Intensität oder Farbe des Lichts verändert wird.

Aus den gewonnenen Messwerten lässt sich die Fotosyntheseleistung einer Pflanze unter den Bedingungen des Experiments berechnen. Grundlage der Bilanzierung sind die Summengleichungen von Fotosynthese und Atmung.

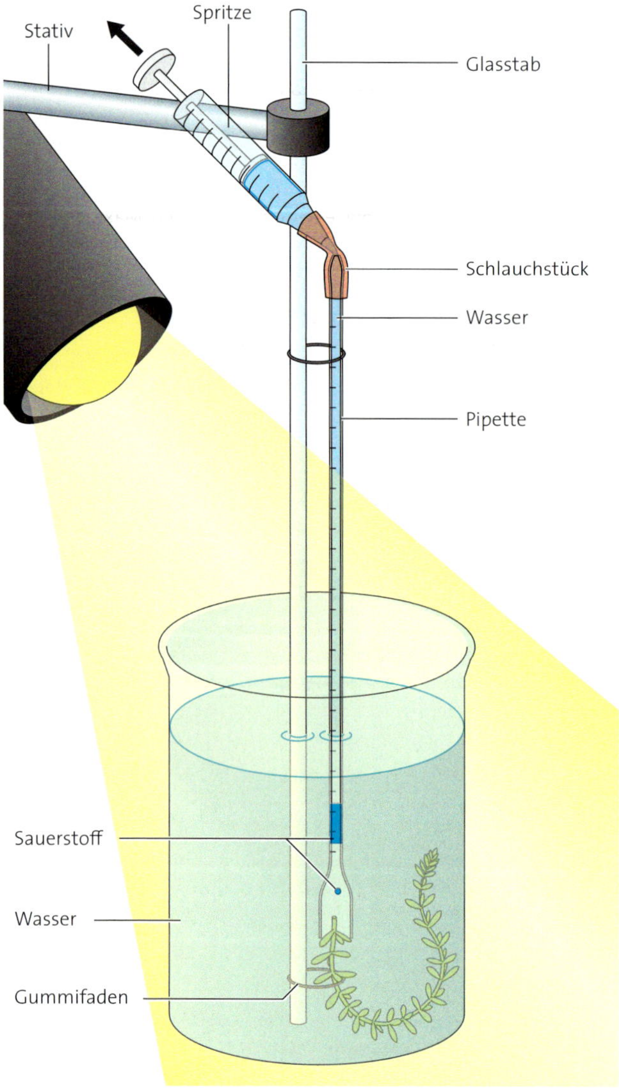

Fotosyntheseintensität einer Wasserpflanze in Abhängigkeit von verschiedenen Bedingungen

MATERIAL: Sprosse von Wasserpflanzen (zum Beispiel von der Wasserpest Elodea oder dem Wasserschild Cabomba), großes Becherglas mit Wasser, Lampe, Stoppuhr, eventuell Diaprojektor, Küvette; Injektionsspritze, 0,1-ml-Messpipette mit erweitertem Ende (Watte-Stopfenbett), Thermometer, Luxmeter, Farbfolien (blau, grün, rot), $NaHCO_3$-Lösung (1 mol/l)

DURCHFÜHRUNG: Bei der *Bläschenzählmethode*, die sich vor allem für eine orientierende Untersuchung eignet, werden die von einem Sprossstück der Pflanze gebildeten, unter Wasser aus der Schnittstelle austretenden Sauerstoffbläschen pro Minute gezählt. Das geht besonders leicht mit einer Küvette als Versuchsgefäß im Strahlengang eines Diaprojektors (► Bild oben).

Genauere Messdaten liefert die *Volumenmethode* (► Bild links). Dabei wird der von dem Sprossstück gebildete Sauerstoff im erweiterten Ende einer Stopfenbett-Messpipette aufgefangen und zur Volumenmessung mit der Spritze in die Pipette gesaugt.

Befestigen Sie dazu den Spross so, dass seine Schnittstelle in das erweiterte Ende der Pipette reicht. (Der Spross darf natürlich nicht abgeknickt werden!)

Variieren Sie die Versuchsbedingungen:

Temperatur: Verändern Sie die Wassertemperatur im Bereich zwischen 5 und 45 °C in 10-Grad-Schritten.

Kohlenstoffdioxidgehalt: Füllen Sie das Versuchsgefäß mit unterschiedlich konzentrierter $NaHCO_3$-Lösung im Bereich zwischen 0,01 mol/l und 1 mol/l.

Lichtintensität: Verändern Sie den Abstand zwischen Lampe und Versuchsgefäß und damit die Lichtintensität oder Beleuchtungsstärke. Messen Sie diese mit einem Luxmeter.

Lichtqualität: Messen Sie die Sauerstoffbildung bei Beleuchtung der Pflanze mit verschiedenfarbigem Licht (Farbfolien). Dabei ändert sich allerdings die Lichtintensität mit.

Planen und erstellen Sie ein geeignetes Versuchsprotokoll. Stellen Sie Ihre Messergebnisse jeweils in Form von Diagrammen dar. Überprüfen Sie Ihre Versuche auch hinsichtlich möglicher Fehlerquellen.

Abschätzung des Lichtkompensationspunkts

MATERIAL: verdunkelbarer Raum, Lichtquelle, Luxmeter, große Reagenzgläser mit Stopfen, Erlenmeyerkolben oder Stative als Halterung für die Reagenzgläser, Sprosse der Ampelpflanze Tradescantia oder Zebrina; Indikatorlösung aus 7,46 g KCl, 0,08 g $NaHCO_3$, 0,01 g Kresolrot und 1 000 ml dest. Wasser

DURCHFÜHRUNG: Am Lichtkompensationspunkt (► S. 60) halten sich Fotosynthese und Atmung gerade die Waage. Um ihn zu ermitteln, misst man die Beleuchtungsstärke, bei der die Pflanze von CO_2-Verbrauch zu CO_2-Bildung wechselt.

Schneiden Sie etwa 5 gleich lange und gleich stark beblätterte Sprosse der Versuchspflanze ab. Füllen Sie in 5 Reagenzgläser etwa 3 cm hoch die durch Einblasen von Ausatemluft gelb gefärbte Indikatorlösung. Bringen Sie in den Luftraum über der Lösung je einen Pflanzenspross und verschließen Sie dann die Gläser mit Stopfen. Bei Beleuchtungsstärken über dem Lichtkompensationspunkt färbt sich die Indikatorlösung innerhalb von 6 bis 8 Stunden durch CO_2-Entzug rot. Bei geringerer Helligkeit bleibt die Lösung durch überschüssiges CO_2 in Luftraum und Lösung gelb.

Ermitteln Sie den Lichtkompensationspunkt (► Bild oben), indem Sie die Versuchsgläser im verdunkelten Raum in unterschiedlicher Entfernung von der Lichtquelle aufstellen und die Beleuchtungsstärke bei dem Glas messen, dessen Indikatorlösung nach längerer Zeit eine orangerote Mischfarbe zeigt.

Glucosegehalt von Efeublättern

MATERIAL: Waage, Schere, Mörser, Quarzsand, 10-ml-Pipette, Teststäbchen für Glucose im Blut (eventuell mit zugehörigem Blutzuckermessgerät), Efeublätter

DURCHFÜHRUNG: Pflücken Sie an einem sonnigen Tag jeweils 10 mittelgroße junge Efeublätter von schattigen und besonnten Zweigen. Untersuchen Sie beide Blattproben getrennt: Zerschneiden Sie je 5 g der Blätter mit einer Schere, zerreiben Sie sie mit etwas Quarzsand und 10 ml Wasser zu einem Brei und messen Sie dann den Glucosegehalt mit den Teststäbchen nach der Gebrauchsanleitung.

Strahlungsmessung bei der Fotosynthese

In wissenschaftlichen Fotosynthese-Experimenten verwendet man Quantensensoren zur Messung der Lichtintensität. Sie messen die fotosynthetisch wirksame Strahlung (PAR ► S. 56) zwischen 400 und 700 nm als Photonenfluss (in mol Photonen pro Fläche und Zeit) oder als Energiefluss (in Watt pro Fläche). Luxmeter, die früher verwendet wurden und in Schulen meist in Gebrauch sind, messen die Beleuchtungsstärke (in Lux) entsprechend der spektralen Empfindlichkeit des menschlichen Auges mit einem ausgeprägten Maximum bei 550 nm. Glühlampenlicht von 1 Kilolux entspricht in etwa dem Energiefluss von 4 W pro m^2 oder dem Photonenfluss von 20 µmol Photonen pro m^2 und s.

---

1. **Berechnen Sie aus den Ergebnissen zur Sauerstoffbildung bei Wasserpflanzen deren Fotosyntheseleistung bezogen auf äußere Bedingungen, Zeit und Pflanzenmasse/Blattfläche.**
2. **Nennen Sie praktische Anwendungen, für die die Kenntnis des Lichtkompensationspunkts einer Pflanzenart wichtig ist.**
3. **Rechnen Sie die Ergebnisse der Zuckerbestimmung in Efeublättern auf die Blattmasse und die Blattfläche um. Beachten Sie dabei, dass die Messwerte der Blutzucker-Teststäbchen in mg/dl (also mg/100 ml) angegeben sind, im Versuch aber nur 10 ml verwendet werden. Erklären Sie das Versuchsergebnis. Warum entspricht es nicht der Menge der fotosynthetisch erzeugten Kohlenhydrate im Blatt?**
4. **Vergleichen Sie die Ergebnisse Ihres Versuchs zur Fotosyntheseleistung einer Wasserpflanze bei verschiedener Lichtqualität mit dem Wirkungsspektrum der Fotosynthese nach ENGELMANN (► S. 57).**
5. **CO_2 löst sich in Wasser unter Bildung von Kohlensäure. Überlegen Sie, wie man die Fotosyntheseleistung von Wasserpflanzen mithilfe eines pH-Meters untersuchen kann.**

Stichworte zu weiteren Informationen

nachwachsende Rohstoffe • Kohlenstoffkreislauf • Klimakammer • C_4-Pflanzen • CO_2-Infrarotabsorptionsgasanalyse

Fotosynthese und Licht im Lebensraum

Selten sind die Umweltbedingungen so günstig, dass die Fotosynthese Höchstleistung erreicht. Fast immer wirkt ein Faktor begrenzend. Im Hochgebirge sowie den Kälte- und Hitzezonen der Erde ist dies häufig die Temperatur, in anderen Lebensräumen das Wasser, in unseren Breiten oft das Licht.

Zum Beispiel vermindert Lichtmangel durch Nebel, Bewölkung und frühe Dämmerung die optimale Fotosyntheseleistung frei stehender Rotbuchen um fast 40 %, Trockenheit und ungünstige Temperatur bewirken jeweils nur eine Verringerung von etwa 3 %. Für Pflanzen in einem Baumbestand wird der *relative Lichtgenuss*, also der Prozentsatz des vollen Tageslichts, der sie erreicht, durch die Nachbarpflanzen noch weiter eingeschränkt.

Damit eine Pflanze existieren kann, muss sie zumindest so viel Licht erhalten, dass die durch Fotosynthese erzeugte Menge organischer Stoffe den Verbrauch durch die Atmung ausgleicht. Die dafür erforderliche Lichtintensität bezeichnet man als *Lichtkompensationspunkt*. Die verschiedenen Pflanzenarten erreichen den Lichtkompensationspunkt und die *Lichtsättigung*, bei der die Fotosynthese ihre maximale Leistung erreicht, bei unterschiedlicher Lichtintensität. Besonders groß sind die Unterschiede zwischen Sonnen- und Schattenpflanzen.

Sonnenpflanzen und Schattenpflanzen. *Sonnenpflanzen*, wie Königskerze, Heidekraut, Thymian und Silberdistel, sind nach Bau und Stoffwechsel an Standorte mit starker Sonnenstrahlung angepasst. Sie kommen vor allem auf offener Feldflur, Felsen, Trockenrasen oder Heiden vor. Ihre meist kleinen und derben Blätter sind durch Haare, Wachsüberzug, Blattstellung oder Einrollen gegen übermäßige Strahlung und Wasserverlust gewappnet. Die Chloroplasten besitzen Lichtschutzeinrichtungen: Carotinoide fangen zu starke Strahlung ab und wandeln sie in Wärme um, Enzyme machen die bei der Fotosynthese entstehenden hochreaktiven Sauerstoffformen unschädlich, die die Zelle schädigen können. Eine große Anzahl an Spaltöffnungen ermöglichen den Sonnenpflanzen bei gutem Wasserangebot hohe Gaswechsel- und Fotosyntheseraten.

Schattenpflanzen sind kennzeichnend für die lichtarme Kraut- und Moosschicht unserer Wälder: Waldmeister, Wurmfarn und Frauenhaarmoos. Sie besitzen meist zarte Blätter ohne besonderen Transpirationsschutz. Durch ihren niedrigen Kompensationspunkt können sie bei geringerer Beleuchtungsstärke als Sonnenpflanzen existieren. Allerdings erreichen ihre Fotosysteme schon bei geringer Beleuchtungsstärke die maximale Fotosyntheseleistung, sodass ihre Produktivität kleiner ist als die der Sonnenpflanzen. Bei intensiver Bestrahlung können Schattenpflanzen leicht Schaden nehmen, da sie kaum mit Schutzeinrichtungen gegen zu starke Strahlung ausgestattet sind.

Lichtabhängigkeit von Pflanzen

(PAR in μmol pro m² und s)

Pflanzentyp	Kompensationspunkt	Lichtsättigung
Sonnenkräuter	20 – 40	1 000 – 1 500
Schattenkräuter	5 – 10	100 – 200
Laubbaum Sonnenblätter	20 – 50	600 – 800
Schattenblätter	10 – 15	200 – 500
Schattenfarne	1 – 5	50 – 150
Moose	um 50	200 – 500
Flechten	50 – 100	700 – 1 000
Tiefenalgen	etwa 2	150 – 400

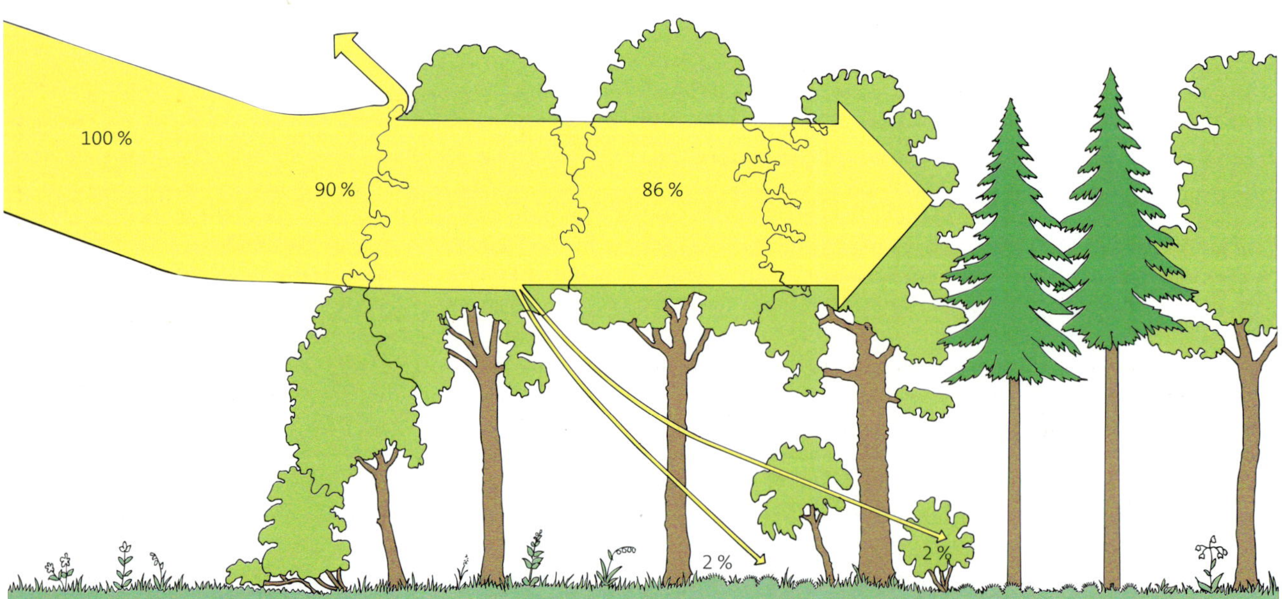

1 Von der Sonnenstrahlung gehen in einem Mischwald ungefähr 10 % durch Reflexion verloren, 86 % werden durch Bäume absorbiert und 2 % durch Sträucher. Nur 2 % erreichen den Waldboden mit der Kraut- und Moosschicht.

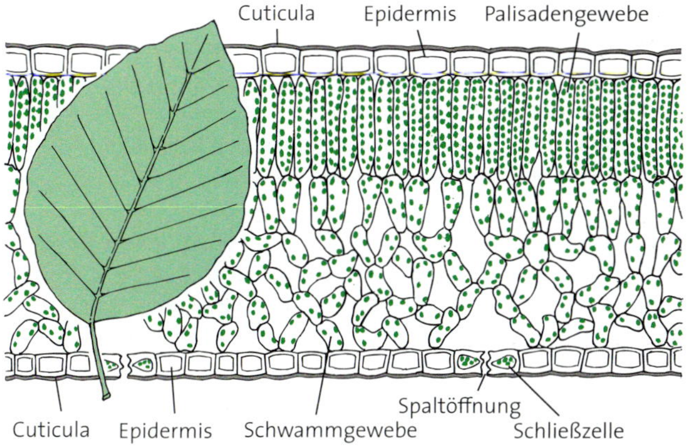

1 Sonnenblatt mit Blattquerschnitt

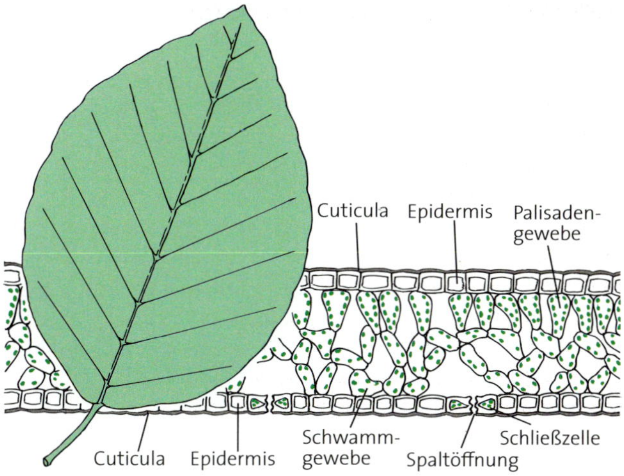

2 Schattenblatt mit Blattquerschnitt

Sonnenblätter und Schattenblätter. Bei manchen Pflanzen, besonders bei Laubbäumen, entscheidet sich erst während der Blattentwicklung unter dem modifizierenden Einfluss des Lichts, ob sich ein Blatt auf Starklicht oder Schwachlicht spezialisiert. Sonnenblätter mit kleiner Spreite, starkem Wasserleitungs- und Festigungsgewebe und hohem, oft zweischichtigem Palisadengewebe entwickeln sich aus den gut belichteten Knospen des äußeren Kronenbereichs. Große, dünne Schattenblätter entstehen vor allem im Innenraum und auf der geringer belichteten Nordseite der Baumkrone.

Die Fotosyntheseleistung der beiden Blatttypen hängt in derselben Weise vom Lichtangebot ab wie die der Sonnen- und Schattenpflanzen. Sonnen- und Schattenblätter erreichen den Lichtkompensationspunkt und die Lichtsättigung bei unterschiedlicher Lichtintensität. Wird die Stoffbilanz eines einzelnen Blatts negativ, verbraucht es also mehr Kohlenhydrate, als es erzeugt, so wird es von der Pflanze abgeworfen.

Wie dicht der Kronenbereich eines Laubbaums beblättert ist, richtet sich vor allem nach dem minimalen Lichtbedarf seiner Schattenblätter. Während Lichthölzer wie Birke, Pappel und Weide im Innern ihrer Krone zwischen 10 und 20 % relativen Lichtgenuss brauchen, kommen Schattenhölzer wie Rosskastanie oder Rotbuche mit einem Zehntel davon aus.

4 Im Innern einer dicht belaubten Baumkrone nimmt die Lichtintensität schon auf kurze Entfernung stark ab.

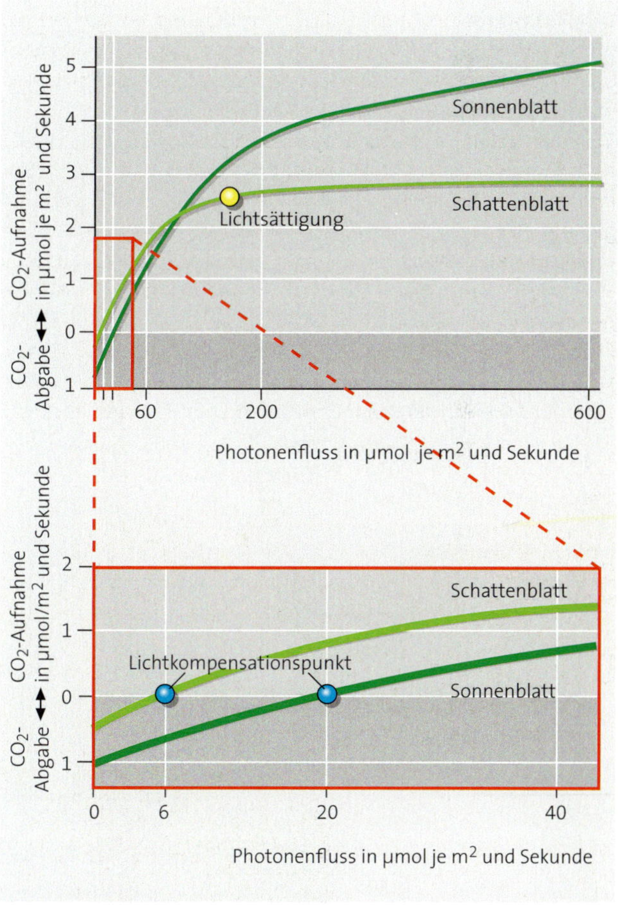

3 Abhängigkeit der Fotosynthese von der Lichtintensität bei Sonnenblatt und Schattenblatt

1 **Erklären Sie die Diagramme (▶ Bild 3). Wie verhält sich die Fotosynthese im Vergleich zur Lichtintensität? Welche Bedeutung hat die Nulllinie?**

2 **Stellen Sie in einer Tabelle die Merkmale von Sonnen- und Schattenpflanzen einander gegenüber.**

Verwertung der Fotosyntheseprodukte in der Pflanze

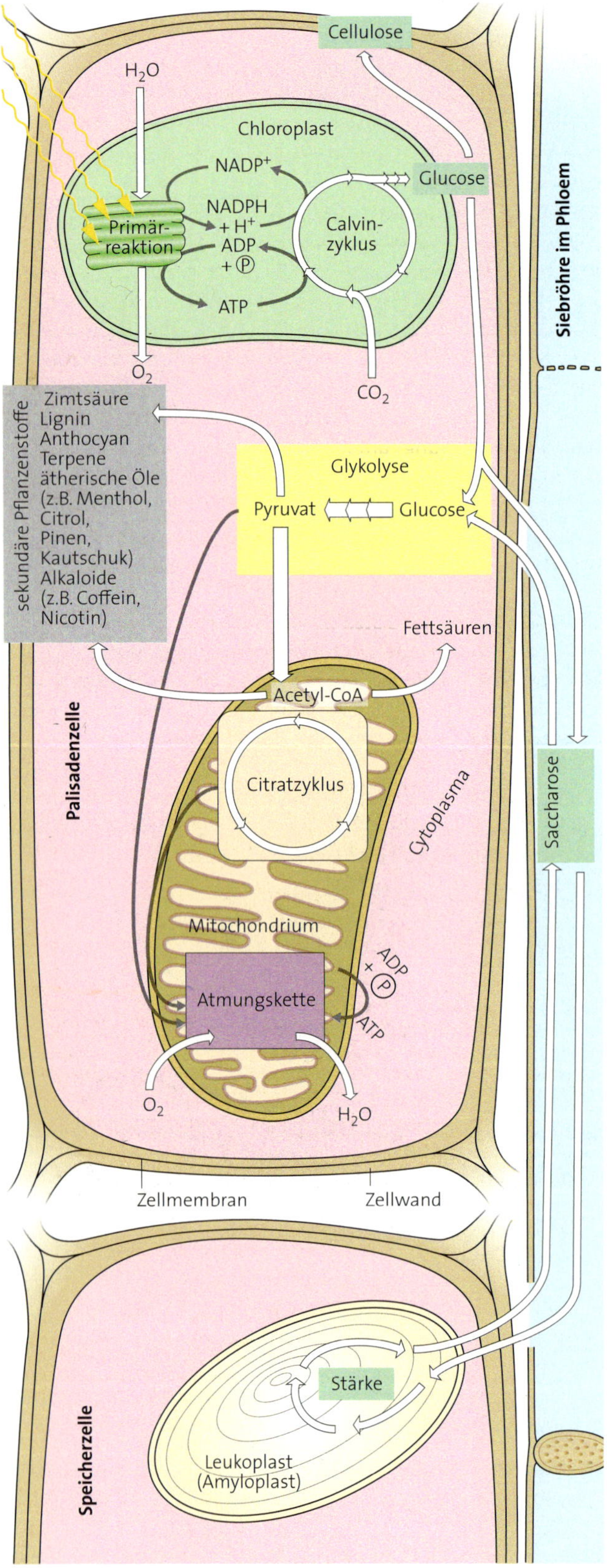

1 Kohlenhydratstoffwechsel in Pflanzen (stark vereinfacht)

Als wichtigstes Produkt der Fotosynthese wird oft der *Sauerstoff* genannt, doch sind die *Kohlenhydrate* als „Energiekonserven“ und Grundsubstanzen zur Erzeugung aller anderen organischen Stoffe der Lebewesen von zentraler Bedeutung. Der Kohlenhydratproduktion in den Chloroplasten schließen sich in anderen Zellkompartimenten und anderen Pflanzenteilen viele Umbau-, Transport-, Abbau- und Speicherungsprozesse an.

Umbau. Die Triosen des Calvinzyklus, vor allem *Phosphoglycerinaldehyd* (PGA), sind Ausgangsstoffe für die Bildung von *Fructose, Glucose* und *Stärke* in den Chloroplasten, *Saccharose* im Cytoplasma und *Cellulose* an der Zellmembran. Dabei sind die Zucker meist durch Phosphorylierung energetisch aktiviert.

Transport. Saccharose, also Rohr- oder Rübenzucker, ist die wichtigste Transportform für Kohlenhydrate in der Pflanze. Der Langstreckentransport mit einer Geschwindigkeit bis zu 1 m pro Stunde geschieht in den Siebröhren des Phloems, deren Zellsaft zu 10–25 % aus Zucker besteht.

Abbau durch Atmung. Die nicht grünen, heterotrophen Zellen von Spross und Wurzel, aber auch die Zellen mit Chloroplasten beziehen Energie für ihre Arbeitsleistungen aus dem Abbau von Kohlenhydraten, vor allem der Glucose. Diese wird in den Abschnitten der biologischen Oxidation – *Glykolyse, Citratzyklus* und *Atmungskette* – in den Mitochondrien zu Kohlenstoffdioxid und Wasser abgebaut (► S. 68). Die chemische Energie der Kohlenhydrate wird dabei zur Gewinnung von ATP, dem universellen Energieträger der Zelle, genutzt.

Zwischenprodukte der Glykolyse und des Citratzyklus wie *Pyruvat* und *Acetyl-CoA* gelten als Schlüsselsubstanzen im Stoffwechsel, da von ihnen auch wichtige Stoffwechselwege zum *Aufbau von Fettsäuren, Aminosäuren* und den pflanzentypischen *sekundären Pflanzenstoffen* ausgehen.

Speicherung. Aktuell nicht benötigte Kohlenhydrate werden meist in die Stärke-Polysaccharide *Amylose* und *Amylopektin* umgewandelt – in den Chloroplasten nur vorübergehend als *Assimilationsstärke*, in den Leukoplasten von Spross, Wurzel, Knospen, Speicherorganen und Samen längerfristig als *Reservestärke*. Die Speicherorganellen sind mit Enzymen wie *Amylase* und *Maltase* ausgestattet, um bei Bedarf die Kohlenhydrate wieder zu mobilisieren.

Verwendung von Stoffüberschüssen. Über den Betriebs- und Erhaltungsaufwand hinaus produzierte Stoffe nutzen grüne Pflanzen wie auch Fotosynthese betreibende Protisten sehr unterschiedlich für Zuwachs und Vorrat:

- *Investierer* wie einjährige Pflanzen nutzen günstige Bedingungen zu schneller Produktion. Sie investieren anfangs fast nur in Blätter, später fast nur in Blüten und Samen.
- *Sparer*, zum Beispiel ausdauernde Kräuter, produzieren langsamer und sammeln – häufig in Speicherorganen – reichlich Produktionsüberschüsse an, bevor sie Blüten bilden.
- *Akkumulierer*, vor allem Bäume und Sträucher, sind mit ihrer trägen Produktion auf ein langes Leben angelegt, in dessen Verlauf sich Stoffüberschüsse im Pflanzenkörper anreichern.
- *Vermehrer* wie Planktonalgen (Protisten) setzen die Überschüsse rasch und vollständig zur Vermehrung ein, da sie als Einzeller oder Zellkolonien keine anderen Zellen versorgen müssen.

[Z] Varianten der Fotosynthese

Lebewesen, die zur Fotosynthese fähig sind, gibt es seit mindestens 3 Milliarden Jahren. Die biochemischen Grundlagen dafür haben sich bis heute erhalten und finden sich von den einfachsten fotosynthesefähigen Bakterien bis zu den höchstentwickelten Pflanzen. Auf dieser gemeinsamen Grundlage haben sich Varianten entwickelt: *Anpassungen an verschiedene Lebensbedingungen*. Wasserpflanzen zum Beispiel nutzen zusätzlich zum CO_2 auch Hydrogencarbonat (HCO_3^-). Bei Sonnen- und Schattenpflanzen ist die Fotosynthese auf unterschiedliche Strahlungsintensität optimiert. Eine besonders auffällige Variante zeigen die *C_4-Pflanzen* und die *CAM-Pflanzen*.

C_4-Pflanzen. Für weitaus die meisten Pflanzen stellt die Phosphoglycerinsäure im Calvinzyklus das erste stabile Produkt des CO_2-Einbaus dar. Da diese Säure 3 C-Atome im Molekül besitzt, nennt man Pflanzen mit dem Standardweg des CO_2-Einbaus C_3-Pflanzen. Inzwischen kennt man rund 2 000 Pflanzenarten aus verschiedenen Familien, deren erstes stabiles Produkt des CO_2-Einbaus Oxalessigsäure ist, eine *Dicarbonsäure mit 4 C-Atomen* im Molekül. Danach bezeichnet man solche Pflanzen als C_4-Pflanzen. Ihre *dem Calvinzyklus vorgeschaltete CO_2-Fixierung* arbeitet schon bei geringsten CO_2-Mengen äußerst effektiv. Sie spielt sich ausschließlich in den *Mesophyllzellen* (► Bild 1) ab. Von dort wird das CO_2 in so hoher Konzentration an die *Bündelscheidenzellen* weitergeleitet, dass hier das Enzym Rubisco im Calvinzyklus optimal arbeiten kann. Dadurch können C_4-Pflanzen selbst mit weitgehend geschlossenen Spaltöffnungen intensiv Fotosynthese betreiben – trotz eingeschränktem Gasaustausch und geringer Wasserabgabe! Da bei ihnen auch die Temperaturoptima der Sekundärreaktionen höher liegen, sind C_4-Pflanzen besonders für trockenheiße Standorte geeignet. Hier erzielen sie Rekordwerte der Fotosyntheseleistung. Für die Landwirtschaft der Tropen sind daher C_4-Pflanzen wie *Zuckerrohr, Mais* oder *Hirse* von besonderer Bedeutung.

CAM-Pflanzen. Viele *Sukkulenten* – das sind Pflanzen, die in Anpassung an extremen Wassermangel Wasserspeicherorgane besitzen – verwenden ebenfalls Dicarbonsäuren zur CO_2-Fixierung, vor allem Apfelsäure. Ihre Fotosynthesevariante wird als *C*rassulacean *A*cid *M*etabolism (CAM; Säurestoffwechsel der Dickblattgewächse) bezeichnet. Die „Ansäuerung" geschieht vorwiegend nachts, wenn sie die Spaltöffnungen zur CO_2-Aufnahme ohne Gefahr übermäßigen Wasserverlusts öffnen können. Während der „Absäuerung" am Tag bauen sie die Dicarbonsäuren wieder zu CO_2 ab, das in den Calvinzyklus eingeht. Die Fixierung von CO_2 und seine Überführung in Kohlenhydrate ist bei Sukkulenten also nicht wie bei den C_4-Pflanzen räumlich, sondern zeitlich getrennt.

1 **Vergleichen Sie die Daten in Bild 1. Welche Vor- und Nachteile zeichnen die verschiedenen Fotosynthesewege aus?**

2 **Informieren Sie sich in einem Pflanzenbestimmungsbuch über einheimische Vertreter der Familie Dickblattgewächse (Crassulaceae). Welche Standorte werden für sie genannt?**

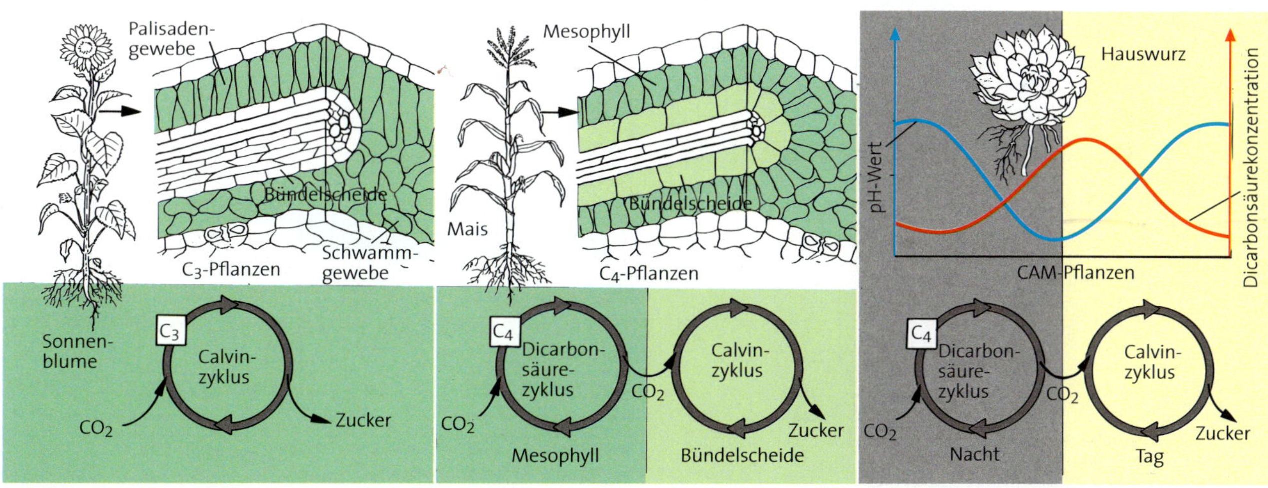

optimale Temperatur (°C)	15–25	30–45	um 35
Lichtsättigung (µmol Photonen pro m² und s)	1000–1500	<1 500	<1 500
CO_2-Aufnahme (mg je dm² und Stunde)	15–35	40–80	0,5–0,7
Wasserbedarf (ml je g Trockensubstanz)	450–950	230–250	50–55
Wachstum (g Trockensubstanz je dm² und Tag)	0,5–2	3–5	0,01–0,02

1 Varianten der Fotosynthese: C_3-, C_4- und CAM-Pflanzen im Vergleich

[Z] Energiegewinnung ohne Licht: Chemosynthese

Es war eine wissenschaftliche Sensation, als vor etwa 30 Jahren Tauchboote auf dem Meeresboden in 2 500 m Tiefe inselartig verbreitete arten- und individuenreiche Lebensgemeinschaften entdeckten (► Bild 1). Wie war in dieser lichtlosen Welt eine so intensive Bioproduktion möglich? Die Erklärung lieferte die als *Chemosynthese (Chemolithotrophie)* schon lange bekannte Energiegewinnung bestimmter Prokaryoten, die hier als Primärproduzenten auftreten.

1 Sulfidreiches Wasser aus vulkanischen Schloten („Black Smokers") ist Grundlage für üppiges Leben in der Tiefsee.

Chemoautotrophe Organismen und ihre Lebensräume. Manche farblose Bakterien sind in der Lage, durch *Oxidation anorganischer Stoffe*, gekoppelt mit der Synthese von Kohlenhydraten aus Kohlenstoffdioxid, *autotroph* zu leben. Sie sind also weder auf Licht als Energiequelle angewiesen wie Pflanzen noch auf organische Substanz wie heterotrophe Organismen.

Überall in Boden und Wasser, wo proteinhaltige Stoffe zu Ammonium abgebaut werden, sind *Nitrifizierer* als wichtige Glieder im Stickstoffkreislauf weit verbreitet. Dabei sind *Ammonium-Oxidierer* wie *Nitrosomonas*, die Ammonium (NH_4^+) zu Nitrit (NO_2^-) oxidieren, *mit Nitrit-Oxidierern* wie *Nitrobacter*, die Nitrit zu Nitrat (NO_3^-) oxidieren, eng vergesellschaftet.

In sehr nährstoffreichen Gewässern, Kläranlagen und schwefelhaltigen Quellen leben *Schwefel-Oxidierer*. Sie oxidieren Substrate wie Sulfid (S^{2-}), Schwefel oder Sulfit (SO_3^{2-}) zu Sulfat (SO_4^{2-}). Gegenüber der dabei entstehenden Schwefelsäure (H_2SO_4) sind sie wenig empfindlich. Weitere chemoautotrophe Organismen sind *Knallgasbakterien* und *Eisenbakterien* (► Bild 2).

Energiequelle. Oxidationen sind *exergonische Reaktionen*, bei denen eine Substanz Elektronen abgibt (► S. 33). Bei der Chemosynthese werden Elektronen vom anorganischen Substrat über mehrere Redoxsysteme der Atmungskette auf Sauerstoff übertragen. Dieser Elektronentransport ist – wie bei der Atmungskette – mit der Synthese von ATP gekoppelt, also eine *oxidative Phosphorylierung*.

Kohlenhydratsynthese. Wie bei der Fotosynthese werden auch bei der Chemosynthese *Kohlenhydrate im Calvinzyklus aus Kohlenstoffdioxid synthetisiert*. Dazu wird außer ATP auch NADPH + H^+ benötigt. Viele chemoautotrophe Bakterien verwenden stattdessen NADH + H^+.

Da mit Ausnahme von Wasserstoff die anorganischen Substrate der Chemosynthese NAD^+ aus energetischen Gründen nicht zu NADH + H^+ reduzieren können, werden Elektronen „rückläufig" durch die Atmungskette bis zum NAD^+ transportiert. Für diesen Prozess muss ein erheblicher Teil des durch die Oxidation anorganischer Substrate gewonnenen ATP verwendet werden. Das ist ein Grund für das äußerst langsame Wachstum chemoautotropher Bakterien, den niedrigen Wirkungsgrad der Chemosynthese und ihre mengenmäßig geringe Bedeutung im Stoffhaushalt der Biosphäre.

---

❶ **Ist die Chemosynthese ganz unabhängig von der Fotosynthese? Begründen Sie Ihre Auffassung.**

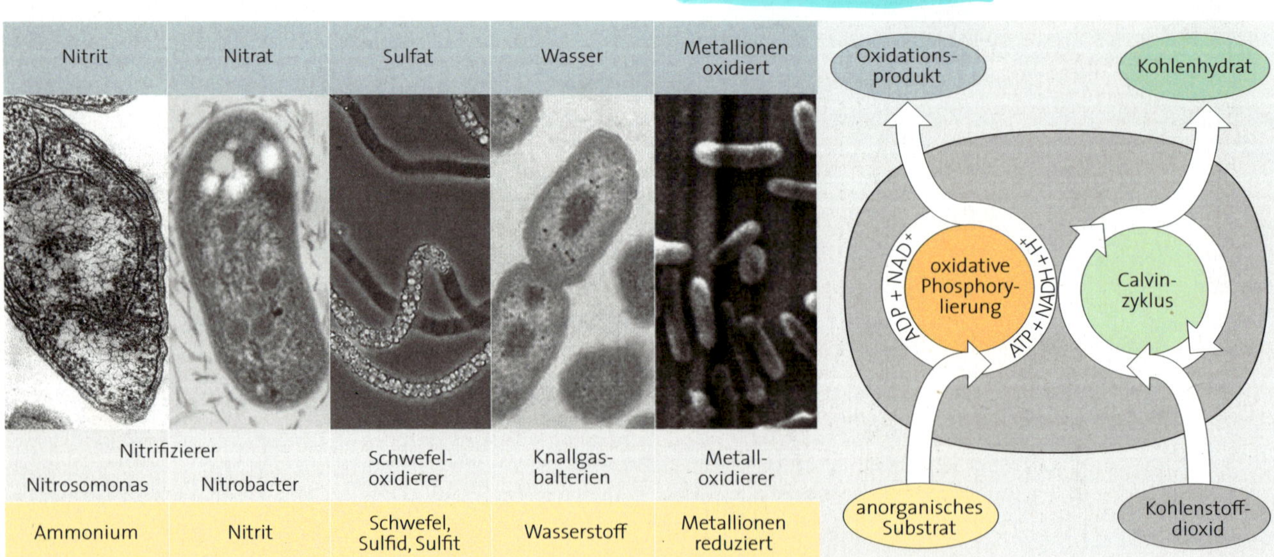

2 Schema der Energiegewinnung durch Chemosynthese (rechts) und Beispiele chemoautotropher Prokaryoten

Mithilfe dieses Kapitels können Sie

- die Bedeutung der Fotosynthese für das Leben auf der Erde begründen
- Licht als elektromagnetische Strahlung und Energieträger beschreiben
- die Fotosynthese nach Ausgangsstoffen, Endprodukten und Energiedifferenz beschreiben und formelmäßig darstellen
- an der Fotosynthese beteiligte Strukturen auf der Ebene von Organen, Zellen und Zellorganellen beschreiben
- Primär- und Sekundärreaktionen der Fotosynthese in Teilprozesse gliedern und erklären
- Experimente zu Bedingungen der Fotosynthese durchführen und ihre Ergebnisse interpretieren
- die Abhängigkeit der Fotosynthese von Umweltfaktoren erläutern
- Varianten der Fotosynthese nennen, vergleichen und als Anpassungen an die Lebensbedingungen begründen
- die Chemosynthese (Chemolithotrophie) der Fotosynthese gegenüberstellen

Testen Sie Ihre Kompetenzen

Gewässer sind nahe ihrer Oberfläche oft von grünen Pflanzen und Algen (Protisten) besiedelt. Im Faulschlamm am Grund der Gewässer finden sich dagegen häufig grüne Schwefelbakterien. Sie leben ebenfalls fototroph und autotroph. (Dank einer sehr wirksamen Lichtsammelstruktur kommen diese Bakterien mit sehr wenig Licht aus.)

1 Erläutern Sie die Begriffe autotroph und fototroph.

2 In der Grafik unten sind die Fotosynthese-Primärreaktionen der grünen Pflanzen schematisch dargestellt (als sogenanntes Z-Schema). Erläutern Sie die Darstellung. Vergleichen Sie mit den Primärreaktionen der grünen Schwefelbakterien (▶ Bild rechts daneben).

3 Geben Sie an, welche Endprodukte bei der Fotosynthese der grünen Schwefelbakterien zu erwarten sind, wenn die Sekundärreaktionen wie bei den grünen Pflanzen verlaufen. Begründen Sie Ihre Angaben.

4 Im Reaktionszentrum des bakteriellen Fotosystems findet sich Bakteriochlorophyll a. Vergleichen Sie sein Absorptionsspektrum (▶ Bild rechts) mit dem von Chlorophyll grüner Pflanzen und deuten Sie Ihre Feststellungen.

5 Das Fotosystem der grünen Schwefelbakterien überwindet bei Belichtung eine Potenzialdifferenz von 1,0 V. Erklären Sie mithilfe der Tabelle, warum bei ihnen H_2S, bei Pflanzen aber H_2O als Elektronendonator für die Reduktion von NAD^+ bzw. $NADP^+$ infrage kommt.

Elektronendonator		Elektronenakzeptor	Redoxpotenzial (V)
H_2S	⇆	$S + 2\,H^+ + 2\,e^-$	−0,24
H_2O	⇆	$\frac{1}{2}\,O_2 + 2\,H^+ + 2\,e^-$	+0,82
$NAD(P)H + H^+$	⇆	$NAD(P)^+ + 2\,H^+ + 2\,e^-$	−0,32

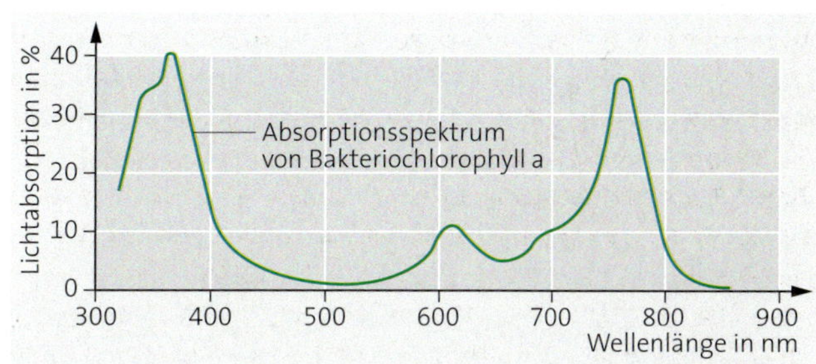

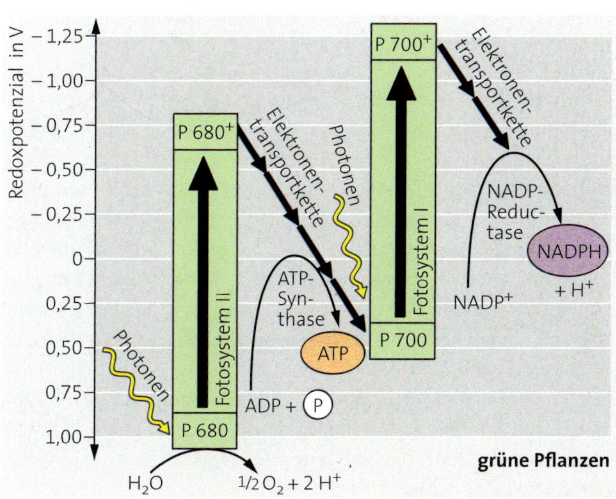

grüne Pflanzen

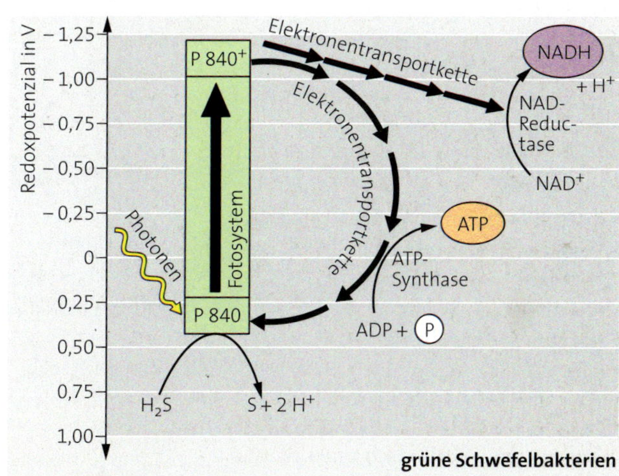

grüne Schwefelbakterien

Energiebereitstellung durch Stoffabbau

1 *Blattschneiderameisen zerlegen Blätter und transportieren sie in ihren Bau, fressen sie aber nicht.*

Blattschneiderameisen leben in den Subtropen und Tropen Amerikas, vom Süden der USA bis nach Argentinien. Sie gelten als Schrecken der Farmer: Ein großes Volk kann in einer Nacht einen ganzen Obstbaum entblättern. Mit dem eingetragenen und zu Brei zerkauten Blattmaterial legen sie in ihrem Bau Pilzgärten an. Anders als die Blattschneiderameisen selbst verfügen die von ihnen kultivierten Pilze über Enzyme, mit denen sie Cellulose zu zerlegen vermögen. Sie speichern die Nährstoffe dann in keulenförmigen Verdickungen ihres Mycels. Diese Pilzteile stellen die einzige Nahrung der Blattschneiderameisen dar. Wann immer eine Ameisenkönigin ein neues Nest gründet, bringt sie Pilzmycel aus dem alten Nest mit.

Im Blickpunkt

- Grundmuster im Netzwerk Stoffwechsel
- Bereitstellung von Energie – die zentrale Aufgabe des Stoffwechsels
- Zellatmung: Sauerstoff ermöglicht die effektivste Form biologischer Energiegewinnung
- Gärung: Notversorgung mit Energie bei Sauerstoffmangel oder Lebensweise von Spezialisten
- Wie lässt sich der Energieumsatz messen?
- Wirkungsgrad und Stoffbilanz der Energiegewinnung mit und ohne Sauerstoff im Vergleich

GRUNDLAGEN Alle chemischen Reaktionen, die im Organismus ablaufen und der Aufnahme, dem Auf-, Um- und Abbau sowie der Ausscheidung von Stoffen dienen, fasst man als Stoffwechsel zusammen. Diese Stoff- und Energieumwandlung ist ein Prinzip des Lebendigen. Man unterscheidet zwischen anabolem und katabolem Stoffwechsel.

Im anabolen Stoffwechsel, auch Assimilation oder Baustoffwechsel genannt, werden körperfremde Stoffe in körpereigene überführt, zum Beispiel bei der Fotosynthese der Pflanzen oder beim Aufbau von Zell- und Körpersubstanz aus den Stoffen der Nahrung bei Tieren.

Im katabolen Stoffwechsel werden die Stoffe dagegen zur Gewinnung von Energie für die Lebensvorgänge abgebaut. Er wird auch als Dissimilation oder Betriebsstoffwechsel bezeichnet. Anaboler und kataboler Stoffwechsel sind vielfältig miteinander verknüpft.

Die Hauptwege des Stoffwechsels haben sich schon früh in der Evolution entwickelt. Sie gehören zu den Gemeinsamkeiten aller Lebewesen. Unterschiede ergeben sich vor allem aus der Nutzung unterschiedlicher Stoff- und Energiequellen: So besitzen Pflanzen besondere Stoffwechselwege, durch die sie bei der Fotosynthese Strahlungsenergie der Sonne in chemisch gebundene Energie überführen können (► S. 46). Dagegen sind Tiere, Pilze, manche Protisten und die meisten Bakterien auf die Aufnahme energiereicher Stoffe angewiesen.

[Z] Untersuchungsmethoden und Grundmuster des Stoffwechsels

Es ist offensichtlich, dass sowohl Pflanzen als auch Tiere einschließlich des Menschen ständig Stoffe aufnehmen und abgeben. An dieser Alltagserfahrung setzten erste Experimente in der Renaissance an, die ergründen sollten, was bei diesem *Stoffwechsel* geschieht (► Bild 1).

1 Wägestuhl des Santorio von Padua (1614): ein erster Versuch zur Bilanzierung des Stoffwechsels

Vom 19. Jahrhundert an wurden dann verschiedene spezielle *Methoden zur Untersuchung des Stoffwechselgeschehens* bei Pflanzen und Tieren entwickelt:

- Messungen der Stoffwechselbilanz ermitteln den Umsatz von Stoffen und Energie des gesamten Organismus.
- Funktionsausfälle nach dem Entfernen von Organen erschließen deren Leistung.
- Funktionen werden an isolierten Organen, Geweben, Zellen oder Zellorganellen (► S. 26) gezielt überprüft.
- Hemmung von Enzymen (► S. 42) kann Stoffwechselschritte blockieren und so Stoffwechselwege aufdecken.
- Radioaktiv markierte Substanzen zeigen über ihre Abbau- und Umbauprodukte Stoffwechselwege auf (► S. 55).
- Genetisch bedingte Stoffwechselkrankheiten (► S. 86), heute auch die gezielte gentechnische Ausschaltung einzelner Erbanlagen (► S. 140) geben Aufschluss über den normalen Stoffwechsel.

Grundmuster im Stoffwechselgeschehen. Stoffwechsel stellt sich als verwirrendes Netzwerk von Stoffen und Reaktionen dar – mehrere Tausend verschiedene in einer einzigen Zelle. Doch lassen sich wiederkehrende Grundmuster erkennen:

- *Energetische Kopplung.* Jede der zahllosen Reaktionen gibt entweder Energie ab oder benötigt Energie: Stoffwechsel ist immer auch Energiewechsel. Die chemische Energie der Stoffwechselschritte wird dabei fast immer durch energiereiche Phosphate übertragen. Am wichtigsten ist *Adenosintriphosphat (ATP)*, das durch Hydrolyse zu *Adenosindiphosphat (ADP)* 29 kJ je mol Energie liefert oder bei seiner Bildung aus ADP speichert (► S. 53). Die *energetische Kopplung* einer Energie erfordernden *endergonischen Reaktion mit der ATP-Hydrolyse* oder einer Energie liefernden *exergonischen Reaktion mit der ATP-Bildung* ist ein Grundmuster im Stoffwechsel.
- *Kleinschrittigkeit.* Da bei jeder Reaktion im Stoffwechsel nur ein relativ kleiner Energiebetrag übertragen wird, bestehen Stoffwechselwege aus vielen einzelnen Schritten. Sie ermöglichen zahlreiche Verzweigungen und eine Vernetzung von anabolem und katabolem Stoffwechsel (► S. 66).
- *Regelung durch Enzyme.* Nahezu jeder Stoffwechselschritt wird durch ein spezielles *Enzym* katalysiert, das bedarfsabhängig durch Umsetzung der Erbinformation gebildet wird. Auf diese Weise unterliegt der Stoffwechsel der Kontrolle durch die Gene. Da sich außerdem die Aktivität vieler Enzyme durch Inhibitoren oder Aktivatoren wirksam regeln lässt, sind Enzyme die entscheidenden „Stellschrauben" des Stoffwechsels (► S. 42).
- *Bausteinprinzip.* An den verschiedensten Stellen des Stoffwechsels finden sich immer wieder die gleichen Moleküle. So ist beispielsweise *Adenin* Bestandteil des Energieüberträgers ATP (► S. 53), des Wasserstoff und Elektronen übertragenden NAD (► S. 52), des Coenzyms A (CoA) und der DNA (► S. 76). Während der Evolution haben einzelne Stoffe offenbar immer wieder neue Aufgaben bekommen, wodurch sich der Stoffwechsel vielseitig und ökonomisch zugleich entwickeln konnte.

---

1 Durch viele Wägungen seines Körpers (► Bild 1) konnte Santorio von Padua – neben Gewichtsveränderungen infolge von Essen und Ausscheidung – auch sonst nicht wahrnehmbare Gewichtsverluste messen, die er „perspiratio insensibilis" nannte. Erklären Sie, worum es sich dabei handelt.

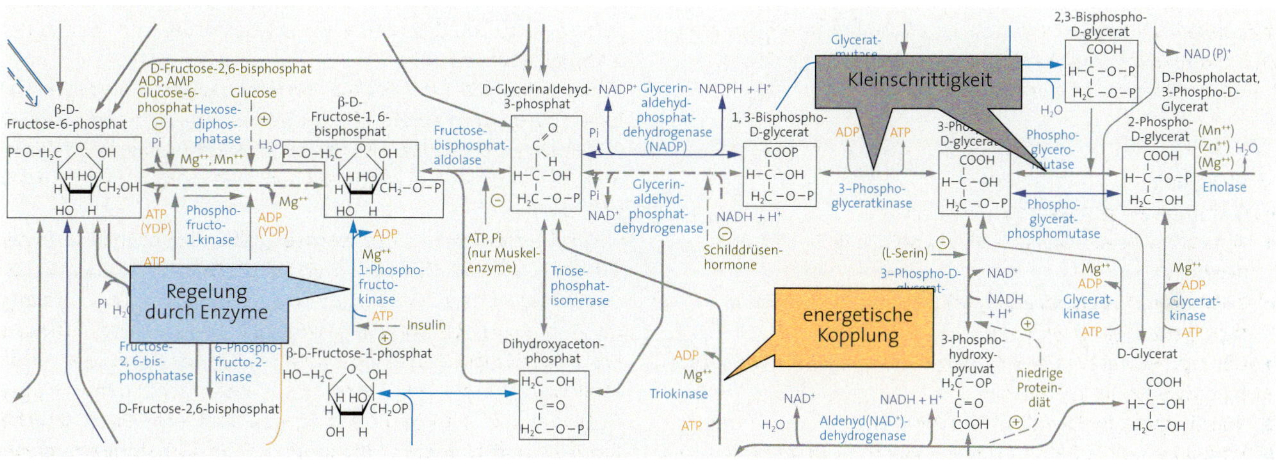

2 Ein kleiner Ausschnitt aus dem Stoffwechsel. Bestimmte Grundmuster finden sich darin immer wieder.

Zellatmung: Bereitstellung der Energie in der Zelle

Nahezu alle Lebewesen nutzen die von Pflanzen aus der Strahlungsenergie der Sonne gewonnene chemische Energie der Fotosyntheseprodukte (► S. 62). Die in den organischen Stoffen – vor allem Kohlenhydraten und Fetten – gespeicherte Energie wird bei deren Abbau frei und zur Herstellung von ATP verwendet. Diese „Energiewährung" ist dann in allen Zellen und für die verschiedensten Energie erfordernden Vorgänge einsetzbar (► S. 53). Ein großer Teil des katabolen Stoffwechsels dient daher Vorgängen, durch die ATP bereitgestellt wird.

Zwei unterschiedliche Hauptwege stehen den Organismen zur Verfügung: die *Zellatmung* genannte *aerobe Dissimilation*, die am Beispiel Glucose auf den folgenden Seiten dargestellt wird, und die *Gärung* genannte *anaerobe Dissimilation* ohne Sauerstoff (► S. 70).

Lebensgrundlage Sauerstoff. Sauerstoff verbindet sich durch *Oxidation* leicht mit vielen Stoffen unter Freisetzung von Energie. Sauerstoff ist auch Voraussetzung für die Atmung, die „biologische" Oxidation energiereicher Stoffe. Viele Organismen besitzen komplizierte Organsysteme und hoch spezialisierte Transportstoffe, um den Sauerstoff der Atmosphäre zu den Orten des Verbrauchs in den Zellen zu schaffen. Diese auffällige äußere Atmung versperrt oft den Blick auf die Zellatmung, den Prozess, zu dem der Sauerstoff von Lebewesen genutzt wird: Sauerstoff wird benötigt, um Kohlenstoff und Wasserstoff in organischen Verbindungen zu Kohlenstoffdioxid und Wasser zu oxidieren und die freigesetzte Energie für die Bildung von ATP zu nutzen. Nach Ausgangsstoffen, Endprodukten und freigesetztem Energiebetrag entspricht die Zellatmung damit, auch wenn sie ganz anders verläuft, formal gesehen einer Verbrennung:

$C_6H_{12}O_6 + 6\,O_2 \rightarrow 6\,CO_2 + 6\,H_2O$ Energiedifferenz 2 880 kJ.

Zellatmung im Überblick. Eine Oxidation organischer Stoffe in der Zelle, die wie eine Verbrennung die freigesetzte Energie nur als *Wärme* abführt, wäre biologisch unsinnig, denn kein Lebewesen kann Wärme in eine andere Energieform überführen. Tatsächlich läuft die Zellatmung vollkommen anders ab (► Bild 1):

- *Stufenprozess.* Die Zellatmung besteht aus einer Folge zahlreicher Reaktionen. Man unterscheidet im Wesentlichen die folgenden Stufen: *Glykolyse, Citratzyklus* und *Atmungskette.* In der Glykolyse wird Glucose zu *Pyruvat* abgebaut. Nach Abspaltung von CO_2 wird daraus ein Acetylrest mit 2 C-Atomen, der durch das *Coenzym A* in den Citratzyklus (aus verschiedenen organischen Säuren) eingespeist wird. Bei diesem letzten Schritt handelt es sich gewissermaßen um eine Zwischenstufe, die dem Citratzyklus vorgeschaltet ist. Sowohl im Citratzyklus als auch in der Glykolyse entsteht eine kleine Menge ATP aus energiereichen Zwischenprodukten *(Substratstufenphosphorylierung).* Die Coenzyme *NADH + H*$^+$ und *FADH*$_2$ übertragen Elektronen zur Atmungskette, wo die Elektronen am Ende zusammen mit Protonen auf Sauerstoff übertragen werden. Die damit verbundene *oxidative Phosphorylierung* liefert den Hauptteil der Energie in Form von ATP.
- *Trennung nach Kompartimenten.* Die Teilvorgänge der Zellatmung spielen sich in getrennten Zellbereichen ab: die Glykolyse im *Cytoplasma*, der Citratzyklus in der *Matrix der Mitochondrien* (► S. 24), die Atmungskette in der *inneren Mitochondrienmembran.* Die Mitochondrien gelten daher als „Kraftwerke" der Zelle.
- *Gewinnen chemischer Energie.* Wichtigstes Kennzeichen der Zellatmung ist die Bereitstellung von biologisch verwertbarer Energie durch Phosphorylierung von *ADP* zu *ATP.* Dabei geht ein Großteil der Energie als Wärme verloren.

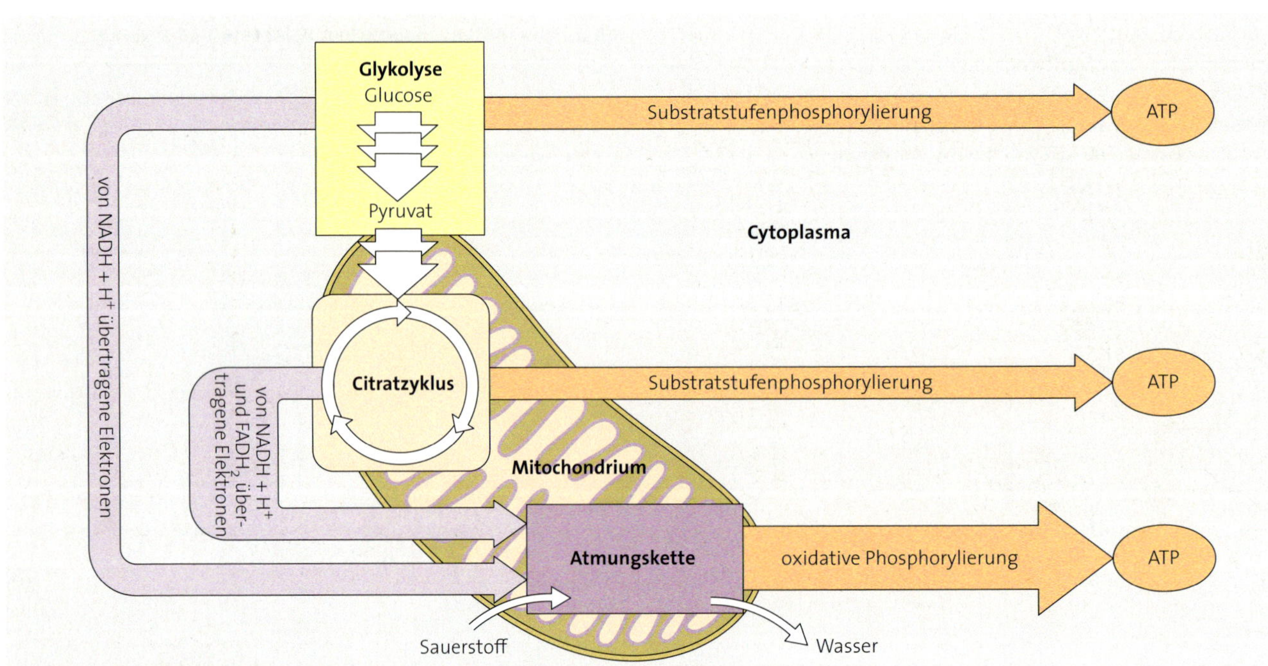

1 Schematische Übersicht über die Stufen und Kompartimente der Zellatmung

NACHGEHAKT

Energiegeumsatz und seine Messung

Im Revolutionsjahr 1789 erkannte der berühmte französische Chemiker ANTOINE DE LAVOISIER (er starb später unter der Guillotine), dass zwischen körperlicher Tätigkeit, Atmung und Wärmebildung im Körper ein Zusammenhang besteht. Seine Vorstellung, der Körper gewinne Energie durch Verbrennung, erwies sich zwar im Nachhinein als falsch. Dennoch zeigten seine Experimente den Weg zur Messung des Energieumsatzes von Lebewesen.

Physikalischer Brennwert. Wird ein Nährstoff vollständig verbrannt, entspricht die entstehende Wärme seinem physikalischen Brennwert, das heißt seinem *Energiegehalt*. Dazu wird eine genau gewogene Menge des Stoffs in der Brennkammer oder „Bombe" eines *Kalorimeters* in reinem Sauerstoff bei hohem Druck nach elektrischer Zündung verbrannt. Wasser, das die Brennkammer umgibt und das nach außen hin gut isoliert ist, nimmt die entstandene Wärme auf. Deren Menge lässt sich aus dem Temperaturanstieg berechnen.

Physiologischer Brennwert. Die bei einer chemischen Reaktion freigesetze Energiemenge ist grundsätzlich unabhängig vom Reaktionsweg. Daher entspricht der im Kalorimeter gemessene Wert auch genau dem *physiologischen Brennwert*, das heißt dem im Körper freigesetzten Energiebetrag, wenn Ausgangsstoffe und Endprodukte in beiden Fällen gleich sind. Dies gilt für Kohlenhydrate und Fette, da diese auch im Körper vollständig zu CO_2 und H_2O abgebaut werden. Dagegen ist der physiologische Brennwert der Proteine deutlich kleiner als der im Kalorimeter gemessene Wert, da Proteine im Körper nur bis zur Stufe des Harnstoffs abgebaut werden. Dieser wird in Wasser gelöst mit dem Urin ausgeschieden.

Kalorimetrie. Da bei jeder Reaktion des Energiestoffwechsels auch Wärme entsteht, kann man die vom Körper abgegebene Wärmemenge als Maß für seinen Energieumsatz heranziehen. Diese *direkte Kalorimetrie*, erstmals von LAVOISIER im Tierversuch eingesetzt, ist jedoch aufwendig und ungenau.

Für medizinische, arbeits- und sportphysiologische Zwecke wird heute praktisch ausschließlich die *indirekte Kalorimetrie* angewandt. Mit ihr bestimmt man den Energieumsatz aus dem Sauerstoffverbrauch der Atmung (▶ Foto S. 72). Für Glucose als Ausgangsstoff etwa gilt die Summengleichung

$C_6H_{12}O_6 + 6\,O_2 \rightarrow 6\,CO_2 + 6\,H_2O$ Energiedifferenz 2 822 kJ.

Das bedeutet, dass 6 mol O_2 nötig sind, um 2 822 kJ Energie aus einem mol Glucose freizusetzen. Da 1 mol Sauerstoff ein Volumen von 22,4 Litern einnimmt, lässt sich damit der Energiebetrag berechnen, der je Liter verbrauchten Sauerstoffs umgesetzt wird. Er beträgt für Glucose 2 822 kJ : (6 × 22,4 Liter O_2) = 21 kJ/Liter O_2 und wird als *kalorisches Äquivalent* bezeichnet.

Da zum Abbau der Fette und Proteine mehr O_2 nötig ist als für Glucose und andere Kohlenhydrate, ist das kalorische Äquivalent dieser Nährstoffe kleiner. Um aus dem Sauerstoffverbrauch den Energieumsatz berechnen zu können, muss man daher Art und Anteil der jeweils abgebauten Nährstoffe kennen. Einen Anhaltspunkt dafür liefert der *respiratorische Quotient (RQ)*, also der Quotient aus abgegebener CO_2-Menge und aufgenommener O_2-Menge (mol CO_2/mol O_2). Auch er kann bei der indirekten Kalorimetrie gemessen werden.

Nährstoff	physiologischer Brennwert kJ/g	RQ	kalorisches Äquivalent kJ/l O_2
Kohlenhydrate	17,2	1,0	21,1
Fette	38,9	0,7	19,6
Proteine	17,2	0,8	18,8
zum Vergleich: mitteleurop. Kost		0,82	20,2

1 *LAVOISIER misst den Sauerstoffverbrauch bei körperlicher Tätigkeit; Zeichnung von Madame LAVOISIER.*

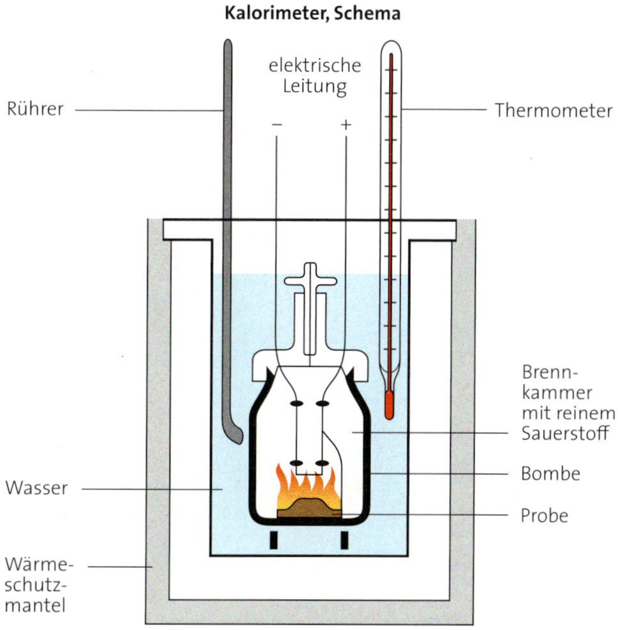

2 *Aufbau eines Kalorimeters. Nach der Verbrennung in der Bombe wird die Erwärmung des Wassers gemessen.*

Energiegewinnung ohne Sauerstoff: Gärung

Viele Lebewesen kommen ganz oder zeitweise ohne Sauerstoff aus. Darmwürmer zum Beispiel leben in einem sauerstofffreien Milieu. Muscheln im Watt schließen bei Ebbe ihre Schalen, um nicht auszutrocknen, und sind von der Sauerstoffzufuhr abgeschnitten. Auch bei Arten, die ihre Energie durch Zellatmung gewinnen, kann sich zeitweise in manchen Geweben Sauerstoffmangel einstellen. Sie alle sind in der Lage, sich Energie ohne Sauerstoff durch *anaeroben Stoffwechsel*, auch *Gärung* genannt, zu beschaffen. Vor allem Mikroorganismen nutzen diesen evolutionsbiologisch ursprünglichen Weg der Energiegewinnung. Bei vielen Lebewesen entscheidet das Sauerstoffangebot darüber, ob der aerobe oder der anaerobe Stoffwechselweg eingeschlagen wird.

Der erste Teil des anaeroben Stoffwechselwegs entspricht weitgehend der Glykolyse. Allerdings wird der in der Glykolyse angefallene Wasserstoff durch das Coenzym NAD^+ auf das Glykolyse-Endprodukt Pyruvat übertragen, das damit von verschiedenen Organismen – katalysiert durch unterschiedliche Enzyme – zu jeweils anderen Endprodukten verarbeitet wird.

- Bei der *alkoholischen Gärung* durch Hefepilze entsteht aus Pyruvat nach Abspaltung von Kohlenstoffdioxid Ethanal (Acetaldehyd), das durch $NADH + H^+$ zu Ethanol reduziert wird. Das Aufgehen von Hefeteig sowie die Zubereitung von Bier, Most und Wein beruhen auf der alkoholischen Gärung.
- *Milchsäuregärung*, bei der das Pyruvat ohne CO_2-Abspaltung zu Milchsäure reduziert wird, ist vor allem für Milchsäurebakterien typisch. Die Milchsäure (Anion Lactat) erniedrigt den pH-Wert stark und hemmt das Wachstum anderer Mikroorganismen. Sie wirkt daher konservierend. Dies nutzt man zur Erzeugung von Silage, Sauerkraut oder Sauermilchprodukten. Milchsäuregärung läuft auch in den Muskeln von Wirbeltieren ab, wenn sie nicht ausreichend mit Sauerstoff versorgt werden. Ist wieder genug Sauerstoff vorhanden, wird die Milchsäure zurück in Pyruvat verwandelt und durch Zellatmung abgebaut.
- Der Gärungsstoffwechsel anderer Bakterien nimmt seinen Ausgang von Stoffen im Citratzyklus. So bildet das Darmbakterium Escherichia coli Bernsteinsäure, Bakterien in Pansen und Darm von Kühen und Schafen erzeugen Propionsäure. Diese entsteht auch bei der bakteriell bedingten Reifung von Käse.

Durch Gärung wird weniger Energie gewonnen als durch Zellatmung: je abgebautem mol Glucose 2 bis 3 mol ATP. Entsprechend energiereich sind die Endprodukte der Gärungen. Ihre Anreicherung wirkt meist hemmend auf den Stoffwechselweg zurück.

1 Berechnen Sie (in Gewichtsprozent) die Konzentration an Ethanol, die theoretisch durch alkoholische Gärung einer 1-molaren Glucoselösung entsteht. Bilden Sie eine Hypothese, warum dieser Wert in der Praxis nicht erreichbar ist.

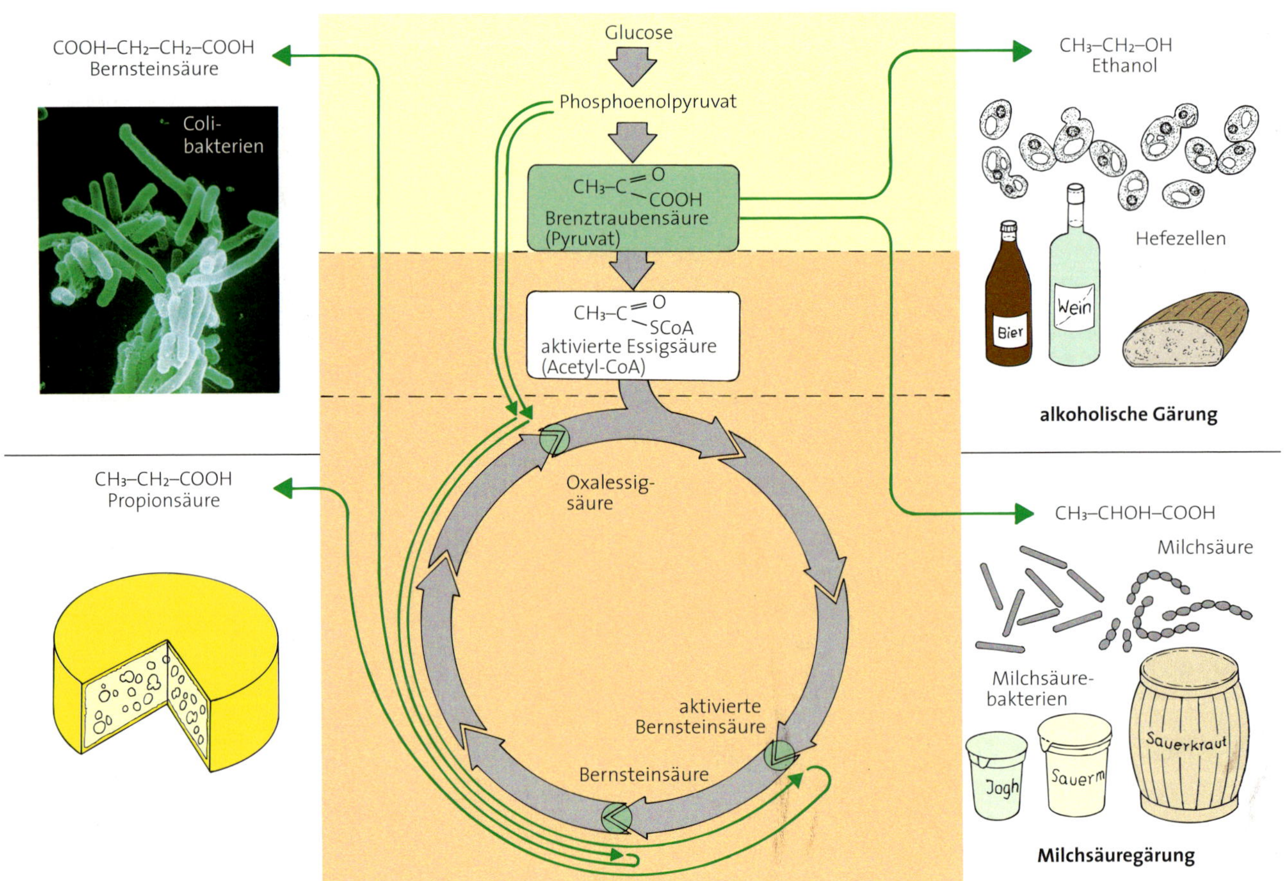

1 Verschiedene Formen der Gärung. Sie nehmen ihren Ausgang von Zwischenprodukten der Glykolyse und des Citratzyklus.

Stoff- und Energiebilanz des anaeroben und aeroben Stoffabbaus

Bei allen Energie umsetzenden Vorgängen ist immer nur ein Teil der aufgewendeten Energie nutzbar. Das Verhältnis von nutzbarer zu aufgewendeter Energie bezeichnet man als Wirkungsgrad der Energieumsetzung. Mit den Methoden der Kalorimetrie lässt sich zwar der Energiebetrag messen, der von einem Organismus bei bestimmter Aktivität in einer abgegrenzten Zeit umgesetzt wird, der Wirkungsgrad bleibt dagegen unbekannt. Da das Ziel des Energiestoffwechsels aller Lebewesen darin besteht, die universell einsetzbare Energiewährung ATP bereitzustellen, also sie aus ADP und Phosphat zu regenerieren, kann der Wirkungsgrad des Energiestoffwechsels nur über eine ATP-Bilanz ermittelt werden.

ATP-Bilanz des Glucoseabbaus. Eine solche Bilanz bezieht sich auf 1 mol des umgesetzten Stoffs, kann aber auch je Molekül betrachtet werden. Sie stellt nur eine Abschätzung dar, da die Effektivität der biochemischen Reaktionen durch viele Faktoren, zum Beispiel Konzentration und pH-Wert, beeinflusst wird. Die einzelnen Abschnitte des Glucoseabbaus tragen in unterschiedlichem Maß zur Bilanz bei, entweder direkt durch Bildung von ATP oder indirekt durch Bildung der Reduktionsäquivalente NADH + H^+, die bei dem aeroben Stoffabbau in die Atmungskette eingehen und dort ebenfalls zur ATP-Synthese genutzt werden. Je mol NADH + H^+ entstehen etwa 2,5 mol ATP.

Anaerober Stoffabbau: Die Glykolyse mit anschließender Gärung liefert nur 2–3 ATP. Viel Energie steckt daher in den Gärungs-produkten Gär. Die beiden Moleküle Ethanol oder Milchsäure enthalten zum Beispiel noch rund 95 % der Energie des Glucosemoleküls, aus dem sie hervorgegangen sind.

Aerober Stoffabbau: Die Glykolyse mit anschließender Zellatmung liefert 2 ATP und 2 NADH + H^+, insgesamt also rund 7 ATP. Die oxidative Decarboxylierung bringt 2 NADH + H^+ in die Atmungskette ein, entsprechend 5 ATP. Im Citratzyklus entstehen 2 ATP direkt, 6 NADH + H^+ und 2 $FADH_2$, die etwas energieärmer sind als NADH + H^+. Insgesamt trägt der Citratzyklus 20 ATP zur Bilanz bei. Der aerobe Abbau von 1 mol Glucose liefert demnach 32 mol ATP. Dies entspricht rund 960 kJ und damit einem Wirkungsgrad der Zellatmung von etwa 33 %.

Stoffbilanz. Da alle Zwischenprodukte am Ende der Prozesse wieder im Ausgangszustand vorliegen, entspricht die Stoffbilanz der Summengleichung:

$C_6H_{12}O_6 + 6\,O_2 \rightarrow 6\,CO_2 + 6\,H_2O$ bei der Zellatmung,
$C_6H_{12}O_6 \rightarrow 2\,CO_2 + 2\,C_2H_5OH$ bei der Alkoholgärung und
$C_6H_{12}O_6 \rightarrow 2\,C_3H_6O_3$ bei der Milchsäuregärung.

„Marktplatz" des Stoffwechsels. Auch der Stoffwechsel der Fette und Proteine mündet in den Abbauweg der Kohlenhydrate als gemeinsame Endstrecke ein. Viele Zwischenprodukte von Glykolyse und Citratzyklus wie Glycerinaldehyd, Pyruvat oder Acetyl-CoA sind zugleich wichtige Ausgangsstoffe für den Baustoffwechsel. Da hier noch weitere Stoffwechselwege aus- und einmünden, kann man diesen Abschnitt als „Drehscheibe" oder „Marktplatz" des ganzen Stoffwechsels in der Zelle betrachten.

1 **Berechnen Sie, wie viel ATP ein Mensch täglich umsetzt. (Energieumsatz 12 000 kJ/Tag, Wirkungsgrad 33 %, 1 mol ATP = 500 g liefert etwa 30 kJ)**

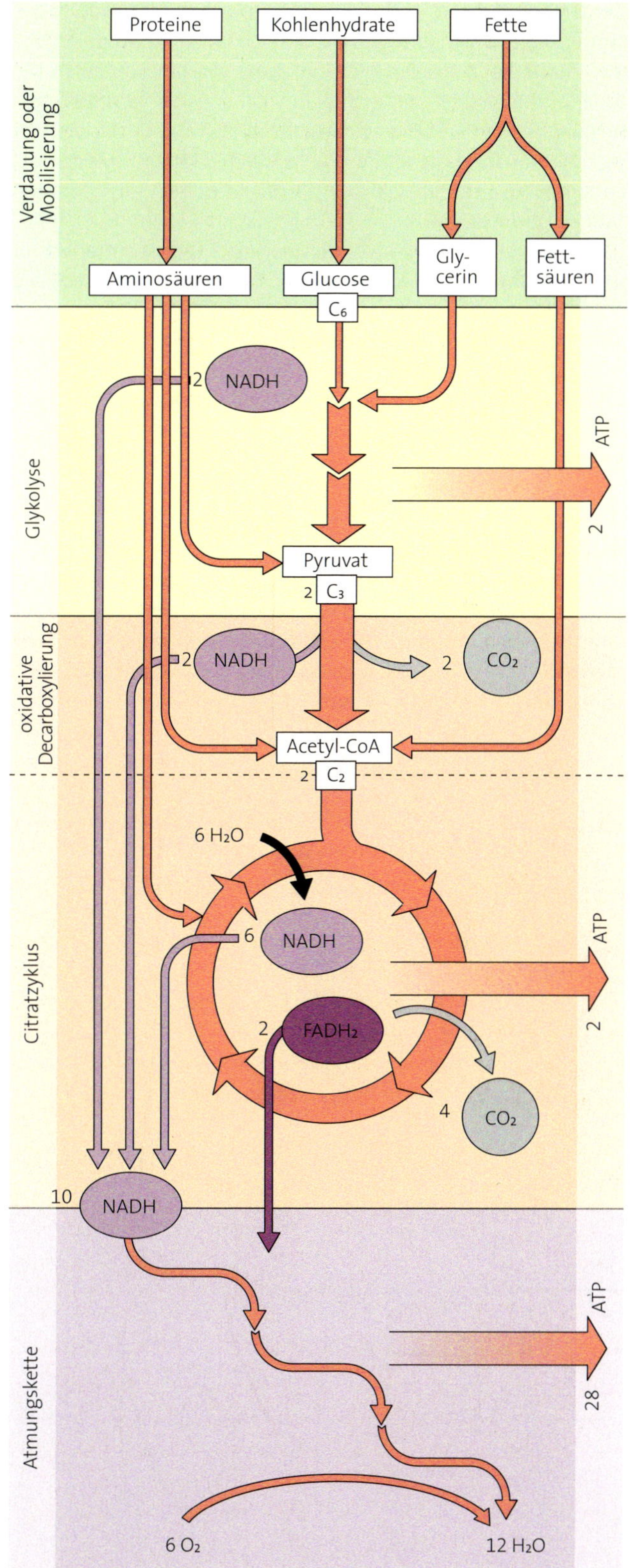

1 Vereinfachtes Schema der Stoffwechselwege der Zellatmung. Für Glucose ist eine Stoff- und Energiebilanz erstellt.

Energiebereitstellung

Der Energiebereitstellung durch Zellatmung und Gärung liegen Stoffwechselvorgänge zugrunde, die sich im Zellplasma und den Mitochondrien abspielen. Sie sind direkt nur mit speziellen Methoden und Geräten zu analysieren. Da sich die verschiedenen Formen der Energiebereitstellung jedoch zum Teil nach der Umsatzrate der Ausgangsstoffe oder nach der Art und Menge der Endprodukte unterscheiden, kann man sie indirekt mit einfachen Mitteln untersuchen.

Solche Methoden sind zum Beispiel in der Lebensmitteltechnik von Bedeutung, besonders bei der Erzeugung und Qualitätskontrolle von Sauermilchprodukten, Bier und Backwaren.

Auch in der *Arbeits-* und *Sportmedizin* spielt die Unterscheidung von aerober und anaerober Energiebereitstellung eine wichtige Rolle, da beispielsweise Ermüdung und Schädigung unserer Muskeln ganz wesentlich davon abhängen, auf welche Weise sie ihre Energie gewinnen.

Glucoseverbrauch der Bäckerhefe bei Atmung und Gärung

MATERIAL: Sauerstoff und Stickstoff in Druckgasflaschen *(Vorsicht! Handhabung nur nach Einweisung durch Lehrer!)*, zwei Gaswaschflaschen, Wasserbad, Stativmaterial, Schlauchverbindungen, Messzylinder, Bäckerhefe, 2%ige Glucoselösung, Teststreifen zur Glucosebestimmung (halbquantitativ) oder Blutzuckermessgerät, Pipette

DURCHFÜHRUNG: Verrühren Sie 20 g Bäckerhefe in 100 ml Wasser und verteilen Sie die sehr gut durchmischte Aufschwemmung zu gleichen Teilen auf die zwei Waschflaschen. Temperieren Sie die Waschflaschen mit der Hefe im Wasserbad bei 40 °C. Lassen Sie eine der Flaschen mit Sauerstoff, die andere mit Stickstoff durchströmen. Stellen Sie den Gasstrom so ein, dass die Frequenz der Gasblasen in beiden Ansätzen gleich ist.

Geben Sie zu jedem Ansatz 50 ml 2%ige Glucoselösung und starten Sie die Uhr. Entnehmen Sie eine Stunde lang alle fünf Minuten jedem Ansatz mit der Pipette einige Tropfen und messen sie jeweils die Glucosekonzentration nach der Gebrauchsanweisung der Teststreifen oder des Blutzuckermessgeräts.

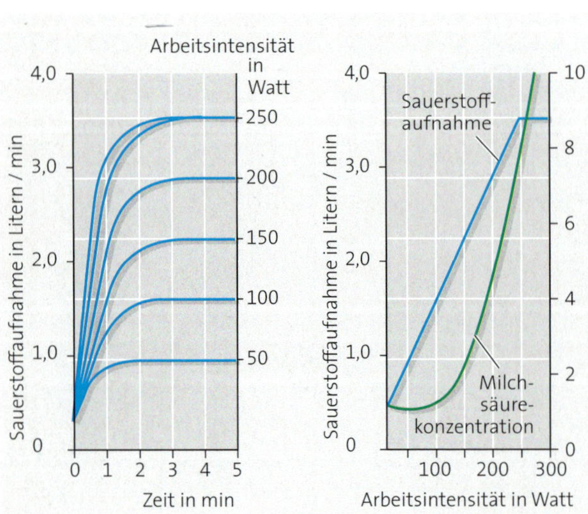

Milchsäurebildung bei verschiedener Temperatur

MATERIAL: unbehandelte Frischmilch vom Bauernhof, Erlenmeyerkolben (100 ml), Frischhaltefolie, Thermometer, Wärmeschrank oder Wasserbad, Glasstab, Objektträger, Holzklammer, Brenner, Methylenblaulösung, Mikroskop

DURCHFÜHRUNG: Füllen Sie zwei Erlenmeyerkolben je zur Hälfte mit der Milch und verschließen Sie die Öffnung mit Folie. Stellen Sie einen der Kolben bei 50 °C in den Wärmeschrank und lassen Sie den anderen bei Zimmertemperatur stehen.

Entnehmen Sie nach einem Tag jeweils einen Tropfen der flüssigen Molke mit einem Glasstab und verstreichen Sie ihn auf einem Objektträger. Ziehen Sie dann die Objektträger zur Hitzefixierung durch die Flamme eines Brenners. Färben Sie die Präparate einige Minuten mit Methylenblaulösung. Nach dem Abspülen der Farblösung untersuchen Sie die trockenen Präparate mit dem Mikroskop bei starker Vergrößerung.

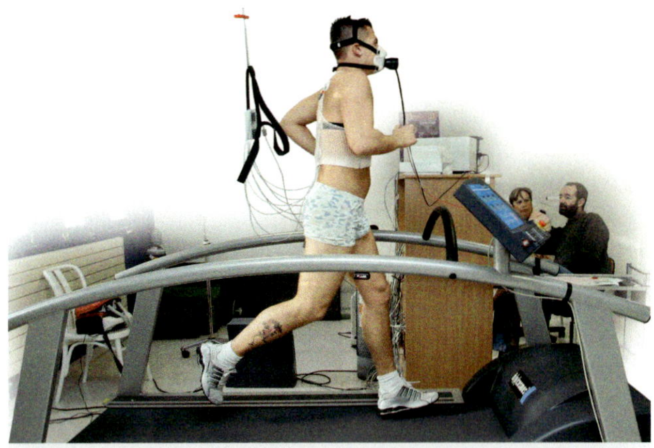

Gesundes Training, das zu mehr Ausdauer und Fitness führt, spielt sich immer im aeroben Bereich ab. Das heißt, dass der eingeatmete Sauerstoff ausreicht, um den Bedarf des Körpers zu decken. Alles darüber hinaus ist auf Dauer ungesund.

Aus der Werbung für ein Herzfrequenz-Messgerät

1 Daten zum Sauerstoffverbrauch und zur Energiebereitstellung beim Menschen, wie sie den Diagrammen links zugrunde liegen, werden meist auf dem Ergometer oder auf dem Laufband (► Bild oben) gewonnen. Sie sind vor allem für die Sport- und Arbeitsmedizin von Bedeutung. Was lässt sich aus den Diagrammen über die Energiegewinnung ablesen?
Setzen Sie dazu den Werbetext für ein Herzfrequenz-Messgerät in Beziehung. Bei welchem Bruchteil der maximalen körperlichen Leistung beginnt der kritische Bereich?

2 Stellen Sie das Ergebnis Ihres Versuchs zum Glucoseverbrauch der Hefe grafisch dar (Glucosekonzentration/Zeit) und erklären Sie es.

3 Welche Schlüsse ziehen Sie aus dem Ergebnis Ihrer mikroskopischen Untersuchung?

Stichworte zu weiteren Informationen

Pasteur-Effekt · Sauerstoffschuld · Wirkungsgrad

Mithilfe dieses Kapitels können Sie

- aufbauenden und abbauenden Stoffwechsel begrifflich unterscheiden
- Methoden zur Untersuchung des Stoffwechsels nennen und beschreiben
- Grundmuster des Stoffwechselgeschehens nennen und begründen
- die Bedeutung von ATP im Stoffwechsel begründen
- die Vorgänge der Zellatmung in Grundzügen beschreiben und ihnen Orte in der Zelle zuordnen
- Beispiele für Gärungen und ihr Vorkommen in der Natur angeben und ihre Bedeutung begründen
- aeroben und anaeroben Stoffabbau nach Endprodukten und Energiebilanz vergleichen

Testen Sie Ihre Kompetenzen

Hefe kann Glucose mit und ohne Sauerstoff abbauen. In seinen „Études sur la bière“ stellte der Mikrobiologe LOUIS PASTEUR jedoch schon 1876 fest, dass die Vermehrung der Hefezellen durch Sauerstoff gefördert, die alkoholische Gärung dagegen stark gehemmt wird. Diese als Pasteur-Effekt bezeichnete Hemmung der Gärung wird durch ATP verursacht, das als allosterischer Inhibitor des Glykolyse-Enzyms Phosphofructokinase wirkt.

Der Hefestamm „petite“, dem durch Mutation Enzyme der Atmungskette fehlen, zeigt den Pasteur-Effekt nicht.

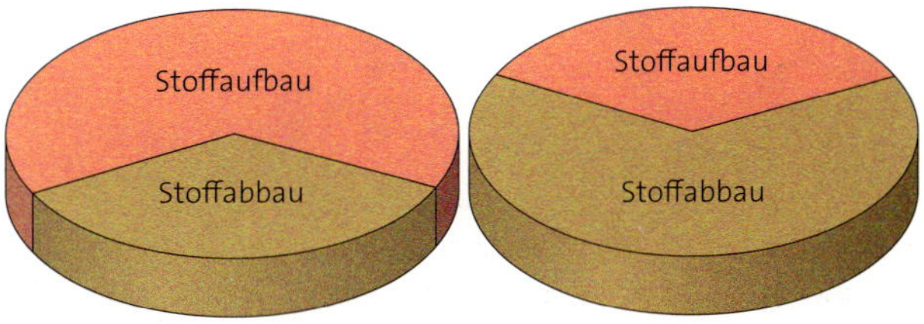

1. Erklären Sie die Bedeutung des Glucoseabbaus für Hefe.
2. Beschreiben Sie die Funktion von ATP im Stoffwechsel.
3. Vergleichen Sie den aeroben und anaeroben Glucoseabbau der Hefe nach den Bedingungen, unter denen er jeweils abläuft, seinen Abschnitten, dem Ort des Geschehens (Zellkompartiment), seinen Endprodukten und der Energiebilanz.
4. Die Kreisdiagramme oben rechts zeigen, wie Hefe die Glucose unter aeroben und anaeroben Bedingungen verwertet. Erläutern Sie den Sachverhalt im Zusammenhang mit PASTEURS Beobachtung. Ziehen Sie auch Ihre Lösung zu Aufgabe 3 heran.
5. Analysieren Sie die Diagramme von Experimenten mit Hefe Mitte und unten rechts. Ordnen Sie die Graphen A und B begründet aeroben und anaeroben Bedingungen zu.
6. Begründen Sie, warum eine hohe, die Gärung hemmende Konzentration von ATP in der Hefezelle nur unter aeroben Bedingungen entsteht.
7. Die Kolonien des Hefestamms „petite“ sind auf Nährböden – bei gleich langer Kulturdauer – viel kleiner als die des Wildstamms (▶ Foto rechts). Entwickeln Sie eine Hypothese über die Ursache dieses Phänomens.
8. Überlegen Sie, wie der Hefestamm „petite“ in der Biotechnologie wohl genutzt wird.

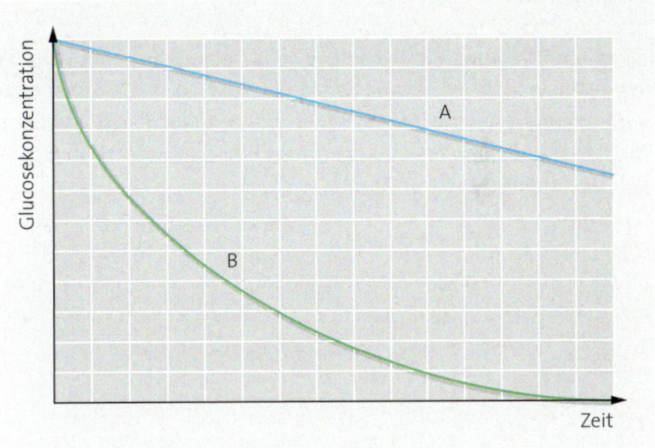

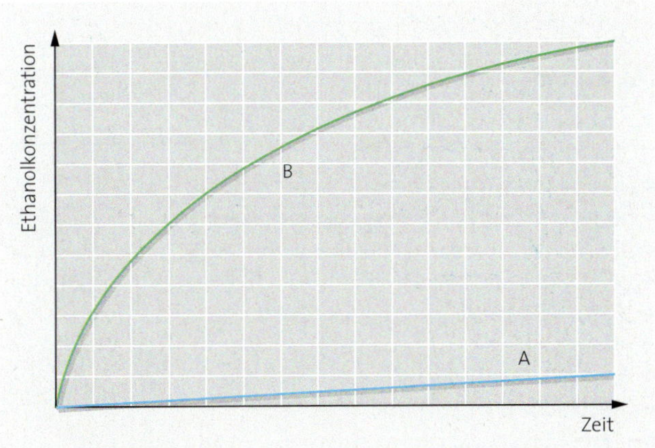

Molekulargenetik

1 Der Priester Laokoon, der die Trojaner davor warnt, das „Trojanische Pferd" in die Stadt zu bringen, stirbt im Kampf mit einer Schlange. Die Figur aus der griechischen Sage inspirierte den Maler Hans Erni zu seinem Gemälde „Laokoon 77".

Vor etwa 50 Jahren entwickelten Wissenschaftler ein Strukturmodell für das Molekül, aus dem die Erbanlagen bestehen: die DNA. Euphorisch wurde eine neue Definition des Menschen gepriesen: „Genotypisch besteht der Mensch aus einer 180 cm langen Folge von Kohlenstoff-, Wasserstoff-, Stickstoff- und Phosphoratomen." Das Wissen über die Struktur der Gene hat unsere Vorstellungen von der lebendigen Materie dramatisch verändert. Unser Umgang mit diesem Wissen wird sich nicht nur auf unsere Lebenswirklichkeit, sondern auch auf diejenige kommender Generationen auswirken.

Im Blickpunkt

- der genetischen Information auf der Spur: Aufbau und Struktur der DNA
- molekulare Architektur von Chromosomen
- Kopiervorgang im Zellkern: Replikation der DNA
- Sequenzanalyse der genetischen Information
- vom Gen zum Merkmal
- Proteinbiosynthese bei Pro- und Eukaryoten
- Genmutationen
- molekulare Ursachen von Erbkrankheiten
- Regulation der Genaktivität
- molekulare Ursachen von Krebs

GRUNDLAGEN Die Genetik hat in kürzester Zeit eine zentrale Bedeutung für die gesamte Biologie erlangt. Ausgehend von den ersten Vererbungsregeln, die der Mönch GREGOR MENDEL in der Mitte des 19. Jahrhunderts anhand von Beobachtungen und Kreuzungsversuchen formulierte, hat sich inzwischen eine moderne Wissenschaftsdisziplin entwickelt. Die „Erbfaktoren", die für MENDEL noch reine Gedankenkonstrukte waren, lassen sich heute in ihrer chemischen Zusammensetzung analysieren. Mit der Aufklärung ihrer Struktur begann Mitte des 20. Jahrhunderts die Ära der Molekulargenetik. Sie untersucht nicht mehr, nach welchen Gesetzmäßigkeiten bestimmte Merkmale in der Generationenfolge auftreten, sondern rückt den stofflichen Träger der genetischen Information ins Zentrum der Forschung: Wie sind Gene molekular aufgebaut? Welche Eigenschaften haben die Moleküle? Wie ist die genetische Information verschlüsselt? Wie wird sie vor der Zellteilung verdoppelt? Wie steuern Gene die Entwicklung von Merkmalen? Wie beeinflussen sich Gene in ihren Funktionen gegenseitig?

Das Wissen über die molekulare Natur und die Funktionsweise der Gene hat praktisch auch in allen anderen Bereichen der Biologie zu neuen Erkenntnissen geführt, insbesondere jedoch in der Zellbiologie, der Entwicklungsbiologie, der Physiologie und der Evolutionsbiologie.

DNA als Träger der Erbinformation

Bereits zu Beginn des 20. Jahrhunderts hatten Biologen erkannt, dass die genetische Information sich im Zellkern auf den *Chromosomen* befindet. Wenig später fanden Chemiker heraus, dass Chromosomen aus zwei Stoffen bestehen: aus *Proteinen* und *Desoxyribonukleinsäure*, abgekürzt *DNA* (A für engl. *acid*: Säure). Da man annahm, dass die genetische Substanz genauso vielfältig sein müsse wie die sichtbaren Merkmale, hielt man zunächst Proteine für die *Träger der Erbinformation*. Deren Aufbau aus 20 verschiedenen Bausteinen, den Aminosäuren, war bereits bekannt, ebenso die Vielfalt, die sich aus der immer wieder variierten Reihenfolge dieser Bausteine ergab (► S. 10). Über DNA wusste man hingegen noch relativ wenig. Der Biochemiker MIESCHER hatte 1869 DNA als phosphorhaltige Säure beschrieben. Sie schien jedoch zu einfach gebaut, um Informationen für die Vielzahl vererbter Merkmale der verschiedenen Organismen zu enthalten. Erst die überraschenden Ergebnisse von Bakterienversuchen veränderten diese Einschätzung.

[Z] **Entdeckung der Transformation.** 1928 beobachtete der britische Mediziner GRIFFITH, dass Bakterien der Gattung Pneumococcus, Erreger einer bei Mäusen tödlich verlaufenden Lungenentzündung, in zwei Stämmen auftreten: Beim sogenannten S-Stamm sind je zwei Zellen von einer Schleimkapsel umgeben (S von engl. *smooth:* glatt, da die Bakterienkolonien mit glatter Oberfläche wachsen). Beim R-Stamm fehlt die Schleimkapsel (R von engl. *rough:* rau), die Kolonien haben eine raue Oberfläche. GRIFFITH stellte fest, dass nur Bakterien des S-Stamms eine Erkrankung auslösen. Als er den Mäusen *durch Hitze abgetötete* S-Pneumokokken injizierte, überlebten die Tiere. Daraufhin mischte er abgetötete S-Pneumokokken mit lebenden R-Pneumokokken. Die Mäuse starben, obwohl beide Bakterienstämme für sich ungefährlich waren. Die krankheitserregende Eigenschaft war auf unbekannte Weise von den abgetöteten S-Pneumokokken auf die harmlosen, aber teilungsfähigen R-Pneumokokken übertragen worden. Diesen Vorgang nennt man *Transformation*. Worauf die Übertragung basiert, blieb zunächst ungeklärt.

[Z] **DNA als transformierendes Prinzip.** Im Jahr 1944 gelang es dem Bakteriologen AVERY, den Stoff zu identifizieren, der die Transformation bewirkte. Er trennte die Molekülsorten aus abgetöteten S-Pneumokokken und setzte die Substanzen – Polysaccharide, Proteine und DNA – jeweils einzeln Kulturen von R-Pneumokokken zu. Unter den Nachkommen dieser R-Pneumokokken erzeugten nur diejenigen Schleimkapseln, die mit DNA vermischt worden waren. Eine Überprüfung ergab, dass die transformierten Pneumokokken jetzt für Mäuse gefährlich waren. AVERY wiederholte den Versuch in gleicher Weise, behandelte aber die S-Pneumokokken-DNA mit einem DNA-zerstörenden Enzym. In diesem Fall kam es nicht zu einer Informationsübertragung. AVERY hatte damit bewiesen, dass die *Information* für die Ausbildung bestimmter Merkmale *in der DNA* der Bakterien enthalten ist und in dieser Form auf andere Zellen übertragen werden kann.

[Z] **Das Hershey-Chase-Experiment.** Obwohl AVERYS Ergebnisse eindeutig waren, wurde nach weiteren Belegen gesucht. HERSHEY und CHASE experimentierten 1952 mit Bakteriophagen. Diese Viren bestehen nur aus DNA und einer Proteinhülle und vermehren sich mithilfe von Bakterien (► S. 29, 84). Das Experiment der beiden Forscher beruhte darauf, dass Proteine – gerade umgekehrt wie DNA – keinen Phosphor, aber Schwefel enthalten. Sie ließen Phagen auf zwei radioaktiv markierten Bakterienkulturen wachsen. Eine Kultur enthielt radioaktiven Phosphor (^{32}P), der nur in die DNA der Phagen eingebaut wurde. Die zweite Kultur wuchs auf radioaktivem Schwefel (^{35}S), sodass nur die Proteinhülle der Phagen markiert war. Mit beiden Phagenkulturen wurde anschließend jeweils eine unmarkierte Bakterienkultur infiziert. Mithilfe eines Mixers wurden die außen noch vorhandenen Phagenreste von den Bakterien getrennt und abzentrifugiert.

---

1 **Erläutern Sie, welchen Effekt GRIFFITH durch das Erhitzen der S-Pneumokokken erzielte.**

2 **Erläutern Sie, weshalb AVERY in der Lage war, die DNA als das transformierende Prinzip zu identifizieren.**

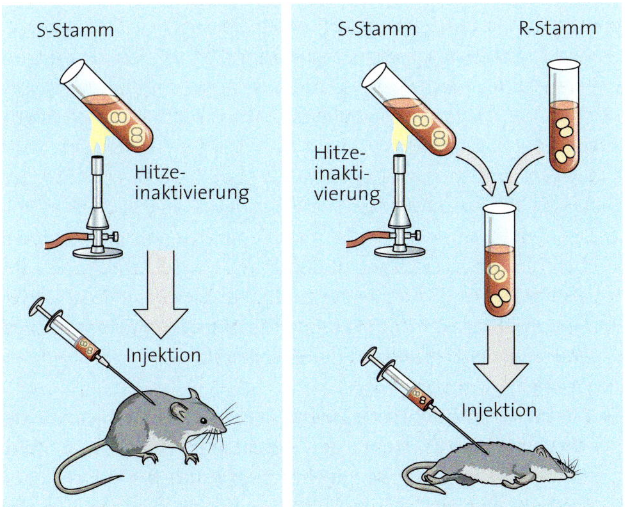

1 Die Transformationsversuche von GRIFFITH 1928

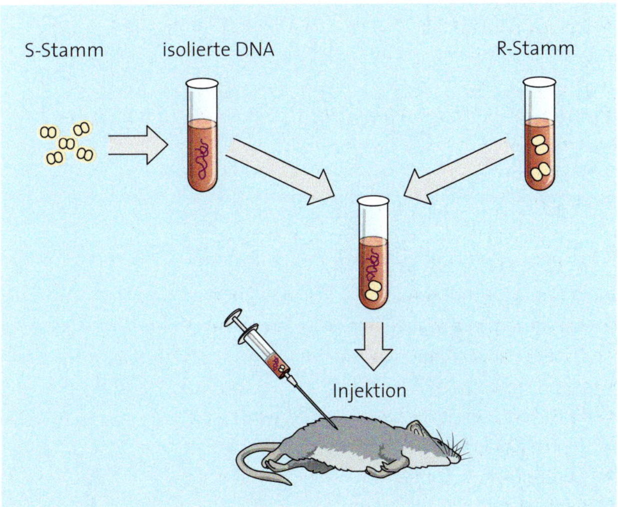

2 Die Transformationsversuche von AVERY 1944

Zusammensetzung der DNA

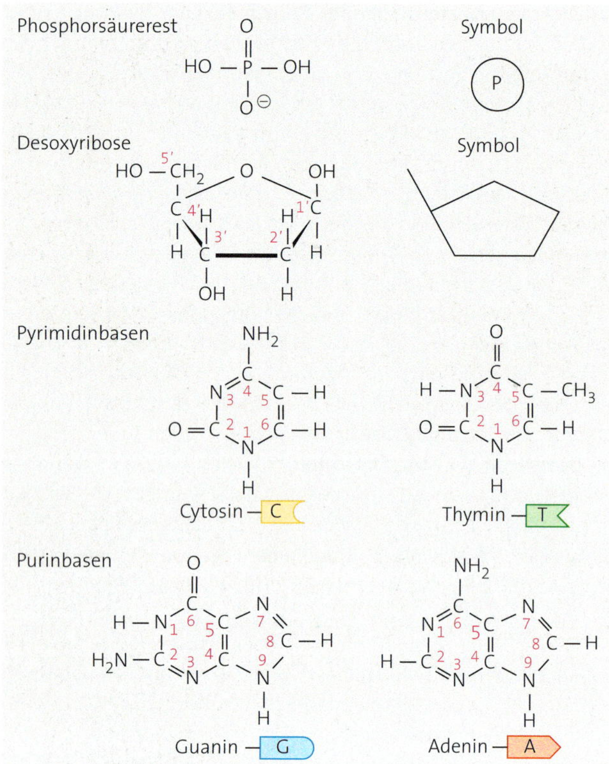

1 *Die Bausteine der DNA*

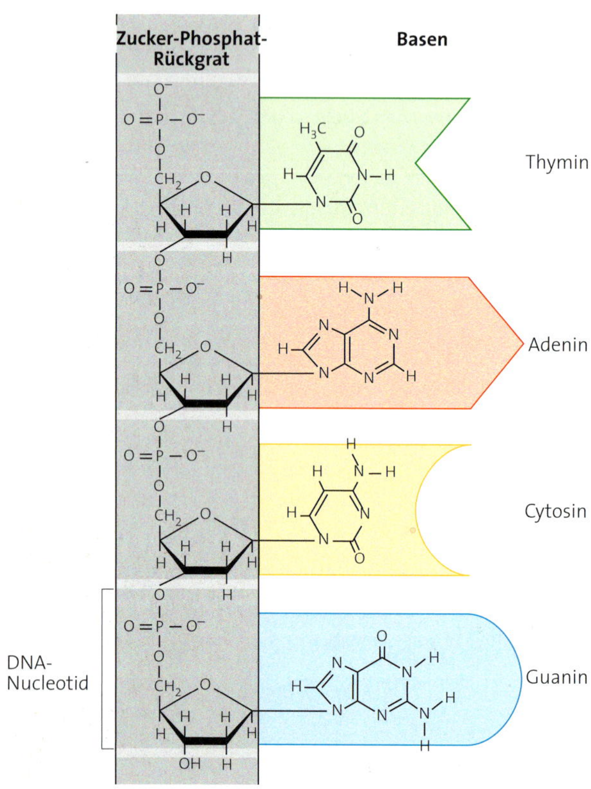

2 *Die molekulare Anordnung der DNA-Nucleotide*

Bausteine der DNA. Die DNA ist ein kettenförmiges, unverzweigtes Makromolekül. Wird sie durch Kochen mit Säure hydrolysiert, finden sich stets die folgenden Bestandteile: der Pentosezucker *Desoxyribose* (► S. 12), *Phosphorsäure* und vier verschiedene organische Basen, die neben Kohlenstoffatomen auch Stickstoffatome enthalten. Es gibt zwei Typen dieser stickstoffhaltigen Basen. Pyrimidine sind durch einen einfachen Ring aus sechs Atomen gekennzeichnet. Zu ihnen zählen *Cytosin* und *Thymin*. *Adenin* und *Guanin* gehören zur Stoffklasse der *Purine*, die aus einem Doppelringsystem bestehen und deren Moleküle daher etwas größer sind. Häufig kürzt man die Basen mit ihren Anfangsbuchstaben A, C, G und T ab.

Anordnung der Bausteine. Wird DNA mithilfe des Enzyms DNAse zerlegt, entstehen Einheiten, die man als *Nucleotide* bezeichnet. Diese *Monomere* sind die Kettenglieder der DNA. Sie bestehen aus je einem Molekül Desoxyribose, einer Phosphatgruppe und einer der vier Basen. Verbindungen aus Desoxyribose und einer der vier Basen nennt man *Nucleoside*.

In einem *DNA-Molekül* sind viele Millionen Nucleotide so aneinandergereiht, dass die Zuckerreste der Nucleoside jeweils über eine Phosphatgruppe miteinander verbunden sind. Auf diese Weise entsteht eine Zucker-Phosphat-Kette, die man als *Rückgrat* des Moleküls bezeichnet. An dieses Rückgrat sind über die Zucker die stickstoffhaltigen Basen angehängt.

Um die Verbindung genauer beschreiben zu können, werden die C-Atome der Pentose-Ringe von 1′ bis 5′ durchnummeriert. (Die hochgestellten Striche an den Ziffern dienen dazu, die C-Atome von denen der Basen zu unterscheiden.) Demnach steht immer das C-5′-Atom eines Desoxyribosemoleküls über eine Phosphatgruppe mit dem C-3′-Atom des nächsten Zuckermolekülrests in Verbindung. Mithilfe dieser Zählung lässt sich auch verdeutlichen, dass die Kette eine *Polarität* aufweist. An seinem sogenannten 5′-Ende trägt das Molekül eine Phosphatgruppe und am 3′-Ende eine OH-Gruppe.

Basenzusammensetzung. Der Biochemiker CHARGAFF untersuchte DNA-Proben *verschiedener* Organismen. Dabei stellte er unter anderem fest, dass sich die jeweiligen Anteile der vier Basen von Art zu Art unterscheiden. Proben, die aus verschiedenen Geweben *desselben* Organismus stammten, hatten jedoch die gleiche Basenzusammensetzung. Anhand seiner Ergebnisse formulierte er die folgenden Regeln, die die Verhältnisse der Basen zueinander beschreiben:

1. Die Gesamtmenge der Purinbasen (A + G) in einer Probe entspricht der Gesamtmenge der Pyrimidinbasen (C + T).
2. Die Menge an Adenin stimmt mit der Menge des Thymins überein. Cytosin ist stets in derselben Menge vorhanden wie Guanin.
3. Das Verhältnis von (A + T) zu (C + G) ist in den DNA-Proben aus verschiedenen Organismen unterschiedlich.

---

1 Die chemische Zusammensetzung von DNA-Proben wird analysiert. Erläutern Sie, welche der folgenden Ergebnisse vermutlich korrekt sind und welche möglicherweise auf einer fehlerhaften Analyse beruhen.

a) A = C; b) A + T = C + G; c) A + G = C + T; d) G = C

Das Watson-Crick-Modell der DNA

Nachdem die DNA als der Träger der genetischen Information akzeptiert war, versuchten mehrere Forschungsteams ihre dreidimensionale Struktur aufzuklären. JAMES WATSON und FRANCIS CRICK, zwei junge, bis dahin recht unbekannte Forscher, veröffentlichten 1953 als Erste ein Strukturmodell, das mit allen bekannten Eigenschaften der DNA in Einklang stand. Dabei gelang es ihnen, die Ergebnisse anderer Forscher richtig miteinander in Verbindung zu bringen.

Doppelhelix. WATSON und CRICK kannten die *Röntgenbeugungsmuster* von DNA. Röntgenstrahlen, die beim Durchdringen kristallisierter DNA gebeugt werden, erzeugen auf einem Röntgenfilm schwarze Flecken. Aus dem Muster kann man auf die räumliche Struktur des untersuchten Moleküls rückschließen. WATSON und CRICK erkannten, dass die DNA eine schraubenförmige oder *helicale* (von griech. *helix:* Wendel) Struktur haben musste. Aus dem Vergleich mehrerer Aufnahmen leiteten sie ab, dass das Molekül aus zwei gleichartigen Strängen besteht. Sie nahmen an, dass zwei DNA-Ketten über die gesamte Länge des Moleküls schraubig umeinandergewunden sind, also eine *Doppelhelix* bilden. Als Durchmesser der Doppelhelix berechneten sie 2 nm. Außerdem trafen sie Aussagen über die Abstände der Basen zueinander und deren Anzahl pro Windung.

Basenpaarung. WATSON und CRICK versuchten anhand von maßstabsgetreuen Molekülmodellen die Daten aus der Röntgenstrukturanalyse mit den Kenntnissen über die chemischen Eigenschaften der DNA zu verbinden. Nach anfänglichen Fehlversuchen ordneten sie die Zucker-Phosphat-Ketten so an, dass die Stickstoffbasen ins Innere der Doppelhelix gerichtet waren. Aus den Arbeiten von CHARGAFF schlossen die Forscher, dass sich von vier Basen stets nur zwei zu Paaren zusammenschließen: *Adenin* mit *Thymin* und *Cytosin* mit *Guanin*. Für diese Annahme sprachen starke Argumente: Zum einen können sich zwischen den Molekülen *Wasserstoffbrückenbindungen* ausbilden. Zum anderen ergab sich der berechnete Durchmesser der Doppelhelix nur, wenn stets eine – kleinere – Pyrimidinbase mit einer – größeren – Purinbase gepaart wurde. Dabei bilden sich zwischen Adenin und Thymin zwei und zwischen Guanin und Cytosin drei Wasserstoffbrückenbindungen aus. WATSON und CRICK bezeichneten die jeweils zueinanderpassenden Basen als *komplementär*.

Konsequenzen des Modells. Da die Basenpaarungen chemisch festgelegt sind, bestimmt die Reihenfolge der Basen in einem Strang, seine *Basensequenz*, eindeutig die Basenabfolge im zweiten Strang. Die beiden DNA-Stränge entsprechen sich also, auch sie sind zueinander komplementär. Dabei zeigen ihre Zucker-Phosphat-Rückgrate eine gegenläufige Orientierung (► Bild 2): Die 5'→3'-Richtung des einen Strangs verläuft entgegengesetzt zu der des anderen Strangs. Die Stränge sind *antiparallel*.

WATSON und CRICK ahnten bereits, dass die spezifische Basenpaarung und die Festlegung der Basensequenz eines Strangs durch den anderen von entscheidender Bedeutung für die genetischen Eigenschaften der DNA sein mussten. Heute weiß man, dass die Basen der Nucleotide die *Buchstaben des genetischen Alphabets* darstellen. Sie *codieren* die Erbinformation durch ihre Reihenfolge.

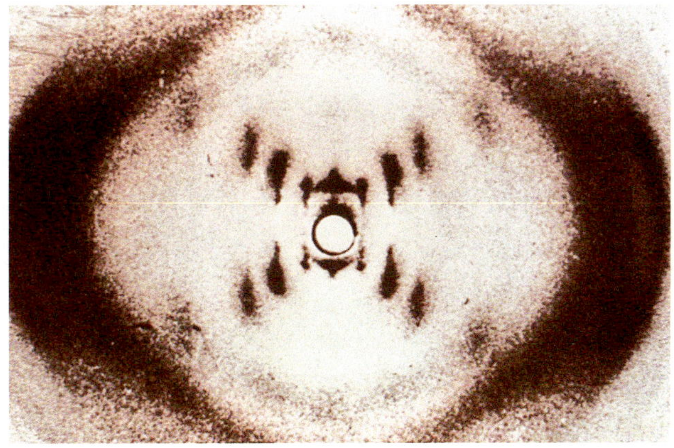

1 *Röntgenbeugungsmuster der DNA*

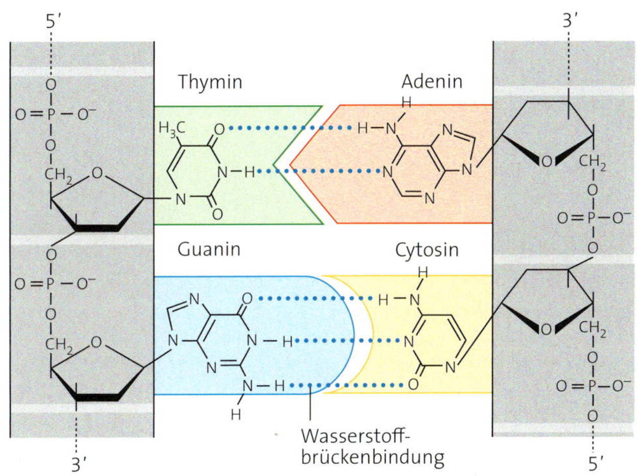

2 *Die komplementären Basenpaarungen der DNA*

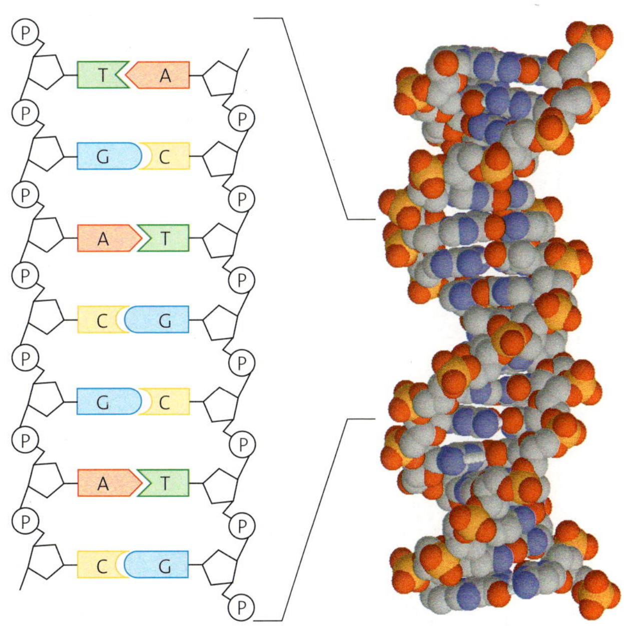

3 *Die Doppelhelix: das Watson-Crick-Modell der DNA*

DNA und Chromosom

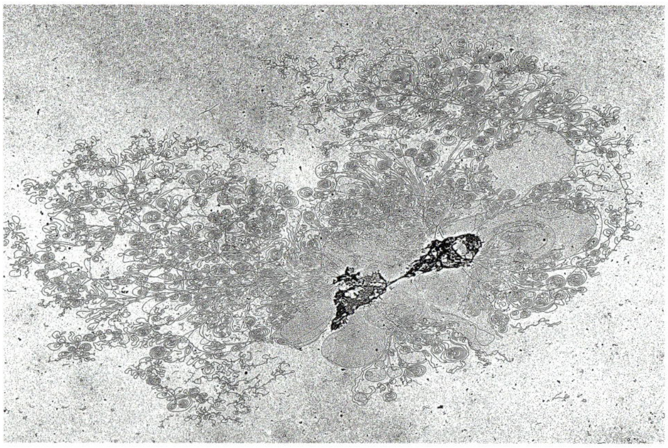

1 *DNA aus einer aufgebrochenen Escherichia-coli-Zelle*

2 *EM-Bild der Perlschnurstruktur der DNA mit Nucleosomen in 325 000-facher Vergrößerung*

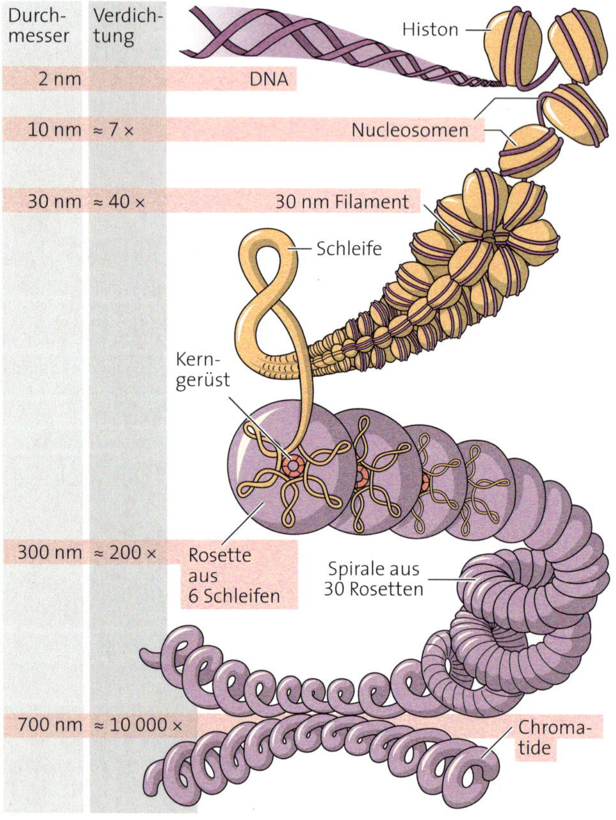

3 *Organisationsebenen des Chromatins*

Die Erbsubstanz eines Bakteriums wie Escherichia coli besteht aus einem einzigen ringförmigen DNA-Molekül mit etwa 5 Millionen Nucleotidpaaren. Die genetische Information des Menschen umfasst etwa 3 Milliarden Nucleotidpaare. Zum Vergleich: Auf eine Seite dieses Buches passen rund 6 000 Buchstaben. Bei einem Umfang von etwa 500 Seiten sind das 3 Millionen Buchstaben. Die Basensequenz der menschlichen DNA würde also 1 000 solcher Bände füllen. Im Zellkern ist diese Informationsmenge auf 46 DNA-Moleküle unterschiedlicher Größe verteilt, die zwischen 50 und 250 Millionen Nucleotidpaare enthalten. Lägen sie in gestreckter Form vor, wären sie zwischen 1,7 cm und 8,5 cm lang. Für alle Chromosomen zusammen ergibt das eine Strecke von über 2 m. Die Frage ist, wie diese 2 m DNA im Innern eines Zellkerns von lediglich etwa 5 µm Durchmesser Platz finden.

Chromatin. Die DNA aller Eukaryoten ist mit einer Vielzahl von Proteinen verbunden. Dieser DNA-Protein-Komplex wird als Chromatin bezeichnet. Das Chromatin kommt während des Zellzyklus in verschiedenen Verpackungszuständen vor, die eng mit der Aktivität des Chromatins zusammenhängen. Die kompakteste Verpackung erfolgt vor der Zellteilung: Die DNA-Moleküle werden in ihrer Transportform als *Chromosomen* sichtbar (► S. 103). Die unterschiedlichen Verpackungszustände der DNA lassen sich auch experimentell erzeugen. Daraus wurde geschlossen, dass es verschiedene Verpackungsstufen gibt, die aufeinander aufbauen.

Ebenen der DNA-Verpackung. Durch Präparation mit einem Streckungsmittel erscheint im elektronenmikroskopischen Bild als Grundelement des Chromatins eine 10 nm dicke Fibrille, die mit perlschnurartig aufgereihten *Nucleosomen* besetzt ist. Nucleosomen bestehen aus DNA und bestimmten Proteinen, den *Histonen*. Die DNA ist in zwei Windungen um einen kugelförmigen Proteinkern aus acht Histon-Untereinheiten gewunden. An der Außenseite dieser „Perle" ist ein weiteres Histonmolekül angeheftet. Durch diese Form der Verpackung wird die DNA um den Faktor 7 verdichtet.

In der Interphase liegt das Chromatin als Filament von etwa 30 nm Durchmesser vor. Dabei ist die Nucleosomenkette in Form eines Hohlzylinders so aufgewickelt, dass immer sechs Nucleosomen in einer Ebene liegen. Dies sorgt für eine etwa 40-fache Verdichtung des Chromatins.

Vor Zellteilungen kondensieren die Chromatinfilamente zu wesentlich kompakteren Strukturen, indem sie sich an bestimmten Stellen an ein Gerüst aus Nicht-Histon-Proteinen im Zellkern anheften und Schleifen bilden. Durch weiteres Verdrillen und Auffalten wird schließlich die Chromatidstruktur eines Metaphase-Chromosoms erreicht. In diesem Zustand hat ein Chromatin-Faden einen Durchmesser von etwa 700 nm. Seine Länge ist von durchschnittlich 5 cm auf nur noch 50 µm geschrumpft. Das entspricht einer Verdichtung um das 10 000-Fache.

---

1 Die DNA liegt im Zellkern in unterschiedlichen Verpackungszuständen vor. Nennen Sie die verschiedenen Strukturebenen und erklären Sie, wie sie zustande kommen.

2 Im Zellzyklus (► S. 103) wechselt die DNA zwischen verschiedenen Verpackungszuständen. Begründen Sie diese Notwendigkeit.

MATERIAL · METHODE · PRAXIS

DNA sichtbar machen

Um die chemische Zusammensetzung von DNA zu analysieren, muss man sie aus Zellen extrahieren. Am besten eignen sich dafür Küchenzwiebeln. Sie sind leicht zu beschaffen und können mit haushaltsüblichen Reagenzien aufbereitet werden. Auch Bäckerhefe und Kalbsbries sind geeignete Objekte für die DNA-Extraktion.

Um Informationen darüber zu gewinnen, in welcher Struktur DNA in der Zelle vorliegt, kann man sie in elektronenmikroskopischen Präparaten sichtbar machen. Durch herkömmliche Präparationsmethoden – wie die Kontrastierung mit Uranylacetat – werden nur relativ grobe Strukturen erkennbar. Eine andere Möglichkeit der Sichtbarmachung bietet die *Autoradiographie*: Dabei belichtet die radioaktiv markierte DNA einen Film. Mit dieser Methode lässt sich der Weg einzelner Moleküle durch die Zelle verfolgen. So konnte der Verlauf der DNA-Replikation sichtbar gemacht werden (► Bild unten rechts, ► S. 80). Auch bei der Aufklärung komplexer Stoffwechselwege wie Glucoseabbau und Calvinzyklus war Autoradiographie hilfreich. Schließlich lassen sich radioaktiv markierte Nucleinsäure-Abschnitte als Sonden einsetzen, um bekannte komplementäre DNA-Sequenzen in einem Gewebeschnitt oder einer DNA-Probe aufzuspüren.

DNA-Extraktion aus Zwiebeln

MATERIAL: 5 ml Spülmittel, ½ TL Kochsalz, 50 ml Wasser, mittelgroße Zwiebel, Becherglas, Wasserbad (ersatzweise Heizplatte und Kochtopf), Mörser, Trichter, Kaffeefilter oder Papiertuch, Feinwaschmittel, gekühltes Ethanol 98 % *(F)*, Glasstab

DURCHFÜHRUNG: Mischen Sie Wasser, Spülmittel und Salz in einem Becherglas. Schneiden Sie die Zwiebel sehr klein und geben Sie die Zwiebelstücke in die Lösung.

Stellen Sie das Becherglas für 15 min in ein 60 °C warmes Wasserbad. Kühlen Sie es anschließend einige Minuten in kaltem Wasser. Zerquetschen Sie nun die Zwiebelstücke in einem Mörser, bis ein körniges Mus entsteht. Reiben Sie nicht zu stark, sonst wird zu viel DNA zerrissen. Geben Sie die Mischung in einen Trichter mit Filterpapier. Fügen Sie dann zu etwa 3 ml des Filtrats einige Körnchen Feinwaschmittel hinzu. Mischen Sie den Ansatz gut und überschichten Sie ihn vorsichtig mit kaltem Ethanol. Beobachten Sie nun, wie die DNA schlierenartig aus der Alkohollösung ausfällt. Sie können sie mit einem Stab entnehmen.

Autoradiographie

Zur Markierung der DNA werden β-Strahler mit niedriger Energieabgabe verwendet wie Tritium (^{3}H) oder das Kohlenstoffisotop ^{14}C. Mit diesen radioaktiven Isotopen werden DNA-Nucleotide markiert und dann einer teilungsaktiven Zelle angeboten. Die Zelle baut bei jeder DNA-Verdopplung radioaktive Nucleotide in die neu gebildete DNA ein, die dadurch ebenfalls radioaktiv wird.

Als Nächstes wird ein elektronenmikroskopisches Präparat hergestellt, mit einem strahlungsempfindlichen Film – meist einer flüssigen fotografischen Emulsion – überzogen und für einige Tage oder Wochen abgedunkelt. In dieser Zeit zerfallen die radioaktiven Isotope unter Energieabgabe und belichten so den Film. Nach der Entwicklung sind die bestrahlten Stellen schwarz verfärbt. Die dabei erreichte Auflösung hängt davon ab, welche Isotope man verwendet. Die beste Auflösung lässt sich mit ^{3}H-markierten Verbindungen erreichen.

❶ Recherchieren Sie, welchen Einfluss bei der DNA-Extraktion die Zugabe von Kochsalz (NaCl) auf die Löslichkeit der DNA hat. Nennen Sie den Prozess, der durch das 60 °C warme Wasserbad beschleunigt wird?

❷ Begründen Sie, weshalb man bei der Autoradiographie radioaktive Strahlung mit niedrigem Energiegehalt einsetzt.

Stichworte zu weiteren Informationen

Gensonde • Gendiagnostik • Gelelektrophorese • β-Strahler • Präzisionsdistanzmikroskopie.

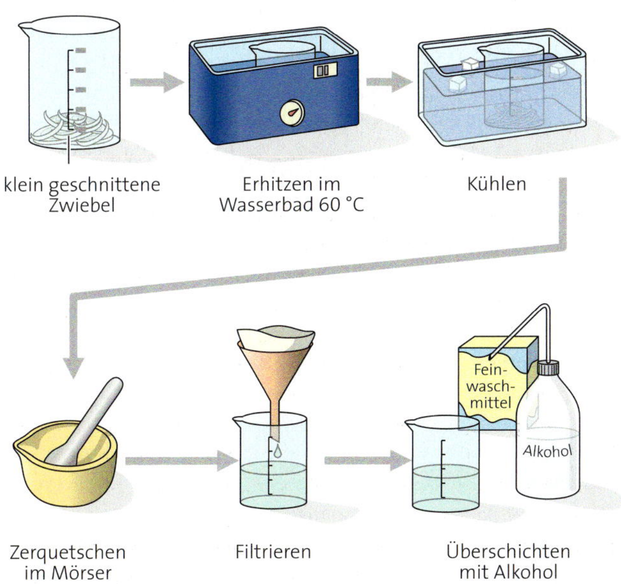

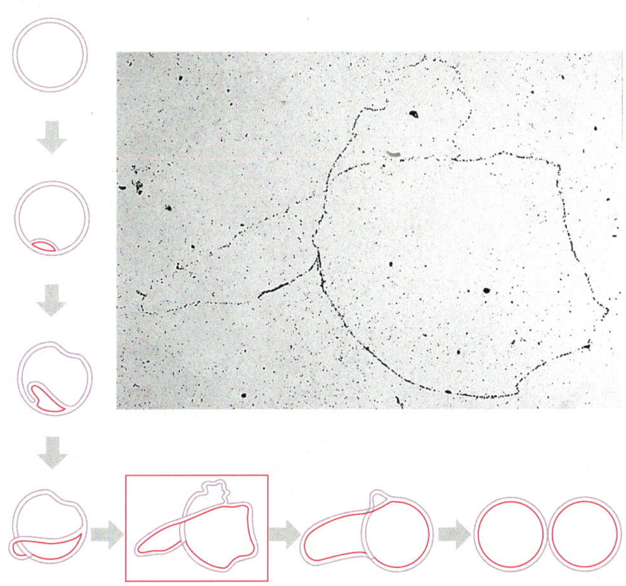

Replikation der DNA

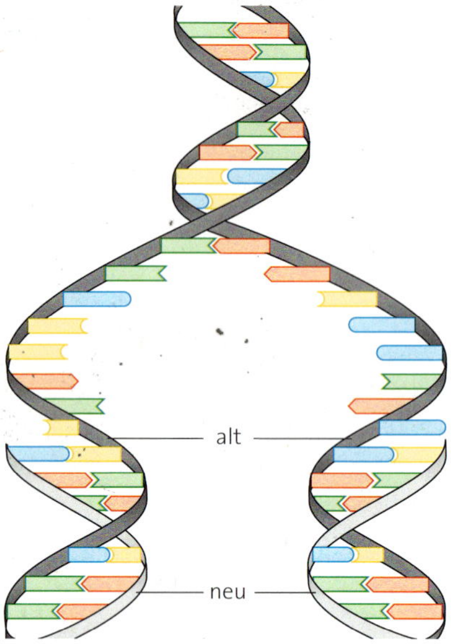

1 Das Grundprinzip der DNA-Replikation

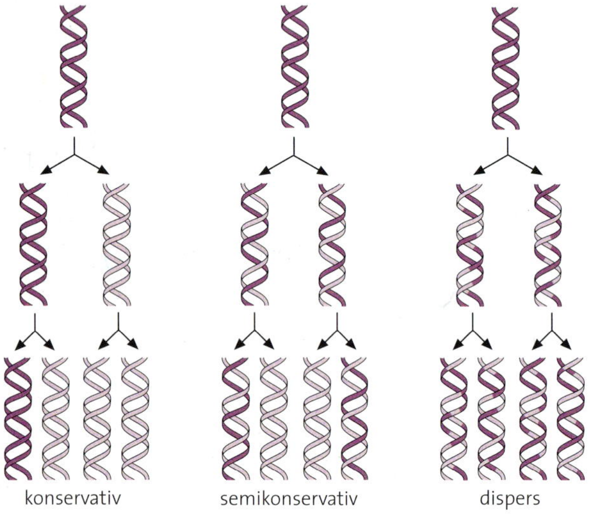

2 Modelle der DNA-Replikation

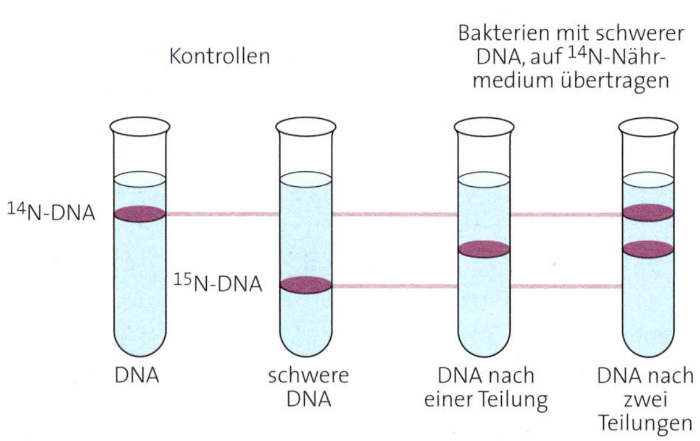

3 Das Ergebnis des Meselson-Stahl-Experiments

Bei der Zellteilung wird die gesamte Erbinformation einer Zelle an die nächste Zellgeneration weitergegeben. Damit dabei keine Information verloren geht, wird die Erbsubstanz vorher – ähnlich wie bei einem Kopiervorgang – verdoppelt. Den Prozess bezeichnet man als *identische Verdopplung* oder *Replikation* der Erbinformation.

Das Grundprinzip der Replikation. Die Vervielfältigung der DNA beruht auf dem Prinzip der *komplementären Basenpaarung*. Das hatten WATSON und CRICK bereits 1953 erkannt, als sie ihr DNA-Modell veröffentlichten. Da sich Adenin immer nur mit Thymin und Cytosin mit Guanin verbindet, kann ein DNA-Einzelstrang als *Matrize* für die Bildung des komplementären Strangs dienen. Die beiden komplementären DNA-Stränge trennen sich voneinander, vergleichbar mit dem Öffnen eines Reißverschlusses. An die nun freiliegenden Basen jedes Einzelstrangs lagern sich jeweils Nucleotide (genauer: Nucleosidtriphosphate, ► S. 81) mit komplementären Basen an. Sie werden miteinander zu Ketten verknüpft. Dadurch entstehen zwei Doppelstränge, deren Basensequenzen *völlig identisch* sind.

Replikationsmodelle. Da die beiden Doppelstränge aus je einem alten und einem neuen Einzelstrang bestehen, wird dieser Replikationsmechanismus als *semikonservativ* bezeichnet. Er entspricht der Modellvorstellung, die WATSON und CRICK entwickelt hatten. Bis allerdings 1957 der Beweis dafür gelang, wurden zwei weitere Modelle diskutiert (► Bild 2). Man könnte sich ebenso eine *konservative* Replikation vorstellen, bei der das ursprüngliche DNA-Molekül komplett erhalten bleibt. Das Tochtermolekül bestünde dann aus zwei neu gebildeten Strängen. Eine weitere Denkmöglichkeit wäre, dass jeder Strang der beiden neuen Doppelhelices eine Mischung aus alter und neu synthetisierter DNA enthält. In diesem Fall müsste man eine *disperse* Replikation annehmen, bei der die beiden ursprünglichen DNA-Stränge in Bruchstücke zerfallen und nach der Replikation wieder verbunden werden.

Das Meselson-Stahl-Experiment. MESELSON und STAHL ließen E.-coli-Bakterien auf einem Nährboden wachsen, der anstelle von gewöhnlichem Stickstoff (^{14}N) das Isotop ^{15}N enthielt. Die Bakterien bildeten aus diesem schweren Stickstoff ^{15}N-haltige Nucleotidbasen, die bei jeder Replikation in die DNA eingebaut wurden. Auf diese Weise entstanden Bakterien mit schwerer DNA. Danach übertrugen die Forscher die Bakterien auf normales Nährmedium mit ^{14}N. Nach jeder Zellteilung extrahierten sie aus einem Teil der Bakterien die DNA und untersuchten sie mithilfe der *Dichtegradientenzentrifugation* (► S. 26). Mit dieser Methode lassen sich die verschieden schweren DNA-Sorten unterscheiden. Moleküle derselben, also gleich schweren Sorte lagern sich in derselben Höhe ab und sind als Banden sichtbar.

Enzyme der Replikation. Die Replikation der DNA ist ein kontrollierter Vorgang, der, wie jeder andere Stoffwechselprozess auch, mithilfe von *Enzymen* gesteuert wird (► S. 33). Dabei unterliegt jeder Teilschritt des Prozesses einer enzymatischen Kontrolle. Zunächst werden die beiden Stränge der Doppelhelix durch das Enzym *Helicase* entwunden und auseinandergeschoben. Dabei entsteht eine Y-förmige Struktur, die man als *Replikationsgabel* bezeichnet. An die freien Einzelstränge lagern sich spontan energiereiche Nucleosidtriphosphate (ATP, CTP, GTP, TTP) an. Bei deren Verkettung durch eine *DNA-Polymerase* werden immer zwei Phosphatreste abgespalten, was die Energie für diese Reaktion liefert. Letztlich werden so Nucleosidmonophosphate, also Nucleotide, miteinander verkettet.

[Z] Molekulare Details der Replikation. Alle bisher bekannten DNA-Polymerasen verbinden ein Nucleotid immer über dessen Phosphatgruppe mit der OH-Gruppe des 3'-C-Atoms der Desoxyribose. Das bedeutet, dass DNA stets in 5'→3'-Richtung synthetisiert wird. Das hat für die DNA-Replikation zwei Konsequenzen:

Zum einen benötigt die DNA-Polymerase zu Beginn der Replikation ein *Startermolekül* mit einer freien OH-Gruppe, über die das erste Nucleotid gebunden werden kann. Diese Funktion erfüllen kurze *Primer* aus RNA, die vom Enzym *Primase* an beiden Strängen der Replikationsgabel angebracht werden.

Zum anderen ergibt sich daraus, dass der Kopiervorgang nur an einem der beiden Stränge kontinuierlich ablaufen kann. Dort heftet die DNA-Polymerase die Nucleotide jeweils an das 3'-Ende des wachsenden Strangs an, also in derselben Richtung, mit der sich die Replikationsgabel über die DNA-Matrize bewegt. Dieser Strang wird deshalb als *kontinuierlicher Strang* bezeichnet. Am komplementären Strang arbeitet die DNA-Polymerase hingegen in die andere Richtung, also entgegengesetzt der Bewegungsrichtung der Replikationsgabel. Dabei entstehen in 5'→3'-Richtung zunächst DNA-Stücke von 100 bis 200 Nucleotiden Länge. Die Fragmente werden anschließend – in 3'→5'-Richtung – durch das Enzym *DNA-Ligase* miteinander verknüpft. Da an diesem Gabelast das Wachstum nicht durchgehend erfolgt, bezeichnet man ihn als *diskontinuierlichen Strang*.

Eigenschaften des Replikationsvorgangs. Die Replikation eines DNA-Moleküls beginnt an spezifischen Stellen, den *Replikationsursprüngen*. Bakterielle Chromosomen enthalten nur einen Replikationsursprung. Bei Eukaryoten weist ein DNA-Molekül Hunderte solcher Startpunkte auf.

Die *Geschwindigkeit* der Replikation beträgt beim Menschen etwa 50 Nucleotide pro Sekunde, bei Bakterien sogar 500 Nucleotide pro Sekunde. E. coli kann seine DNA, die 5 Millionen Nucleotidpaare umfasst, in einer Stunde verdoppeln.

Ebenso beeindruckend wie die Geschwindigkeit ist die *Präzision*, mit der die Verdopplung der DNA erfolgt. Statistisch unterläuft einer DNA-Polymerase beim Anfügen von 10^6 bis 10^8 Nucleotiden nur ein Fehler. Diese Kopiergenauigkeit ist die Voraussetzung dafür, dass die genetische Information eines Organismus weitgehend unverändert erhalten bleibt. Wenn bei der Replikation eine chemisch ähnliche oder eine nicht komplementäre Base in den DNA-Folgestrang eingebaut wird, kann eine *Punktmutation* entstehen (► S. 92).

Korrektur von Replikationsfehlern. Enzymatische Prozesse sorgen während und nach der Replikation dafür, dass Fehlpaarungen in der fertigen DNA nur mit einer *Häufigkeit von 1 : 10 000 000* auftreten. Die *DNA-Polymerase* arbeitet sehr präzise. Während der Polymerisation der Nucleotidkette überprüft sie, ob sich zwischen dem angelagerten Nucleotid und der Base des Matrizenstrangs Wasserstoffbrücken ausbilden. In der Regel werden nur komplementäre Basen eingebaut.

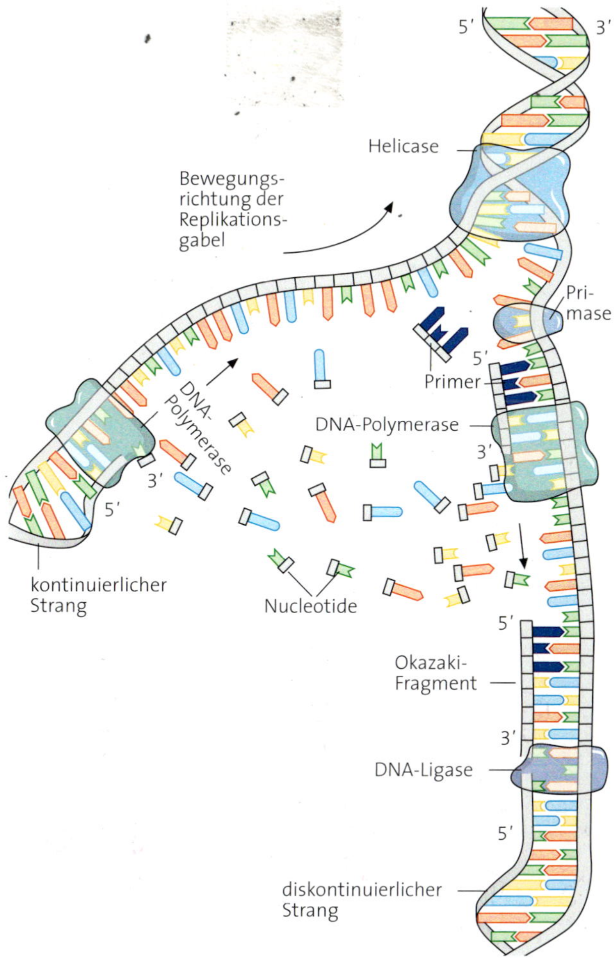

1 Ablauf der Replikation

Gleichzeitig erfüllt die DNA-Polymerase eine Art Korrekturlesefunktion. Wird dennoch ein falsches Nucleotid eingebaut, so behindert dies das Weitergleiten des Moleküls zur nächsten Bindungsstelle. In diesem Fall kann die DNA-Polymerase auch als *Exonuclease* fungieren: Sie trennt das fehlgepaarte Nucleotid vom wachsenden Ende der DNA-Kette ab und die richtige Base kann sich anlagern.

Fehler in der DNA können jedoch auch im Nachhinein entstehen, zum Beispiel durch Umwelteinflüsse wie Chemikalien, UV-Licht oder radioaktive Strahlung. Die Zelle verfügt über ein System verschiedener Reparaturenzyme, um solche DNA-Schäden in den meisten Fällen auszugleichen.

---

1 Erläutern Sie, welche DNA-Sorten nach den ersten beiden Teilungen im Meselson-Stahl-Experiment vorliegen. Welche Banden und DNA-Sorten erwarten Sie nach der dritten Teilung der Bakterien? Begründen Sie, weshalb das Ergebnis der Hypothese widerspricht, der Replikation könnte ein konservativer Mechanismus zugrunde liegen.

2 Nicht alle Fehlpaarungen bei der Replikation der DNA werden korrigiert. Diskutieren Sie die biologische Bedeutung.

→ Fragen zu Mutationshäufigkeit bei

Analyse der DNA

Die Ermittlung der Nucleotidsequenz von DNA gehört zu den wichtigsten Zielen moderner Genforschung. Je nach Anwendung werden dabei kurze DNA-Abschnitte, Gene oder ganze Genome untersucht. Fast alle gentechnischen Verfahren beruhen auf der Kenntnis der Nucleotidsequenz von Organismen (► S. 126). In der Medizin dienen diese Analysen zum Beispiel der Diagnose von Krankheiten und der Identifizierung von Krankheitserregern. Darüber hinaus ermöglicht die DNA-Analyse, die Täterschaft verdächtiger Personen festzustellen (genetischer Fingerabdruck ► S. 136). Sie wird jedoch auch in der biologischen und paläontologischen Forschung benutzt, um Verwandtschaftsverhältnisse zwischen Organismengruppen und den Verlauf evolutionärer Prozesse zu rekonstruieren.

Für die Sequenzanalyse reicht ein einziges DNA-Molekül nicht aus, es werden Tausende von Kopien benötigt. Im Prinzip lassen sich DNA-Moleküle beliebiger Herkunft durch Genklonierung in Bakterien vervielfältigen (► S. 130). Das Verfahren ist aber verhältnismäßig aufwendig und langwierig. Mithilfe der *Polymerase-Kettenreaktion* ist es möglich, DNA-Sequenzen in kurzer Zeit *millionenfach* zu kopieren. Für die Analyse wird die DNA zunächst enzymatisch in geeignete Bruchstücke zerlegt (► S. 131). Die unterschiedlich langen Bruchstücke lassen sich durch *Gelelektrophorese* auftrennen und sortieren. Die Nucleotidsequenzen dieser Teilstücke können anschließend bestimmt werden.

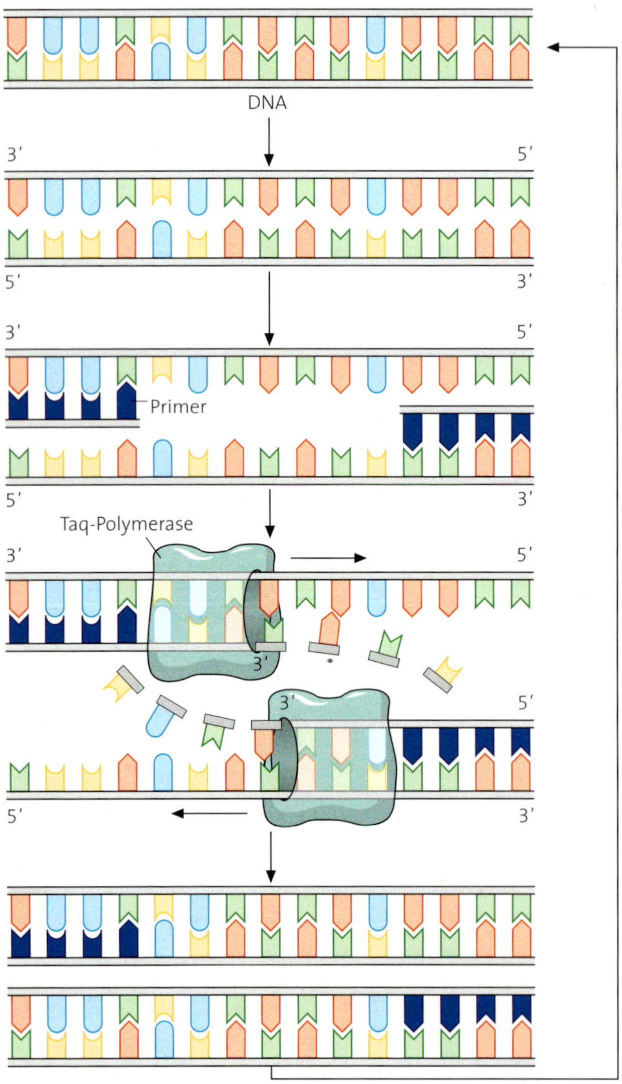

Polymerase-Kettenreaktion (PCR)

Die Vorgänge bei der Vervielfältigung einer DNA durch die Polymerase-Kettenreaktion (PCR für engl. *polymerase chain reaction*) sind der natürlichen Replikation sehr ähnlich. Die Reaktion läuft in Zyklen aus drei Schritten ab, die mehrfach wiederholt werden: Denaturierung, Hybridisierung, Polymerisation. Dadurch wird die Ausgangsmenge an DNA exponentiell vervielfältigt. Bei der PCR werden künstlich hergestellte Primer aus 15 bis 30 Nucleotiden verwendet, die zu den Enden des zu vervielfältigenden DNA-Abschnitts komplementär sind. Dessen Sequenz muss daher bereits bekannt sein. Um die Replikation an beiden Strängen gleichzeitig zu starten, setzt man ein gegenläufig orientiertes Primerpaar ein.

Denaturierung der DNA. Durch Erhitzen auf Temperaturen von etwa 90 bis 100 °C wird die Matrizen-DNA „geschmolzen", das heißt, die Wasserstoffbrückenbindungen lösen sich und es entstehen DNA-Einzelstränge.

Hybridisierung. Beim Abkühlen des Reaktionsgemischs auf etwa 50 °C binden die synthetischen Primer an die komplementären Sequenzen der Matrizen-DNA.

Polymerisation. Vom 3'-Ende der Primer ausgehend wird zu jeder Matrizen-DNA durch DNA-Polymerase der Komplementärstrang synthetisiert. Dabei wird vor allem die hitzestabile *Taq-Polymerase* verwendet, die ein ungewöhnliches Temperaturoptimum von 72 °C besitzt. Dieses Enzym wurde aus dem thermophilen Archaebakterium *Thermus aquaticus* isoliert, das in heißen Quellen lebt. In der Regel reichen 20–30 PCR-Zyklen aus, um eine für die weitere Analyse ausreichende DNA-Menge zu gewinnen.

Für die PCR werden *Thermocycler* verwendet. Diese Geräte steuern die Versuchsbedingungen automatisch, wobei die jeweilige Temperatur, die Zeit pro Reaktionsschritt und die Anzahl der Zyklen programmierbar sind.

Gelelektrophorese

Die *Gelelektrophorese* ist ein Verfahren zur Auftrennung von Makromolekülen wie Proteinen und Nucleinsäuren und deren Bruchstücken. Es beruht darauf, dass Moleküle entsprechend ihrer Größe und ihrer Ladung in einem elektrischen Feld gerichtet und unterschiedlich schnell wandern. Als Medium dient hierbei ein Gel aus einer polymerisierbaren Substanz, zum Beispiel dem Polysaccharid Agarose. In der Elektrophoresekammer taucht das Gel an beiden Enden in eine Pufferlösung ein, an die über Elektroden eine elektrische Spannung angelegt wird. Das Gel wirkt wie ein Molekularsieb, in dem große Moleküle mit geringer Ladung langsam, kleinere Moleküle mit höherer Ladung hingegen schnell wandern. Das Gemisch trennt sich dadurch in Banden auf, die durch Färbung oder Markierungsverfahren sichtbar gemacht werden können.

Analyse von DNA mithilfe von Sequenzierung

Es gibt verschiedene Methoden, um die Nucleotidabfolge eines DNA-Moleküls zu bestimmen. Das hier vorgestellte Verfahren von SANGER beruht darauf, dass die Replikation von DNA mithilfe von künstlich modifizierten Nucleotiden (beziehungsweise Nucleosidtriphosphaten) basenspezifisch abgebrochen wird. Dadurch entstehen DNA-Teilstränge von unterschiedlicher Länge. Aus deren Auftrennung durch Gelelektrophorese lässt sich anschließend auf die Basensequenz der DNA-Matrize rückschließen. Die abgewandelten (Di-desoxy-)Nucleotide tragen am 3'-Kohlenstoffatom keine OH-Gruppe (► S. 76). Werden diese Nucleotide in die DNA-Kette eingebaut, so verhindert dies das Anfügen des nächsten Nucleotids, und die DNA-Synthese bricht in Folge dessen ab.

Zunächst wird die DNA durch Denaturierung in Einzelstränge gespalten, die man dann mit radioaktiv markierten Primern hybridisiert. Die Probe wird auf vier Reagenzgläser verteilt. Jeder Ansatz enthält die vier DNA-Nucleosidtriphosphate und eine geringe Menge je eines der modifizierten Nucleosidtriphosphate. DNA-Polymerasen katalysieren in 5'→3'-Richtung die Synthese der komplementären Stränge. Intakte und modifizierte Nucleosidtriphosphate werden zufällig eingebaut, sodass die Replikation entweder durchläuft oder an einer bestimmten Stelle der Sequenz abbricht. In jedem Ansatz bilden sich also unterschiedlich lange DNA-Stränge.

Die DNA-Stränge aus den vier Ansätzen werden durch parallele Gelelektrophorese aufgetrennt. Da die Primer radioaktiv markiert sind, lassen sich die Banden durch Autoradiographie leicht sichtbar machen (► S. 79). Aus dem Vergleich der vier Bandenreihen kann man die Basensequenz direkt ablesen. Sie ist komplementär zur Sequenz der DNA-Matrize.

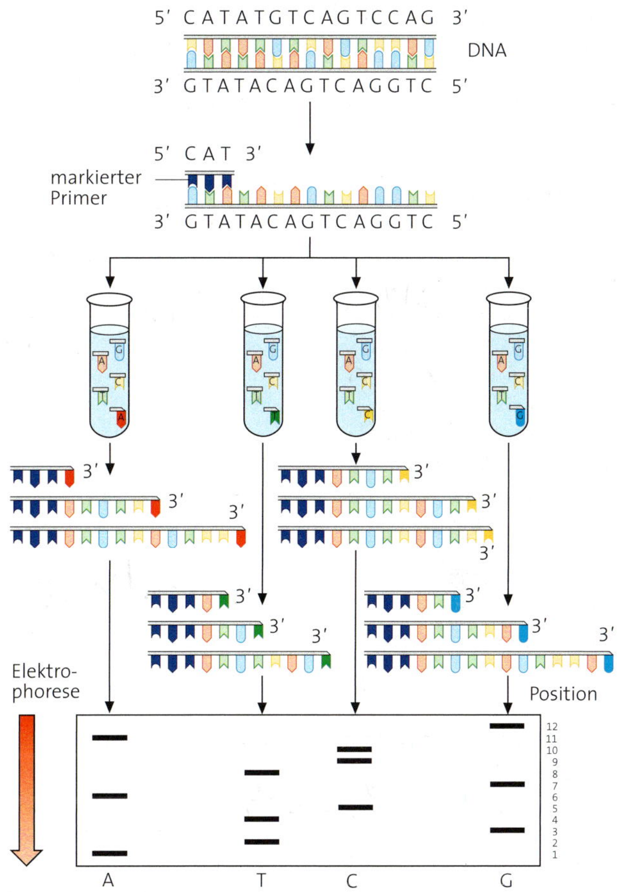

Modellversuch zur Sequenzanalyse von DNA

MATERIAL: Perlen in vier verschiedenen Farben, Schnüre

DURCHFÜHRUNG: Die vier verschiedenfarbigen Perlen symbolisieren die vier Nucleotidbausteine der DNA. Fertigen Sie 40 identische Perlenketten mit einer bestimmten Reihenfolge aus 13 Perlen. Die identischen Ketten entsprechen Kopien einer bestimmten DNA-Sequenz. Jede Perle sollte mit einem Knoten fixiert werden. Markieren Sie jeweils den Anfang der Kette. Reihen Sie nun je 10 Ketten zu einem Perlenvorhang auf. Schneiden Sie in jedem der vier Vorhänge die Perlenketten jeweils einmal hinter einer Perle mit einer bestimmten Farbe durch. Wählen Sie dabei für jeden Vorhang eine andere Perlenfarbe (► Bild rechts). Mischen Sie alle Kettenstücke und ordnen Sie sie anschließend der Länge nach. Rekonstruieren Sie die ursprüngliche Reihenfolge der Perlen in den Ketten.

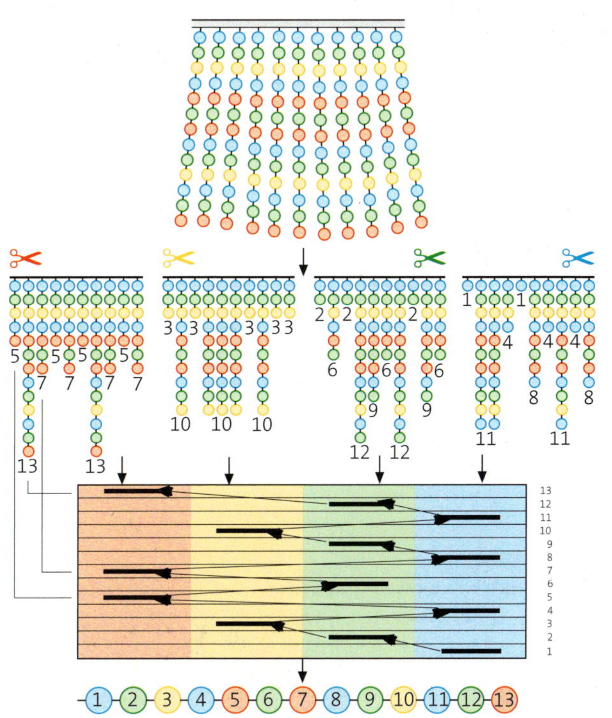

1. **Berechnen Sie die DNA-Menge nach 30 PCR-Zyklen.**
2. **Wie würde sich die Verwendung einer normalen DNA-Polymerase im PCR-Verfahren auswirken? Erläutern Sie.**
3. **Erschließen Sie aus dem Autoradiogramm im Bild oben die Basensequenz der DNA-Probe.**

Stichworte zu weiteren Informationen

Humangenomprojekt • Gensonden • DNA-Fingerprinting

[Z] Bakterien und Viren in der molekulargenetischen Forschung

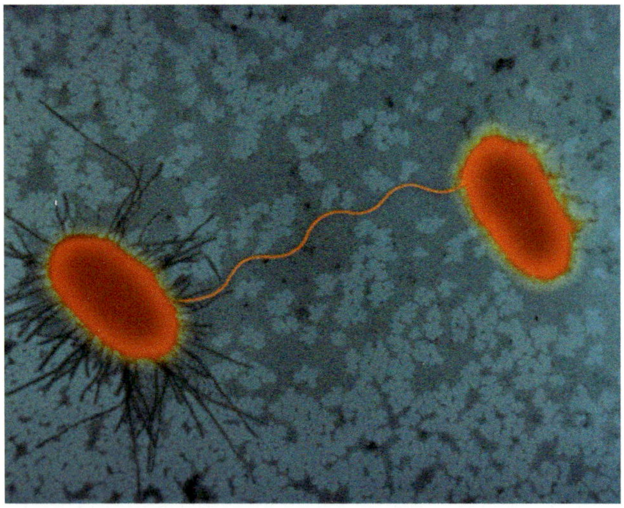

1 *Ein Bakterium heftet sich am Konjugationspartner fest.*

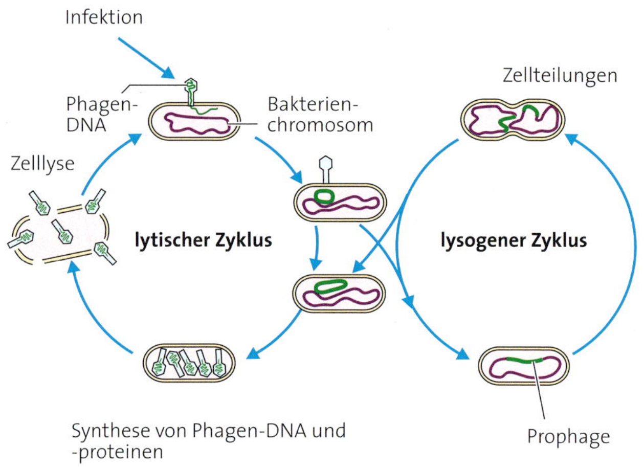

2 *Lytischer und lysogener Phagenzyklus*

Die wichtigsten Erkenntnisse der Molekularbiologie wurden an *Bakterien* und *Viren* gewonnen (► S. 28, 29). Diese einfachen biologischen Systeme eignen sich in besonderer Weise als *Modellorganismen*, an denen sich grundlegende molekulare Mechanismen gut untersuchen lassen.

Konjugation und Rekombination bei Bakterien. Bakterien vermehren sich durch *Zweiteilung*. Dabei entstehen genetisch identische Individuen. Unter bestimmten Bedingungen kommt es – unabhängig von Vermehrungsvorgängen – zu DNA-Übertragung zwischen Bakterien derselben oder auch verschiedener Arten. Dabei fungiert eine Zelle als Spender, die andere als Empfänger. Die Spenderzelle heftet sich mit Proteinfäden, den *Sexpili*, am Konjugationspartner fest. Dann bilden die beiden Zellen eine Plasmabrücke aus, über die DNA von der F^+-Zelle zur F^--Zelle gelangt. Den Vorgang bezeichnet man als *Konjugation*.

F^+-Zellen verfügen über ein *F-Plasmid* (F steht für Fruchtbarkeit). Auf diesem extrachromosomalen DNA-Ring liegen Gene, die der Zelle ermöglichen, Sexpili zu bilden, F^--Zellen zu erkennen und eine Plasmabrücke herzustellen. Bei der Konjugation wird das vorher replizierte F-Plasmid an die F^--Zelle übertragen, die dadurch zur F^+-Zelle wird. Bei *Hfr-Zellen* (von engl. *high frequency of recombination*) ist das F-Plasmid in das Chromosom integriert. Bei einer Konjugation werden nicht nur die Fertilitätsgene repliziert und in die Empfängerzelle eingeschleust, sondern auch chromosomale DNA. Da die Zellverbindung bei zufälligen Bewegungen der Konjugationspartner leicht abbricht, gelangen meist nur Teile des Spendergenoms in die Empfängerzelle. Wenn die übertragene DNA gegen die entsprechenden Bereiche des Empfängerchromosoms ausgetauscht wird, tragen die Nachkommen der Empfängerzelle Gene aus zwei unterschiedlichen Zellen. Man spricht von *Rekombination*.

Vermehrung von Bakteriophagen. Bakteriophagen bestehen aus einer kompliziert gebauten Eiweißhülle und einem aufgewickelten Nucleinsäurefaden aus DNA (► S. 29). Wie alle Viren sind auch Bakteriophagen hoch spezialisiert: Sie vermehren sich ausschließlich in Bakterien.

Dabei lassen sich zwei Reproduktionswege unterscheiden:

Ein *virulenter* Phage heftet sich an die Zellwand seines Wirts und injiziert seine DNA in die Bakterienzelle. Die leere Proteinhülle bleibt auf der Oberfläche zurück. Die DNA des Phagen bewirkt zunächst die Zerstörung des Bakterienchromosoms und übernimmt dann die Kontrolle über den Stoffwechsel der Zelle. Aus den Nucleotiden der abgebauten Wirts-DNA werden Kopien der Phagen-DNA hergestellt. Daraufhin synthetisiert die Zelle Phagenhüllproteine. Aus diesen Teilstücken fügen sich meist spontan neue, infektiöse Phagen zusammen. Das auf Anweisung der Phagen-DNA hergestellte Enzym Lysozym löst die Bakterienzellwand auf und 100 bis 200 neue Phagen treten aus. Diesen Vermehrungsweg bezeichnet man als *lytischen Zyklus*. Er hat den Tod der Wirtszelle zur Folge.

Bei *temperenten* Phagen führt die Infektion nicht immer zur Zerstörung der Wirtszelle. Sie können sich auch im *lysogenen Zyklus* vermehren. Dabei wird die injizierte Phagen-DNA als inaktiver *Prophage* in das Bakterienchromosom eingebaut. Bei jeder Zellteilung wird die Phagen-DNA zusammen mit der Bakterien-DNA verdoppelt. So gelangt sie in sämtliche Abkömmlinge der Bakterienzelle. Spontan oder ausgelöst durch äußere Einflüsse, wird die „schlummernde" Phagen-DNA irgendwann aus dem Chromosom herausgeschnitten und ein lytischer Zyklus beginnt.

Transduktion. Manchmal kommt es beim Herausschneiden der Phagen-DNA dazu, dass Teile des Bakterienchromosoms mit ausgeschnitten werden. Die neu gebildeten Phagen übertragen dann bei Infektionen bakterielle DNA. Dies bezeichnet man als *Transduktion*. Mitunter wird sogar nur Bakterien-DNA in die neue Phagenhülle verpackt. Solche Phagen sind defekt: Sie können zwar Bakterien befallen und „ihre" Bakterien-DNA übertragen, danach kommt es aber nicht zu einer weiteren Vermehrung der Phagen.

Konjugation und Transduktion werden für die Genkartierung von bakteriellen Chromosomen genutzt. Dazu wird die Übertragung genetischen Materials zwischen zwei Bakterien zu unterschiedlichen Zeitpunkten unterbrochen. Aus dem Zeitpunkt der Übertragung kann man auf den Abstand der Gene schließen.

MATERIAL · METHODE · PRAXIS

Versuche mit Bakterien

Bakterien zählen zu den wichtigsten Untersuchungsobjekten der Genetik. Sie kommen fast überall vor und vermehren sich sehr schnell, sodass rasch auf Folgegenerationen zugegriffen werden kann. Zudem wirken sich genetische Veränderungen sofort aus, da die Erbinformation im bakteriellen Genom nur einfach enthalten ist.

Experimentelles Arbeiten setzt voraus, dass das untersuchte Objekt bekannt ist. Für Schulversuche sollten Reinkulturen gesundheitlich unbedenklicher Bakterien von einem mikrobiologischen Institut bezogen werden.

Sterilisieren

Um zu verhindern, dass unerwünschte Bakterienarten in die Versuchsansätze gelangen, müssen die verwendeten Geräte und Substanzen vor jedem Versuch sterilisiert werden. Glas- und Metallgeräte erhitzt man im Trockenschrank 3 Stunden lang bei etwa 220 °C. Reagenzgläser sollten vor dem Sterilisieren mit Alufolie locker verschlossen werden, damit nach dem Sterilisieren keine Bakterien aus der Luft hineingelangen können. Lösungen und Nährböden werden in einem Überdruckgerät, dem Autoklaven, für etwa 20 min auf 120 °C erhitzt. Wenn man ersatzweise dafür einen Schnellkochtopf verwendet, dürfen die Gefäße nur halb gefüllt sein, da die Flüssigkeiten sonst überkochen! Glasspatel sollten vor jeder Verwendung in 96%igen Alkohol getaucht und kurz abgeflammt werden. Nach den Versuchen werden Platten und Bakterienkulturen im hitzestabilen Polypropylenbeutel autoklaviert und dann wie Hausmüll entsorgt. Grundsätzlich sind beim Umgang mit Bakterien mikrobiologische Arbeitsvorschriften und Sicherheitshinweise zu beachten.

Übernachtkultur

MATERIAL: Bakterienkultur, 100-ml-Erlenmeyerkolben, 10 ml Nährmedium, Wasserbad, sterile Ausstrichöse

DURCHFÜHRUNG: Eine Probe der Bakterienkultur wird mithilfe der Ausstrichöse in einen Erlenmeyerkolben mit Flüssigmedium übertragen und für 12–24 Stunden im Wasserbad bei 30 °C bebrütet. Die Bakterien vermehren sich unter diesen Bedingungen so schnell, dass die Kulturflüssigkeit nach einigen Stunden deutlich getrübt ist. Da der Versuch meist über Nacht läuft, spricht man von einer Übernachtkultur. Die Konzentration der Bakterien – der Titer – kann nach 24 Stunden in der Größenordnung von 10^9 pro ml liegen.

Titerbestimmung

MATERIAL: Übernachtkultur, Reagenzgläser, sterile Pipetten (5 × 0,1 ml; 3 × 1 ml; 1 × 10 ml), Nährbodenplatten, Verdünnungslösung, Glasspatel, Brutschrank

DURCHFÜHRUNG: Zunächst stellt man aus der Übernachtkultur durch Zugabe steriler Verdünnungsflüssigkeit eine Verdünnungsreihe bis zum Verdünnungsfaktor 10^{-7} her (► Bild oben). Von den drei am stärksten verdünnten Lösungen (Faktor 10^{-5} bis 10^{-7}) werden je 0,1 ml mit frischen Pipetten abgenommen und mit dem abgeflammten Glasspatel auf Vollmedium gleichmäßig verteilt. Die Bakterien wachsen auf den drei Platten über Nacht bei 30 °C. Dabei geht jede Kolonie auf ein einzelnes Bakterium zurück. Zum Auszählen werden die Petrischalen geschlossen mit dem Boden nach oben gelegt und jede Kolonie mit einem Filzschreiber durch einen Punkt markiert.

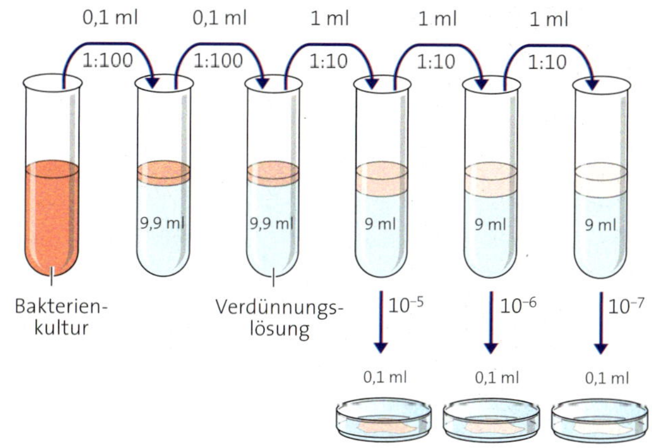

Aufstellen einer Bakterienwachstumskurve

MATERIAL: Übernachtkultur, 100-ml-Erlenmeyerkolben, Nährmedium, Reagenzgläser, sterile Pipetten, Nährbodenplatten, Verdünnungslösung, Glasspatel, Brutschrank

DURCHFÜHRUNG: 1 ml der um den Faktor 10^{-2} verdünnten Übernachtkultur wird im Erlenmeyerkolben mit 9 ml flüssigem Vollmedium bebrütet. Alle 30 min wird geschüttelt, 0,1 ml entnommen und der Titer bestimmt. Günstig ist eine Beobachtungszeit von 5 bis 6 Stunden.

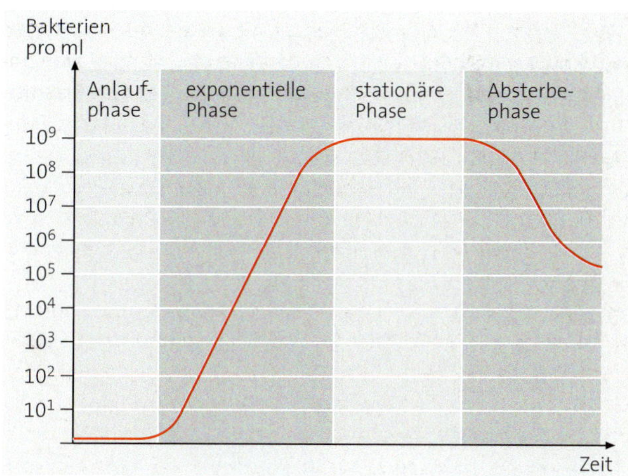

❶ **Berechnen Sie unter Berücksichtigung des Verdünnungsfaktors und der Probengröße von 0,1 ml den Titer der unverdünnten Bakterienkultur und der entnommenen Proben.**

❷ **Stellen Sie den Anstieg des Titers in Abhängigkeit von der Zeit grafisch dar. Tragen Sie in einer zweiten Grafik den Titer logarithmisch gegen die Zeit auf. Welchen Vorteil bietet eine solche Darstellung?**

Stichworte zu weiteren Informationen

Stempelmethode • Fluktuationstest • Mangelmutanten

Vom Gen zum Merkmal

Als gegen Ende des 19. Jahrhunderts das Konzept der *Gene* eingeführt wurde, wussten die Forscher noch nichts über deren stoffliche Grundlage. Ihre Existenz wurde aus dem Auftreten sich nicht vermischender Merkmale, sogenannter *Phäne*, in Erbgängen geschlossen (► S. 108). Gene waren also ursprünglich reine Gedankenkonstrukte.

Anfang des 20. Jahrhunderts konnte der Embryologe Morgan erstmals die Vererbung eines bestimmten Merkmals einem Chromosom zuordnen. Damit wurden Gene zu materiellen Einheiten, zu definierten *Abschnitten von Chromosomen*. Wenig später gelang es sogar, durch Röntgenbestrahlung bei Taufliegen Mutationen auszulösen und dadurch veränderte Merkmale zu erzeugen. Man erkannte, dass Gene im Zusammenwirken mit Umwelteinflüssen die Herausbildung aller Merkmale steuern, die gemeinsam den *Phänotyp* ausmachen.

Ein-Gen-ein-Enzym-Hypothese. In den folgenden Jahrzehnten gingen die Wissenschaftler der Frage nach, wie die in den Chromosomen gespeicherten genetischen Informationen sich auf die Merkmale auswirken. Der britische Arzt GARROD hatte schon 1909 die Vermutung geäußert, dass Gene die Bauanleitung für *Enzyme* enthalten. Erbliche Stoffwechselkrankheiten kämen demnach dadurch zustande, dass die Betroffenen bestimmte Enzyme nicht herstellen können. Vierzig Jahre später formulierten die Amerikaner BEADLE und TATUM die *Ein-Gen-ein-Enzym-Hypothese*. Aus Versuchen mit dem Schimmelpilz Neurospora schlossen sie, dass *ein Gen* die Herstellung *eines spezifischen Enzyms* bewirkt.

Phenylketonurie. Die Aminosäure Phenylalanin wird im menschlichen Körper durch das Enzym Phenylalaninhydroxylase in die Aminosäure Tyrosin umgebaut. Bei einer der häufigsten genetisch bedingten Stoffwechselerkrankungen, der *Phenylketonurie* (PKU), ist dieser Stoffwechselschritt blockiert. Aufgrund einer Mutation im codierenden Gen fehlt entweder das Enzym völlig oder seine Struktur ist defekt, sodass es die Reaktion nur ungenügend katalysiert. Dadurch kommt es zu einem erhöhten Phenylalaninspiegel bei gleichzeitigem Tyrosinmangel. Phenylalanin wird dann auf Stoffwechselnebenwegen zu Phenylbrenztraubensäure, Phenylessigsäure und Phenylmilchsäure umgebaut. Diese Stoffwechselprodukte beeinträchtigen die Gehirnentwicklung. Schwere geistige Behinderungen sind die Folge.

Im Mutterleib ist das Kind noch durch die Enzyme der Mutter vor den Folgen der Krankheit geschützt. Nach der ersten Milchnahrung kommt es jedoch zu einem Anstieg des Phenylalaninspiegels. Dieser lässt sich aus einem Tropfen Blut des Säuglings ermitteln – ein Test, der in Deutschland routinemäßig durchgeführt wird. Eines von 10 000 Neugeborenen ist betroffen. Die Kinder entwickeln sich körperlich und geistig normal, wenn sie eine phenylalaninarme und tyrosinreiche Kost erhalten.

Genwirkkette. Phenylalanin ist das Ausgangssubstrat für weitere Stoffwechselprozesse, bei denen so wichtige Stoffe wie das Pigment *Melanin* und das Schilddrüsenhormon *Thyroxin* entstehen. Überschüssiges Tyrosin wird über Homogentisinsäure zu CO_2 und Wasser abgebaut. Jeder Stoffwechselschritt wird von einem bestimmten Enzym katalysiert, für dessen Herstellung jeweils ein bestimmtes Gen codiert. Die Abfolge dieser voneinander abhängigen, gengesteuerten Stoffwechselreaktionen wird als *Genwirkkette* bezeichnet. Mutationen der einzelnen Gene unterbrechen die Wirkkette an verschiedenen Stellen. Unterschiedliche Stoffwechseldefekte sind die Folge: Der blockierte Abbau von Homogentisinsäure führt zu *Alkaptonurie*, einer Schwarzfärbung des Harns. Melaninmangel bewirkt *Albinismus*, einen Farbstoffmangel in Haut, Haaren und Augen. Der als *Hypothyreose* bezeichnete Thyroxinmangel hat Kretinismus und schwere Wachstumsschäden zur Folge. An dieser Genwirkkette konnte gezeigt werden, dass Gene über die Bildung von Enzymen die Ausprägung von Merkmalen steuern.

Polyphänie. Einzelne Gene beeinflussen häufig nicht nur ein Merkmal. Indem sie in die unterschiedlichsten physiologischen Vorgänge eingreifen, können sie sich in mehreren Merkmalen äußern. Solche Gene wirken *polyphän*. Bei Phenylketonurie führt der

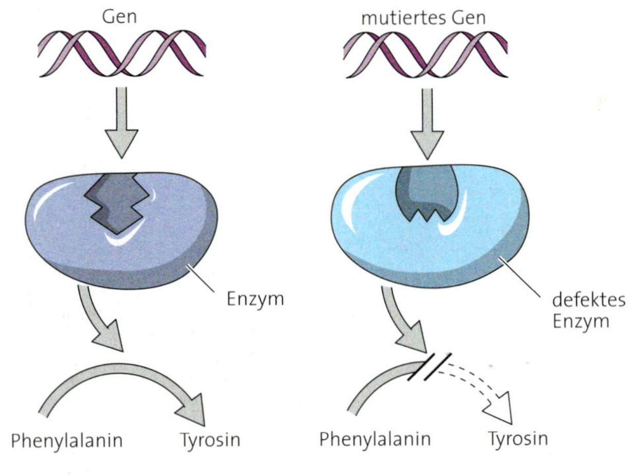

1 Phenylalaninstoffwechsel. Ist das Enzym Phenylalaninhydroxylase durch Mutation verändert, entsteht kein Tyrosin.

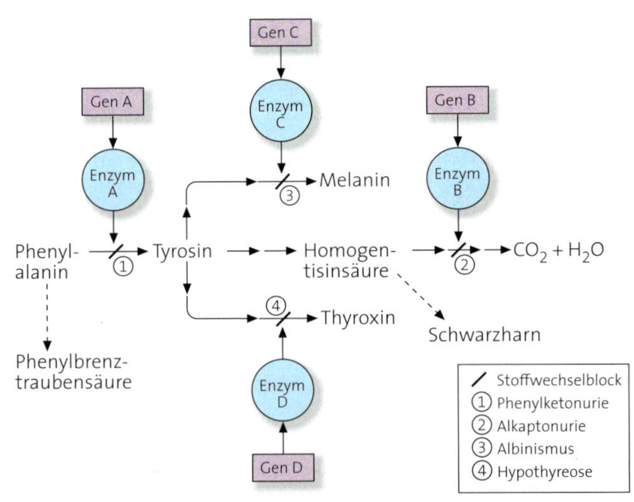

2 Verschiedene Mutationen können die Genwirkkette des Phenylalaninstoffwechsels unterbrechen.

Ausfall des ersten Enzyms der Genwirkkette dazu, dass neben dem Hauptsymptom, der Schädigung von Nervenzellen, Albinismus-Kennzeichen auftreten, also helle Haut, helle Haare und eine helle Augenfarbe. Ein weiteres Beispiel für Polyphänie ist das *Marfan-Syndrom* (► S. 116).

Polygenie. Die meisten physiologisch-morphologischen Merkmale beruhen auf dem Zusammenspiel mehrerer Erbanlagen, sie werden *polygen* vererbt. Dies gilt besonders für komplexe Merkmale wie Hautfarbe, Haarfarbe, Körpergestalt oder -größe. Grundsätzlich lassen sich zwei Wirkmechanismen unterscheiden. Kommt ein Merkmal nur dann zustande, wenn alle beteiligten Gene zusammenwirken, spricht man von ***komplementärer Polygenie***; bei ***additiver Polygenie*** summieren sich die Wirkungen mehrerer Gene, sodass kontinuierliche Abstufungen des Merkmals entstehen.

Die *Blutgerinnung* ist von einer Vielzahl von Faktoren abhängig, die auf eine entsprechende Anzahl von Genen auf verschiedenen Chromosomen zurückgeführt werden. Fällt ein Gen mit Schlüsselfunktion aus, kommt es zur Unterbrechung der Gerinnungskaskade. Das gesamte Merkmal, die Fähigkeit zur Blutgerinnung, fällt aus. Hämophilien sind also Beispiele für komplementäre Polygenie. Die häufigste Form der *Bluterkrankheit*, Hämophilie A, beruht auf einem Defekt des Gerinnungsfaktors VIII. Fällt dieser Cofaktor aus, führt das zu extrem verlängerten Blutgerinnungszeiten. Vor allem innere Blutungen kommen nur stark verzögert oder gar nicht zum Stillstand. Der Erbgang von Hämophilie A konnte an europäischen Fürstenhäusern untersucht werden (► S. 117).

Additive Polygenie liegt bei der *Vererbung der Hautfarbe* vor. Die Hautfarbe hängt von der Aktivität der Pigment bildenden Zellen ab, der *Melanocyten*. UV-Strahlung regt die Pigmentbildung in den Melanocyten an. Das Ausmaß, in dem dies geschieht, aber auch der Pigmentierungsgrad ohne Sonneneinstrahlung sind überwiegend genetisch verursacht. Zwischen den einzelnen Ausprägungen bei verschiedenen Individuen gibt es fließende Übergänge. Das lässt sich am besten erklären, wenn man annimmt, dass mehrere Gene mit geringer spezifischer Wirksamkeit zusammenwirken und sich bei der Ausbildung des Merkmals gegenseitig verstärken.

Am besten sind die Abstufungen der Hautfarbe bei Afroamerikanern untersucht. Man geht davon aus, dass mindestens drei Gene additiv zusammenwirken, die unabhängig voneinander vererbt werden. Bei allen drei Genen sind die Allele für die dunkle Färbung (ABC) unvollständig dominant über die Allele für die helle Färbung (abc). Die Nachkommen eines Paares, das für alle drei Gene heterozygot ist (AaBbCc), verteilen sich mit unterschiedlicher Häufigkeit auf die möglichen sieben Varianten (► Bild 2).

Die tatsächliche Verteilung wird noch durch Umwelteinflüsse wie die Sonnenbestrahlung beeinflusst. Das Beispiel zeigt jedoch modellhaft, wie additive Polygenie zu einem Kontinuum von Phänotypen in einer Population führt.

---

1 **Formulieren Sie eine molekulargenetische Definition für den Begriff des Gens.**

2 **Begründen Sie, weshalb die Blutgerinnung als Beispiel für komplementäre Polygenie angesehen wird.**

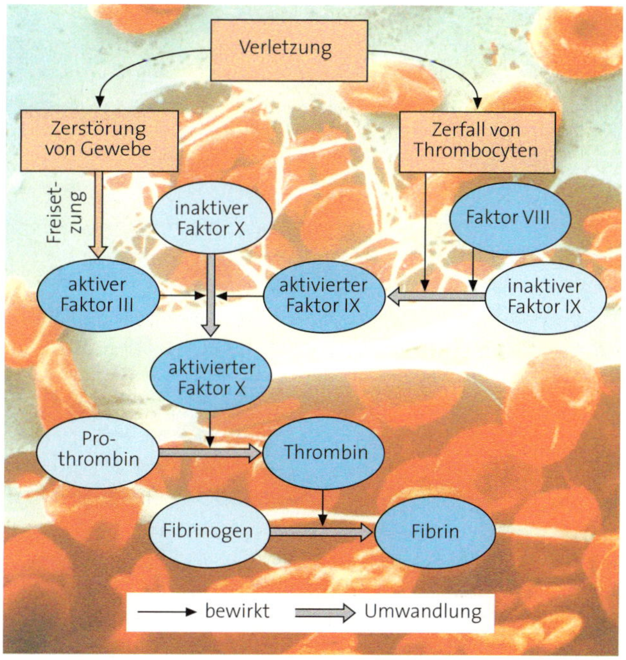

1 *Blutgerinnung – ein komplementär polygenes Merkmal*

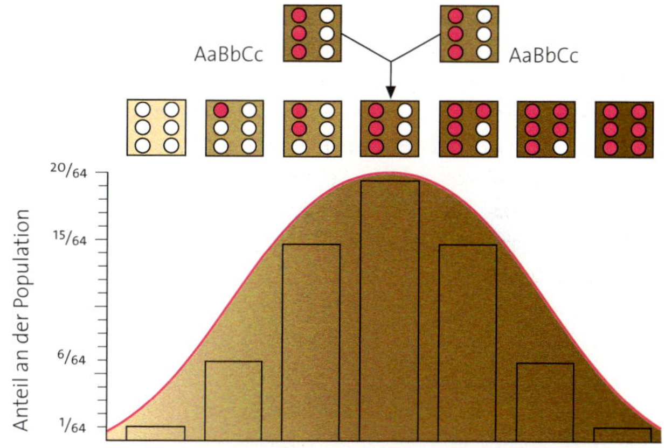

2 *Modell für die additiv polygene Vererbung der Hautfarbe*

3 *Durch additive Polygenie entsteht ein Kontinuum an Phänotypen in einer Population.*

Von der DNA zum Protein

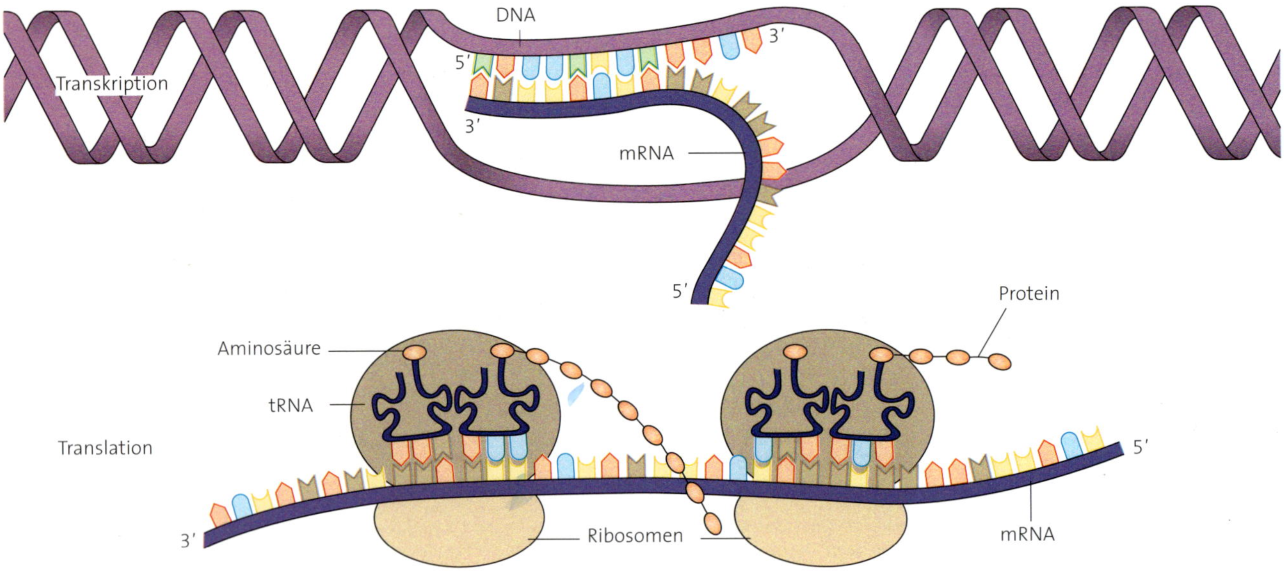

1 *Vereinfachtes Schema des Wegs von der DNA zum Protein*

Die Basensequenz der DNA enthält Bauanleitungen für die Herstellung von Proteinen. Unterschiede zwischen Organismen gehen letztlich darauf zurück, welche Proteine in welcher Menge zu welcher Zeit in ihren Zellen hergestellt werden. Da sich die meisten Proteine in erkennbaren Merkmalen und Eigenschaften der Organismen *ausdrücken*, spricht man auch von *Genexpression*. Ihre Grundlage ist die Biosynthese der Proteine in den Zellen.

Überblick Proteinbiosynthese. Bei der Proteinbiosynthese wird die Information, die in der Basensequenz der DNA verschlüsselt ist, in die spezifische Aminosäuresequenz von Proteinen „übersetzt". Dies geschieht in zwei Schritten. Zunächst wird von der Bauanleitung für ein Protein eine „Abschrift" angefertigt. Dabei wird die Basensequenz der DNA in die Basensequenz eines sehr ähnlichen Moleküls, der *Ribonucleinsäure (RNA)*, umgeschrieben. Diesen Vorgang nennt man *Transkription*. Das RNA-Molekül transportiert die Information zu den Ribosomen, den Orten der Proteinsynthese. Es wird daher als *mRNA* bezeichnet (von engl. *messenger:* Bote). Der zweite Schritt der Proteinsynthese, die *Übersetzung* der nun in der mRNA gespeicherten Bauanleitung, wird *Translation* genannt. Sie erfolgt an den Ribosomen im Zellplasma. Dort werden – entsprechend der Basensequenz – „passende" Aminosäuren herangeschafft und der Reihe nach verkettet. Die Teilschritte der Proteinsynthese, Transkription und Translation, sind bei allen Organismen zeitlich, bei Eukaryoten auch räumlich voneinander getrennt.

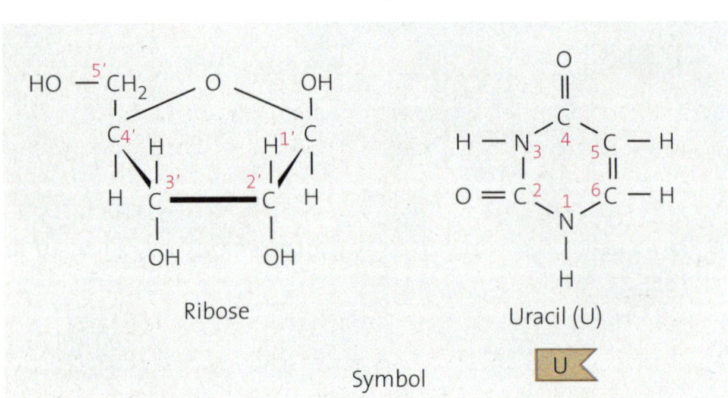

2 *Bausteine der RNA*

Bau und Funktionen von RNA. Neben der mRNA wirken noch weitere Formen von Ribonucleinsäuren an der Genexpression mit. *Transfer-RNA (tRNA)* erfüllt die Funktion von *Vermittlern*. tRNA-Moleküle transportieren die Aminosäuren zu den Ribosomen und sorgen dafür, dass sie in der richtigen Reihenfolge miteinander verknüpft werden können. *Ribosomale RNA (rRNA)* macht etwa 80 % aller Ribonucleinsäuren der Zelle aus. Sie stellt neben Proteinen den Hauptbestandteil von Ribosomen dar. Die Gene für die verschiedenen Ribonucleinsäuren liegen ebenfalls auf der DNA.

RNA unterscheidet sich in zwei wesentlichen Punkten von DNA: Sie enthält als Zucker *Ribose* anstelle von Desoxyribose und die Base *Uracil* anstelle von Thymin (► Bild 2).

Genetischer Code. Die vier Nucleotidbasen Adenin, Cytosin, Guanin und Thymin sind die Buchstaben des genetischen Alphabets. Würde jeder Buchstabe für eine Aminosäure stehen, könnten nur 4 Aminosäuren verschlüsselt werden. Damit jedoch jede mögliche Aminosäure genau bezeichnet werden kann, müssen mindestens 20 verschiedene „Wörter" zur Verfügung stehen. Bei Zwei-Buchstaben-Wörtern ergäben sich nur $4^2 = 16$ verschiedene Kombinationen. Um 20 Aminosäuren zu codieren, müssen also mindestens drei Basen miteinander zu *Tripletts* kombiniert werden. Insgesamt sind $4^3 = 64$ Tripletts möglich. Das Basentriplett GCA steht zum Beispiel für die Aminosäure Alanin (Ala), AGA für die Aminosäure Arginin (Arg).

Die Drei-Buchstaben-Wörter aus Nucleotidbasen der mRNA nennt man *Codons*. Die Zuordnung der Basentripletts der Nucleinsäure zu den entsprechenden Aminosäuren des Polypeptids wird als *genetischer Code* bezeichnet.

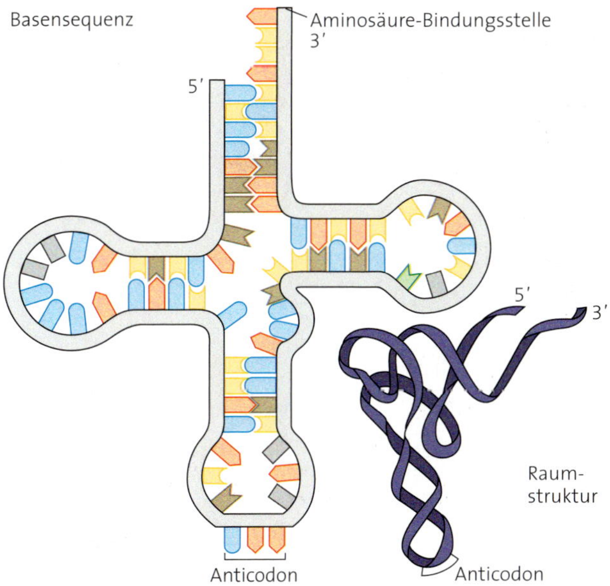

1 tRNA vermittelt zwischen mRNA und Aminosäuren.

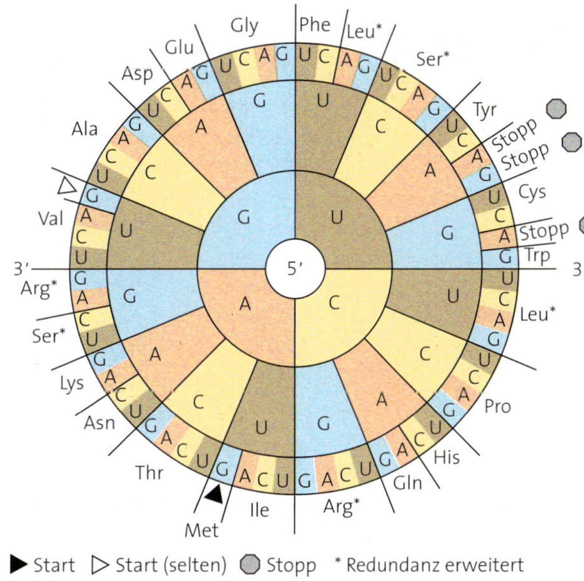

2 Code-„Sonne" – Schemadarstellung des genetischen Codes

Die Entzifferung des genetischen Codes. Der amerikanische Molekularbiologe NIRENBERG gab zu einem Gemisch aus Ribosomen und mit Aminosäuren beladener tRNA künstlich hergestellte mRNA-Moleküle. Für die künstliche mRNA, die ausschließlich Uracil enthielt, ergab sich, dass nur die Aminosäure Phenylalanin in die entstehende Polypeptidkette eingebaut wurde. Damit war klar: Das Basentriplett UUU auf der mRNA steht für die Aminosäure Phenylalanin.

Daraufhin wurden Experimente durchgeführt, bei denen zwei Nucleotide jeweils in bestimmten Zahlenverhältnissen im Reaktionsgemisch enthalten waren, sodass aus der Häufigkeit der eingebauten Aminosäuren auf die Codons rückgeschlossen werden konnte. Durch eine Reihe ähnlicher Versuche gelang es schließlich Mitte der 1960er Jahre, den genetischen Code vollständig zu entziffern.

Der genetische Code lässt sich als Tabelle darstellen oder in einer Code-„Sonne" (▶ Bild 2). Dabei sind die Codons von innen (5') nach außen (3') zu lesen. Sie geben die Basensequenz der mRNA-Codons wieder, die für die außerhalb des Kreises stehenden Aminosäuren codieren. Auffällig ist, dass die meisten Aminosäuren durch mehrere Tripletts codiert sind.

Das Codon AUG hat eine Doppelfunktion: Es steht für die Aminosäure Methionin, signalisiert aber außerdem als *Startcodon* den Ausgangspunkt für eine Proteinsynthese. Dies bedeutet, dass alle neu gebildeten Polypeptide mit Methionin beginnen.

Zu den sogenannten *Stoppcodons* UGA, UAA und UAG passen keine Aminosäuren. Diese Tripletts beenden die Proteinsynthese. Von den 64 möglichen Tripletts codieren also 61 den Einbau der 20 verschiedenen Aminosäuren, die übrigen 3 dienen nur als Stoppzeichen.

Eigenschaften des genetischen Codes. Die Entschlüsselung des genetischen Codes ermöglichte es, auf dessen Eigenschaften rückzuschließen:

- Der Code ist *nicht überlappend*: Die Tripletts werden hintereinander abgelesen. (Ausnahmen hiervon gibt es nur bei Viren, deren Genom überlappend gelesen wird, weil es zu kurz ist, um die gesamte genetische Information fortlaufend zu speichern.)
- Der Code ist *kommafrei*: Zwischen den einzelnen Tripletts existieren keine Leerstellen.
- Der Code ist *redundant*: Für eine bestimmte Aminosäure gibt es mehrere verschiedene Tripletts. Diese unterscheiden sich meist in der dritten Base. Dies ist möglich, weil von den insgesamt 64 Kombinationen nur 23 benötigt werden und 41 überzählig wären.
- Der Code ist *eindeutig*: Ein bestimmtes Triplett legt immer den Einbau einer ganz bestimmten Aminosäure fest.
- Der Code ist *universell*: Ein bestimmtes Codon wird bei fast allen bisher untersuchten Organismen in die gleiche Aminosäure übersetzt.

Die Allgemeingültigkeit des genetischen Codes ist ein deutlicher Beleg für den gemeinsamen Ursprung und damit für die Verwandtschaft aller Lebewesen. Allerdings gibt es so etwas wie „Dialekte": Organismengruppen unterscheiden sich oft darin, welches der synonymen Codons sie für eine Aminosäure verwenden.

---

1 **Ermitteln Sie die Aminosäuresequenz, die in folgendem RNA-Abschnitt codiert ist (die Richtung der Translation erfolgt 5' von nach 3'):**
5' AUGUUCGUCAAUCAGCACCUUUGUGGUUCAUAG 3'

2 **Prüfen Sie, wie die DNA-Sequenz zu der folgenden Aminosäuresequenz aussehen könnte:**
Met – Gly – Ala – Asn – Val – Val – Cys – Leu – Thr

3 **Manchmal werden DNA und genetischer Code fälschlich gleichgesetzt. Stellen Sie den Zusammenhang zwischen beiden korrekt dar.**

Proteinbiosynthese

Transkription. Genetische Information wird in diskreten Einheiten transkribiert. Bei Eukaryoten umfasst eine Transkriptionseinheit nur ein Gen. Bei Prokaryoten kann eine Transkriptionseinheit jedoch mehrere Gene enthalten, zum Beispiel die Information für mehrere Enzyme, die Einzelschritte eines Stoffwechselwegs katalysieren. Die Transkriptionseinheit ist dann durch Start- und Stopp-Codons gegliedert.

Die Transkription wird durch das Enzym *RNA-Polymerase* katalysiert. Dieses Molekül bindet an eine spezielle Nucleotidsequenz auf der DNA, den *Promotor*, und beginnt von dort aus in 5' → 3'-Richtung mit der Transkription der DNA in RNA. Während die RNA-Polymerase an der DNA entlanggleitet, werden die DNA-Stränge entwunden und auf einer Strecke von etwa 20 Nucleotidpaaren die Wasserstoffbrückenbindungen zwischen den komplementären Basen getrennt.

Im Prinzip könnten zwei verschiedene mRNA-Moleküle von der DNA abgelesen werden, nämlich an jedem Strang der Doppelhelix eines. Tatsächlich aber wird bei der Expression eines Gens nur ein DNA-Strang transkribiert. Diesen bezeichnet man als *codogenen Strang* oder *Sinnstrang*. Welcher der beiden Stränge als Matrize dient, ändert sich entlang eines DNA-Moleküls. Es hängt davon ab, wo der Promotor des jeweiligen Gens liegt.

Nach dem Basenpaarungsprinzip lagern sich RNA-Nucleotide an die freiliegenden Basen des Matrizenstrangs an. Die RNA-Polymerase verknüpft sie zu einem RNA-Molekül. Eine *Terminatorsequenz* zeigt das Ende der Transkriptionseinheit an. Bei Eukaryoten ist dies häufig die Basenfolge AATAAA. Die RNA-Polymerase löst sich von der DNA ab und das mRNA-Molekül wird freigesetzt.

Translation. An den Ribosomen wird nun die Nucleotidsequenz der mRNA in die Aminosäuresequenz eines Proteins übersetzt. Ribosomen bestehen aus zwei Untereinheiten, die getrennt voneinander vorliegen, solange das Ribosom inaktiv ist. Erst wenn sich beide Untereinheiten verbinden, kann die Translation beginnen. Dafür sind zwei Schritte nötig. Zunächst nimmt die mRNA mit der kleineren Untereinheit eines Ribosoms Kontakt auf. Damit sich auch die größere Untereinheit anlagert, muss die *tRNA* in Aktion treten.

tRNA erfüllt die Funktion, Aminosäuren entsprechend der Codonfolge zur mRNA zu bringen. tRNA-Moleküle bestehen aus einer Sequenz von 70 bis 80 Nucleotiden. Da die Nucleotide streckenweise gepaart sind, ergibt sich eine kleeblattähnliche Form (► Bild 1, S. 89). Ein tRNA-Molekül besitzt an einem Ende ein Triplett, das sogenannte *Anticodon*, das komplementär zu einem Codon der mRNA ist. Am anderen Ende befindet sich die Anheftungsstelle für eine spezifische Aminosäure. Die Zuordnung der jeweils „richtigen" Aminosäure an ein tRNA-Molekül wird durch Enzyme bewirkt, die *Synthetasen*. Synthetasen haben zwei spezifische Bindungsstellen, eine für tRNA, eine andere für die Aminosäure. Eine tRNA, die sich über ihr Anticodon mit einem mRNA-Codon paart, ist bereits mit einer Aminosäure beladen. Auf diese Weise wird einem Basentriplett der mRNA eine bestimmte Aminosäure zugeordnet.

Da jede mRNA mit dem Start-Codon AUG beginnt, trägt das erste tRNA-Molekül das Anticodon UAC und ist mit Methionin verknüpft. Mit der Anlagerung dieser *Start-tRNA* beginnt die

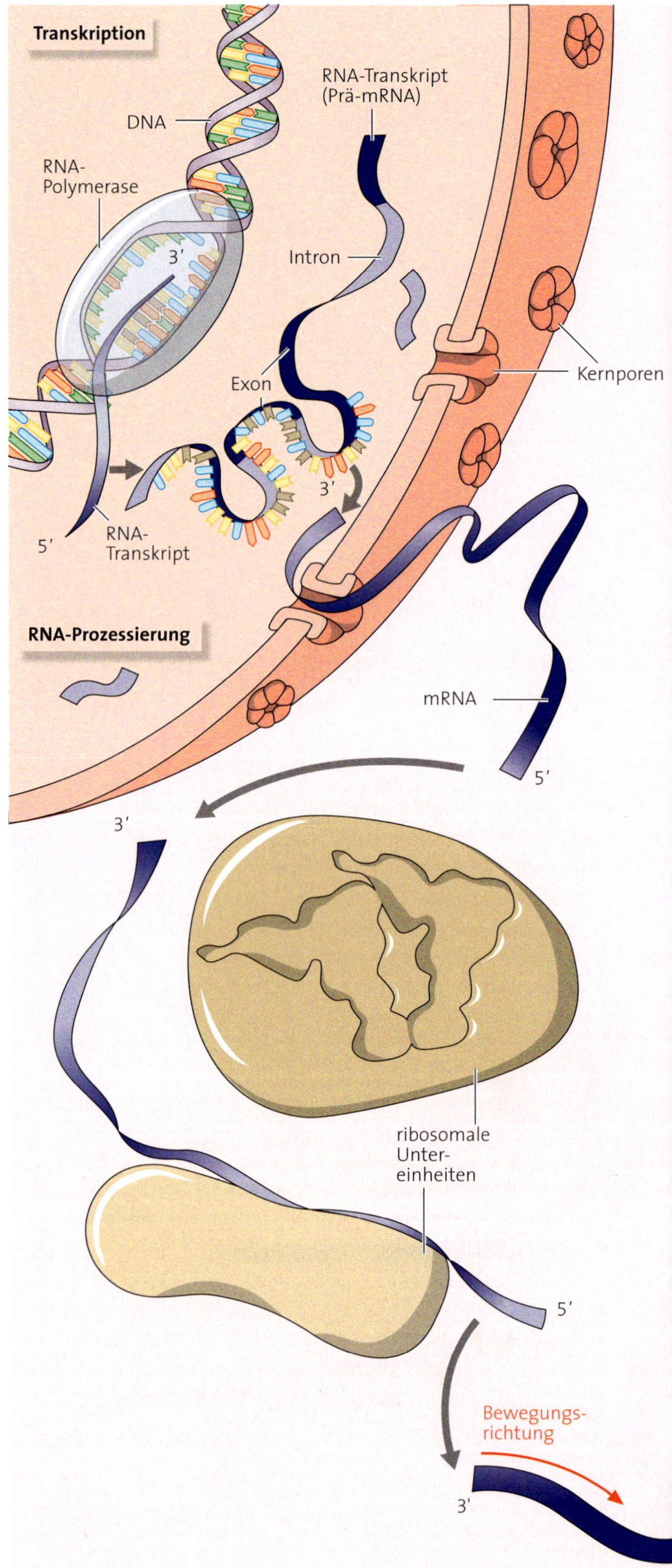

1 Ablauf von Transkription ...

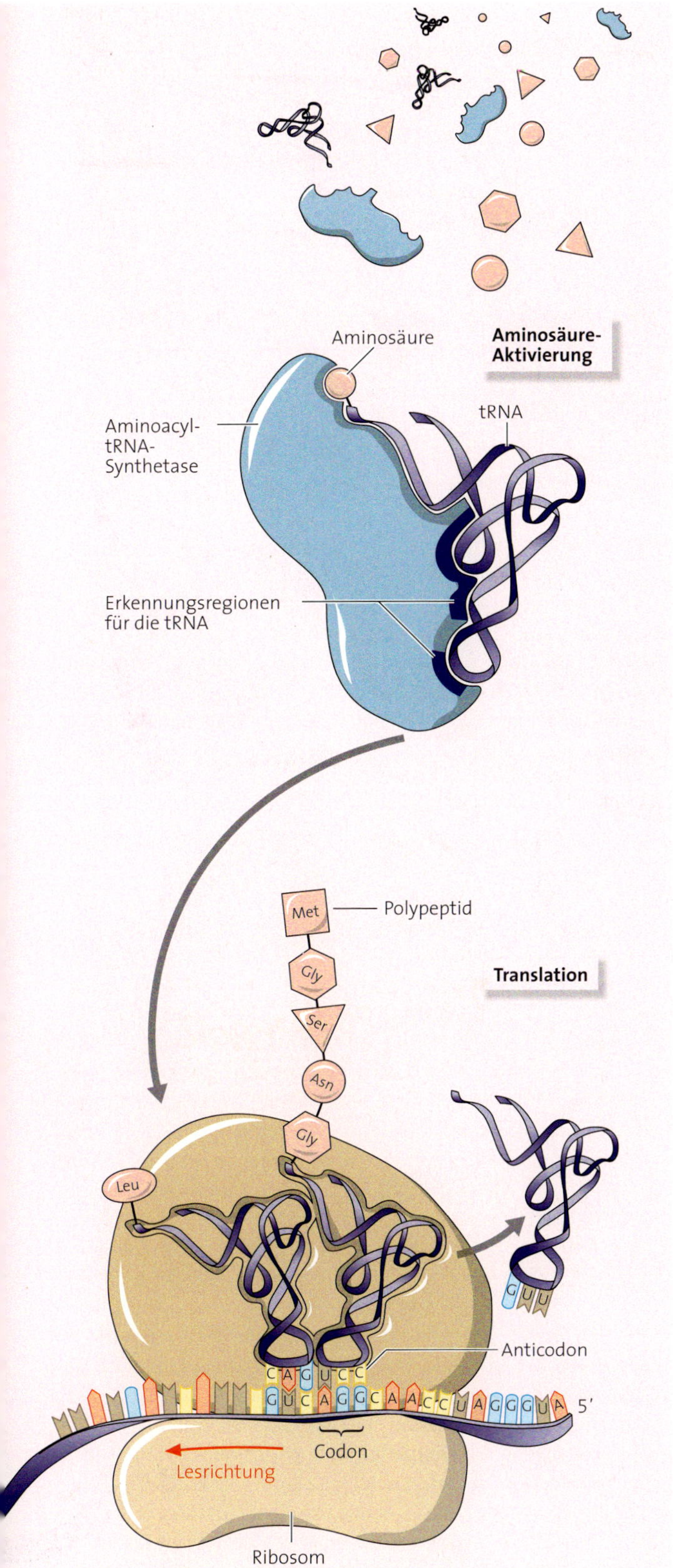

... *und Translation bei Eukaryoten im Detail*

Translation. Nun tritt die große Untereinheit hinzu und ein funktionsfähiges Ribosom entsteht. An das zweite Codon der mRNA lagert sich das nächste tRNA-Molekül mit seiner Aminosäure an. Das Ribosom besitzt zwei direkt nebeneinanderliegende Bindungsstellen für tRNA-Moleküle. Deren Aminosäuren kommen so nah zusammen, dass sie über eine *Peptidbindung* miteinander verknüpft werden können. Dann gleiten Ribosom und mRNA um drei Basen aneinander vorbei und das nächste Codon wird zur Paarung angeboten. Aus der Fülle der tRNA-Moleküle kann sich wiederum nur das passende anlagern. Die nächste Aminosäure gelangt damit in die richtige Position und wird mit dem vorhergehenden Aminosäurerest verknüpft. Auf diese Weise entsteht eine *Polypeptidkette* mit genau festgelegter Aminosäuresequenz. tRNA-Moleküle, die ihre Aminosäure abgegeben haben, werden wieder frei und können erneut mit „ihrer" Aminosäure beladen werden.

Stopp-Codons in der mRNA beenden die Translation. Die letzte Aminosäure wird von ihrer tRNA gelöst, sowohl das Polypeptid als auch die tRNA verlassen das Ribosom. Anschließend zerfällt der Komplex aus den beiden Untereinheiten des Ribosoms.

Besonderheiten der Proteinsynthese bei Eukaryoten. Im Prinzip läuft die Proteinsynthese bei Prokaryoten und Eukaryoten in gleicher Weise ab. Während jedoch bei Prokaryoten die Translation bereits zu diesem Zeitpunkt beginnt, wenn sich das mRNA-Molekül von der DNA löst, sind die beiden Prozesse bei Eukaryoten zeitlich *und* räumlich getrennt.

Weitere Unterschiede ergeben sich daraus, dass eukaryotische Gene gestückelt sind *(Mosaikgene)*. Die Basensequenz, die für ein bestimmtes Protein codiert, liegt in der DNA nicht kontinuierlich vor, sondern ist durch nicht codierende Einschübe, sogenannte *Introns*, unterbrochen. Codierende Abschnitte werden als *Exons* bezeichnet. Bei der Proteinsynthese wird zunächst die gesamte Basensequenz eines Gens – mit allen Exons und Introns – in eine komplementäre RNA-Basensequenz transkribiert. Spezielle Enzyme schneiden noch im Zellkern aus dieser *Vorläufer-* oder *Prä-mRNA* die Introns heraus und verbinden die Exons zu einem kontinuierlichen RNA-Molekül. Dieser Vorgang wird als *Spleißen* bezeichnet (► S. 93).

Die Proteine des Zellkerns, des Cytoplasmas sowie von Chloroplasten und Mitochondrien entstehen an freien Ribosomen, sekretorische und membranassoziierte Proteine hingegen an den Ribosomen des ER (► S. 22). Die Translation beginnt jedoch stets im Cytoplasma. Eine *Signalsequenz* am Anfang des wachsenden Polypeptids sorgt dafür, dass sich die Ribosomen an das ER anlagern und dass das Protein seinen Bestimmungsort erreicht. Dort bindet die Signalsequenz – unter Einwirkung weiterer Faktoren – an spezifische Rezeptoren in der Membran des Zielorganells. Diese sind mit Membrankanälen assoziiert, durch die das Protein eingeschleust wird. Den Vorgang nennt man *Zielsteuerung von Proteinen* oder *Protein-Targeting*.

---

1 Bei der Transkription treten etwa 100 000-fach häufiger Fehler auf als bei der Replikation der DNA. Erörtern Sie, weshalb diese hohe Fehlerrate bei der RNA-Synthese toleriert werden kann, nicht aber bei der Replikation.

Regulation der Genaktivität bei Prokaryoten

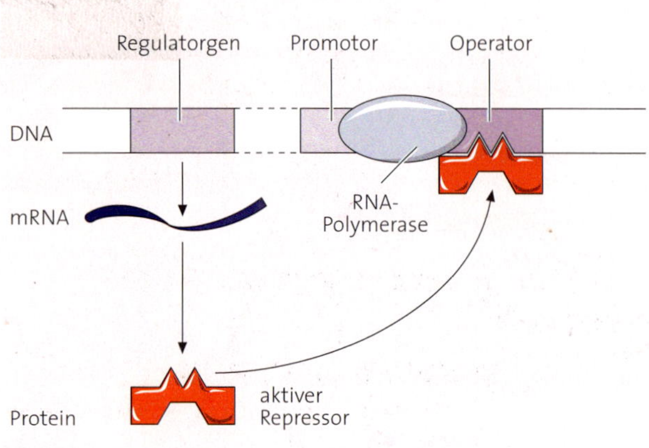

1 *Das lac-Operon von E. coli, Zustand ohne Lactose*

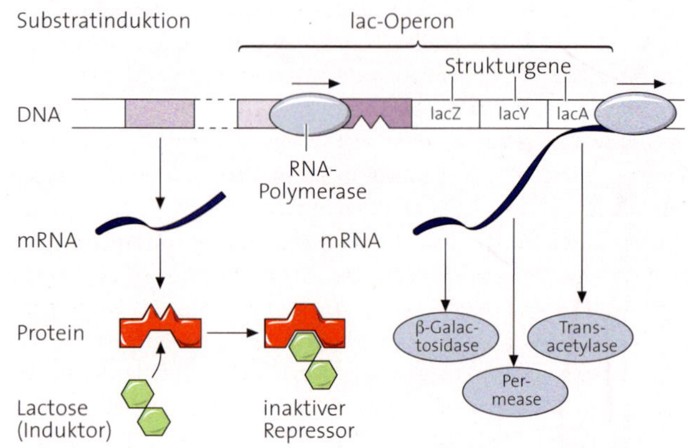

2 *Zustand des lac-Operons nach Zufuhr von Lactose*

Das Darmbakterium *Escherichia coli* findet in seiner Umgebung vor allem den Zucker Glucose vor und stellt alle Enzyme her, die zu seiner Verwertung nötig sind. Enzyme zur Verarbeitung anderer Zucker werden nicht produziert. Überführt man solche Bakterien in ein Nährmedium, das anstelle von Glucose Lactose enthält, beginnen sie nach kurzer Verzögerung dieses Disaccharid (► S. 12) als Energiequelle zu nutzen. Sie verfügen demnach über Gene, die für Enzyme zum Abbau des seltenen Substrats codieren und normalerweise nicht exprimiert werden. Es sind offensichtlich auch Regulationsmechanismen vorhanden, die es ermöglichen, kurzfristig auf veränderte Umweltbedingungen zu reagieren, indem bestimmte Gene an- oder abgeschaltet werden.

Wie das An- und Abschalten von Genen vor sich geht, untersuchten die französischen Forscher FRANÇOIS JACOB und JACQUES MONOD in den 1960er Jahren an Bakterien. Sie entwickelten ein Modell, das inzwischen durch molekularbiologische Versuche bestätigt wurde.

Das Operon-Modell. JACOB und MONOD bezeichneten Gene, die für die Enzyme codieren, als ***Strukturgene***. Die Gene für die Enzyme des Lactoseabbaus liegen nebeneinander auf der DNA. Sie werden gemeinsam durch zwei vorgelagerte DNA-Regionen kontrolliert, den *Promotor* und den *Operator*. Der Promotor ist die Bindungsstelle für die RNA-Polymerase. Der Operator ist die Bindungsstelle für ein Protein, das die Tätigkeit der RNA-Polymerase reguliert und als *Repressor* bezeichnet wird. Wenn der Repressor an den Operator bindet und die RNA-Polymerase daran hindert, zu den Strukturgenen zu gelangen, wird deren Transkription blockiert. Die Funktionseinheit aus Promotor, Operator und Strukturgenen wird als *Operon* bezeichnet.

Auf einem DNA-Abschnitt in einiger Entfernung vom Operon befindet sich das *Regulatorgen*, das für das Repressorprotein codiert. Jedes Repressorprotein ist für den Operator eines bestimmten Operons spezifisch.

Substratinduktion. Bei der *Substratinduktion* bewirkt das Regulatorgen die Herstellung eines *aktiven Repressors*. Solange keine Lactose im Nährmedium vorhanden ist, bindet der Repressor an den Operator und verhindert, dass die Gene des Lactosestoffwechsels transkribiert werden. Bei Zufuhr von Lactose lagern sich Lactosemoleküle an die Repressormoleküle an und verändern dadurch deren Raumstruktur. Der nun *inaktive Repressor* passt nicht mehr an den Operator und die RNA-Polymerase wird nicht mehr blockiert. Sie kann die Gene für die Lactoseverwertung transkribieren. Die Zelle beginnt mit der Herstellung des Enzyms *β-Galactosidase*, das das Disaccharid Lactose in seine Bestandteile Glucose und Galactose spaltet, die anschließend im Stoffwechsel weiter abgebaut werden. Ein zweites Strukturgen codiert für eine *Permease*, die für den Transport von Lactose durch die Bakterienzellwand sorgt. Die genaue Funktion einer *Transacetylase* für die Lactosespaltung ist noch ungeklärt.

Bei dieser Art der Regulation bewirkt (induziert) also das Substrat das „Anschalten" derjenigen Gene, die für die Enzyme zu seinem Abbau codieren.

Endproduktrepression. Häufig werden aber auch aktive Gene „abgeschaltet". Die Synthese der Aminosäure Tryptophan zum Beispiel wird so reguliert. Bei dieser *Endproduktrepression* bewirkt das Regulatorgen die Herstellung eines *inaktiven Repressors*. Die Transkription der Strukturgene, die für die Enzyme zur Tryptophansynthese codieren, kann ungehindert stattfinden. Steigt aber die Konzentration des Endprodukts Tryptophan an, kann es sich an eine bestimmte Stelle des Repressors heften und dabei dessen räumliche Gestalt verändern. Der nun *aktive Repressor* bindet an den Operator und die Transkription durch die RNA-Polymerase unterbleibt. Es werden keine weiteren Enzyme hergestellt, die Bildung von Tryptophan kommt zum Erliegen. Dadurch werden Rohstoffe und Energie gespart und eine Überproduktion verhindert.

Bei dieser Art der Regulation bewirkt also das Endprodukt das „Abschalten" (die Repression) derjenigen Gene, die für die Enzyme zu seiner Herstellung codieren.

Positive Kontrolle der Genaktivität. Substratinduktion und Endproduktrepression werden durch einen Repressor kontrolliert, der in seiner aktiven Form die Transkription der Strukturgene verhindert. Neben dieser *negativen Kontrolle* der Genaktivität gibt es auch eine *positive Kontrolle* durch *Aktivatoren*, die direkt mit der DNA interagieren und die Transkription begünstigen.

[Z] Regulation der Genaktivität bei Eukaryoten

Alle Zellen eines vielzelligen Lebewesens enthalten die *gesamte genetische Information*. Die Spezialisierung der Zellen kommt dadurch zustande, dass jeweils nur ein Teil der Gene aktiv ist. Die *Genregulation* erfolgt auf verschiedenen Ebenen (► Bild 1).

Umstrukturierung des Chromatins. Bei Eukaryoten ist die DNA im Chromatin so verpackt, dass viele Gene nicht zugänglich sind (► S. 78). Sie können nur transkribiert werden, indem die Nucleosomen aufgelockert werden. Dazu werden Acetylgruppen an die Histone gebunden und so deren positiv geladene Aminogruppen neutralisiert. Diese *Acetylierung* hebt die Anziehungskräfte zwischen den Histonen und der negativ geladenen DNA auf, die dadurch frei wird.

Umgekehrt bewirkt die Deacetylierung von Histonen, dass sich Nucleosomen neu bilden. Auch durch Bindung von Methylgruppen an Cytosin-Basen der DNA werden Proteine gebunden, das Chromatin verdichtet und dadurch Gene *selektiv inaktiviert*. Diese *Methylierung* spielt auch bei der Inaktivierung des X-Chromosoms (► S. 112) und bei der genomischen Prägung (► S. 117) eine entscheidende Rolle.

Kontrolle bei der Transkription. Auch bei Eukaryoten findet die Genregulation vor allem bei der Transkription statt. Anders als bei den Prokaryoten beginnt die Transkription jedoch erst, wenn neben der RNA-Polymerase noch mehrere andere Proteine an die Promotorregion binden, die *Transkriptionsfaktoren*.

Zusätzlich wirken weitere Transkriptionsfaktoren auf regulatorische DNA-Abschnitte ein, die zum Teil Tausende von Nucleotiden von der codierenden Sequenz entfernt liegen. Zu diesen Abschnitten gehören die *Enhancer-* und *Silencer-Sequenzen*. Enhancer-Sequenzen binden Aktivatorproteine, die die Transkription begünstigen. Silencer-Sequenzen binden Proteine, die die Transkription – ähnlich wie Repressorproteine – verhindern. Die Anlagerung der verschiedenen *Regulatorproteine* an die *Regulatorgene* bewirkt, dass die DNA eine Schleife bildet und so die Regulatorsequenzen in Kontakt mit dem Promotor kommen (► Bild 2). Beispiele für solche regulatorischen Proteine sind Rezeptoren für Hormone wie Thyroxin und Cortisol oder auch Proteine, die an der Steuerung von Entwicklungs- und Differenzierungsprozessen beteiligt sind.

Benötigt eine Zelle während eines Entwicklungsabschnitts große Mengen eines bestimmten Proteins, stellt sie von dem betreffenden Gen mehrere Kopien her. Durch diese *Genamplifikation* wird die Expression des Gens gesteigert. Auch „Krebsgene" (Onkogene) werden so aktiviert (► S. 96).

Bei einigen Genen wird die Genexpression durch *Umstrukturierung* der DNA reguliert. Dabei wandern Gene an einen anderen Ort auf dem Chromosom als Voraussetzung für die Transkription. Dieser Mechanismus ist ein wichtiger Faktor bei der Entstehung der Antikörpervielfalt des Immunsystems, aber auch wiederum bei Krebs (► S. 96).

Alternatives Spleißen. Die Größe des menschlichen Genoms wurde vor der DNA-Sequenzierung durch das Humangenomprojekt (► S. 137) auf etwa 100 000 Gene geschätzt. Inzwischen geht man von weniger als 25 000 Genen aus. Das ist insofern paradox, als der menschliche Organismus mehr als 90 000 verschiedene Proteine herstellt, für die jeweils ein codierendes Gen existieren sollte.

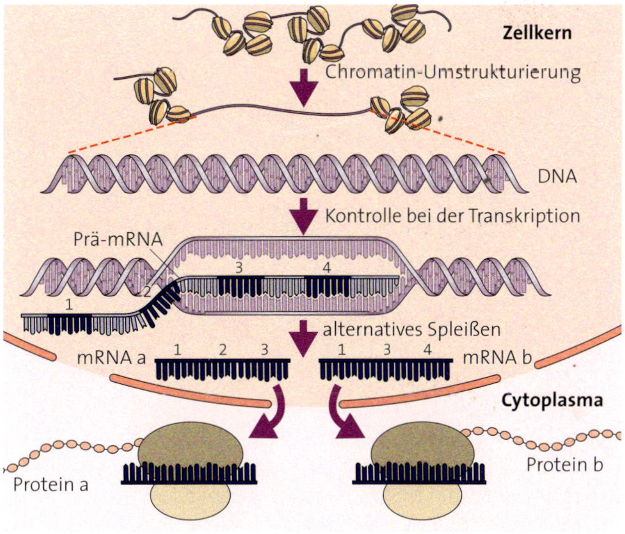

1 *Genregulation findet bei Eukaryoten auf mehreren Ebenen statt.*

Die Struktur der eukaryotischen Gene und die daraus resultierenden Besonderheiten der Proteinsynthese (► S. 91) machen es möglich, die Gene durch ***alternatives Spleißen*** besonders raffiniert und vielfältig zu nutzen. Jedes primäre RNA-Transkript eines Gens enthält mehrere Introns. Beim alternativen Spleißen werden nicht nur die Introns, sondern Introns zusammen mit einem oder mehreren Exons aus der Prä-mRNA herausgeschnitten. Im Ergebnis entstehen an einem Gen verschiedene reife mRNAs, die zur Herstellung verschiedener Proteine führen. So wird zum Beispiel die Prä-mRNA des Gens für Tropomyosin in der Skelettmuskulatur, in der glatten Muskulatur und in Bindegewebszellen ganz unterschiedlich gespleißt, sodass in diesen Geweben drei verschiedene Formen des Muskelproteins hergestellt werden. Man schätzt, dass etwa die Hälfte der menschlichen Gene auf durchschnittlich mehr als drei verschiedene Arten gespleißt wird.

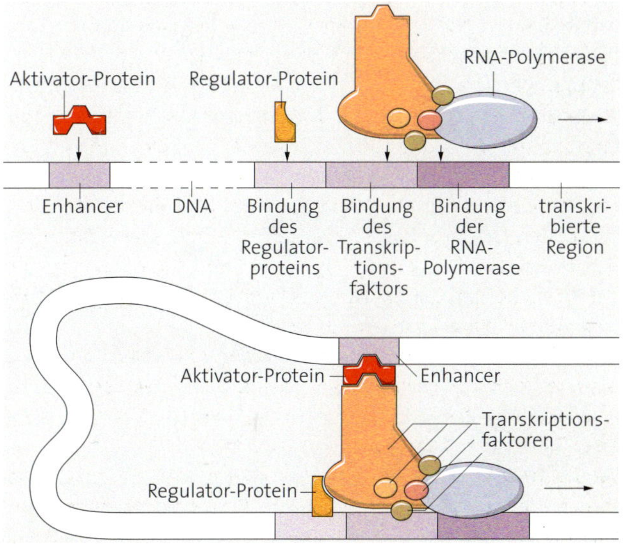

2 *Genregulation bei der Transkription*

Genmutationen

Mutationen sind Veränderungen der genetischen Information einer Zelle. Man unterscheidet nach Art und Tragweite der Veränderungen für das genetische Programm drei Mutationstypen:

- *Genommutationen* verändern die Anzahl der Chromosomen in einem Chromosomensatz (► S. 113).
- *Chromosomenmutationen* betreffen die Struktur einzelner Chromosomen (► S. 113).
- *Genmutationen* verändern die Basensequenz einzelner Gene. Genmutationen kommen durch Ersatz, Einfügen oder Verlust eines oder mehrerer Nucleotidpaare zustande.

Bedeutung von Mutationen. Die meisten Mutationen werden durch die Reparatursysteme (► S. 81, S. 98 f.) der Zelle korrigiert. Veränderungen, die im genetischen Programm erhalten bleiben, tragen jedoch zur *Steigerung der genetischen Variabilität* bei. Sie stellen einen wichtigen Faktor für die Evolution dar. Mutationen vergrößern allerdings nur dann den Genpool einer Art, wenn sie sich nicht in den Körperzellen eines ausgewachsenen Organismus ereignen, sondern in den *Keimzellen*. Nur Mutationen in Keimzellen, die zu einer Befruchtung gelangen, wirken sich auf die Folgegeneration aus.

Mutat. nur in Keimzellen gut → Evolution mgl.

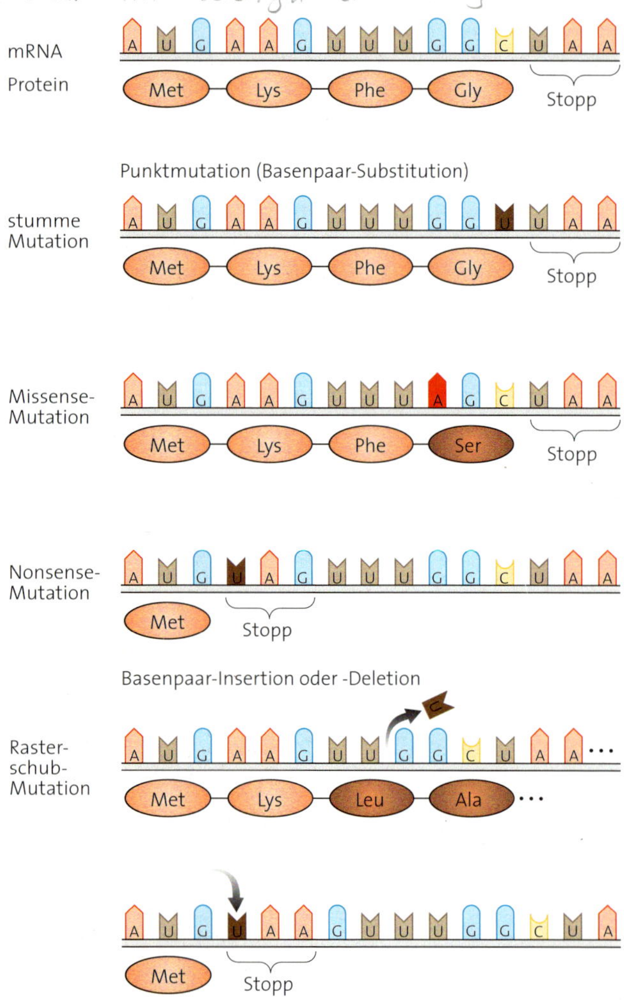

1 *Typen von Genmutationen*

Punktmutation. Unter einer Punktmutation versteht man den Ersatz eines Nucleotids und seines komplementären Partners im DNA-Strang durch ein anderes Nucleotidpaar. Diese *Basenpaarsubstitution* kann – in Abhängigkeit davon, an welcher Stelle im DNA-Molekül sie stattfindet – sehr unterschiedliche Auswirkungen haben. Erfolgt sie im nichtcodierenden Bereich eines Gens, einem Intron, hat sie keine Auswirkungen auf das codierte Protein. Solche *stummen Mutationen* treten auch in Exons auf. Dabei verändert der Austausch eines Basenpaars zwar das Codon, das aber wegen der Redundanz des genetischen Codes in dieselbe Aminosäure übersetzt wird. Mutiert zum Beispiel das Triplett CCG zu CCA, ändert sich das Codon der mRNA von GGC nach GGU. In beiden Fällen wird aber an der entsprechenden Stelle im Protein Glycin stehen.

In der Regel führen Basenpaarsubstitutionen zu *Missense-Mutationen* (von engl. *missense:* Fehlsinn): Das veränderte Triplett codiert immer noch für eine Aminosäure (und ist daher sinnvoll), allerdings für die falsche. Wenn die neue Aminosäure ähnliche Eigenschaften hat wie die ersetzte oder wenn der Austausch in einer Region des Proteins stattfindet, die für dessen Funktion nicht wichtig ist, können solche Änderungen ohne große Folgen für das Protein bleiben. Deutliche Auswirkungen haben jedoch diejenigen Punktmutationen, die *Veränderungen an funktionell wichtigen Bereichen* eines Proteins hervorrufen. Der Austausch einer einzigen Aminosäure etwa im aktiven Zentrum eines Proteins kann sich drastisch auf dessen Aktivität auswirken.

Gelegentlich führen solche Mutationen zu einer Verbesserung des Proteins oder zu Varianten, die Vorteile für den Organismus und seine Nachkommen mit sich bringen. Weitaus häufiger jedoch entstehen bei Punktmutationen Proteine, die weniger aktiv oder völlig funktionslos sind. Dies ist zum Beispiel der Fall, wenn ein Aminosäure-Codon in ein Stoppcodon umgewandelt wird und die Translation vorzeitig abbricht. Solche Punktmutationen nennt man *Nonsense-Mutationen* (von engl. *nonsense:* Unsinn). In seltenen Fällen sind am Spleißen beteiligte Sequenzen betroffen. Die Prä-mRNAs werden dann falsch bearbeitet, sodass am Ende nutzlose Proteine entstehen.

Insertion und Deletion. Das Einfügen eines oder mehrerer Nucleotidpaare in ein Gen wird als *Insertion*, der entsprechende Verlust als *Deletion* bezeichnet. Diese Mutationen haben für das betreffende Protein meist schwerwiegende Auswirkungen. Da die mRNA bei der Translation als eine Serie von Tripletts gelesen wird, können Insertionen oder Deletionen das *Leseraster* ändern. Solche *Rasterschub-Mutationen* entstehen, wenn die Zahl der eingefügten oder verlorenen Nucleotide kein Vielfaches von 3 ist. Die gesamte Basensequenz hinter der Deletion oder Insertion ist dann nicht mehr im richtigen Leseraster und wird falsch abgelesen. So entstehen auch Nonsense-Tripletts, die zum frühzeitigen Abbruch der Translation führen. Ein funktionsfähiges Protein kann höchstens dann entstehen, wenn sich der Rasterschub sehr nahe am Ende eines Gens befindet.

Sichelzellanämie. Bei Sichelzellanämie nehmen die Erythrocyten in sauerstoffarmem Blut eine sichelförmige Gestalt an. Da sie nicht so elastisch sind wie normale Erythrocyten, verstopfen sie die Blutkapillaren, sodass die Organe nicht ausreichend mit

körperliche Fehlbildung

Sauerstoff versorgt und deshalb geschädigt werden. Außerdem sind Sichelzellen weniger stabil. Sie platzen leichter und werden schneller abgebaut, als neue Zellen entstehen. Aufgrund des Erythrocytenmangels kommt es zur *Anämie*, einer verminderten Transportfähigkeit des Bluts vor allem für Sauerstoff. Die Krankheit verläuft bei homozygoten Merkmalsträgern meist tödlich.

Die Verformung der roten Blutzellen wird durch eine Variante des Blutfarbstoffs Hämoglobin verursacht. Im Sichelzell-Hämoglobin (HbS) ist in der β-Kette an einer Stelle die Aminosäure Glutaminsäure gegen Valin vertauscht. Dieser Austausch hat zur Folge, dass die HbS-Moleküle unter Sauerstoffmangel lange, faserförmige Aggregate bilden, die die Blutzellen entsprechend verformen. Der Austausch von Glutaminsäure gegen Valin ist die Folge einer Punktmutation: Im Gen für β-Globin findet sich ein einziges falsches Basenpaar!

Eigentlich wäre zu erwarten, dass ein tödlich wirkendes Gen aus dem Genpool der Population verschwindet. Das Gen für HbS tritt in bestimmten Regionen Afrikas aber mit einer Häufigkeit von bis zu 20 % in der Bevölkerung auf. Diese Regionen decken sich weitgehend mit den Verbreitungsgebieten von Malaria. Sichelzellanämie wird rezessiv vererbt. Bei Heterozygoten, also Genträgern, die neben dem mutierten Gen noch ein intaktes Gen für Hämoglobin besitzen, treten keine Krankheitssymptome auf. Dringen Malariaerreger, Einzeller der Gattung *Plasmodium*, in die Erythrocyten ein, sinkt der pH-Wert. Die HbS-Moleküle aggregieren und die Zellen verformen sich. Damit ist eine stärkere Durchlässigkeit der Zellmembran für Kaliumionen verbunden: Aus den Sichelzellen strömen vermehrt Kaliumionen aus. Da die Malariaerreger ein kaliumreiches Milieu brauchen, können sie sich in den Sichelzellen nicht vermehren. Heterozygote sind dadurch resistent gegenüber Malaria. Eine solche größere Vitalität Heterozygoter wird als *Heterosiseffekt* (► S. 128) bezeichnet.

Mukoviszidose. Mukoviszidose ist eine rezessiv vererbte Krankheit, bei der in verschiedenen Organen erhöhte Mengen sehr zähflüssiger Drüsensekrete gebildet werden. Die Betroffenen leiden schon im Säuglingsalter an Atemnot, chronischer Bronchitis und häufigen Lungenentzündungen. Hinzu kommen Mangelerscheinungen infolge von Verdauungsstörungen.

Ursache dafür ist der Defekt eines *Kanalproteins für Chloridionen* (► S. 20), der sich vor allem im Drüsengewebe von Bronchien, Bauchspeicheldrüse und Dickdarm auswirkt. Normalerweise sorgt dieser Ionenkanal dafür, dass Chloridionen unter ATP-Verbrauch zusammen mit dem Drüsensekret aus der Epithelzelle transportiert werden. Da Chloridionen osmotisch Wasser anziehen, bleiben die Sekrete dünnflüssig. Durch die Tätigkeit der Flimmerhärchen im Lungenepithel kann zum Beispiel der Schleim zusammen mit Staub und Bakterien aus der Lunge befördert werden. Unterbleibt der Ionentransport, wird der Schleim dick und zähflüssig und verstopft die Bronchien.

Der betreffende Ionenkanal wird mit der Abkürzung CFTR bezeichnet (für engl. *cystic fibrosis transmembrane conductance regulator:* Regulator der Transmembran-Leitfähigkeit bei zystischer Fibrose). Das CFTR-Gen ist auf Chromosom 7 lokalisiert und umfasst etwa 250 000 Basenpaare. Die 27 Exons sind nur 6 200 Basenpaare lang und codieren für ein Protein von 1 480 Aminosäuren. Es gibt über 600 verschiedene Mutationen in diesem Gen, die zu unterschiedlich schweren Formen von Mukoviszidose führen. In etwa 70 % der Fälle fehlen drei Nucleotide im Exon 10, was zum Ausfall der Aminosäure Phenylalanin an Position 508 des Proteins führt. Aufgrund seiner veränderten Tertiärstruktur kann das Protein das endoplasmatische Reticulum nicht verlassen und wird stattdessen abgebaut. Andere Mutationen erlauben zwar die Herstellung des Proteins und seinen Einbau in die Zellmembran, verhindern aber ein korrektes Funktionieren.

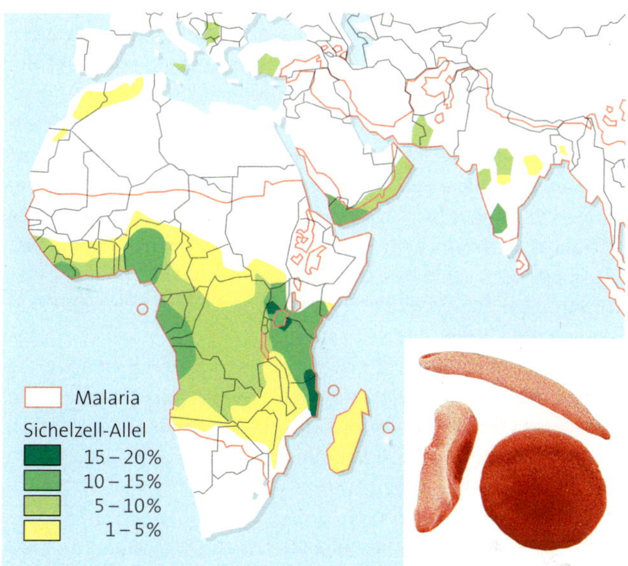

1 und 2 *Verbreitung des Sichelzell-Gens und der tropischen Malaria. Unten: Sichelzellen und normaler Erythrocyt*

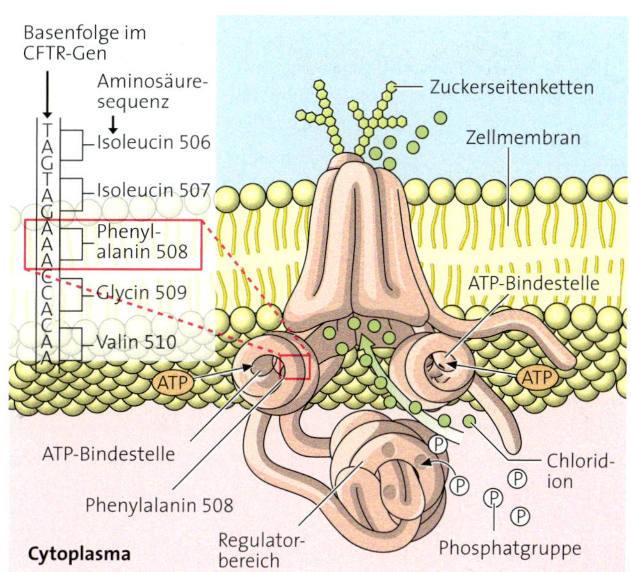

3 *Bei Mukoviszidose verändert meist eine Deletion im CFTR-Gen die Tertiärstruktur des Kanalproteins für Chloridionen.*

[Z] Krebs

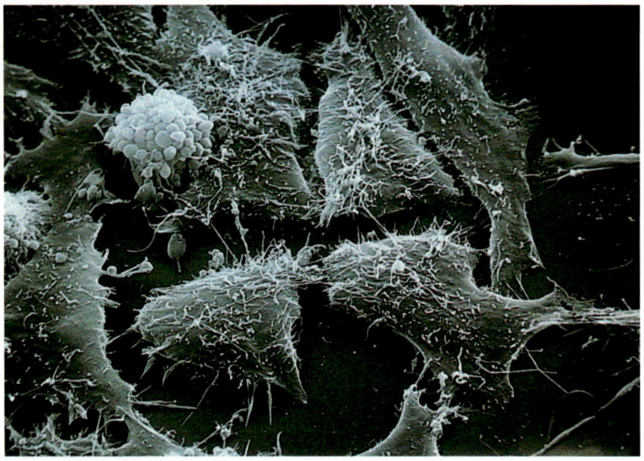

1 *Krebszellen aus einem Gebärmutterhalstumor. Seit 1949 werden Zellen von Henrietta Lachs kultiviert (HeLa-Zellen).*

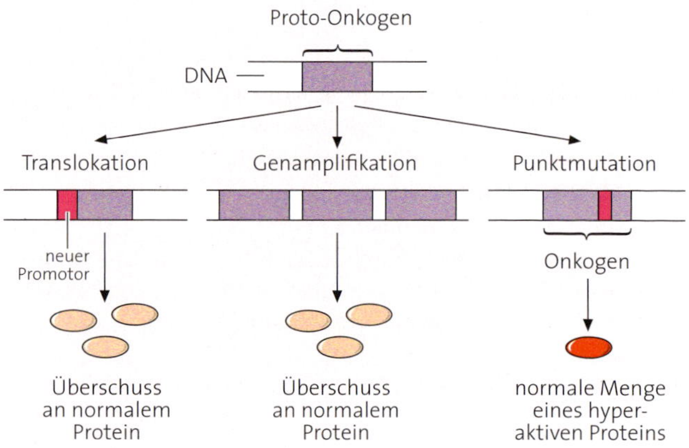

2 *Durch Mutationen entstehen aus Zellteilungs-Kontrollgenen Onkogene.*

Krebserkrankungen gehören in den Industrieländern zu den häufigsten Todesursachen. Obwohl das Risiko, an Krebs zu erkranken, stark von Umwelteinflüssen und Lebensgewohnheiten beeinflusst wird, spielen bei allen Krebsarten *genetische Faktoren* eine entscheidende Rolle.

Eigenschaften von Krebszellen. Krebszellen zeichnen sich vor allem durch zwei genetisch bedingte Eigenschaften aus. Zum einen *vermehren* sich Krebszellen unkontrolliert und übermäßig, die Zellteilung kann nicht mehr reguliert werden. Zum anderen geben Krebszellen ihre *Spezialisierung* auf. Dies geschieht durch die Aktivierung von Genen, die bei der Differenzierung der Zellen „stillgelegt" wurden. Die Zellen können ihre ursprüngliche gewebespezifische Funktion nicht mehr wahrnehmen.

Durch die Vermehrung der Krebszellen entsteht eine Geschwulst, der *Tumor*. Verbleiben die Zellen örtlich begrenzt in ihrem Ausgangsgewebe, gilt der Tumor als *gutartig*. Er kann chirurgisch entfernt werden. *Bösartige* Tumoren wachsen in das gesunde Gewebe in der Umgebung ein. Dabei können einzelne Zellen den Tumor verlassen, über Blut und Lymphe in andere Bereiche des Körpers eindringen und dort Tochtergeschwülste bilden, die als *Metastasen* bezeichnet werden. Metastasen lassen sich nur schwer auffinden und entfernen.

Kontrolle der Zellteilung. Zellen durchlaufen einen Zellzyklus, der von inneren und äußeren Signalen gesteuert wird (▶ S. 103). Zu einer Zellteilung kommt es nur dann, wenn in der Umgebung der Zelle *Wachstumsfaktoren* vorhanden sind.

Dabei handelt es sich um Proteine, die in geringen Konzentrationen wirken und spezifisch die Teilung eines bestimmten Zelltyps beeinflussen. Über spezielle Rezeptoren in der Zellmembran wird das Signal zur Aktivierung der Zellteilung ins Zellinnere weitergegeben. Das Signal bewirkt, dass über eine Kaskade von Regulatorproteinen bestimmte Gene aktiviert werden, deren Genprodukte die Zellteilung in Gang setzen.

Ursachen unkontrollierter Zellteilung. Die Zellteilung wird durch zwei Typen von Genen kontrolliert: *Proto-Onkogenen* und *Tumor-Suppressorgenen*. Mutationen können diese Gene so verändern, dass auch dann Zellteilungen stattfinden, wenn gar keine neuen Zellen gebraucht werden. Diese Veränderungen können zum Beispiel durch Strahleneinwirkung, chemische Karzinogene oder durch eine Infektion mit krebsauslösenden Viren zustande kommen.

Proto-Onkogene codieren für Wachstumsfaktoren, deren Rezeptoren und andere Regulatorproteine, die die Zellteilung fördern. Mutationen dieser Gene können zu übermäßiger Zellteilungsaktivität führen. Dadurch werden Proto-Onkogene zu *krebsauslösenden* Genen, zu *Onkogenen*. Dies kann auf unterschiedliche Art und Weise erfolgen (▶ Bild 2): Durch eine *Punktmutation* kann ein Wachstumsfaktor entstehen, der aktiver ist als das normale Protein (▶ S. 92). Die Verlagerung an einen anderen Ort kann zur Folge haben, dass ein Proto-Onkogen unter die Kontrolle eines besonders aktiven Promotors gelangt, der seine Transkription steigert. *Genamplifikation* bewirkt, dass ein Proto-Onkogen in ungewöhnlich vielen Kopien vorliegt. Werden sie transkribiert, führt dies ebenfalls zu einem Überschuss des wachstumsstimulierenden Proteins.

Krebs kann aber auch durch Mutationen solcher Gene entstehen, deren Produkte die Zellteilung nicht stimulieren, sondern *hemmen*. Diese Gene bezeichnet man als *Tumor-Suppressorgene* oder *Anti-Onkogene*. Mutationen in Tumor-Suppressorgenen können bewirken, dass die normale Hemmung der Zellteilung entfällt. Der Defekt wird jedoch nur dann sichtbar, wenn beide Allele des Gens verändert sind (▶ S. 109).

Tumorprogression. Würde eine einzige Mutation ausreichen, um eine normale Körperzelle in eine Krebszelle zu verwandeln, wäre die Wahrscheinlichkeit von Krebserkrankungen vom Alter unabhängig. Tatsächlich steigt aber die Krebshäufigkeit mit dem Alter stark an. Damit ein Tumor entsteht, muss eine ganze Sequenz von Ereignissen stattfinden, durch die im Lauf der Zeit zwischen drei und sieben Mutationen zusammenkommen.

---

1 Erläutern Sie, worauf sich eine genetische Disposition für Krebs gründet. Vergleichen Sie dabei die Auswirkungen, die Mutationen von Proto-Onkogenen und von Tumor-Suppressorgenen haben können.

Mithilfe dieses Kapitels können Sie

- Aufbau und Struktur der DNA als Träger der genetischen Information beschreiben und erläutern
- die molekulare Architektur von Chromosomen darstellen
- das Grundprinzip und die molekularen Details der Verdopplung der genetischen Information erläutern
- beschreiben, durch welche Methode DNA beliebig vervielfältig werden kann
- darstellen, wie eine Sequenzanalyse der genetischen Information durchgeführt wird
- definieren, was unter einem Gen verstanden wird
- den Weg vom Gen zum Merkmal erläutern
- Gemeinsamkeiten und Unterschiede der Proteinbiosynthese bei Pro- und Eukaryoten gegenüberstellen
- die molekularen und phänotypischen Auswirkungen von Genmutationen beurteilen
- an Beispielen die molekularen Ursachen von Erbkrankheiten darstellen
- Gemeinsamkeiten und Unterschiede der Regulation der Genaktivität bei Pro- und Eukaryoten gegenüberstellen
- Krebs auf molekulare Ursachen zurückführen

Testen Sie Ihre Kompetenzen

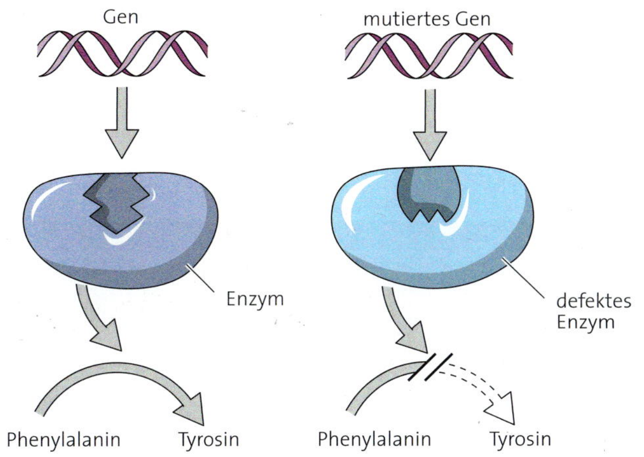

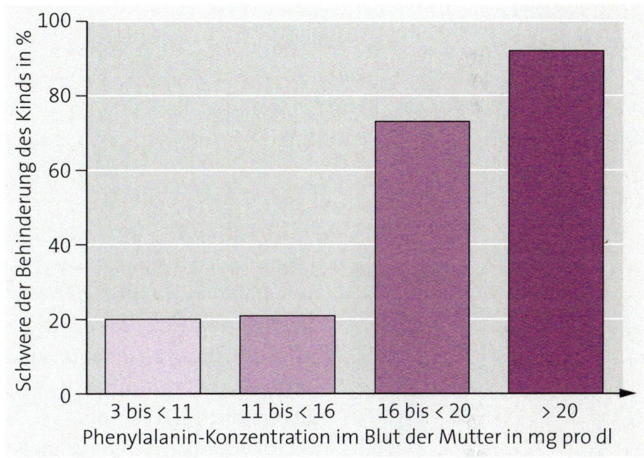

Die Phenylketonurie (PKU) ist eine der häufigsten genetisch bedingten Stoffwechselerkrankungen. Bleibt die Krankheit unbehandelt, führt sie zu geistiger Behinderung. Im Gen für Phenylalaninhydroxylase wurden bis heute über 500 verschiedene Mutationen gefunden. Daher sind die Beziehungen zwischen Genotyp und Phänotyp sehr komplex.

Mutationsart	Häufigkeit
Missense	62 %
Deletion	13 %
Nonsense	5 %

1. Beschreiben Sie, in welcher Weise die Bauanleitung des Enzyms im Gen für Phenylalaninhydroxylase gespeichert ist.
2. Erläutern Sie anhand der Grafik oben den molekularen Defekt bei PKU.
3. Beschreiben Sie, welche Auswirkungen die in der Tabelle aufgeführten Mutationen auf das Enzym und seine Wirkungen haben können.
4. Mit einem Anteil von 6 % kommen auch stumme Mutationen vor. Begründen Sie, weshalb sie sich auf das Enzym nicht auswirken.
5. 11 % der Mutationen kommen an den Schnittstellen von Exons und Introns vor. Erörtern Sie deren Auswirkungen.
6. Die häufigste Mutation führt in der Polypeptidkette des Enzyms an Position 408 zu einem Austausch der Aminosäure Arginin gegen Tryptophan. Erschließen Sie mithilfe der Code-Sonne, welche Mutation zu diesem Austausch führt.
7. Das Gen für Phenylalaninhydroxylase kommt in allen Körperzellen vor, aber das Enzym wird nur in Leberzellen produziert. Erläutern Sie hierfür mögliche Mechanismen.
8. Die Krankheitssymptome der PKU zeigen sich nur, wenn Gene für Phenylalaninhydroxylase mutiert sind. Erklären Sie die Ursache, indem Sie sich über rezessive Vererbung (► S. 109, S. 116) informieren.
9. Zur Diagnose der PKU wird der sogenannte Guthrie-Test eingesetzt. Recherchieren Sie zu diesem Verfahren und erläutern Sie Vorgehensweise und Dateninterpretation.
10. Begründen Sie anhand der Auswirkungen auf die Neugeborenen (► Diagramm oben), weshalb schwangere Frauen mit PKU eine besonders strenge Diät einhalten müssen.
11. Während man früher annahm, dass erwachsene PKU-Patienten (außer schwangere Frauen) die Diät einstellen können, wird heute lebenslange Diät empfohlen. Erörtern Sie mögliche Gründe.

DNA-Reparatur – Selbstschutz der Zelle

Alles Leben auf der Erde bezieht seine Energie von der Sonne. Wir Menschen genießen oft die belebende Wirkung des Sonnenlichts. Gleichzeitig geht aber auch eine Bedrohung von ihr aus. Bei den meisten Menschen werden Schäden, die beim Sonnenbaden in der Haut entstehen, rasch ausgeglichen. Für „Mondscheinkinder" hingegen wird die Sonne zur tödlichen Gefahr. Bei ihnen bilden sich aufgrund einer seltenen Erbkrankheit durch Kontakt mit Sonnenlicht zunächst Pigmentflecke, aus denen sich Hautkrebs entwickelt. Mondscheinkinder dürfen nur mit Schutzanzügen bekleidet an das Tageslicht. Fensterscheiben müssen verdunkelt oder durch UV-Schutzfolie abgeschirmt werden. Zum Spielen im Freien nutzen Mondscheinkinder die Stunden, in denen andere schlafen ... Ihr Beispiel zeigt, wie empfindlich die DNA auf Umwelteinflüsse reagiert.

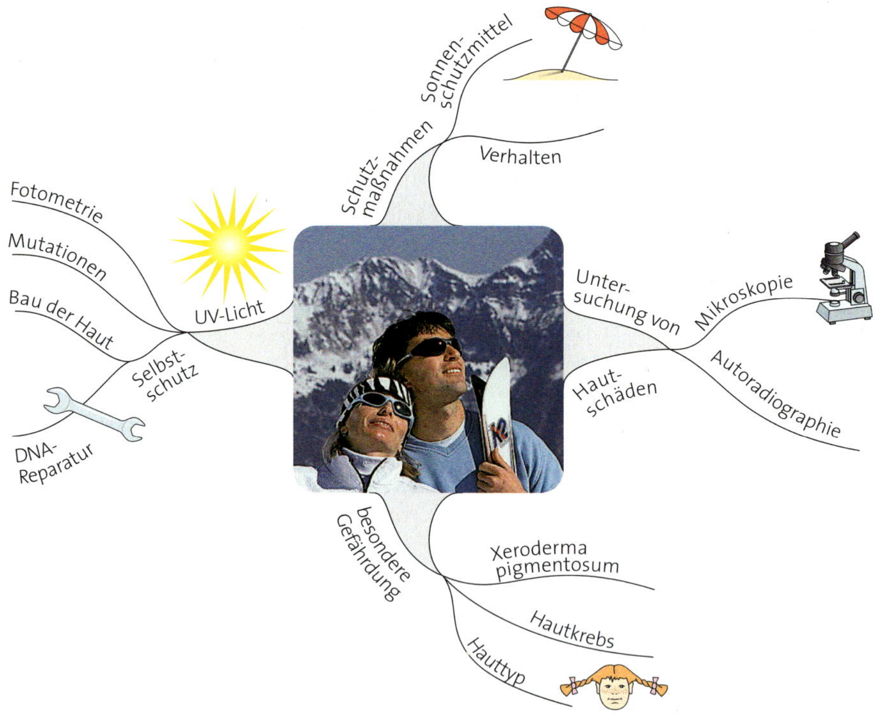

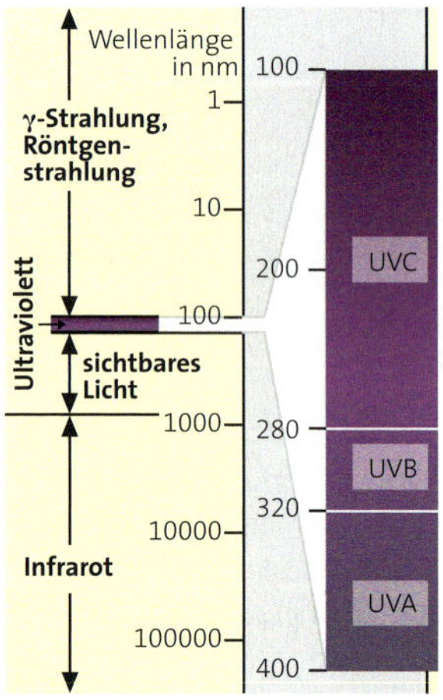

1 Spektrum von UV-Licht

GRUNDLAGEN Das elektromagnetische Spektrum der Sonnenstrahlung umfasst den Wellenlängenbereich von 225 bis 3200 nm. Das besonders kurzwellige Licht bezeichnet man als ultraviolette (UV-)Strahlung. Je nach Wellenlänge unterscheidet man UVC-(100–280 nm), UVB-(280–320 nm) und UVA-Strahlen (320–400 nm). Je kurzwelliger die Strahlen, desto energiereicher und gefährlicher sind sie. Sie dringen in Zellen ein und können Mutationen auslösen.

Ein Reparatursystem im Zellkern sorgt dafür, dass UV-bedingte DNA-Schäden innerhalb von 2 Stunden beseitigt werden. Bei „Mondscheinkindern" fehlt der Reparaturmechanismus: Sie leiden an der sehr seltenen Erbkrankheit Xeroderma pigmentosum (XP). Die Betroffenen, deren Zahl weltweit auf etwa 2000 geschätzt wird, sterben meist früh an Hautkrebs. Doch auch in der Normalbevölkerung steigt die Hautkrebsrate bedenklich. Schutzmaßnahmen sollten auch für gesunde Menschen selbstverständlich sein.

2 Mondscheinkinder im Ferienlager spielen im Dunkeln.

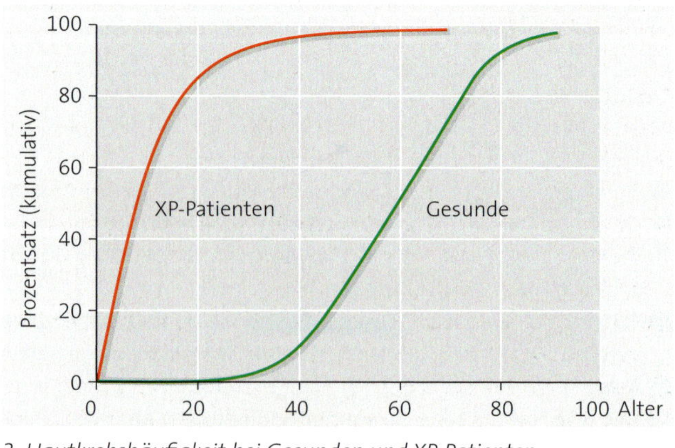

3 Hautkrebshäufigkeit bei Gesunden und XP-Patienten

Basisinformationen

elektromagnetisches Spektrum (► S.47) • Krebs (► S.96)

1 **Vergleichen Sie die Krebshäufigkeit von XP-Patienten und Hautkrebspatienten ohne XP.**

DNA-Schäden und Reparaturmechanismen

UV-Strahlen bewirken Veränderungen in der chemischen Struktur der Nucleotid-Bausteine der DNA. Die häufigste Folge der UV-Bestrahlung ist die Bildung von Thymin-Dimeren. Dabei verbinden sich zwei benachbarte Thymin-Basen innerhalb eines DNA-Strangs (► Bild 1). Dies führt dazu, dass der DNA-Strang abknickt und die Basen keine Wasserstoffbrücken zum komplementären Strang ausbilden können.

Mithilfe von Experimenten mit Mutanten von E. coli gelang es, den Reparaturvorgang aufzuklären. Versuche zeigten, dass der Wildtyp Bestrahlung mit niedrigen Dosen von UV-Licht überlebt. Die Mutante *E. coli uvr⁻* reagiert hingegen sehr empfindlich (► Bild 2). Diesem Bakterienstamm fehlt das System zur Reparatur von UV-Schäden. Die uvr-Gene codieren für verschiedene Untereinheiten einer *Endonuclease*. Dieses Reparaturenzym hat die Funktion, die DNA ständig auf Fehler hin zu prüfen. Trifft sie auf ein Thymin-Dimer, schneidet sie den DNA-Strang davor und dahinter durch und der geschädigte Abschnitt wird entfernt. Die DNA-Polymerase schließt die Lücke, indem sie einen neuen DNA-Abschnitt synthetisiert. Dieser wird anschließend durch die DNA-Ligase mit dem alten Strang verknüpft (► Bild 3). Diese Ausschneide- oder Exzisionsreparatur findet in den Zellen aller Lebewesen statt. Weitere Reparaturmechanismen schneiden defekte Basen aus oder korrigieren Replikationsfehler (► S. 81).

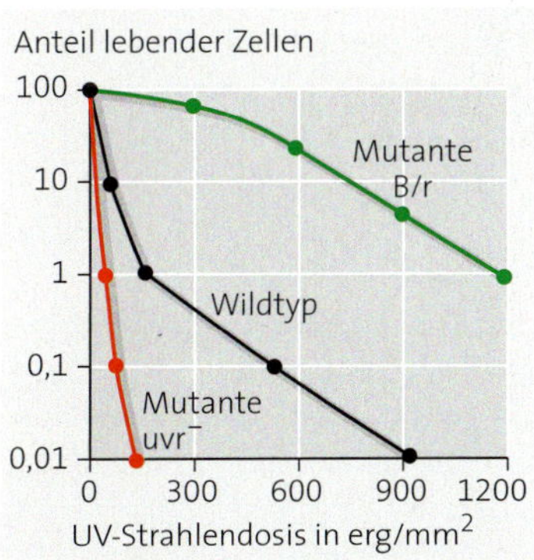

2 UV-Empfindlichkeit verschiedener E.-coli-Stämme

Fusionsexperimente mit Zellen von XP-Patienten gaben Aufschluss über die genetischen Grundlagen der DNA-Reparatur. Nachdem man zwei Zellen von verschiedenen Patienten miteinander verschmolzen hatte, war in einigen Fällen die dabei entstandene Zelle anschließend in der Lage, UV-Schäden zu reparieren. Dies weist darauf hin, dass unterschiedliche Mutationen vorlagen, sodass das mutierte Allel jeweils durch das zweite Allel ausgeglichen wurde. Insgesamt belegten die Versuche, dass mindestens sieben Gene an der DNA-Reparatur beteiligt sind.

Basisinformationen

Bau der DNA (► S. 76, 77) • Replikation (► S. 80, 81) • Mutationen (► S. 92, 112) • Stammbaumanalyse (► S. 115)

❶ Operationssäle und mikrobiologische Arbeitsplätze, an denen sterile Bedingungen herrschen müssen, werden mit UV-Licht bestrahlt. Begründen Sie.

❷ Erklären Sie, welche Bedeutung die Doppelsträngigkeit der DNA im Hinblick auf den DNA-Reparaturmechanismus hat.

❸ Analysieren Sie den Erbgang für Xeroderma pigmentosum in Bild 4. In welchem Verwandtschaftsverhältnis stehen die Eltern des erkrankten Kindes?

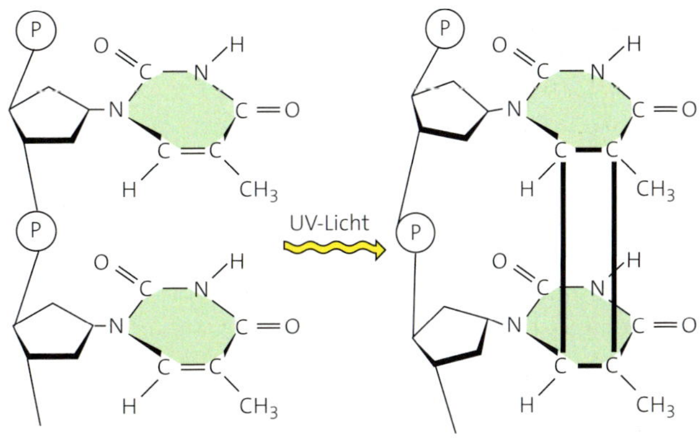

1 Dimerisierung von Thymin im DNA-Doppelstrang durch UV-Licht

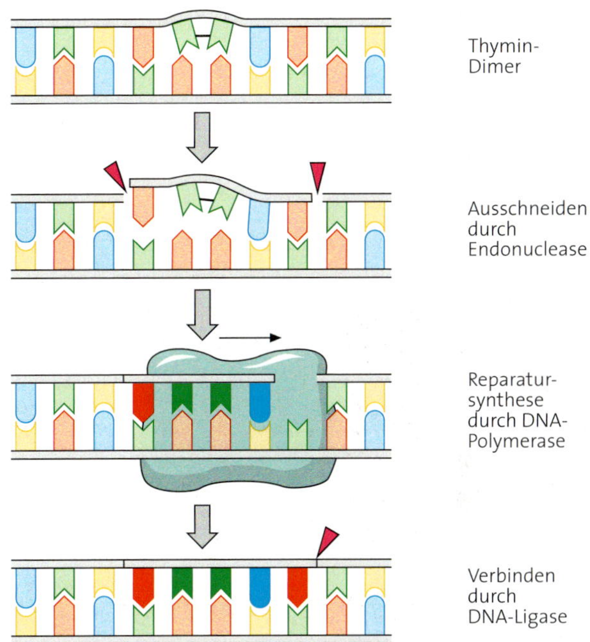

3 Enzyme reparieren geschädigte DNA durch Exzision.

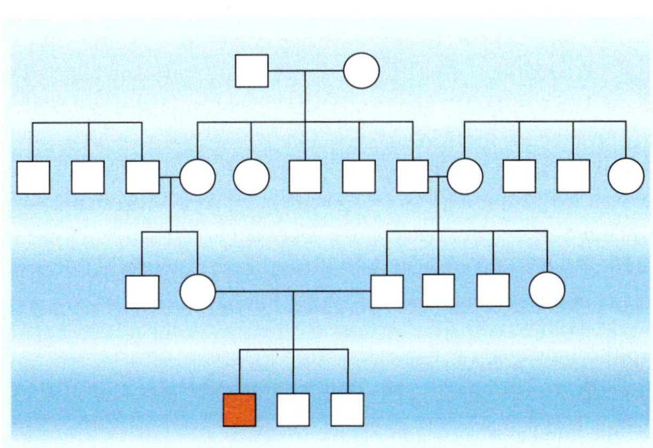

4 Erbgang von Xeroderma pigmentosum

Versuche zu Schäden durch UV-Licht

Mutation durch UV-Licht

MATERIAL: UV-Lampe, Sonnenbrille, Sonnenschutzcreme, Drigalski-Spatel, Reagenzgläser mit steriler 0,9%iger Kochsalzlösung, Glaspetrischalen mit Nährmedium, Übernachtkultur des Bakterienstamms *E. coli K 12*

DURCHFÜHRUNG: Beachten Sie bei Ihrer Arbeit die Sicherheitsbestimmungen zum Umgang mit Bakterien! Verdünnen Sie eine Übernachtkultur von E. coli K 12 wie im Versuch zur Titerbestimmung beschrieben (► S. 85). Geben Sie aus dem letzten Verdünnungsschritt auf 7 Petrischalen je 0,1 ml Bakterienkultur und streichen Sie sie mit einem Drigalski-Spatel auf dem Medium aus. Bestrahlen Sie 5 Petrischalen unterschiedlich lange mit UV-Licht (5, 10, 30, 60 und 120 s). Die Zeit beginnt mit der Abnahme des Deckels und endet mit dem Aufsetzen. Setzen Sie eine Kulturschale mit geschlossenem Deckel 2 min lang dem Licht aus. Zur Kontrolle bleibt eine weitere Schale unbestrahlt.

Führen Sie die Versuche bei verschiedenen Wellenlängen durch. Schützen Sie dabei unbedingt Augen und Haut durch Sonnenbrille und -creme! Bebrüten Sie die Agarplatten anschließend 24 Stunden bei 37 °C im Wärmeschrank.

AUSWERTUNG: Bestimmen Sie die Anzahl von Bakterienkolonien auf den Petrischalen. Stellen Sie das Ergebnis grafisch dar, indem Sie die Koloniezahl in Abhängigkeit von der Bestrahlungsdauer auftragen. Deuten Sie die Ergebnisse.

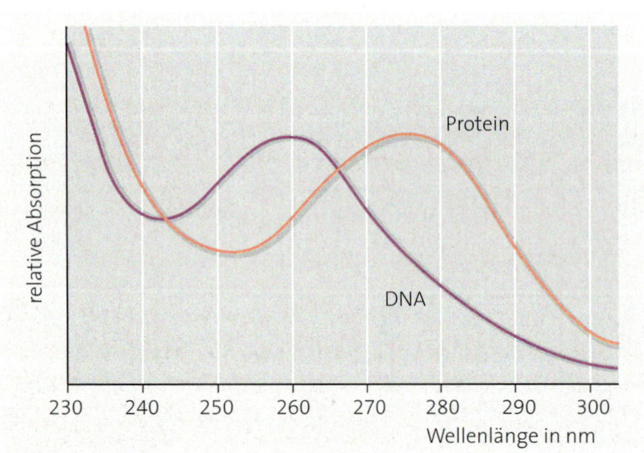

Messung des Absorptionsspektrums von DNA

MATERIAL: Fotometer, isolierte DNA (entsprechend der DNA-Extraktion auf S. 79 oder gekaufte DNA), Lösepuffer (5,8 g NaCl + 2,4 g Tri-Na-Citrat ad 1 000 ml A. dest.)

DURCHFÜHRUNG: Lösen Sie die DNA in 10 ml Lösepuffer. Messen Sie das Absorptionsspektrum der DNA mit dem Fotometer. Vergleichen Sie Ihr Ergebnis mit dem Bild oben.

Untersuchung von Haut

MATERIAL: frische Schweineschwarte, Lupe, Messer, Fertigpräparate von Hautschnitten, Mikroskop

DURCHFÜHRUNG: Untersuchen Sie die Gliederung der Haut sowie die Dicke und Beschaffenheit der verschiedenen Schichten. Achten Sie dabei auch auf die Oberflächenstrukturen und die Durchblutung. Die Aufgaben unserer Haut sind sehr vielfältig. Erstellen Sie eine Liste und versuchen Sie den Hautschichten bestimmte Funktionen zuzuordnen.

Betrachten Sie Hautschnitte unter dem Mikroskop. Vergleichen Sie mit dem Schema (► Bild 1, S. 101). Welche Teile dienen hauptsächlich dem Schutz? Wo liegen Zellschichten, die besonders empfindlich auf UV-Strahlen reagieren?

Untersuchung der DNA-Reparatur nach UV-Bestrahlung

Die DNA-Reparatursysteme des Menschen werden mithilfe radioaktiver Isotope und Autoradiografie untersucht (► S. 79). Dabei arbeitet man vor allem mit Zellkulturen von Fibroblasten (noch undifferenzierte Bindegewebszellen), zum Teil aber auch mit wenige Millimeter großen Gewebeproben von Gesunden und XP-Patienten. Die Proben bestrahlt man mit UV-Licht, überführt sie für einige Zeit in ein Medium mit ^{3}H-haltigem Thymin und fixiert sie dann. Die Schnitte werden anschließend mit Röntgenfilm überzogen, den die radioaktive Strahlung schwärzt.

---

1 Die Abbildungen unten zeigen Hautpräparate, in denen die radioaktiven Thymin-Moleküle als schwarze Punkte erkennbar sind. Vergleichen Sie die Autoradiogramme von unbestrahlter und bestrahlter Haut eines Gesunden und bestrahlter Haut eines XP-Patienten. Erklären Sie die Ergebnisse.

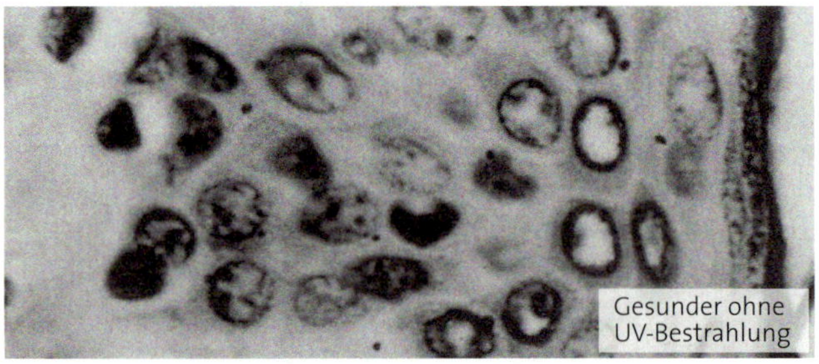
Gesunder ohne UV-Bestrahlung

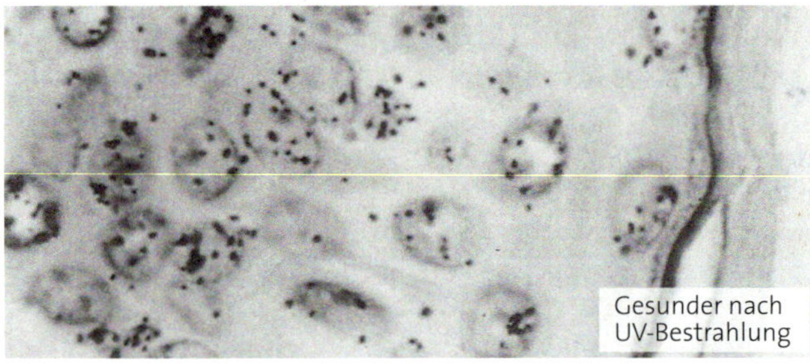
Gesunder nach UV-Bestrahlung

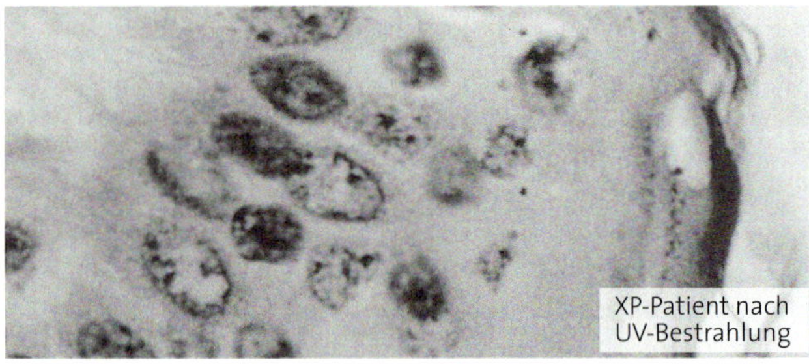
XP-Patient nach UV-Bestrahlung

Schönheit kontra Hautkrebs

„Ich bin braun, aber schön", sagt König Salomon in der Bibel. Braune Haut galt nicht zu allen Zeiten als Schönheitsideal. Noch Anfang des 20. Jahrhunderts waren Sonnenschirme und große Hüte modern – Accessoires der „besseren" Schichten, die durch ihre Blässe zeigten, dass sie nicht im Freien arbeiten mussten.

Die *Melanocyten* – Zellen, die das Pigment Melanin bilden und für die Färbung der Haut verantwortlich sind – liegen in der untersten Schicht der Oberhaut. Je mehr Melanocyten pro Fläche vorhanden sind, desto dunkler ist die betreffende Hautregion. Unterschiede in der Hautfarbe beruhen auf unterschiedlichem Melaningehalt. Bei hellhäutigen Menschen wird erst dann vermehrt Melanin gebildet, wenn sie stärkerer UV-Einstrahlung ausgesetzt sind. Die Bräune geht jedoch mit der Zeit wieder verloren, da die Pigmentzellen an die Oberfläche wandern, absterben und abgestoßen werden.

Bei hellhäutigen Menschen hat Hautkrebs in den letzten Jahren stark zugenommen. In Deutschland steigt die Hautkrebsrate jährlich etwa um 7 %. Als eine der Ursachen gilt die Zerstörung der Ozonschicht. Sie hält einen Teil der biologisch gefährlichen UV-Strahlen – mit Wellenlängen unter 290 nm – fast vollständig zurück. Man schätzt, dass eine Abnahme der Ozonwerte um 1 % zu einer Erhöhung der UV-Strahlung um 2 % und der Hautkrebsrate um 6 % führt. Da Hauttumoren langsam wachsen und Jahrzehnte zwischen Auslösung und Auftreten liegen können, hängt die Zunahme von Hautkrebs möglicherweise auch mit dem veränderten Freizeit- und Urlaubsverhalten zusammen.

Basisinformationen
Krebs (► S. 96)

Wirkung von Sonnenschutzmitteln
Die Schutzwirkung von Sonnencremes beruht meist auf chemischer Absorption. Filtersubstanzen wie beispielsweise Zimtsäureester absorbieren die Sonnenbrand verursachende UV-B-Strahlung ebenso wie UV-A-Licht, das die vorzeitige Alterung der Haut bewirkt.

Einige Produkte enthalten auch „physikalischen Lichtschutz" – Substanzen wie Titandioxid, die die UV-Strahlung reflektieren. Sie wirken im Gegensatz zu den üblichen Sonnenschutzmitteln, die erst in die Haut einziehen müssen, schon unmittelbar nach dem Auftragen.

Versuch zur Wirkung von Sonnenschutzmitteln

MATERIAL: Sonnenschutzmittel mit unterschiedlichen Lichtschutzfaktoren, Entwickler, Fixierer, Plastikschalen, Röntgenfilm, UV-Lampe (langwelliges UV-Licht, z. B. 360 nm), Sonnenbrille, Schutzhandschuhe, Dunkelkammer

DURCHFÜHRUNG: Schneiden Sie den Röntgenfilm in der Dunkelkammer in gleich große Stücke. Bringen Sie jedes Sonnenschutzpräparat auf je 5 Filmstücke auf, verreiben Sie es und lassen Sie es wie auf der Packung angegeben einwirken. Bestrahlen Sie anschließend die Filme mit UV-Licht 10, 30, 60, 120 und 300 Sekunden lang. Die Entwicklung und Fixierung erfolgt nach den Angaben des Herstellers der Lösungen.

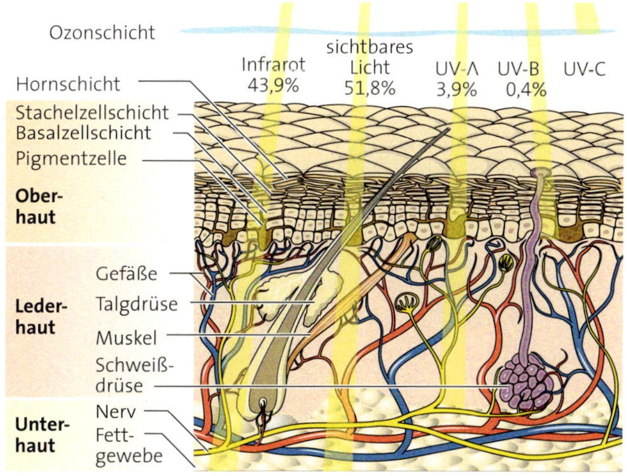

1 Eindringtiefe von Strahlung verschiedener Wellenlänge in die Haut

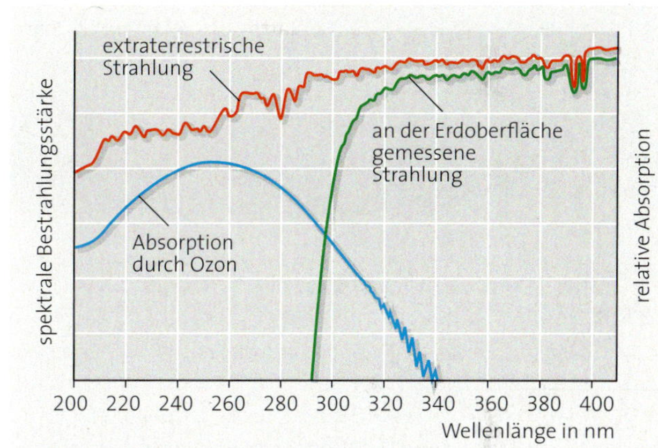

2 UV-Strahlung und Absorption durch Ozon

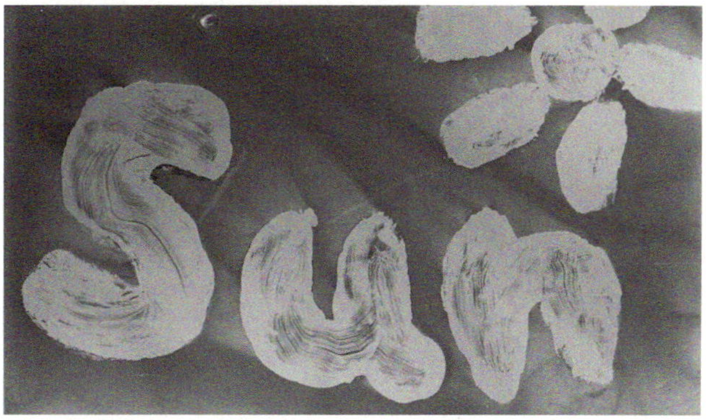

3 Röntgenfilm, mit Sonnenöl behandelt, nach UV-Belichtung

1. **Vergleichen Sie die Absorptionsspektren von Ozon und DNA. Stellen Sie einen Zusammenhang her zwischen der Hautkrebsrate und der UV-Einstrahlung.**
2. **Analysieren Sie die Ergebnisse des Versuchs mit Sonnenschutzmitteln. Beurteilen Sie deren Wirksamkeit.**
3. **Stellen Sie Regeln für vernünftiges Sonnen auf.**

Cytogenetik, Klassische Genetik und Humangenetik

1 *„Wie Milch und Kaffee ...": zweieiige Zwillinge mit dunkler und heller Haut und ihre Eltern*

„Wunderzwillinge!" titelte eine Tageszeitung. Offenbar erscheint Vererbung in besonderen Fällen immer noch wie ein Mysterium. Viele Menschen erwarten, dass die Merkmale der Nachkommen wie eine Mischung der Elternmerkmale aussehen. Merkmale vermengen sich jedoch nicht wie zwei Flüssigkeiten. Sie beruhen auf Erbanlagen – diskreten Informationseinheiten, die über die Generationen hinweg unverändert weitergegeben werden. Bei der Fortpflanzung werden die Erbanlagen zufällig auf die Nachkommen verteilt, sodass eine Vielzahl von Merkmalskombinationen entstehen kann. Merkmale können aber nicht nur kombiniert, sondern auch – wie bei den Zwillingen – voneinander getrennt werden.

Im Blickpunkt

- Erbe und Umwelt prägen zusammen die Merkmale aus
- Regeln der Vererbung: entdeckt von J.G. MENDEL, zu seiner Zeit unverstanden, heute grundlegend für unser Wissen um die Vererbung bei Pflanze, Tier und Mensch
- Bau und Eigenschaften von Chromosomen
- Chromosomen als Träger der Gene – von MENDEL zur Molekulargenetik
- Drosophila und Mensch: Modellorganismen der Genetik
- genetisch bedingte Krankheiten als Schlüssel zu den genetischen Grundlagen bestimmter Merkmale
- komplexe Merkmale: Wird Intelligenz vererbt?

GRUNDLAGEN Menschen waren immer daran interessiert, Vererbungsvorgänge zu verstehen – lange bevor das Geschehen auf Bestandteile der Zellen oder gar Stoffe zurückgeführt werden konnte. Schon früh hatte man erkannt, dass bei Mensch, Tier und Pflanze die Nachkommen ihren Eltern ähneln. Dennoch blieb die Vererbung ein „unergründliches Mysterium der Natur", wie es der Philosoph MICHEL DE MONTAIGNE bezeichnete. Um 1860 lüftete JOHANN GREGOR MENDEL mit seinen Kreuzungsexperimenten als Erster das Geheimnis der Vererbung.

Als man 40 Jahre später die Chromosomen als Träger der von MENDEL postulierten „Erbfaktoren" erkannte, verstand man auch die von ihm entdeckten Vererbungsregeln. Diese Regeln legten den Grundstein für einen neuen Wissenschaftszweig, die Genetik. Seitdem wurden Vererbungsvorgänge in allen Einzelheiten untersucht. Stand ursprünglich das Auftreten einzelner Merkmale in der Generationenfolge im Mittelpunkt, verlagerte sich später das Interesse auf die Ebene der Zellen und Chromosomen und schließlich zur stofflichen Natur der Gene. Diese als Klassische Genetik, Cytogenetik und Molekulargenetik bezeichneten Fachgebiete verdanken ihre Erkenntnisse jeweils ganz bestimmten, besonders geeigneten Forschungsobjekten.

Da die Vererbungsvorgänge bei allen Organismen sehr ähnlich oder gar identisch sind, verstehen wir anhand ihrer Ergebnisse auch die Vererbung bei uns Menschen. Mit ihr befasst sich die Humangenetik.

Der Zellzyklus

Vielzellige Lebewesen entwickeln sich in der Regel aus einer einzigen Zelle, der befruchteten Eizelle. Während des Wachstums laufen eine Vielzahl von *Zellteilungen* ab. Im ausgewachsenen Organismus dient die Zellteilung zur Erneuerung und Reparatur. Der Körper eines erwachsenen Menschen beispielsweise besteht aus etwa 60 Billionen Zellen, von denen täglich rund 2 % absterben und wieder ersetzt werden. Ohne die Fähigkeit zur Zellteilung wären Organismen nicht in der Lage sich zu vermehren, zu wachsen und sich zu regenerieren.

Teilungsfähigkeit verschiedener Zellen. Im Labor können Zellen unter idealen Wachstumsbedingungen auf Nährmedien kultiviert werden. Mithilfe solcher Zellkulturen lässt sich die *Teilungsfähigkeit* verschiedener Zellen gut untersuchen und vergleichen. Einzeller teilen sich sehr schnell, sie verdoppeln ihre Anzahl innerhalb von 1 bis 2 Stunden. Bei Säugetierzellen dauert die Zellteilung dagegen zwischen 10 und 24 Stunden.

Die *Zellteilungsaktivität* verschiedener Gewebe eines Organismus ist sehr unterschiedlich. Leberzellen des Menschen zum Beispiel teilen sich nur sehr selten, sie werden in der Regel erst durch eine Schädigung zur Teilung angeregt. Manche Darmepithelzellen, die einem hohen Verschleiß unterliegen, teilen sich dagegen mehrmals pro Tag. Die Zellen des Herzmuskels und der Augenlinse sowie die meisten Gehirnzellen haben ihre Teilungsfähigkeit verloren.

Trennung von Wachstums- und Teilungsphase. Aus der Zellteilung gehen *zwei genetisch identische Zellen* hervor. Dazu werden die Zellbestandteile zusammen mit dem Cytoplasma gleichmäßig auf die Tochterzellen verteilt. Die DNA nimmt hierfür eine *Transportform* ein, sodass sie bei der Aufteilung auf die Tochterzellen weniger leicht beschädigt werden kann. In der Transportform kann die genetische Information nicht mehr abgelesen werden. Der Zellstoffwechsel kommt dadurch weitgehend zum Erliegen.

Die vor der Zellteilung notwendige Verdopplung der DNA ist aber ebenso wie das Zellwachstum dagegen nur möglich, wenn die im Zellkern enthaltene genetische Information abgelesen werden kann, die DNA also in ihrer *Arbeitsform* und nicht in der Transportform vorliegt.

Das Wachstum und die Teilung von Zellen erfordern demnach unterschiedliche Prozesse, die nur zeitlich voneinander getrennt ablaufen können. Die regelmäßige Abfolge dieser Prozesse ist der Zellzyklus. Er gliedert sich in zwei Abschnitte: die Wachstums- oder *Interphase* und die Teilungs- oder *Mitosephase*. In der Mitosephase lässt sich die *Kernteilung (Mitose)* von der eigentlichen *Zellteilung (Cytokinese)* unterscheiden (▶ S. 105).

Interphase. Die weitaus längste Zeit liegen Zellen in der Interphase vor, die im lichtmikroskopischen Bild ereignislos erscheint. Tatsächlich ist die Zeit zwischen zwei Zellteilungen eine „Arbeitsphase" mit intensiver Stoffwechselaktivität. In einem mittleren Zeitabschnitt der Interphase wird die Erbinformation verdoppelt. Dieser Abschnitt heißt *S-Phase* (S für Synthese, gemeint ist die Synthese von DNA). Die direkt vor und nach der S-Phase liegenden Abschnitte werden als G_1- beziehungsweise G_2-*Phase* bezeichnet (G für engl. *gap:* Lücke). Während dieser Zeit wachsen die Zellen stark. Hierfür wird die genetische Information abgelesen und in Proteine umgesetzt. Bei teilungsaktiven Zellen macht die Interphase zeitlich oft mehr als 90 % des Zellzyklus aus. Bei Vielzellern haben die meisten Zellen ihre Teilungsaktivität sogar ganz eingestellt und verharren in der Arbeitsphase. Dieser Zustand wird als G_0-*Phase* bezeichnet.

Steuerung und Regelung des Zellzyklus. Im vielzelligen Organismus ist die Vermehrung der Zellen streng geregelt. Dabei haben die Nährstoffversorgung der Zelle, die Zelldichte und Wachstumsfaktoren Einfluss auf den Zellzyklus. Der korrekte Übergang von einer Phase zur nächsten wird kontrolliert, indem inaktive Enzyme durch Regulatorstoffe aktiviert werden, die jeweils in der vorhergehenden Phase des Zyklus entstehen, aktiviert werden. Diese Enzyme setzen dann den nächsten Arbeitsschritt des Zellzyklus in Gang. Zum Beispiel wird am Ende der G_1-Phase „geprüft", ob das Mengenverhältnis von Cytoplasma zu Zellkern einen bestimmten Schwellenwert überschreitet. Dieser Schwellenwert wird *Kontrollpunkt* oder *Restriktionspunkt* genannt. Ist er überschritten, tritt die Zelle in die S-Phase ein: Die DNA wird verdoppelt und die Zelle kann sich teilen, sofern auch noch ein zweiter Kontrollpunkt am Ende der G_2-Phase passiert wird.

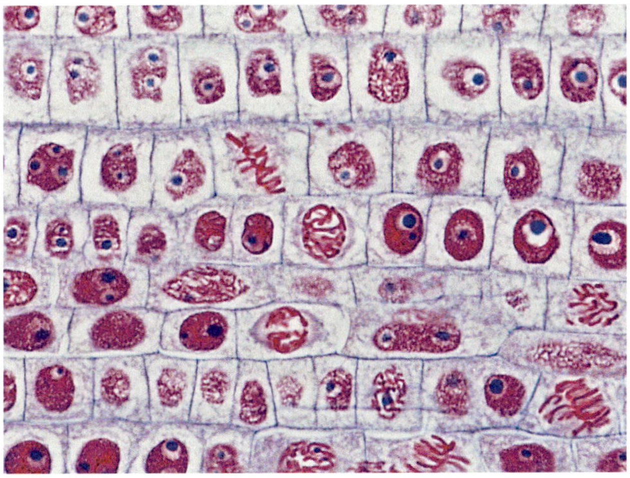

1 Zellen in verschiedenen Phasen des Zellzyklus

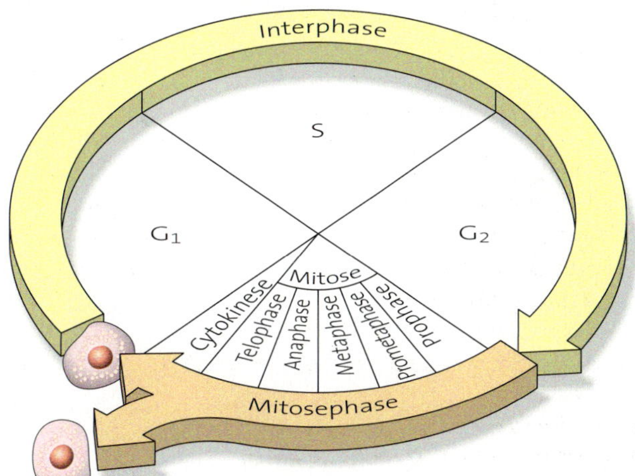

2 Die Phasen des Zellzyklus

Der Ablauf der Mitose

Bei der *Mitose* oder *Kernteilung* beobachtet man im Lichtmikroskop, wie die Chromosomen sichtbar und auf die beiden entgegengesetzten Zellpole verteilt werden. Chromosomen sind hoch geordnete Verpackungs-, Transport- und Funktionseinheiten der Erbsubstanz DNA. Um den Prozess besser beschreiben zu können, unterteilt man den eigentlich kontinuierlichen Verlauf in einzelne Phasen (► S. 105).

Prophase. In der *Prophase* beginnt sich das Chromatin im Zellkern zu verdichten, sodass die Chromosomen als fadenartige Strukturen erkennbar werden. Jedes Chromosom besteht in diesem Stadium aus zwei identischen Hälften, den *Chromatiden*. Die Verbindungsstelle, an der die beiden Schwesterchromatiden zusammenhängen, wird als *Centromer* bezeichnet. Im Verlauf der Prophase lösen sich die Nucleoli und die Kernhülle auf.

Prometaphase. Während der *Prometaphase* treten die Chromosomen allmählich deutlicher hervor. Oft sind heftige, unregelmäßige Bewegungen zu beobachten, durch die die Centromere zur Zellmitte hin verlagert werden.

Metaphase. Die *Metaphase* ist ein bewegungsarmes Stadium. Alle Chromosomen sind in der Zellmitte in einer Ebene, der *Äquatorialplatte* oder *Metaphaseplatte* angeordnet. Die Chromatiden haben ihre maximale Verkürzung erreicht. In diesem Stadium kann der Chromosomenbestand gut untersucht werden, indem man den weiteren Ablauf der Mitose zum Beispiel durch Colchicin blockiert. Colchicin, das Gift der Herbstzeitlose, hemmt den Aufbau des Spindelapparats (► Bilder 1 und 2).

Anaphase. Auf ein Signal hin – wahrscheinlich handelt es sich dabei um einen Anstieg der Ca^{2+}-Konzentration – löst sich gleichzeitig bei allen Chromosomen die Verbindung der Schwesterchromatiden am Centromer. Die Chromatiden jedes Chromosoms bewegen sich während der *Anaphase* zu den entgegengesetzten Polen. Dabei beträgt ihre Geschwindigkeit etwa 1 µm pro Minute.

Telophase. Die Chromatiden sind an den Zellpolen angekommen. An jedem Pol liegt nun der vollständige Satz *Einchromatid-Chromosomen* vor. Die Chromosomen entspiralisieren sich und gehen von der lichtmikroskopisch erkennbaren Transportform wieder in die scheinbar unstrukturierte Arbeitsform des Chromatins über. Die beiden neuen Kernmembranen bilden sich, nach und nach werden die Nucleoli wieder sichtbar. Die *Telophase* entspricht also weitgehend einer Umkehrung der Prophase.

Gleichzeitig bildet sich zwischen den beiden neu entstandenen Tochterzellen etwa auf der Höhe der ursprünglichen Äquatorialplatte eine neue Zellmembran aus - ein Prozess, der im Lauf der Cytokinese abgeschlossen wird. Damit ist die Kernteilung beendet.

Mechanik der Chromosomenbewegung. Für den Transport der Chromatiden bei der Mitose ist der Spindelapparat verantwortlich (► Bilder 1 u. 2). Diese Struktur aus Proteinfasern (Mikrotubuli ► S. 25) bildet sich zu Beginn der Prophase und wird nach Beendigung der Kernteilung wieder abgebaut. Die Fasern gehen von einem Organisationszentrum aus, dem Centrosom. Noch während der Interphase teilt sich das Centrosom. Mit Beginn der Prophase rücken die Tochtercentrosomen auseinander und bewegen sich zu den Zellpolen hin. Von dort aus „wachsen" die Spindelfasern in Richtung Zellmitte. Von beiden Seiten heften sie sich an die Centromere der Chromosomen an. Andere, als *Polfasern* bezeichnete Mikrotubuli verbinden sich im Bereich der Zellmitte mit Fasern vom gegenüberliegenden Pol. Die Trennung der Schwesterchromatiden in der Anaphase kommt dadurch zustande, dass sich die Spindelfasern verkürzen; die Chromatiden werden zu den Zellpolen hin gezogen. Gleichzeitig „schieben" die überlappenden Fasern die Pole auseinander.

Cytokinese. Nach der Kernteilung erfolgt die eigentliche *Zellteilung* oder *Cytokinese*. Tierische Zellen werden durch kontraktile Fasern aus Aktin und Myosin (► S. 25) in der Zellmitte durchgeschnürt. In Pflanzenzellen teilt sich das Cytoplasma, indem senkrecht zwischen den entstehenden Tochterzellen eine neue Zellwand aufgebaut wird.

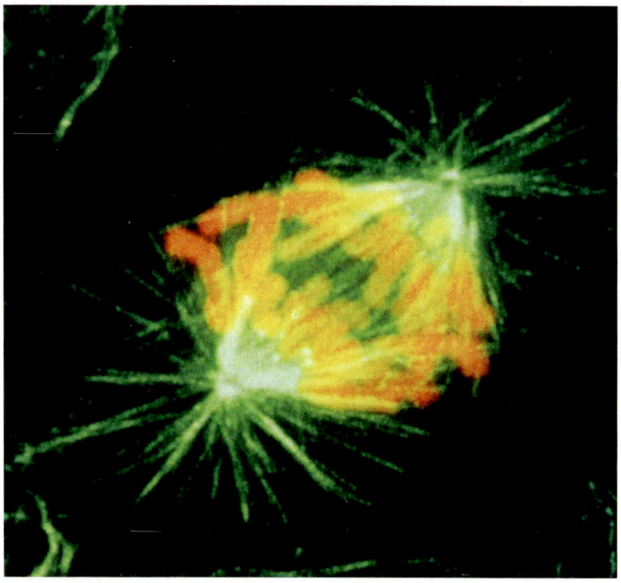

1 *Fluoreszenzaufnahme des Spindelapparats*

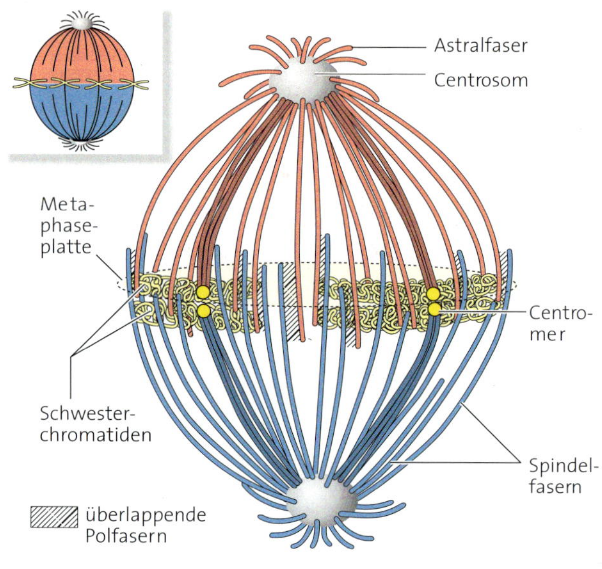

2 *Aufbau des Spindelapparats*

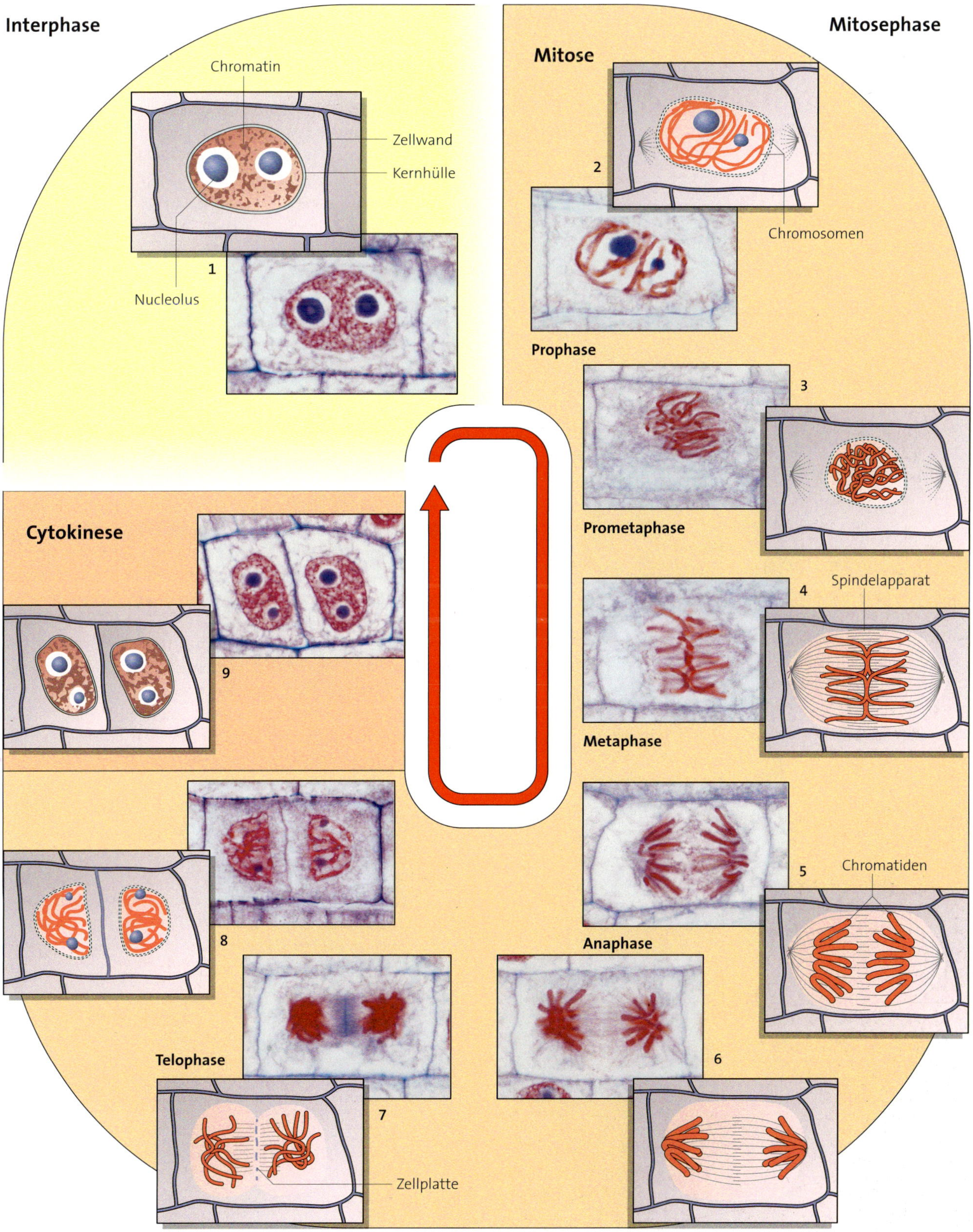

1 Die Phasen des Zellzyklus in der Übersicht am Beispiel der Küchenzwiebel Allium cepa. Die Darstellung berücksichtigt nicht die Zeitdauer der einzelnen Stadien.

Meiose und Keimzellenbildung

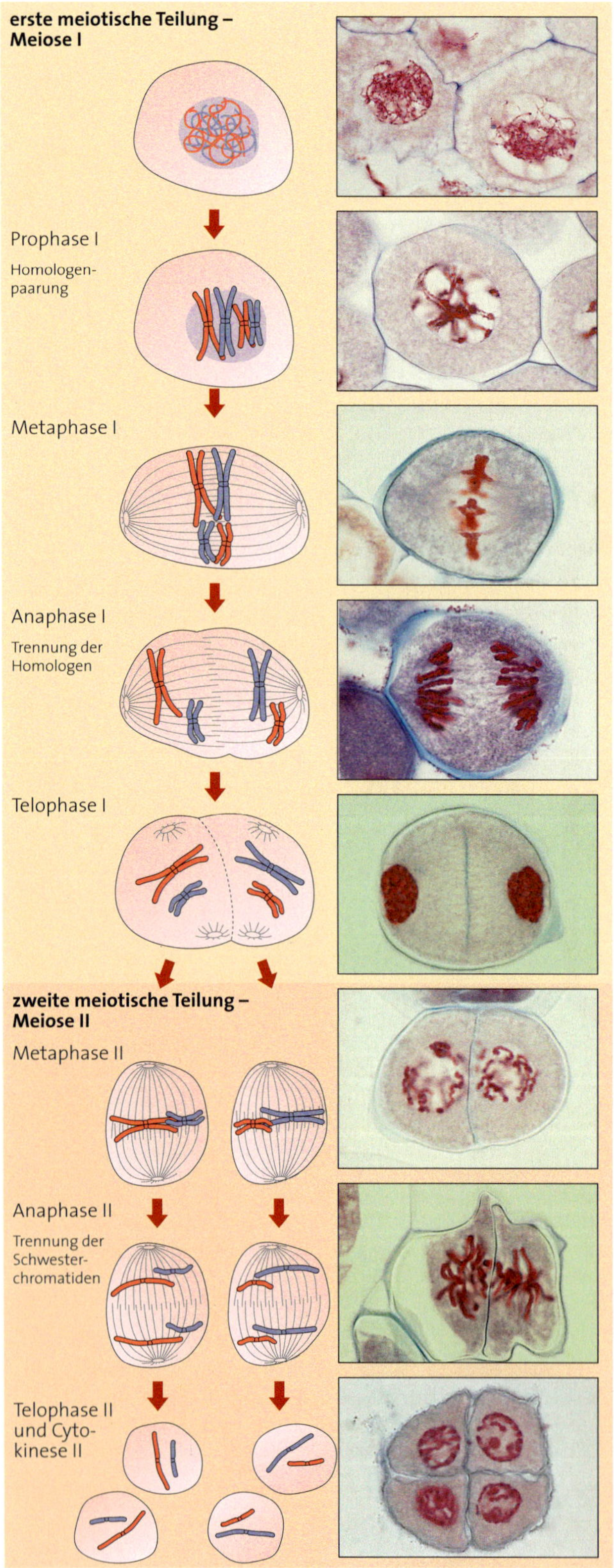

1 Verlauf der Meiose. Wie bei der Mitose besteht jedes Chromosom schon zu Beginn aus zwei Chromatiden.

Die Sorgfalt, mit der Chromosomen bei der Mitose (► S.104) kopiert und auf die entstehenden Zellen aufgeteilt werden, lässt sich aus ihrer Funktion als *hoch geordnete Verpackungs-, Transport- und Funktionseinheiten der Erbsubstanz DNA* erklären.

Fast alle höher entwickelten Lebewesen sind *diploid (2 n)*. Dies bedeutet, dass alle ihre Körperzellen zwei Chromosomensätze enthalten, wobei sich die homologen Chromosomen paarweise in Größe, Gestalt und Aufbau gleichen. Dagegen sind Keimzellen *haploid (n)*, besitzen also nur den einfachen Chromosomensatz. Besondere, als *Reifeteilung* oder *Meiose* bezeichnete Zellteilungen führen zur Reduktion des *diploiden Chromosomensatzes* und zur Bildung der haploiden Keimzellen.

Verlauf der Meiose. Im Ablauf sind Meiose und Mitose recht ähnlich. Allerdings folgen bei der Meiose immer zwei Teilungen ohne Interphase aufeinander. Außerdem „paaren" sich die homologen Chromosomen in der oft lang andauernden Prophase der ersten Teilung, indem sie sich der Länge nach aneinander legen. Da die gepaarten Chromosomen aus jeweils zwei Chromatiden bestehen, spricht man in diesem Stadium auch von *Tetraden*, also Vierergruppen.

In der Anaphase der 1. meiotischen Teilung, der *Reduktionsteilung*, werden *nicht* – wie bei der Mitose – *Chromatiden, sondern homologe Chromosomen auf die Tochterzellen verteilt*. So halbiert sich die Chromosomenzahl auf den einfachen, *haploiden Satz (n)*. Dabei ist die Verteilung der ursprünglich vom Vater oder der Mutter stammenden homologen Chromosomen auf die Tochterzellen vollkommen zufällig. Für die 23 Paare homologer Chromosomen eines Menschen ergeben sich dadurch 2^{23} Möglichkeiten der Verteilung und damit über 8 Millionenunterschiedlich mit Chromosomen ausgestattete Zellen. Stückaustausch zwischen Chromatiden in der Prophase und der damit verbundene Genaustausch (Crossing over ► S.110) führt zu einer weiteren, noch viel wirksameren Neukombinatin des Erbguts.

In der 2. meiotischen Teilung, der *Äquationsteilung*, werden anschließend – wie bei der Mitose – die beiden Schwesterchromatiden jedes Chromosoms getrennt und auf die Tochterzellen verteilt.

Bildung der Keimzellen. Aus den meiotischen Teilungen diploider, als *Urkeimzellen* bezeichneter Zellen gehen die haploiden Keimzellen oder *Gameten* hervor. Die Aufteilung der Chromosomen verläuft dabei in beiden Geschlechtern gleich. Dagegen unterscheiden sich bei höheren Tieren und beim Menschen Spermienbildung *(Spermatogenese)* und Eizellbildung *(Oogenese)* in der Teilung des Zellplasmas: Während im männlichen Geschlecht aus einer Urkeimzelle vier Spermien reifen, entstehen im weiblichen Geschlecht durch ungleiche Teilung nur eine plasmareiche Eizelle und drei fast plasmalose sogenannte Polkörperchen, die bald absterben.

---

1 **Vergleichen Sie Mitose und Meiose nach ihrem Verlauf und nach ihrem Ziel.**

2 **Geben Sie an, wo im Körper der Säugetiere und des Menschen die Meiose stattfindet.**

3 **Entwickeln Sie eine Hypothese zur biologischen Bedeutung der Unterschiede von Spermatogenese und Oogenese.**

Chromosomen und Vererbung

Die Fortschritte der Zellbiologie ab 1870 erbrachten immer mehr wissenschaftliche Indizien, dass die um diese Zeit entdeckten „färbbaren Körperchen“, die man in der Folge Chromosomen nannte, eine wichtige Funktion bei Fortpflanzung und Vererbung haben mussten. Vor allem das Verhalten der Chromosomen bei Mitose, Meiose und Befruchtung entsprach den Erwartungen an die „Erbfaktoren“ der um 1900 wiederentdeckten mendelschen Regeln (▶ 108). 1903 formulierten schließlich SUTTON und BOVERI als *Chromosomentheorie der Vererbung* die Erkenntnis: Chromosomen sind Träger der Gene.

Befruchtung. 1875 beobachtete OSKAR HERTWIG erstmals am Ei eines Seeigels unter dem Mikroskop, dass sich bei der Befruchtung die Zellkerne von weiblicher und männlicher Keimzelle vereinigen. Jede der haploiden Keimzellen steuert dabei einen Satz Chromosomen bei. Somit ist die befruchtete Eizelle, die *Zygote*, diploid, verfügt also über zwei Sätze homologer Chromosomen und nach der Chromosomentheorie damit auch über jeweils einen Satz des väterlichen und mütterlichen Erbguts. Alle Zellen des Individuums entstehen durch mitotische Teilungen aus der Zygote und sind daher genetisch identisch.

[Z] **Keimbahn.** Bei Tieren entscheidet sich bereits nach den ersten Zellteilungen der Zygote, welche Zellen später zu Körperzellen und welche zu Keimzellen werden. Die Gesamtheit der diploiden Körperzellen, die spätestens mit dem Tod des Individuums zugrunde gehen, nennt man *Soma*. Davon unterscheidet man als *Keimbahn* diejenige Folge von Zellen, die schließlich als Urkeimzellen eine Meiose durchlaufen und sich dadurch zu haploiden Keimzellen differenzieren. Keimbahnzellen sind potenziell unsterblich und garantieren den ununterbrochenen Fluss genetischer Information, der alle Generationen verbindet.

Geschlechtschromosomen. Die Chromosomentheorie wurde durch die Entdeckung bestätigt, dass sich bei vielen Lebewesen die Geschlechter im *Karyotyp*, das heißt in der Ausstattung mit Chromosomen, unterscheiden. Damit ließ sich der Erbgang des Geschlechts erklären. Neben den in beiden Geschlechtern gleichen Chromosomen, den *Autosomen*, findet man Geschlechtschromosomen oder *Gonosomen*, in denen sich die Geschlechter unterscheiden. Bei Mensch, Säugetieren, der Taufliege Drosophila oder der Lichtnelke besitzen die Zellen im weiblichen Geschlecht *zwei homologe*, als *X-Chromosomen* bezeichnete Gonosomen (Karyotyp XX), im männlichen Geschlecht jedoch ein X-Chromosom und ein dazu *nicht homologes Y-Chromosom* (Karyotyp XY). Bei Schmetterlingen und Vögeln bezeichnet man die Gonosomen als *Z-* und *W-Chromosomen*, da hier Weibchen heterogametisch (Karyotyp WZ), Männchen homogametisch sind (Karyotyp ZZ). Weil sich die Gonosomen in der Meiose wie homologe Chromosomen verhalten, ist die Zahl der Spermien mit X- und Y beziehungsweise der Eizellen mit W- und Z-Chromosomen gleich groß. Das Geschlechterverhältnis nach der Befruchtung beträgt etwa 1:1.

Extrachromosomale Vererbung. Für einige wenige Merkmale sind *extrachromosomale Gene* zuständig, die nicht auf den Chromosomen des Zellkerns, sondern in der DNA von Plastiden und Mitochondrien liegen. Ihre Erbinformation – als *Plastom* beziehungsweise *Mitochondriom* vom *Genom* unterschieden – steuert die Funktion dieser Organellen. Sie ist ein Beleg für deren Endosymbiontennatur (▶ S. 30).

1 Informieren Sie sich über die mendelschen Regeln (▶ S. 108/109). Parallelisieren Sie dann das in Bild 1 dargestellte chromosomale Geschehen und die Erklärung der mendelschen Regeln.

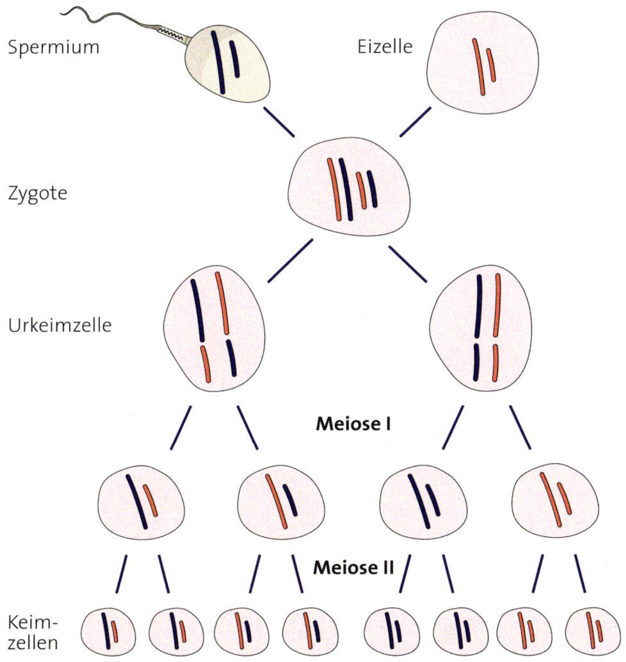

1 Chromosomentheorie: Das chromosomale Geschehen bei Befruchtung und Meiose erklärt die mendelschen Erbgänge.

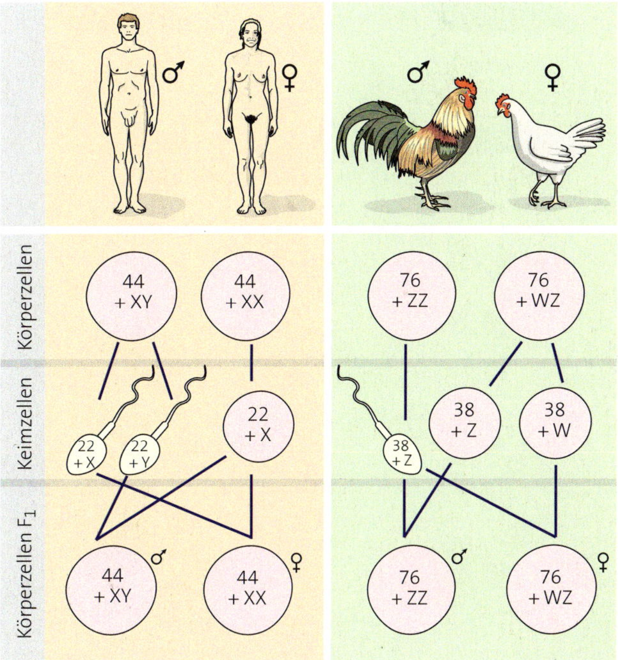

2 Geschlechtschromosomen und Bestimmung des Geschlechts nach dem XY-Typ und dem WZ-Typ

Die mendelschen Regeln der Vererbung

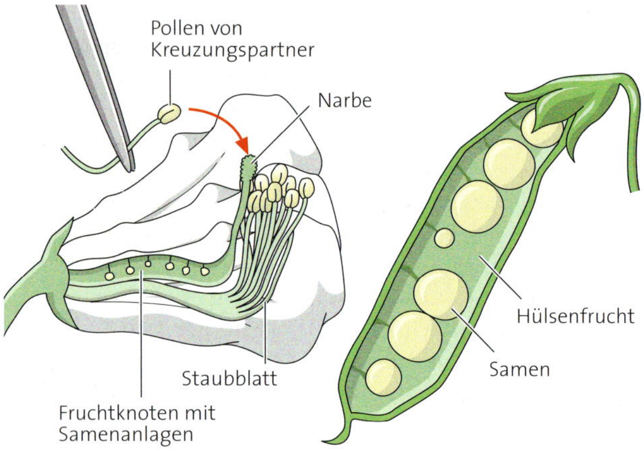

1 Blütenbau, künstliche Bestäubung und Frucht der Erbse

2 Merkmale der Gartenerbse, deren Erbgang J.G. MENDEL untersuchte, dominante Ausprägung links, rezessive rechts. Die Zahlen geben die Individuen der F_2-Generation an.

Im Jahr 1866 veröffentlichte JOHANN GREGOR MENDEL, Augustinermönch im Kloster Brünn, die Ergebnisse seiner mehrjährigen Kreuzungsexperimente an der Gartenerbse unter dem Titel „Versuche über Pflanzenhybriden" (Mischlinge). MENDELS Ergebnisse blieben unbeachtet, obwohl sie den lange gesuchten Schlüssel zu den Gesetzmäßigkeiten der Vererbung enthielten. Sein Erfolg gründete auf einer Reihe von Überlegungen und Maßnahmen, durch die sich seine Arbeitsweise von der seiner Vorgänger unterschied:

3 GREGOR MENDEL

- Statt die Gesamtheit der Merkmale eines Phänotyps zu erfassen, beschränkte sich MENDEL auf wenige alternativ ausgeprägte Merkmale (▶ Bild 2). Ließen sie „eine sichere und scharfe Trennung" nicht zu, berücksichtigte er sie nicht.
- Vor Beginn der Experimente überzeugte er sich, dass diese Merkmale der verschiedenen Erbsensorten „constant", also in jeder Generation unverändert auftraten. Später sprach man in solchen Fällen von reinen Linien oder Reinerbigkeit. Als Ursache vermutete schon MENDEL die für die Erbse typische Selbstbestäubung und Selbstbefruchtung.
- Zum Kreuzen öffnete er die Blüten noch vor dem Aufblühen, entfernte die Staubblätter „mittelst einer Pinçette" und übertrug Pollen des Kreuzungspartners auf die Narbe.
- Er untersuchte „mehr als 10 000 Pflanzen" und unterwarf die Ergebnisse „vollzählig der Beobachtung", das heißt, er wertete sie statistisch aus. Ein solches Vorgehen war den Biologen seiner Zeit fremd.

Ergebnisse der mendelschen Versuche. MENDELS Arbeit war völlig in Vergessenheit geraten. Im Jahr 1900 wurde sie zeitgleich von den Botanikern HUGO DE VRIES, ERICH TSCHERMAK und CARL CORRENS bei eigenen Erbversuchen wiederentdeckt. Seitdem formuliert man MENDELS wichtigste Versuchsergebnisse in drei *mendelschen Regeln*:

1. *mendelsche Regel*: Kreuzt man Individuen (Eltern- oder Parentalgeneration P), die sich in bestimmten Merkmalen reinerbig unterscheiden, zeigen die Nachkommen der nächsten Generation (1. Tochter- oder Filialgeneration F_1) diese Merkmale in gleicher Ausprägung *(Uniformitätsregel)*.
2. *mendelsche Regel*: Kreuzt man Individuen der F_1-Generation untereinander, spalten die Merkmale der Nachkommen der 2. Filialgeneration F_2 in einem bestimmten Zahlenverhältnis auf *(Spaltungsregel)*.
3. *mendelsche Regel*: Kreuzt man reinerbige Individuen, die sich in zwei oder mehr Merkmalen unterscheiden, also di- oder polyhybrid sind, spalten die Merkmale der Nachkommen der 2. Filialgeneration unabhängig voneinander auf *(Unabhängigkeitsregel, Neukombinationsregel)*.

Ein weiteres Ergebnis ist die *Regel der Reziprozität*: Ob eine Pflanze bei der Kreuzung als „Samenpflanze", also weiblicher Partner, oder als „Pollenpflanze", also männlicher Partner, verwendet wird, ändert am Ergebnis nichts.

Erklärung der mendelschen Regeln. Es ist eine herausragende Leistung logischen Denkens, dass MENDEL seine Versuchsergebnisse „formal" richtig erklärt hat, ohne die zugrunde liegenden biologischen Vorgänge zu kennen. Mit den heute üblichen Begriffen würde man folgende Deutung formulieren:

- Vererbung beruht darauf, dass „Erbfaktoren", heute *Gene* genannt, über Generationen hinweg weitergegeben werden.
- Ein Gen kann in unterschiedlichen Varianten vorliegen, die dasselbe Merkmal verschieden ausprägen, beispielsweise die Blütenfarbe Rot, Weiß oder Violett. Solche Varianten eines Gens bezeichnet man als *Allele*. Unterschiedlichen Allelen liegt ein DNA-Abschnitt zugrunde, dessen Information durch Genmutation verändert ist (► S. 92).
- Alle Gene eines diploiden Individuums sind in jeweils zwei Allelen vorhanden. Sind beide Allele gleich, besitzen also dieselbe Information, dann ist das Individuum im betreffenden Gen beziehungsweise Merkmal reinerbig oder *homozygot*, im anderen Fall mischerbig oder *heterozygot*.
- Allele wirken unterschiedlich stark an der Ausprägung eines Merkmals mit. Allele, die sich immer ausprägen, nennt man *dominant*, Allele, die nur im homozygoten Zustand im Merkmal erkennbar sind, *rezessiv*. Die Kreuzung mit einem homozygot rezessiven Partner – von MENDEL als *Rückkreuzung* bezeichnet – gibt Aufschluss darüber, ob ein Individuum reinerbig oder mischerbig ist.
- Bei der *Keimzellenbildung* werden die Allele getrennt. Keimzellen enthalten also nur ein Allel von jedem Gen. Allele verschiedener Gene sind im Prinzip unabhängig voneinander.
- Bei der Befruchtung werden die Allele der Keimzellen neu kombiniert. Je nach Zahl der betrachteten Merkmale ergeben sich bei der Aufspaltung in F_2 verschiedene Zahlenverhältnisse der Phänotypen. Untersucht man ein Merkmal, also einen *monohybriden Erbgang*, ist das Verhältnis 3 : 1, bei den zwei Merkmalen eines *dihybriden Erbgangs* 9 : 3 : 3 : 1.

Erbanalyse. Für die schematische Darstellung von Erbgängen verwendet man seit MENDEL Buchstabensymbole für Gene, große Buchstaben für dominante, kleine für rezessive Allele. Trägt man in einem *Kombinationsquadrat* außen die Allele der mütterlichen und väterlichen Keimzellen ein, lassen sich Allelkombinationen und damit die Häufigkeit von Genotypen und Phänotypen der Nachkommen übersichtlich analysieren (► Bild 1). Heute benutzt man oft abgekürzte Gennamen mit Indizes für die Allele, zum Beispiel Lac^+ oder Hb^a.

Erweiterung der mendelschen Regeln. Die von MENDEL entdeckten Vererbungsregeln haben sich für alle diploiden Lebewesen als gültig erwiesen, allerdings mit zahlreichen Besonderheiten. Viele Merkmale werden *polygen*, durch das Zusammenwirken mehrerer Gene, vererbt. Dazu gehören viele Merkmale des Menschen (► S. 87, 120). Umgekehrt wirkt sich bei *Polyphänie* ein Gen auf mehrere Merkmale aus (► S. 116). In beiden Fällen ist die Erbanalyse schwierig. Auch vom dominant-rezessiven Erbgang gibt es Ausnahmen: Bei *unvollständiger Dominanz* prägen sich bei heterozygoten Individuen beide Allele aus und das Merkmal erscheint *intermediär*. In anderen Fällen werden beide Allele *ko-dominant*, also nebeneinander ausgeprägt (► S. 115).

1. Erstellen Sie für eines der Merkmale der Gartenerbse das Kreuzungsschema eines monohybriden Erbgangs.
2. Berechnen Sie das Zahlenverhältnis der Phänotypen in F_2 für alle von MENDEL untersuchten Merkmale der Erbse (► Bild 2, S. 108).
3. Zeigen Sie für eine Modellpopulation von 1600 heterozygoten Individuen (Genotyp Aa), dass ständige Selbstbefruchtung rasch zu Reinerbigkeit führt.
4. Welches Ergebnis erwarten Sie für die Rückkreuzung (mit einem homozygot rezessiven Kreuzungspartner), wenn das zu prüfende Individuum a) heterozygot, b) homozygot ist? Erstellen Sie dazu ein Kreuzungsschema.
5. Suchen Sie Beispiele für Polygenie, Polyphänie, unvollständige Dominanz und Kodominanz.
6. Erstellen Sie eine Tabelle, aus der die Zahl der Phänotypen und Genotypen für 1, 2, 3 ... n vererbte Merkmale hervorgeht.

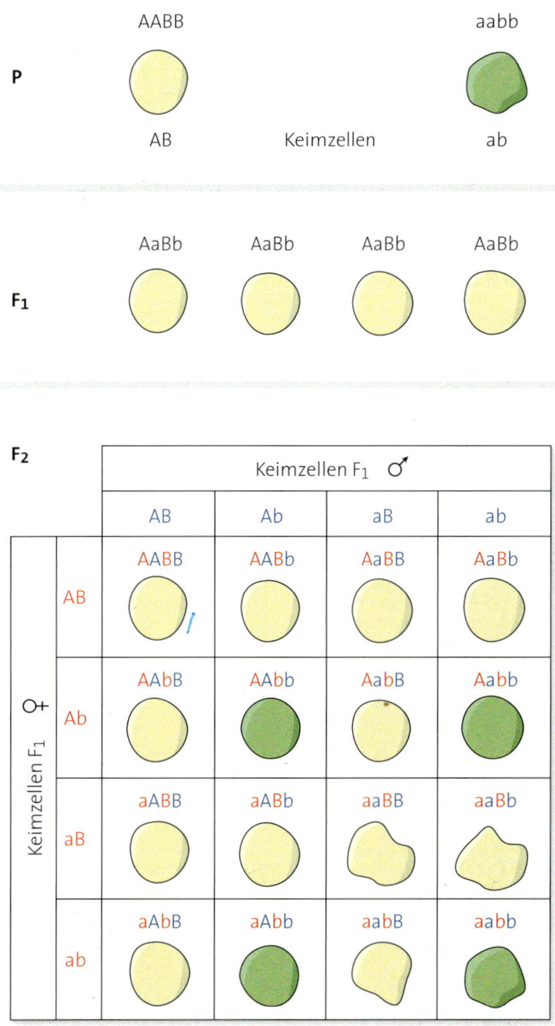

1 *Erbschema zur Erklärung der mendelschen Regeln bei einem dihybriden Erbgang der Merkmale Samenform (Allele A, a) und Samenfarbe (Allele B, b)*

Chromosomen als Träger der Gene

Die Zahl der Chromosomen ist bei allen Arten viel kleiner als die Zahl der Gene. Schon mit der Aufstellung der Chromosomentheorie war klar, dass die 3. mendelsche Regel der freien Kombinierbarkeit der Allele nur dann uneingeschränkt gilt, wenn die betreffenden Gene auf unterschiedlichen Chromosomen liegen. Gene auf demselben Chromosom sollten dagegen gekoppelt, also gemeinsam vererbt werden.

Aufschluss darüber, wie Gene auf den Chromosomen lokalisiert sind, brachten vor allem Versuche mit der Fruchtfliege *Drosophila melanogaster*. Der amerikanische Biologe THOMAS HUNT MORGAN erkannte ihre hervorragende Eignung als Forschungsobjekt der Genetik (► S. 111). Er begründete um 1907 die „Drosophila-Genetik".

Genkopplung. In zahlreichen dihybriden Kreuzungen von Drosophila stellte MORGAN fest, dass bei manchen Merkmalen nur zwei Phänotypen auftreten statt vier oder dass diese im Verhältnis zu den anderen viel häufiger sind, als nach der 3. mendelschen Regel zu erwarten ist. Er schloss daraus, dass bestimmte Merkmale nicht unabhängig voneinander vererbt werden. Seine Annahme, dass Gene, die immer oder bevorzugt gemeinsam vererbt werden, auf demselben Chromosom liegen, wurde eindrucksvoll bestätigt: Es fanden sich vier „Kopplungsgruppen" von Genen – das entspricht genau der Anzahl von Chromosomen bei Drosophila im einfachen Satz (► Bild S. 111 oben). Demnach kann man ein Chromosom auch als Kopplungsgruppe bestimmter Gene auffassen.

Rekombination. In der ersten meiotischen Teilung werden die vom Vater und die von der Mutter stammenden homologen Chromosomen nach dem Zufall auf die Tochterzellen verteilt. Dabei sind die Allele aller auf verschiedenen Chromosomen lokalisierten Gene frei kombinierbar. Ihr Erbgang entspricht der 3. mendelschen Regel. Allele, deren Genorte auf denselben Chromosomen liegen, werden in der Regel gemeinsam vererbt. Aber auch sie können entkoppelt und damit neu kombiniert werden: Während der Prophase I der Meiose können die gepaarten homologen Chromosomen Stücke ihrer Chromatiden austauschen. Befinden sich unterschiedliche Allele auf den getauschten Stücken, werden die betreffenden Merkmale später neu kombiniert. Dieser als *Crossing-over* bezeichnete Genaustausch beruht auf einer Überkreuzung der Chromatiden, die als *Chiasma* sichtbar ist (► Bild 1).

Alle genetischen Vorgänge, die zur Neukombination von Merkmalen führen – wie die zufallsgemäße Verteilung der elterlichen Chromosomen oder das Crossing-over bei der Meiose –, bezeichnet man als *Rekombination*.

Anordnung der Gene auf den Chromosomen. Die Häufigkeit des Crossing-over ist von Gen zu Gen auffällig verschieden. MORGAN vermutete, dass die Gene auf den Chromosomen *linear*, also hintereinander angeordnet sind und sie umso häufiger ausgetauscht werden, je größer ihr Abstand ist. Diese Hypothese bestätigte sich in vielen Versuchen und war der Schlüssel zur *Kartierung der Gene* auf den Chromosomen. Die Crossing-over-Häufigkeit, gemessen in Prozent oder Morgan-Einheiten (ME), dient als Maß für den relativen Abstand der *Genorte* oder *Loci* auf den Chromosomen. Auch für andere Lebewesen, von Bakterien bis zum Menschen, ist heute bekannt, dass auf jedem Chromosom Hunderte bis Tausende von Genen linear angeordnet sind. Ursache dafür ist der Aufbau des Chromosoms aus einer Nucleotidkette der DNA (► S. 78).

Heute kartiert man Gene bevorzugt mit verschiedenen Methoden der Molekulargenetik.

---

❶ **Wie viele Rekombinationen sind durch Verteilung der Chromosomen in der Meiose bei n Chromosomenpaaren möglich?**

❷ **Erläutern Sie mithilfe eines Schemas, inwiefern es einen Unterschied macht, ob ein Crossing-over zwischen Schwester- oder Nichtschwesterchromatiden stattfindet.**

❸ **Definieren Sie den Begriff der homologen Chromosomen unter Verwendung des Begriffs Genort.**

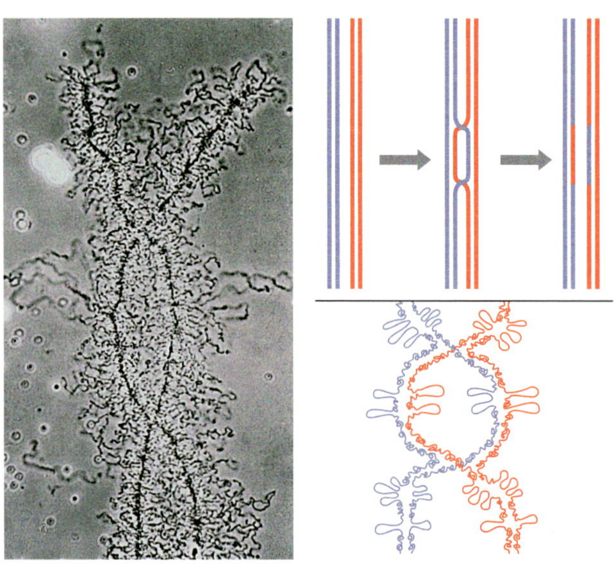

1 und 2 Chiasmabildung bei der Meiose (Foto: Lampenbürstenchromosom aus der Eizelle eines Molchs) und Crossing-over

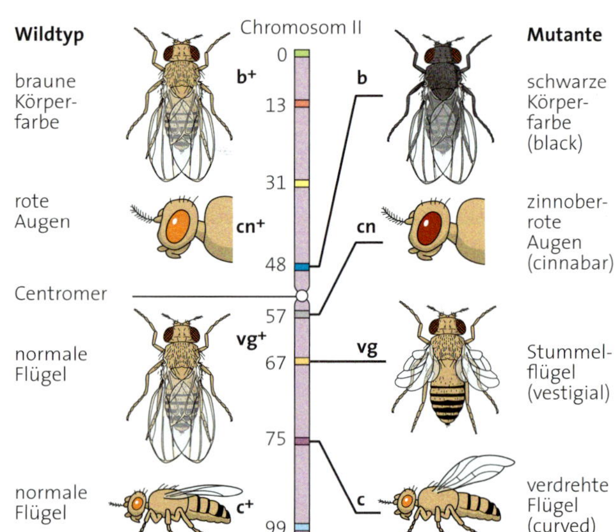

3 Genkarte des Chromosoms 2 von Drosophila für vier Gene, ihre Abstände (in ME) und die zugehörigen Merkmale

MATERIAL · METHODE · PRAXIS

Drosophila – Modelltier der Genetik

Viele Erkenntnisse der Genetik verdanken wir Drosophila melanogaster, der Kleinen Tau-, Essig- oder Fruchtfliege. Sie ist weltweit verbreitet und kommt häufig an gärendem Obst vor, in dem sich auch ihre Larven entwickeln. Mit zuckerhaltigem Futterbrei lässt sie sich leicht züchten. Auch durch weitere Eigenschaften ist sie als Forschungsobjekt besonders geeignet:

- Ein Fliegenweibchen hat mehrere Hundert Nachkommen.
- Ihre Generationsdauer beträgt nur zwei Wochen.
- Neben dem Wildtyp findet man viele Mutanten mit gut erkennbaren Merkmalen.
- Ihr Chromosomensatz umfasst nur 4 Chromosomenpaare.
- Die Speicheldrüsen enthalten *Riesenchromosomen*, die durch Vervielfachung und Dauerpaarung der Chromatiden entstehen und auch in der Interphase gut sichtbar sind.

Inzwischen ist Drosophila auch ein wichtiges Forschungsobjekt der Entwicklungs- und Evolutionsbiologie und eines der am besten untersuchten Lebewesen überhaupt.

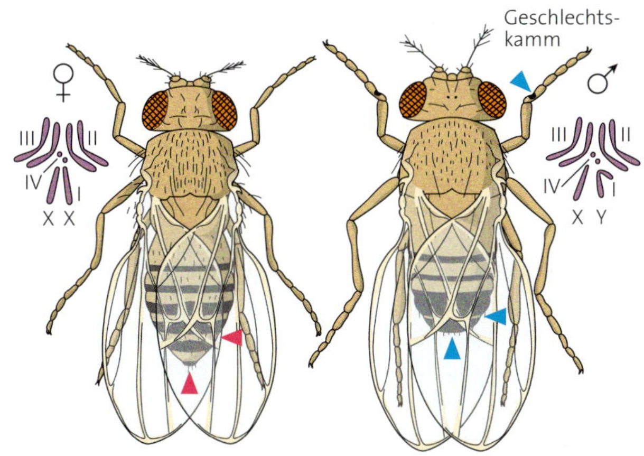

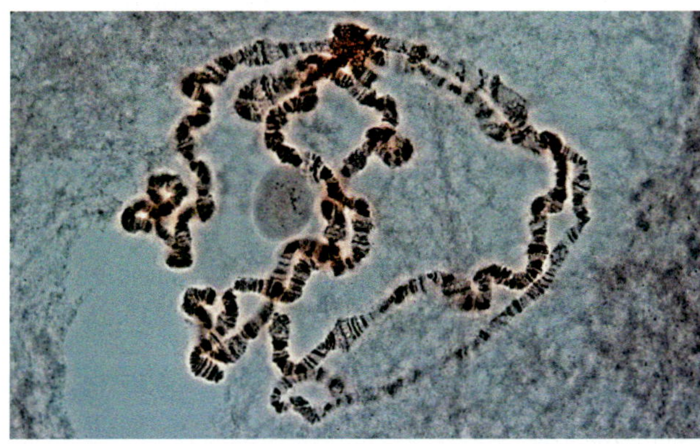

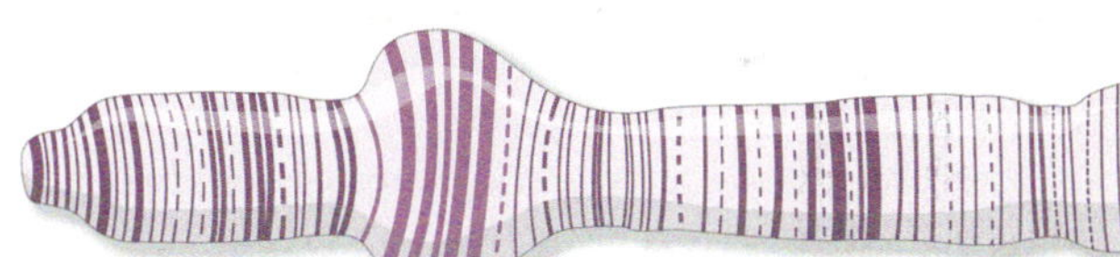

Kreuzungsversuche mit Drosophila

MATERIAL: Drosophila-Zuchtstämme, zum Beispiel Wildtyp (⁺), Stummelflügel (vestigial vg), Weiße Augen (white w), Zuchtgläser, Futterbrei, Narkosemittel, Stereomikroskop, Pinsel, Filterpapier, Markierstift

DURCHFÜHRUNG: Entfernen Sie alle Fliegen der zur Kreuzung ausgewählten Zuchten. Narkotisieren Sie 4 Stunden später die inzwischen geschlüpften Tiere und trennen Sie Männchen und Weibchen (▶ Bild oben) unter dem Stereomikroskop mit einem Pinsel. (Bis zum Alter von 4 Stunden sind Weibchen noch unreif und damit nicht begattet.) Bringen Sie für jede Kreuzung 5 Männchen und 5 Weibchen in ein tütenförmig gefaltetes Filterpapier, das Sie mit der Pinzette in ein frisches Zuchtglas setzen. Beschriften Sie das Glas nach dem Schema: Stamm Weibchen × Stamm Männchen, zum Beispiel vg × w.

Lassen Sie eine Woche nach Ansatz der Kreuzung die Elterntiere frei, um ein Überschneiden der Generationen zu vermeiden.

Narkotisieren Sie eine Woche nach dem Schlüpfen der ersten Fliegen alle bis dahin geschlüpften Tiere der Folgegeneration und zählen Sie unter dem Stereomikroskop die Tiere aller Phänotypen getrennt nach Geschlechtern aus. Erstellen Sie ein Erbschema, das die Versuchsergebnisse erklärt.

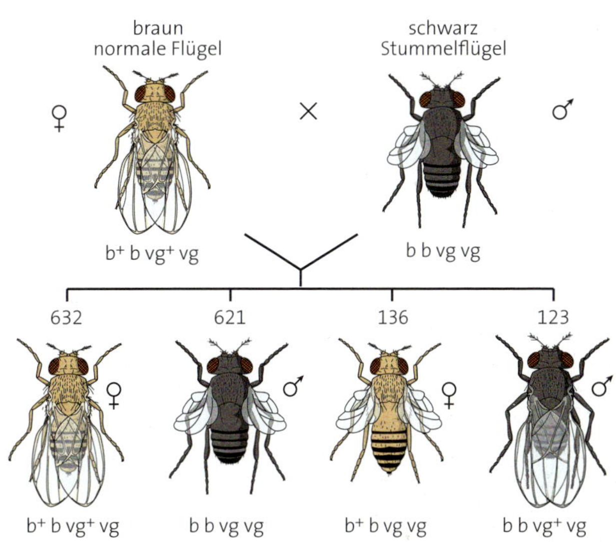

1 **Welche Ergebnisse haben reziproke Kreuzungen zwischen „Wildtyp“ (dominant) und „white“? Erklären Sie die Ergebnisse mit der Lage des Genorts w/w^+ auf dem X-Chromosom.**

2 **Woraus kann man beim Erbgang im Bild rechts schließen, dass die Gene b/b^+ und vg/vg^+ gekoppelt sind? Zeichnen Sie ein Chromosomen-Schema des Erbgangs, das den Allelaustausch zeigt. Berechnen Sie den relativen Genabstand von b/b^+ und vg/vg^+. Vergleichen Sie den Wert mit Bild 3 auf Seite 110.**

3 **Vergleichen Sie normale Metaphase-Chromosomen und Riesenchromosomen (▶ Bilder oben und Mitte). Erklären Sie, warum Riesenchromosomen dicker und warum sie länger sind.**

4 **Bei manchen Mutanten beobachtet man ein verändertes Bandenmuster der Riesenchromosomen. Erläutern Sie, welche Erkenntnisse sich dadurch gewinnen lassen.**

Stichworte zu weiteren Informationen
Dreifaktorenkreuzung • Drosophila Genome Project • Hawaii

Karyogramm – Karyotyp – Mutationen

Chromosomen bestehen aus DNA und speziellen Proteinen und sind im Zellzyklus unterschiedlich dicht gepackt (► S. 78). In der Metaphase der Mitose erreichen sie mit ihrer höchsten Dichte auch eine kennzeichnende Gestalt aus zwei identischen *Chromatiden* und dem *Centromer* (► Bild 2, S. 113). Daher eignen sich Metaphasechromosomen besonders für die Untersuchung ihrer Anzahl und Struktur. Grundlage dafür ist die als *Karyogramm* bezeichnete systematische Anordnung der Chromosomen (► Bild 1, S. 113).

Herstellung eines Karyogramms. Karyogramme des Menschen gewinnt man in der Regel aus Zellen weniger Tropfen Blut. Da die roten Blutzellen keinen Zellkern enthalten, kommen für die Chromosomendarstellung nur weiße Blutzellen in Frage.

- Die Blutstropfen werden zu einer Nährflüssigkeit gegeben, der ein Pflanzenextrakt zugesetzt ist. Dieser stimuliert die *Zellteilung*. Daraufhin vermehren sich vor allem die *Lymphocyten*.
- Um möglichst viele Zellen im Metaphase-Stadium und deren Chromosomen in ihrer höchsten Dichte zu erhalten, wird *Colchicin* zugesetzt. Dieses Gift der Herbstzeitlose hemmt den Aufbau des Spindelapparats und verhindert dadurch die Trennung der Chromatiden.
- Die Suspension der Zellen wird zentrifugiert und der Überstand abgegossen.
- Nach der Zugabe von destilliertem Wasser platzen die roten Blutzellen durch *Osmose* (► S. 19), während die Lymphocyten lediglich aufquellen.
- Die Reste der roten Blutzellen werden durch Zentrifugieren und Abgießen des Überstandes entfernt.
- Mit einem Methanol-Eisessig-Gemisch werden die gequollenen Lymphozyten fixiert.
- Die Suspension der Lymphozyten wird zentrifugiert und anschließend der Überstand abgegossen.
- Die konzentrierte Suspension lässt man tropfenweise auf einen feuchten Objektträger fallen. Dabei platzen diejenigen Lymphocyten auf, die sich gerade in der Mitose befinden und keine Kernmembran enthalten. Die Chromosomen breiten sich nebeneinander aus.
- Nach Abflammen der Fixierflüssigkeit kleben sie am Objektträger an.
- Anschließend wird das Präparat gefärbt, getrocknet und kann mikroskopisch untersucht werden. Allerdings liegen die Chromosomen im Präparat ungeordnet nebeneinander (► Bild 2).
- Gut ausgebreitete *Metaphasechromosomen* werden bei ca. 1000facher Vergrößerung im Foto- oder Videomikroskop aufgenommen. Aus den Positivkopien bzw. Videoprints werden die Chromosomen ausgeschnitten und nach Größe, Lage des Centromers und dem Längenverhältnis der mit p und q bezeichneten Arme zu einem Karyogramm angeordnet.

Das *Karyogramm* menschlicher Körperzellen zeigt 46 Chromosomen. Bei einer Frau können diese zu 23 Paaren geordnet werden, bei einem Mann nur zu 22 Paaren, da die zwei übrigen Chromosomen ungleich gestaltet und nicht homolog sind. Diese Chromosomen sind die Geschlechtschromosomen oder *Gonosomen* (► S. 107), wobei das größere als X und das kleinere als Y bezeichnet wird. Bei einer Frau ist das X-Chromosom wie alle anderen Chromosomen *(Autosomen)* doppelt vorhanden.

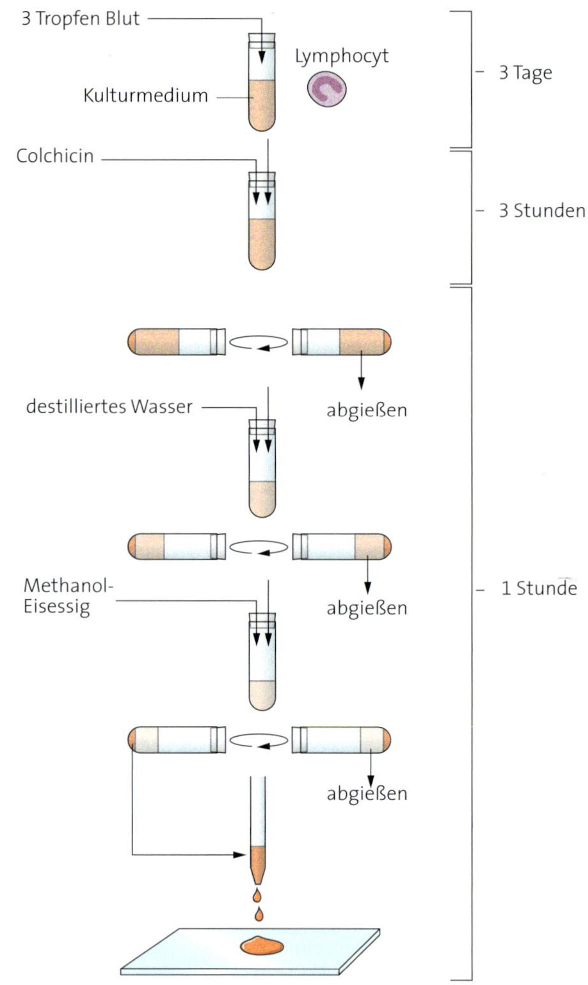

1 *Herstellung eines Karyogramms*

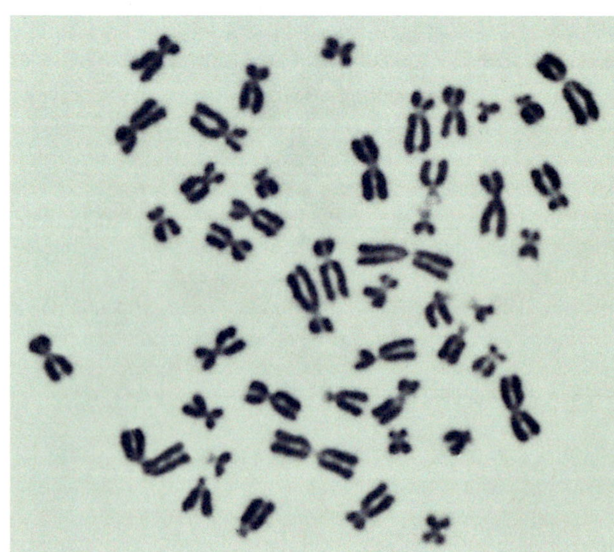

2 *Mikropräparat menschlicher Chromosomen zur Erstellung eines geordneten Karyogramms.*

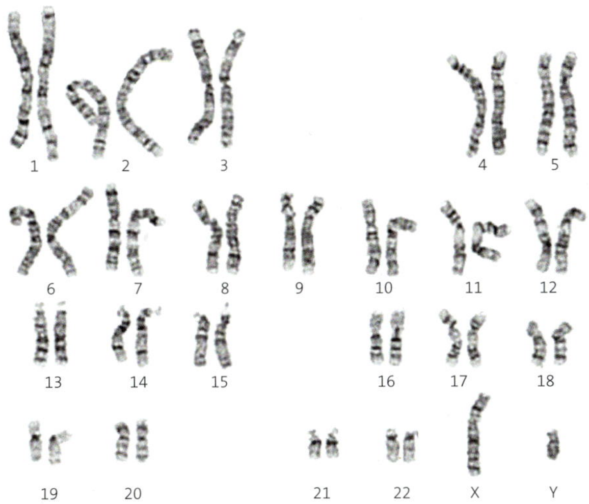

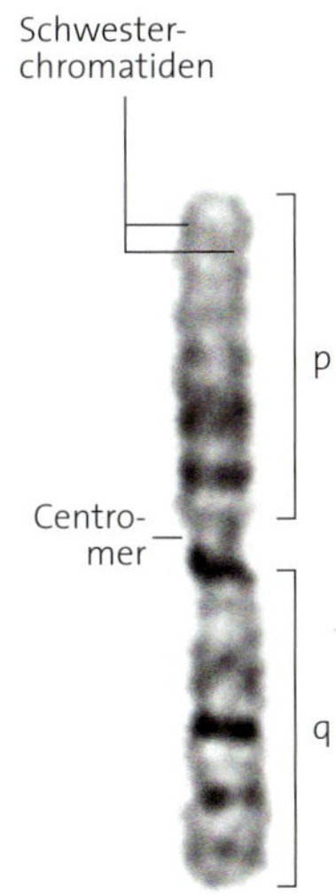

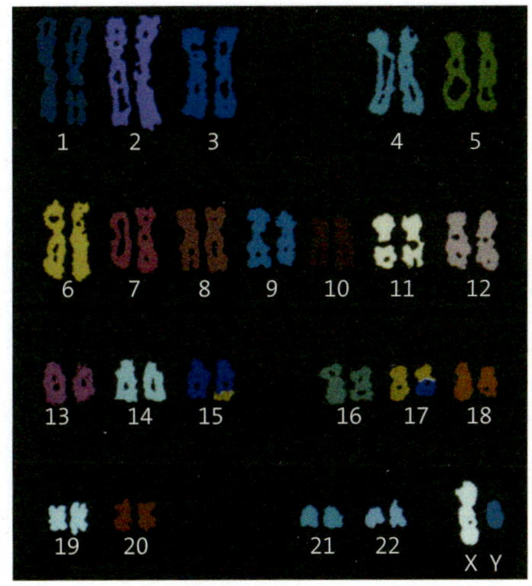

1 und 2 Karyogramm und einzelnes Metaphase-Chromosom des Menschen nach G-Bandenfärbung

3 Vielfarben-Hybridisierung als Nachweis einer Chromosomenaberration

Weiterentwicklungen. Seit man weiß, dass Chromosomen die Träger der Erbinformation sind, haben sich die Methoden zu ihrer Untersuchung ständig verfeinert. Hochspezifische *Färbemethoden* vereinfachen die Erstellung und Auswertung von Karyogrammen heute erheblich.

- Bei der *Giemsa- oder G-Bandenfärbung* behandelt man Präparate sich teilender Zellen vor dem Färben mit Proteinasen oder Säure. Das Muster der gefärbten Banden ist für jedes Chromosom charakteristisch (▶ Bild 1 und 2).
- Durch die *Hybridisierung* spezieller Farbstoffe mit bestimmten DNA-Sequenzen, lassen sich Chromosomen individuell färben (▶ Bild 3).

Für die humangenetische Diagnostik ist der Methodenfortschritt in der Erstellung von Karyogrammen deshalb von großer Bedeutung, weil sich an der Chromosomenausstattung der Zellen, dem *Karyotyp*, folgenreiche Mutationen erkennen lassen.

Mutationen. Mutationen ereignen sich auf allen Strukturebenen der Erbinformation: *Genmutationen* umfassen Veränderungen der DNA (▶ S. 92). *Chromosomenmutationen* sind Abwandlungen im Chromosomenbau, *Genommutationen* Abweichungen in der Chromosomenzahl. Die beiden letzten fasst man auch als *Chromosomenaberrationen* zusammen. Sie sind für das betroffene Individuum meist so schwerwiegend, dass sie deutlich seltener in Erscheinung treten, als sie entstehen: 50 % der frühen Fehlgeburten des Menschen und 5 % der tot geborenen Kinder, aber nur 0,5 % der lebend geborenen sind betroffen.

Sind im Falle einer Genommutation einzelne Chromosomen überzählig oder fehlen, spricht man von *Aneuploidie*, ist der gesamte Chromosomensatz über den doppelten Satz hinaus vervielfacht, von *Polyploidie*. Diese numerischen Chromosomenaberrationen gehen häufig auf Fehler bei der Meiose zurück, wenn sich homologe Chromosomen nicht ordnungsgemäß auf die Tochterzellen verteilen. Aneuploidie wirkt meist letal, außer bei sehr kleinen Chromosomen oder Gonosomen. Beispiele für solche Ausnahmen sind beim Menschen das überzählige Chromosom 21 bei der *Trisomie 21*, das fehlende Y-Chromosom beim *Turner-Syndrom* und überzählige X-Chromosomen beim *Klinefelter-Syndrom* (Tabelle unten). Obwohl das X-Chromosom viele wichtige Gene trägt, wirkt sich selbst seine Vervielfachung kaum aus, da in jeder Zelle alle über ein X-Chromosom hinaus vorhandenen X-Chromosomen weitgehend inaktiviert werden.

---

1. **Vergrößern Sie Bild 2 auf S. 112 mit dem Kopierer. Schneiden Sie die Chromosomenbilder aus und versuchen Sie damit ein Karyogramm zu erstellen.**
2. **Erklären Sie das Ordnungsprinzip der Chromosomen im Karyogramm des Menschen (▶ Bild 1).**
3. **Identifizieren Sie das Chromosom (▶ Bild 2) durch Vergleich mit dem Karyogramm in Bild 1.**
4. **Erklären Sie, wie verschiedene aberrante Karyotypen des Menschen entstehen (▶ Tabelle unten). Informieren Sie sich über die phänotypischen Auswirkungen.**
5. **Die dunkel gefärbten G-Banden (Bild 1 und 2) zeigen bei etwa 30 % der Menschen mikroskopisch unterscheidbare Varianten. Versuchen Sie einen Zusammenhang mit den RFLP (▶ S. 134) herzustellen.**

Karyotyp des Menschen und häufigere Aberrationen

(nach den internationalen Nomenklaturregeln)

Karyotyp	Häufigkeit	Benennung
46, XX		normal weiblich
46, XY		normal männlich
45, X0	1 : 2500	Turner-Syndrom
47, XXY	1 : 700	Klinefelter-Syndrom
47, XXX	1 : 800	Triple-X-Syndrom
47, XYY	1 : 500	XXY-Syndrom
47, XX oder XY, +21	1 : 700	Down-Syndrom
47, XX oder XY, +18	1 : 3 000	Edwards-Syndrom
46, XX oder XY, 5p–	1 : 30 000	Katzenschrei-Syndrom

Vererbung beim Menschen

1 Alle Lebewesen ähneln in ihren Eigenschaften und Merkmalen ihren Eltern und Vorfahren.

2 Für die Zwillingsforschung sind besonders ältere Paare eineiiger Zwillinge interessant.

Die Vererbung beim Menschen erfolgt prinzipiell nach denselben Gesetzmäßigkeiten wie die Vererbung bei Pflanzen und Tieren. Die *Humangenetik* hat jedoch einen speziellen Arbeitsschwerpunkt. Sie untersucht vor allem genetisch bedingte Erkrankungen, erbliche Missbildungen und die Möglichkeiten ihrer Prävention und Behandlung. Sie ist darüber hinaus zunehmend beteiligt an der Erforschung des Alterns, der Entstehung von Krebs (▶ S. 96) und der Wirkung von Medikamenten und Nährstoffen. Experimente wie das gezielte Auslösen von Mutationen oder Kreuzungsversuche sind aus ethischen Gründen ausgeschlossen. Die wichtigste Basis für die humangenetische Forschung ist daher die natürliche genetische Variabilität der Menschen.

Methoden der Humangenetik. Vererbungsvorgänge lassen sich auf verschiedenen Ebenen untersuchen.

- Analysen auf der Ebene *der DNA* und der primären Genprodukte erfolgen mit biochemischen und molekularbiologischen Methoden (▶ S. 82, 83). Sie decken molekulargenetische Ursachen menschlicher Merkmale auf (▶ S. 90). Neuerdings werden dafür auch Methoden der Genomforschung (▶ S. 137) eingesetzt. Bei fraglicher Verwandtschaft kann zum Beispiel ein genetischer Abstammungsnachweis vorgenommen werden.
- Für Krankheiten und Entwicklungsstörungen, die auf Veränderungen *der Chromosomen* beruhen, werden zytogenetische Untersuchungen durchgeführt (▶ S. 113), die in der Praxis der pränatalen Diagnostik eine große Rolle spielen (▶ S. 119).
- Auf der Ebene *des Phänotyps* setzen die traditionellen Methoden der Familienforschung, der Zwillingsforschung und der Populationsgenetik an.

Populationsgenetik. Die *Populationsgenetik* beschäftigt sich nicht mit Individuen, sondern mit Vererbungsvorgängen in *Populationen*. Sie untersucht, wie häufig Allele in der Bevölkerung auftreten, wie sie sich auf verschiedene Bevölkerungsgruppen verteilen und wie sich diese Größen in der Zeit, also in der Generationenfolge, verändern. Populationsgenetische Studien dienen vor allem dazu, den Verlauf und die Verbreitung genetisch bedingter Erkrankungen zu verfolgen. Ebenso wie Untersuchungen an Tier- und Pflanzenpopulationen spielen sie auch eine wichtige Rolle bei der Analyse von Evolutionsvorgängen.

Zwillingsforschung. Ein besonderes Interesse der Humangenetik liegt darin, herauszufinden, wie stark sich jeweils Gene und Umwelt auf die Ausprägung bestimmter Merkmale auswirken. Dabei stützt sich die humangenetische Forschung auf den Vergleich von *Zwillingen*, besonders bei komplexen Merkmalen, die *polygen vererbt* und *durch Umweltfaktoren beeinflusst* werden (▶ S. 120). Anhand der Merkmalsdifferenz zwischen eineiigen und zweieiigen Zwillingen ließe sich der genetische Anteil an der Variabilität eines Merkmals abschätzen. Eine Schwierigkeit der Methode besteht allerdings in der geringen Zahl von Zwillingen mit unterschiedlicher Umwelt.

Familienforschung. Die *Familienforschung* oder *Stammbaumanalyse* untersucht in erster Linie den Vererbungsmodus bestimmter Merkmale und Krankheiten. Dazu werden – mithilfe von Daten aus Geburts-, Heirats- und Sterberegistern – Stammbäume über möglichst viele Generationen erstellt. Aus der Art, wie ein Merkmal in der Generationenfolge auftritt, kann man auf die Genotypen einzelner Personen im Stammbaum zurückschließen und so die Phänotypen eindeutig erklären. Diese Methode eignet sich allerdings nur für Erbgänge von *monogen bedingten Merkmalen*. Bis 2008 waren über 18 000 solcher „Mendel-Merkmale" bekannt.

Obwohl molekulargenetische Forschung heute oft im Vordergrund steht, spielt in der Praxis der *genetischen Beratung* (▶ S. 118) die Analyse von Erbgängen weiterhin eine sehr wichtige Rolle.

1 In einer Zwillingsstudie zeigen eineiige Zwillinge etwa dasselbe Maß an Verschiedenheit in einem Merkmal wie zweieiige Zwillinge. Erklären Sie, was man daraus schließen kann.

2 Informieren Sie sich (zum Beispiel im Internet) über das Programm zur Prävention der β-Thalassämie auf Zypern. Diskutieren Sie an diesem Beispiel Bedeutung und Probleme der Populationsgenetik beim Menschen.

Analyse von Erbgängen. Bei der *Stammbaumanalyse* wird vom Phänotyp auf den Genotyp rückgeschlossen mit dem Ziel, den Erbgang eines Merkmals aufzuklären. Dabei geht man davon aus, dass das Merkmal ererbt ist, also auf Rekombination zurückgeht, kann jedoch auch eine Mutation nicht völlig ausschließen. Statistisch rechnet man mit 3 bis 4 Neumutationen pro Generation. Die Erbgänge werden durch international gebräuchliche Symbole grafisch dargestellt (▶ Bild 1).

Zunächst versucht man zu klären, ob ein Merkmal *dominant* oder *rezessiv* vererbt wird. Da sich ein dominantes Allel immer als Merkmal ausprägt, ein rezessives hingegen nur bei Homozygoten in Erscheinung tritt, kann man in folgenden Fällen auf dominante oder rezessive Vererbung schließen:

- Sind Merkmalsträger unter den Kindern von Eltern, die das Merkmal nicht ausprägen, liegt rezessive Vererbung vor.
- Haben Eltern, die das Merkmal ausprägen, auch Kinder ohne das Merkmal, ist dies ein Beleg für dominante Vererbung.

Ausgehend von Personen, deren Genotyp auf diese Weise ermittelt ist, versucht man die Genotypen weiterer Mitglieder des Stammbaums zu erschließen.

Die Genorte der meisten Merkmale liegen auf einem der 22 Autosomen, sie werden *autosomal* vererbt. Im Unterschied dazu treten *gonosomal*, also durch Genorte auf Geschlechtschromosomen vererbte Merkmale nicht unabhängig vom Geschlecht auf. Typisch für ein X-chromosomal vererbtes rezessives Merkmal ist, dass bei Männern bereits die einfache genetische Information ausreicht, damit das Merkmal in Erscheinung tritt. Ursache dafür ist, dass Männer – anders als Frauen – nur *ein* X-Chromosom haben und ihnen daher bei X-chromosomaler Vererbung ein homologes Allel fehlt. Dieser Zustand wird als *hemizygot* bezeichnet.

Bei Frauen tritt ein gonosomal-rezessiv vererbtes Merkmal nur auf, wenn das entsprechende Allel auf beiden X-Chromosomen vorhanden ist. Dazu kann es kommen, wenn der hemizygote Vater und die heterozygote Mutter das X-Chromosom mit dem rezessiven Allel weitergeben. Heterozygote Frauen, die das rezessive Allel weitergeben können, ohne dass das Merkmal bei ihnen in Erscheinung tritt, bezeichnet man als Überträgerinnen oder *Konduktorinnen*.

Bei X-chromosomal dominanter Vererbung tritt das Merkmal bei Frauen etwa doppelt so häufig auf wie bei Männern. Gonosomal-dominante Erbgänge sind meist nur schwer von autosomal-dominanten zu unterscheiden.

Schwierigkeiten bei der Analyse. Einige Besonderheiten erschweren die Analyse von Erbgängen beim Menschen:

- *Kodominanz*: Die Blutgruppen des AB0-Systems werden durch unterschiedliche Glykolipide in der Membran der Erythrocyten bewirkt. Ihnen liegen drei Allele eines Genorts zugrunde. Sie sind also ein Beispiel für multiple Allelie. Die Allele A und B sind dabei *dominant* gegenüber Allel 0. Heterozygote Merkmalsträger mit den Allelen A0 oder B0 sind phänotypisch nicht von homozygoten mit den Allelen AA beziehungsweise BB zu unterscheiden. Erbt ein Kind die Allele A und B, so prägen sich *beide* Allele *kodominant* als Blutgruppe AB aus. Die Blutgruppe 0 wird nur dann ausgeprägt, wenn das rezessive Allel 0 homozygot vorliegt. Das Rhesus-System beruht auf einem dominant vererbten Glykoprotein D. Menschen mit diesem Glykoprotein werden als „Rhesus-positiv" (Rh^+), die übrigen als „Rhesus-negativ" (rh^-) bezeichnet.
- *Variable Expressivität*: Auch bei Individuen mit gleichem Genotyp können sich Merkmale unterschiedlich stark äußern.
- *Unvollständige Penetranz*: Es kommt vor, dass sich ein Merkmal nur bei einem Teil der Individuen desselben Genotyps zeigt.

Die beiden letztgenannten Effekte gehen auf den Einfluss anderer Gene zurück oder aber auf Umwelteinflüsse.

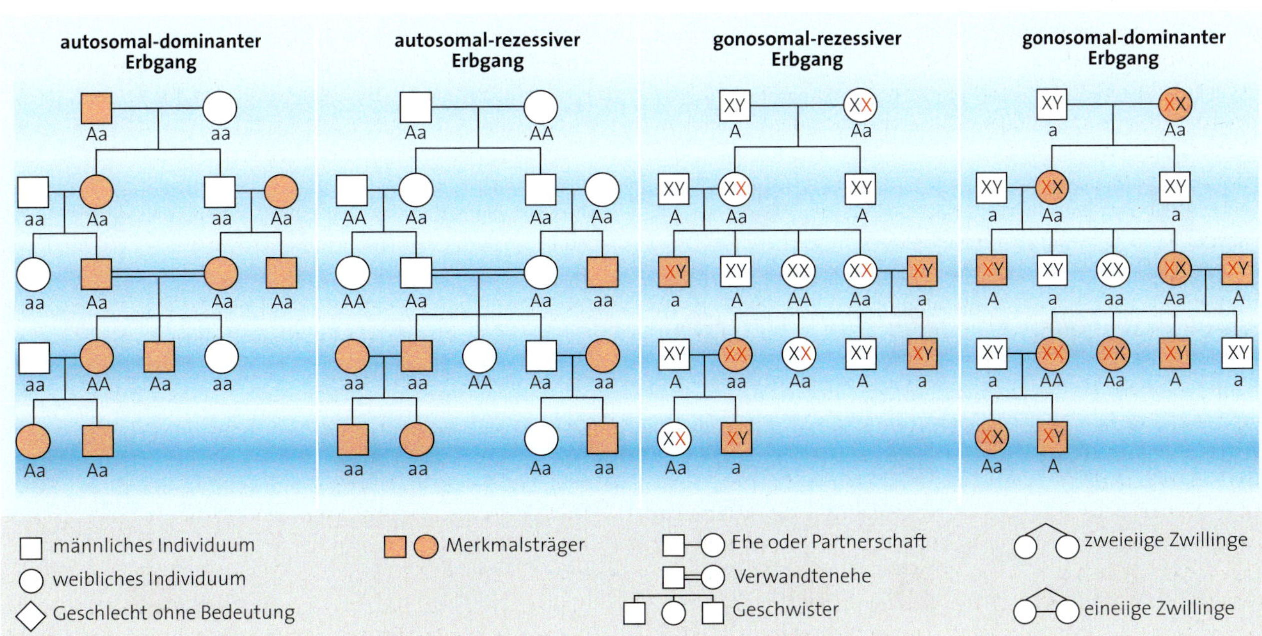

1 *Darstellung verschiedener Erbgänge in Stammbäumen mit international gebräuchlichen Symbolen*

Analyse menschlicher Erbgänge

Häufig wird die genetische Grundlage eines Merkmals erst erkannt, wenn seine Funktion krankhaft verändert ist. Damit ist die Analyse genetisch bedingter Erkrankungen und Entwicklungsstörungen beim Menschen nicht nur medizinisch von Bedeutung, sondern Teil der humangenetischen Grundlagenforschung. Erbkrankheiten sind zwar selten, für die Betroffenen aber schicksalhaft, da man sie bisher nicht ursächlich behandeln kann.

Autosomal-dominant vererbte Krankheiten. Die häufigste autosomal-dominant vererbte Krankheit ist die *familiäre Hypercholesterinämie*, von der eines unter 500 Neugeborenen betroffen ist. Die Krankheit beruht auf einer Mutation im Gen für ein Rezeptorprotein, das die Aufnahme von Cholesterin aus dem Blut in die Zellen vermittelt. Die Mutation führt zu funktionsuntüchtigen Rezeptoren. Überschüssiges Cholesterin wird in die Wände von Blutgefäßen eingelagert. Dadurch werden die Gefäße verengt, verhärtet und verlieren ihre Elastizität. Als Folge dieser Arteriosklerose steigt vor allem das Risiko für Herzinfarkt und Schlaganfall.

Bei homozygot Betroffenen, die überhaupt keine Rezeptoren bilden, liegt der Blutspiegel an Cholesterin um das Sechsfache über dem Normalwert. Ohne regelmäßige Blutwäsche, durch die überschüssiges Cholesterin entfernt wird, erleiden sie bereits in früher Kindheit erste Herzinfarkte. Bei Heterozygoten ist der Cholesterinspiegel nur doppelt so hoch wie normal, da bei ihnen etwa die Hälfte der Rezeptoren funktioniert. Die Krankheit wird demnach *unvollständig dominant* vererbt. Einseitige Ernährung mit einem hohen Anteil an tierischem Fett kann eine nicht erbliche Phänokopie verursachen.

Erbliche Missbildungen von Körpergestalt und Gliedmaßen wie *Kurz-* und *Vielfingrigkeit* werden meist autosomal dominant vererbt. Zu ihnen zählt auch das *Marfan-Syndrom*. Diese Bindegewebskrankheit wird durch ein mutiertes Allel auf Chromosom 15 verursacht, wirkt sich aber *polyphän* überall im Körper aus, wo Gewebe mit elastischen Fasern vorkommt (► Bild 2). Diese bestehen zum Teil aus dem Protein Fibrillin, dem direkten Genprodukt und *eigentlichen Merkmal*.

Viele autosomal-dominant vererbte Krankheiten sind letal oder die Schädigungen sind so gravierend, dass die Betroffenen nicht das Fortpflanzungsalter erreichen. In den meisten Fällen ist ein *Elternteil heterozygot* für das krankheitsverursachende Allel, der andere Elternteil trägt das rezessive Allel homozygot. Statistisch wird das mutierte Gen an die Hälfte der Kinder weitergegeben, die dann ebenfalls erkranken.

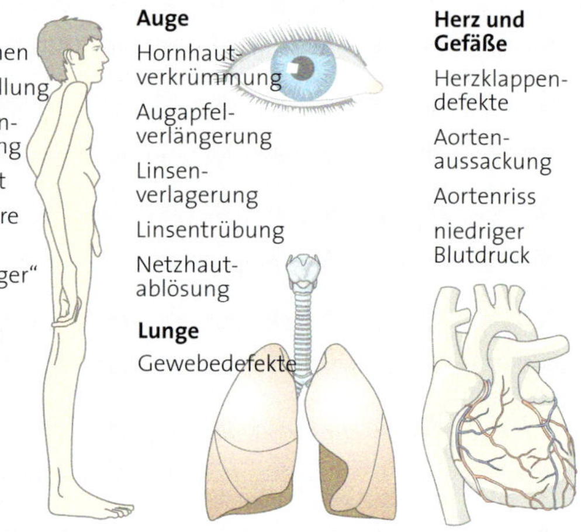

2 *Polyphänie beim Marfan-Syndrom*

Autosomal-rezessiv vererbte Krankheiten. Bei autosomal-rezessiv vererbten Krankheiten handelt es sich meist um *Stoffwechseldefekte*, die auf dem Ausfall eines Enzyms beruhen wie die Phenylketonurie (► S. 86). Heterozygote haben nur etwa die Hälfte der Enzymmenge. Dies reicht in der Regel aus, um die Lebensfunktionen aufrechtzuerhalten.

Allele, die autosomal-rezessiv vererbte Krankheiten hervorrufen, kommen mit Häufigkeiten von 1 : 100 bis 1 : 1000 vor. Das Erkrankungsrisiko liegt also zwischen 1 : 10 000 und 1 : 1 000 000. Die Wahrscheinlichkeit einer Erkrankung erhöht sich allerdings für solche Kinder, deren Eltern miteinander verwandt sind. Je näher der Verwandtschaftsgrad des Paars, desto größer ist auch die Wahrscheinlichkeit, dass beide heterozygote Träger eines rezessiven Allels sind.

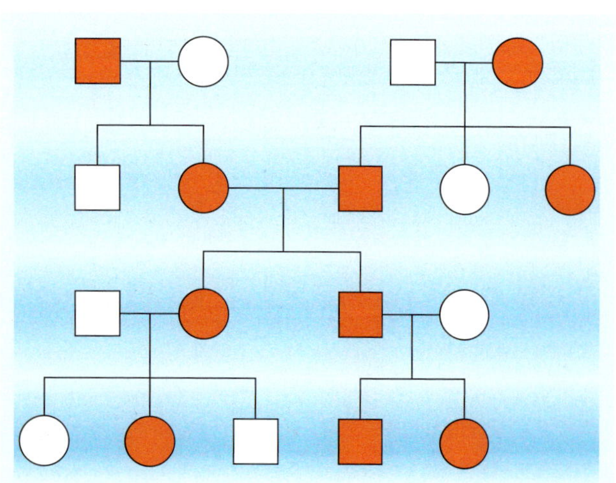

1 *Stammbaum bei familiärer Hypercholesterinämie*

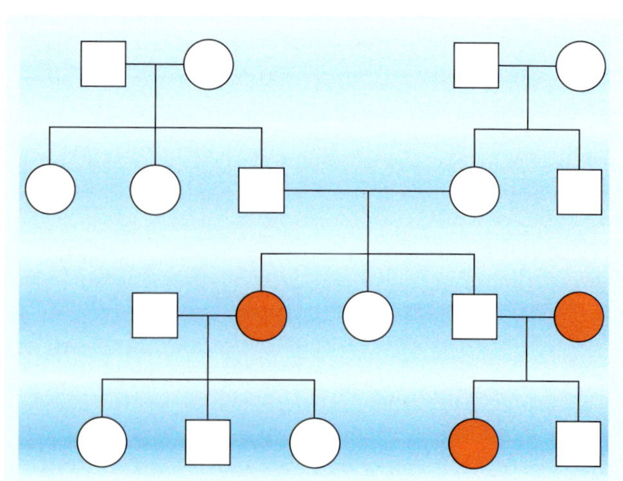

3 *Stammbaum bei Phenylketonurie*

Aberrationen der Autosomen. Abweichungen in der Zahl der Autosomen sind letal, außer wenn sie sehr kleine Chromosomen betreffen. Die häufigste numerische Chromosomenaberration ist die *Trisomie 21*, auch *Down-Syndrom* genannt. Sie tritt in Europa etwa bei jedem 700. Kind auf. Die Betroffenen sind meist kleinwüchsig und leiden oft an Herzfehlern. Sie sind wegen der gestörten Geschlechtsentwicklung steril und in der Regel geistig behindert. Allerdings ist das Ausmaß der Behinderung individuell sehr verschieden und hängt auch stark davon ab, welche Förderung das einzelne Kind erfährt. Aufgrund der im Gesicht erkennbaren Merkmale wurde das Syndrom früher auch als „Mongolismus" bezeichnet.

Gonosomal-rezessiv vererbte Krankheiten. Die Gene der meisten gonosomal-rezessiv vererbten Krankheiten liegen auf dem X-Chromosom, da das Y-Chromosom nur wenige Genorte trägt. Am häufigsten sind Muskeldystrophien und Hämophilien. *Muskeldystrophie* bezeichnet den fortschreitenden Muskelabbau, der beim *Typ Duchenne* bereits im Kleinkindalter einsetzt und meist früh zum Tod führt. Die Krankheit beruht auf dem Fehlen des Muskelproteins Dystrophin. Beim *Typ Becker* ist lediglich die Struktur des Proteins verändert, die Symptome sind weniger ausgeprägt. Bei *Hämophilien* – Störungen der Blutgerinnung durch defekte Gerinnungsfaktoren – unterscheidet man *Hämophilie A*, die durch Veränderungen des Faktors VIII und die seltenere *Hämophilie B*, die durch das mutierte Gen für Faktor IX verursacht wird.

Männer sind hemizygot für alle X-chromosomalen Gene, daher treten bei ihnen rezessiv X-chromosomal vererbte Krankheiten wesentlich häufiger auf als bei Frauen. Eine heterozygote Mutter gibt als Konduktorin das krankheitsverursachende Allel statistisch an die Hälfte der Kinder weiter. Die Hälfte der Söhne erkrankt. Alle Töchter sind phänotypisch gesund, obwohl ebenfalls jede zweite das Allel besitzt und als Konduktorin weitervererbt. Die Kinder eines hemizygot erkrankten Mannes und einer homozygot gesunden Frau sind alle gesund: Die Söhne erhalten das Y-Chromosom des Vaters und eines der beiden X-Chromosomen der Mutter mit normalem Allel; alle Töchter sind heterozygote Konduktorinnen.

Gonosomal-dominant vererbte Krankheiten. Krankheiten, die über das X-Chromosom dominant vererbt werden, sind sehr selten. Dazu gehört die Vitamin-D-resistente, also nicht durch Vitamin-D-Gaben behandelbare *Rachitis mit Hypophosphatämie*. Trägt der Vater das mutierte Allel, so sind alle seine Söhne gesund, alle Töchter sind von der Krankheit betroffen. Eine heterozygote Mutter vererbt die Krankheit mit 50%iger Wahrscheinlichkeit an ihre Kinder.

Aberrationen der Gonosomen. Eine von der Norm abweichende Anzahl an Gonosomen ist angeboren, wird aber nicht vererbt, da sie – wie Aneuploidien von Autosomen auch – bei der Meiose entsteht. Sie wirkt sich auf die Geschlechtsentwicklung aus und führt zu Abweichungen bei den Geschlechtsmerkmalen. Das Turner-Syndrom ist durch den Karyotyp X0 gekennzeichnet. Die Betroffenen sind phänotypisch weiblich, werden aber nicht geschlechtsreif und bilden keine sekundären Geschlechtsmerkmale. Die Auswirkungen des fehlenden X-Chromosoms sind vergleichsweise gering, da auch bei einer gesunden Frau mit zwei X-Chromosomen eines schon während der Embryonalentwicklung weitgehend inaktiviert wird. Es kondensiert in jeder Zelle an der Innenseite der Kernmembran zu einem kompakten Gebilde, dem *Barr-Körperchen*. Auf welche Weise dessen Gene die Geschlechtsentwicklung beeinflussen, ist noch unklar.

Menschen mit anderen gonosomalen Aberrationen wie *Klinefelter-, Triple-X-* oder *YY-Syndrom* sind meist ebenfalls unfruchtbar und in der Regel vermindert intelligent.

Genomische Prägung. Bei einigen genetisch bedingten Krankheiten bewirken Mutationen unterschiedliche Krankheitsbilder, je nachdem, ob das betreffende Allel vom Vater oder von der Mutter stammt. So kennt man zwei Krankheiten, die auf eine Deletion am langen Arm von Chromosom 15 zurückgehen. Das *Prader-Willi-Syndrom* äußert sich in Minderwuchs, Muskelschwäche und deutlichem Übergewicht. Es tritt nur auf, wenn sich die Deletion in dem Chromosom ereignet, das vom Vater stammt. Ist dagegen das von der Mutter stammende Chromosom betroffen, kommt es zum *Angelman-Syndrom* mit Sprachstörungen, übertriebener Fröhlichkeit und geistiger Behinderung. Die Gene, die beide Krankheiten hervorrufen, liegen im selben Chromosomenabschnitt. Offenbar sind von bestimmten Genen nur *entweder* die mütterlichen *oder* die väterlichen Allele aktiv – ein Phänomen, das man als *genomische Prägung* bezeichnet. Wenn das aktive Allel aufgrund einer Deletion fehlt, wird es durch das homologe Allel nicht ausgeglichen. Die Genwirkung fällt also vollständig aus. Grund für diese Inaktivierung ist vermutlich das geschlechtsspezifische *Methylierungsmuster* (► S. 95) der DNA. Es wird bereits bei der Keimzellbildung im Körper der Eltern angelegt.

---

1 **Analysieren Sie die Stammbäume für familiäre Hypercholesterinämie und Phenylketonurie auf der gegenüberliegenden Seite und bestimmen Sie den Genotyp aller Individuen.**

2 **Erklären Sie, weshalb Hämophilie A bei Männern wesentlich häufiger auftritt als bei Frauen.**

3 **Recherchieren Sie, durch welche Maßnahmen die Folgen einer Trisomie 21 für Betroffene gemildert werden können.**

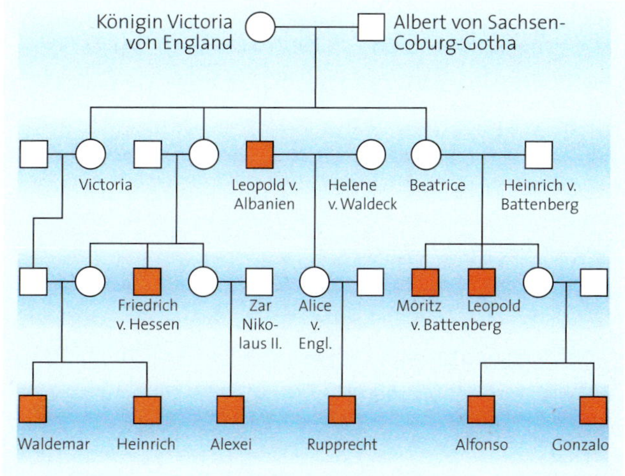

1 *Hämophilie A in europäischen Fürstenhäusern*

Genetische Beratung

Die Möglichkeiten, genetisch bedingte Krankheiten und Fehlbildungen eines Kindes bereits während der Schwangerschaft festzustellen, haben sich in den letzten Jahren deutlich verbessert. Gleichzeitig stieg auch das Risikobewusstsein von Paaren mit Kinderwunsch. Eltern wünschen sich gesunde Kinder und entsprechend groß ist inzwischen der Beratungsbedarf. Normalerweise kommen Kinder gesund zur Welt und entwickeln sich auch normal. Bei 2 bis 3 % der Neugeborenen treten allerdings Krankheiten oder Fehlbildungen auf, die genetisch bedingt sein können. Wenn Paare das Risiko einer genetisch bedingten Beeinträchtigung ihres Kindes ermitteln wollen, können sie eine *genetische Beratungsstelle* aufsuchen. In Deutschland gibt es mehr als hundert dieser Einrichtungen.

Die genetische Beratung wird meist von einem humangenetisch ausgebildeten Arzt oder einer Ärztin durchgeführt. Die Ratsuchenden oder das Paar, das sich ein Kind wünscht, können im Beratungsgespräch alle *Probleme* ansprechen, die sich aus dem Auftreten oder dem Risiko einer genetisch bedingten Erkrankung oder Fehlentwicklung in einer Familie ergeben.

Indikationen. Das Risiko einer genetisch bedingten Erkrankung oder Fehlentwicklung ist nicht bei allen Elternpaaren gleich groß. Deshalb wird genetische Beratung nur bei folgenden *Indikationen* durchgeführt:
- Die Eltern haben bereits ein Kind oder mehrere Kinder mit einer genetisch bedingten Erkrankung oder Fehlbildung.
- Ein Elternteil oder beide Eltern leiden an einer genetisch bedingten Krankheit.
- In der Familie eines Elternteils oder beider Eltern kommen genetisch bedingte Krankheiten vor.
- Das Elternpaar ist miteinander verwandt.
- Eine Frau hatte schon mehrere Fehlgeburten ohne gynäkologisch feststellbare Ursache.
- Die potenzielle Mutter ist älter als 35 Jahre.

Daneben gibt es noch Fehlbildungsrisiken, die von schädigenden Einflüssen während der Schwangerschaft und der Geburt ausgehen, zum Beispiel einer Infektion der werdenden Mutter mit Rötelnviren, der Einnahme bestimmter Medikamente sowie dem Genuss von Alkohol und illegalen Drogen. Im Beratungsgespräch wird deshalb zuerst geklärt, ob möglicherweise eine angeborene Krankheit oder Fehlentwicklung vorliegt, die tatsächlich genetisch bedingt ist.

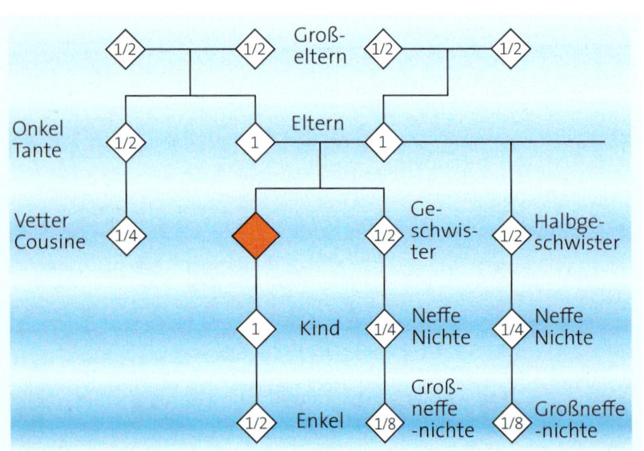

1 Wahrscheinlichkeit für Verwandte, heterozygot zu sein, bei autosomal-rezessiv vererbter Krankheit

Ziele der genetischen Beratung. Nach einer Zusammenstellung der Weltgesundheitsorganisation (WHO) soll die genetische Beratung einer Person oder einer betroffenen Familie helfen,
- die medizinischen Fakten einschließlich der Diagnose, den vermutlichen Verlauf der Erkrankung und die zur Verfügung stehenden Behandlungsmethoden zu erfassen,
- den erblichen Anteil an der Erkrankung zu kennen und das Risiko für die einzelnen Familienmitglieder, Träger des betreffenden Gens zu sein,
- mit einem möglichen Risiko umzugehen,
- eine Entscheidung zu treffen, die ihrem Risiko, ihren familiären Zielen, ihren ethischen und religiösen Wertvorstellungen entspricht, und in Übereinstimmung mit dieser Entscheidung zu handeln und
- sich gegebenenfalls so gut wie möglich auf die Behinderung des betroffenen Familienmitglieds einzustellen.

Diagnosemethoden. Zunächst werden, um das Risiko für eine genetisch bedingte Krankheit abzuschätzen, die Befunde der Ratsuchenden und ihrer Familien erhoben und ein *Familienstammbaum* über drei Generationen erstellt. Sind in der Familie bereits autosomal-rezessiv vererbte Krankheiten aufgetreten, kann man bei bekanntem Erbgang das *Wiederholungsrisiko* berechnen. Dazu wird für alle Familienmitglieder und für eventuelle weitere Kinder die Wahrscheinlichkeit ermittelt, Träger des rezessiven Allels zu sein.

Bei bestimmten genetisch bedingten Erkrankungen ist es möglich, mithilfe von Gensonden (► S. 134) oder mit einem biochemischen Belastungstest festzustellen, ob die Eltern krankheitsverursachende Allele tragen. Der *Belastungstest* beruht darauf, dass heterozygote Träger eines rezessiven Allels nur 50 % der Menge eines bestimmten Enzyms produzieren (► S. 116). Wird im Test eine unphysiologisch hohe Substratmenge angeboten, so setzen Heterozygote weniger Substrat um als homozygot Gesunde. Deshalb wird der Belastungstest auch als *Heterozygotentest* bezeichnet.

Besteht bei einer Schwangerschaft das Risiko einer Fehlbildung, so können auf Wunsch der Ratsuchenden verschiedene *pränataldiagnostische Analysen* durchgeführt werden, also Untersuchungen, mit denen sich eine mögliche Behinderung des Embryos feststellen lässt (► S. 119).

Den Eltern bleibt es letztlich überlassen, sich für oder gegen eigene Kinder zu entscheiden oder bei einer schwerwiegenden Beeinträchtigung des Fetus einen Schwangerschaftsabbruch durchführen zu lassen.

1. **Berechnen Sie, wie wahrscheinlich das Kind einer kranken und gesunden Person eine autosomal-dominante Krankheit erbt.**
2. **Bei einer Umfrage unter Schwangeren gab jede fünfte an, sie würde eine Abtreibung vornehmen lassen, falls ein pränataler Test auf erblich bedingtes Übergewicht positiv ausfiele. Ein Drittel der Befragten war der Meinung, bei einem solchen Ergebnis sollte ein Abbruch erlaubt sein. Nehmen Sie Stellung.**

Pränatale Diagnostik

Mithilfe der *pränatalen*, also vorgeburtlichen Diagnostik ist es möglich, den Gesundheitszustand des ungeborenen Kindes im Mutterleib zu untersuchen. Dabei können genetisch bedingte Krankheiten und Fehlbildungen sowie Chromosomenanomalien beim Fetus festgestellt werden. Pränataldiagnostik ist Teil der regulären Vorsorgeuntersuchung bei Schwangeren, spielt aber auch zunehmend in der genetischen Beratung eine Rolle.

Die verschiedenen Untersuchungsmethoden werden zu unterschiedlichen Zeitpunkten in der Schwangerschaft eingesetzt. Sie unterscheiden sich in der Schwere des Eingriffs und in ihrer Aussagekraft. *Invasive Methoden*, bei denen fetale Zellen und Fruchtwasser für genetische und biochemische Untersuchungen entnommen werden, sind mit einem gewissen Risiko verbunden, eine Fehlgeburt auszulösen.

Ultraschall

Ultraschalluntersuchungen werden im Rahmen der Vorsorgeuntersuchungen dreimal durchgeführt: in der 9. bis 12., der 18. bis 22. und der 29. bis 32. Schwangerschaftswoche. Ihr Ziel ist es, die Lage des Fetus in der Gebärmutter festzustellen, seine Größe und den Entwicklungsstand zu beurteilen, mögliche Fehlbildungen und, wenn gewünscht, das Geschlecht festzustellen. Da lediglich der Ultraschallkopf über den Bauch der Schwangeren geführt wird, bestehen für die Mutter und das Kind keine unmittelbaren Risiken. Für eine sichere Diagnose von Fehlbildungen ist die Methode jedoch zu ungenau.

Serumuntersuchungen von mütterlichem Blut

In der 15. bis 19. Schwangerschaftswoche lässt sich im mütterlichen Blut *Alpha-Feto-Protein* (AFP) nachweisen. Bei schweren Wirbelsäulenfehlbildungen ist die Konzentration dieses fetalen Proteins erhöht. Beim *Triple-Test* wird sowohl der AFP-Spiegel als auch die Konzentration der Hormone *HCG* und *Östradiol* bestimmt. Der Test gibt Aufschluss über das Risiko für die Trisomien 18 und 21. Das geringe Risiko für Mutter und Kind geht jedoch auch hier mit einer schwierigen Interpretation der Testergebnisse einher.

Amniozentese

Bei dieser Methode werden in der 15. bis 20. Schwangerschaftswoche mit einer 0,7 mm dünnen Nadel, die unter Ultraschallkontrolle durch die Bauchhöhle eingestochen wird, aus der Gebärmutter etwa 20 ml Fruchtwasser entnommen. Ab diesem Zeitpunkt enthält die *Amnionflüssigkeit* ausreichend viele abgelöste Zellen des Fetus. Nach 9 bis 14 Tagen liegen in einer Kultur so viele Zellen vor, dass Chromosomenpräparate und ein Karyogramm angefertigt werden können, um Chromosomenanomalien sicher zu diagnostizieren. Mit molekularbiologischen Methoden lassen sich außerdem krankheitsverursachende Genmutationen direkt feststellen.

Die biochemische Untersuchung des Fruchtwassers erlaubt es, sehr sichere Aussagen über rezessiv vererbte Stoffwechselkrankheiten zu treffen. Allerdings ist die Methode mit einem Fehlgeburtsrisiko von 0,5 bis 1 % verbunden. Für einen Schwangerschaftsabbruch ist der Zeitpunkt sehr spät.

Chorionzottenbiopsie

Bei der Chorionzottenbiopsie werden Zellen aus der sich bildenden Placenta untersucht. Sie kann bereits zwischen der 10. und 12. Schwangerschaftswoche durchgeführt werden. Mithilfe eines 1 bis 2 mm dünnen Katheters, der in der Regel durch die Scheide eingeführt wird, entnimmt man Chorionzottengewebe, an dem die gleichen Untersuchungen wie bei der Amniozentese sofort durchgeführt werden können. Die Aussagesicherheit ist etwa gleich groß, der Eingriffszeitpunkt liegt aber bis zu 8 Wochen früher. Das Fehlgeburtsrisiko wurde früher mit 4 bis 8 % angegeben, ist aber bei erfahrenen Ärzten nicht höher als bei der Amniozentese.

Fetale Zellen aus mütterlichem Blut

Seit bekannt ist, dass fetale Zellen auch im mütterlichen Blutkreislauf zirkulieren, versucht man diese Zellen in ausreichender Menge zu gewinnen. Als besonders geeignet haben sich bisher kernhaltige fetale Erythrocyten erwiesen. Diese werden zunächst mittels Dichtegradienten-Zentrifugation in einer Bande angereichert. Dann entnimmt man die Zellen und markiert sie mit spezifischen Antikörpern, an die 0,05 µm kleine Eisenkügelchen gebunden sind. In einem starken Magnetfeld werden markierte Zellen von unmarkierten getrennt.

---

1 Obwohl das Fehlgeburtsrisiko höher ist, wird eine Frühamniozentese bereits ab der 13. Schwangerschaftswoche durchgeführt. Erörtern Sie die Motive.

2 Finden Sie heraus, weshalb bei mütterlichen Infektionen ab der 20. Schwangerschaftswoche durch die Bauchdecke aus der Nabelschnur fetales Blut entnommen und auf Antikörper getestet wird.

3 Mit der Vielfarben-Hybridisierung (► S. 113) kann man in unkultivierten Fetuszellen gleich nach der Amniozentese numerische Chromosomenaberrationen feststellen. Erklären sie das Prinzip.

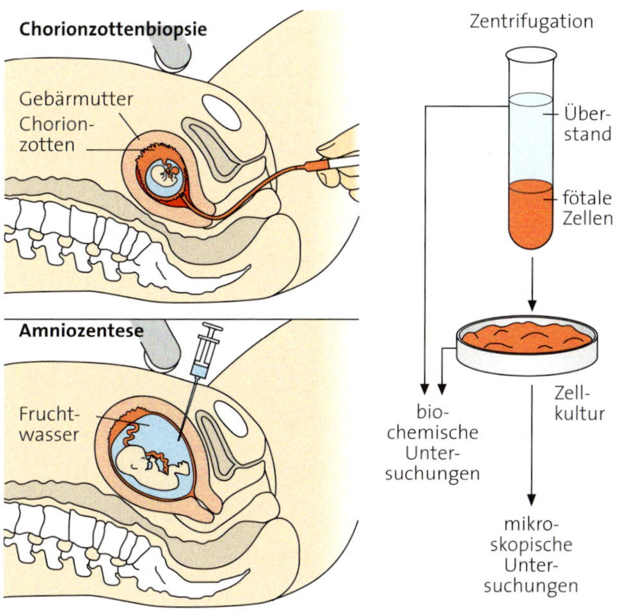

[Z] Vererbung komplexer Merkmale

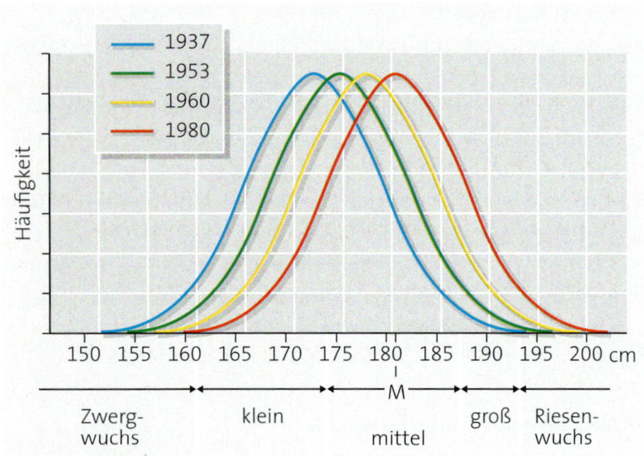

1 Verteilung der Körperhöhen 20-jähriger Männer in verschiedenen Geburtsjahrgängen

Die meisten Merkmale des Menschen kommen durch Zusammenspiel mehrerer Gene zustande (▶ S. 87). Bei solchen *polygenen* Merkmalen beobachtet man nicht nur zwei oder drei, sondern eine kontinuierlich abgestufte *Variabilität* von Phänotypen, deren Häufigkeit in der Bevölkerung etwa einer gaußschen Normalverteilung entspricht. Diese Variabilität ist in der Regel nicht ausschließlich genetisch bedingt, sondern *multifaktoriell*: Sie beruht auf dem Zusammenwirken von Genen und Umwelteinflüssen. Dabei kann sich der relative Einfluss von genetischen und Umweltfaktoren bei verschiedenen Merkmalen erheblich unterscheiden.

Körperhöhe. Die Häufigkeitsverteilung der Körperhöhe unter 20-jährigen Männern eines Geburtsjahrgangs zeigt diese gaußsche Normalverteilung. Die meisten haben Körperhöhen um einen Mittelwert, während sehr große und sehr kleine Männer am seltensten vorkommen. Dabei hat die durchschnittliche Körperhöhe von 1940 bis 1980 um etwa 10 cm zugenommen (▶ Bild 1). Als Ursache wird unter anderem bessere Ernährung im Säuglings- und Kleinkindalter angenommen.

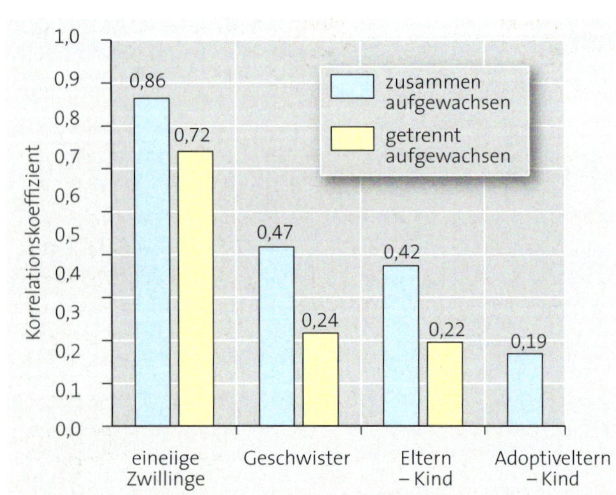

2 Korrelationskoeffizienten der IQ-Werte bei Verwandten

Um den relativen Einfluss von Genen und Umweltfaktoren auf die Varianz der Körperhöhe abzuschätzen, vergleicht man die Körperhöhen der Männer mit denen ihrer Väter. Der mathematisch bestimmbare *Korrelationskoeffizient r* gibt an, inwieweit die Werte voneinander abhängen. Der Koeffizient kann Werte zwischen +1 und –1 annehmen. Eine Korrelation von +1 bedeutet, dass große Väter immer große Söhne haben. Bei einem Wert von –1 hätten die größten Väter die kleinsten Söhne, bei einem Wert von 0 besteht kein Zusammenhang. Massenstatistische Untersuchungen ergaben eine Korrelation von 0,51. Da Väter die Hälfte ihrer Gene mit ihren Söhnen gemeinsam haben, lässt sich daraus ableiten, dass die Körperhöhe vor allem genetisch festgelegt wird. Untersuchungen an eineiigen Zwillingen, bei denen Korrelationskoeffizienten von über +0,9 gefunden wurden, bestätigen diese Annahme.

Körpergewicht. Vor allem wegen der Zunahme von schwerem Übergewicht, der *Adipositas*, in der Bevölkerung wird der Einfluss der Gene auf das Körpergewicht erforscht. Untersuchungen über die Häufung von Adipositas in Familien ergaben, dass etwa 25 % der Kinder mit einem adipösen Elternteil ebenfalls stark übergewichtig waren. Dabei hatten die Mütter einen mehr als doppelt so großen Einfluss wie die Väter. Waren beide Eltern adipös, erhöhte sich der Anteil der adipösen Kinder auf 71 %.

Studien mit über 3 500 adoptierten Kindern belegten keine Übereinstimmung mit dem Gewicht der Adoptiveltern, sondern nur mit dem der biologischen Eltern. Auch hier entwickelten 80 % der Kinder eine Adipositas, wenn beide biologischen Eltern adipös waren. In einer Zwillingsuntersuchung wurden für das Körpergewicht eineiiger Zwillingspaare mehr als doppelt so hohe Korrelationskoeffizienten ermittelt wie für zweieiige Zwillingspaare, und zwar unabhängig davon, ob sie getrennt oder gemeinsam aufgewachsen waren.

Die genetische Disposition zur Adipositas wirkt sich vermutlich über einen verminderten Grundumsatz mit eingeschränkter Wärmeabgabe aus.

Intelligenz. Auch die große Variabilität geistiger Merkmale kommt mit Sicherheit durch das komplexe Zusammenwirken von Genen und Umwelt zustande, auch wenn wir bislang nicht abschätzen können, wie viele und welche Gene daran beteiligt sind. *Intelligenz* ist ein Merkmal, dessen Grundlagen sehr kontrovers beurteilt werden. Auch die Ergebnisse wissenschaftlicher Studien sind uneinheitlich. Das hängt schon damit zusammen, dass es keine allgemein anerkannte Definition von Intelligenz gibt.

Intelligenztests erfassen individuelle Unterschiede in geistigen Fähigkeiten, die zur Intelligenz beitragen, beispielsweise sprachliche Ausdrucksfähigkeit und räumliches Vorstellungsvermögen. Aus den Ergebnissen lässt sich der *Intelligenzquotient* (IQ) ermitteln. Ein Wert von 100 bedeutet eine durchschnittliche Intelligenz. Der Test wird so standardisiert, dass 50 % der Bevölkerung Werte zwischen 90 und 110 erreichen.

Zahlreiche Familien-, Zwillings- und Adoptionsuntersuchungen ergeben, dass die IQ-Werte unter nicht verwandten Personen am niedrigsten korrelieren. Unter Verwandten werden die höchsten Korrelationen von eineiigen Zwillingen erreicht, die zusammen aufgewachsen sind.

Mithilfe dieses Kapitels können Sie

- Mitose und Meiose nach ihrem Ablauf und ihrer biologischen Funktion vergleichen
- die mendelschen Regeln der Vererbung darstellen und ihre Bedeutung begründen
- Bau und Eigenschaften von Chromosomen beschreiben und erläutern
- die Chromosomen als Träger der Gene darstellen und die sich daraus ergebende Folgen für das Erbgeschehen erklären
- Mutationen durch Veränderung der Chromosomen beschreiben und ihre Auswirkungen beurteilen
- Methoden der Humangenetik nennen und begründen
- Analysen von Erbgängen beim Menschen durchführen und ihre Schwierigkeiten angeben
- die Bedeutung genetisch bedingter Krankheiten als Schlüssel zu den genetischen Grundlagen bestimmter Merkmale beurteilen
- Indikationen, Ziele und Methoden genetischer Beratung und pränataler Diagnostik beschreiben und erläutern
- die Besonderheiten der Vererbung komplexer Merkmale darstellen

Testen Sie Ihre Kompetenzen

Galactose ist ein Bestandteil des Milchzuckers, der in Kuh- und Muttermilch vorkommt. Normalerweise wird Galactose mithilfe des Enzyms Galactose-1-phosphat-uridyl-transferase (GALT) über das Zwischenprodukt Galactose-1-phosphat in Glucose umgewandelt.

Bei der in Deutschland mit einer Häufigkeit von 1 : 40 000 auftretenden Galactosämie ist der Galactose- und Galactosephosphat-Spiegel im Blut im Vergleich mit Gesunden etwa um den Faktor 10 erhöht. Erste Krankheitssymptome bei Neugeborenen sind Durchfall, Erbrechen und Gelbsucht. Wird die Krankheit nicht behandelt, kommt es zu lebensgefährlichen Schädigungen von Leber, Niere und Gehirn. Der Stammbaum (▶ Bild rechts) zeigt die Vererbung der Galactosämie in einer Familie.

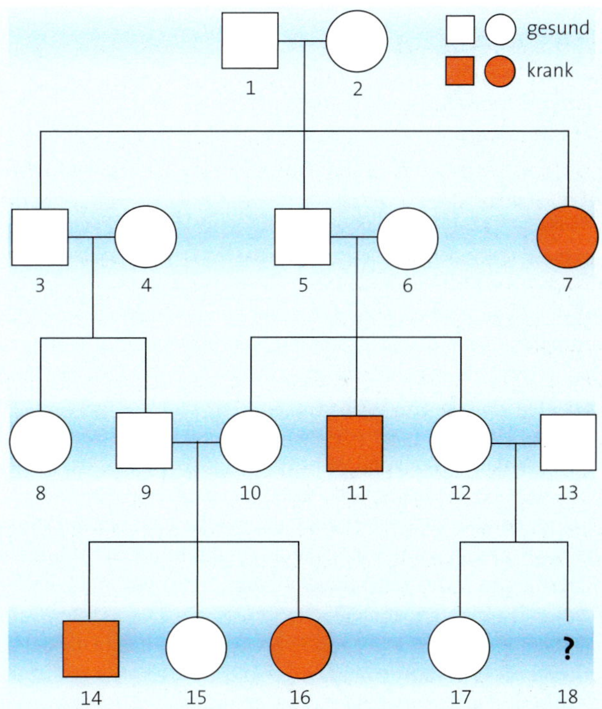

1. Erörtern Sie die genetische Ursache der Galactosämie.
2. Analysieren Sie den Stammbaum und erschließen Sie begründet den Erbgang.
3. Bestimmen Sie alle sicheren und möglichen Genotypen und begründen Sie Ihre Lösung.
4. Das Paar 12/13 wünscht sich ein weiteres Kind und möchte wissen, ob es an Galactosämie erkranken wird. Ermitteln Sie das prozentuale Risiko.
5. Nennen und erläutern Sie die diagnostischen Untersuchungen, die dem Paar in einer genetischen Beratung empfohlen werden könnten.
6. Das Paar entscheidet sich für ein weiteres Kind, möchte jedoch eine Amniozentese durchführen lassen. Beschreiben Sie diese Untersuchung und erörtern Sie ihre Problematik.
7. Leiten Sie eine Empfehlung für die Ernährung der werdenden Mutter (Person 12 im Stammbaum) aus dem Broschürentext rechts ab.
8. Entwickeln Sie ein Therapiekonzept für Galactosämie.
9. Während in Deutschland alle Neugeborenen im Rahmen eines Screenings auch auf Galactosämie getestet werden, verzichten manche europäischen Länder und einige Staaten der USA bewusst darauf. Erörtern Sie – auch unter Berücksichtigung der Ergebnisse der Langzeituntersuchungen – mögliche Gründe und beurteilen Sie den Testverzicht.

Galactose kann die Placentaschranke überwinden und die Anlage der Eizellen bei weiblichen Föten im 4. Monat offenbar so stark beeinträchtigen, dass 80 % von ihnen später unfruchtbar sind. Schwangeren, in deren Familie ein Fall von Galactosämie aufgetreten ist, wird daher geraten, ihre Ernährung während der Schwangerschaft darauf einzustellen.
Langzeituntersuchungen haben gezeigt, dass ein Teil der Patienten mit GALT-Mangel trotz frühzeitigen Beginns und konsequenter Einhaltung der Behandlung dennoch Symptome wie Verzögerung der geistigen Entwicklung, neurologische Störungen, zum Beispiel bei der Bewegungskoordination, sowie nicht ausreichend funktionierende Eierstöcke entwickelt.

Chorea Huntington – ein monogenes Erbleiden

Der amerikanische Arzt GEORGE HUNTINGTON beschrieb 1872 eine neue Erbkrankheit. Als Symptome nannte er motorische Störungen wie unwillkürliche Zuckungen der Arme und Beine und der Gesichtsmuskeln sowie Schwachsinn. Er nannte die Krankheit Chorea major (von griech. choreia: *Tanz). Im Mittelalter war das Phänomen als „Veitstanz“ bekannt.*
HUNTINGTON hatte die Krankheit über 12 Generationen zurückverfolgt und dabei festgestellt, dass sie in jeder Generation auftrat. Er fand heraus, dass alle Patienten Nachfahren zweier Brüder waren, die 1630 aus England ausgewandert waren und sich in Salem, Massachusetts, niedergelassen hatten. Seine Folgerung, dass Chorea vererbt wurde, war naheliegend. Wahrscheinlich wurden Betroffene im Mittelalter als „Besessene“ verfolgt und hingerichtet.

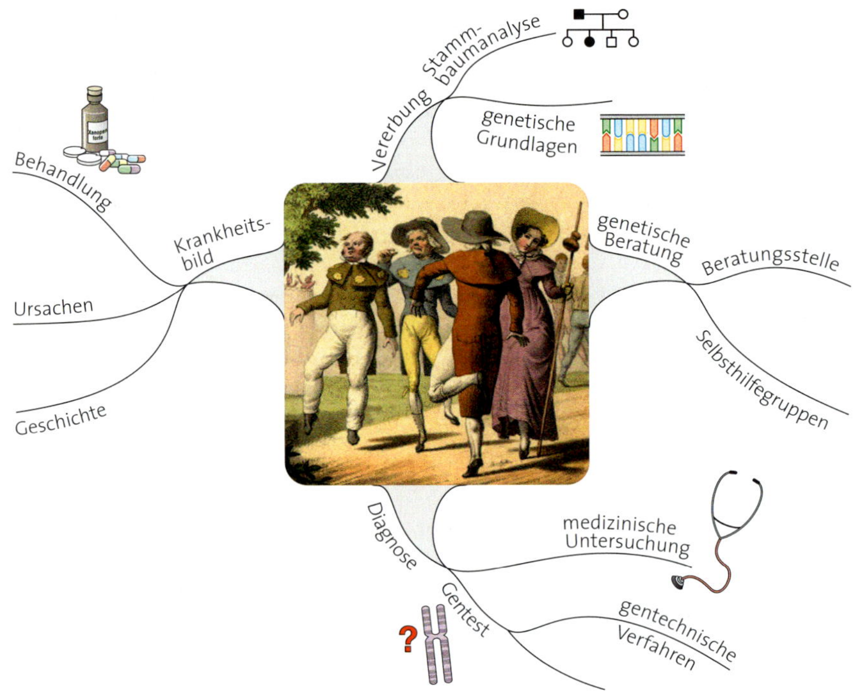

GRUNDLAGEN Mit 5 bis 6 Erkrankten je 100 000 Personen ist Chorea Huntington (HD für engl. *Huntington disease*) eine der häufigsten erblichen Krankheiten des Nervensystems. Sie beruht auf der Degeneration von Nervenzellen vorwiegend in den Gehirnregionen, die für die Steuerung von Bewegungsabläufen zuständig sind. Bewegungsstörungen sind die Folge (zum Beispiel treten plötzliche unwillkürliche, häufig asymmetrische Bewegungen auf). Meist kommen psychische Veränderungen wie Depressionen, Wutausbrüche und Wahnvorstellungen hinzu, im Spätstadium auch der Verlust höherer geistiger Fähigkeiten (Demenz).

Ursache der Krankheit ist ein mutiertes Gen auf Chromosom 4. Die Penetranz ist vollständig: Alle Träger des mutierten Allels entwickeln im Lauf der Zeit Krankheitssymptome. Wann die ersten Anzeichen auftreten, ist nicht vorauszusagen (► Bild 1). Bei Krankheitsbeginn, meist im Alter von 35 bis 50 Jahren, haben die Betroffenen in der Regel schon Kinder.

Aufgrund der Vielfältigkeit der Symptome vergehen oft Jahre bis zur Diagnose der Krankheit. Erst seit 1993 lässt sich Chorea Huntington mithilfe eines Gentests sicher feststellen. Die Einnahme bestimmter Medikamente kann die Symptome vermindern, eine Heilung gibt es jedoch nicht.

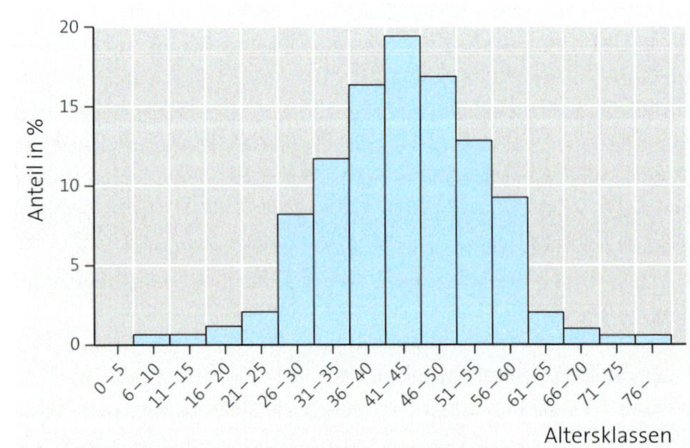

1 *Alter der HD-Patienten beim Ausbruch der Krankheit*

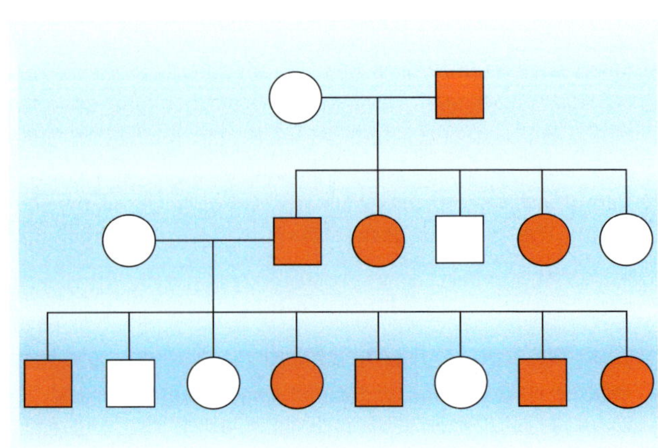

2 *Stammbaum einer Familie, in der HD auftritt*

Basisinformationen
Stammbaumanalyse (► S. 115) • Bewegungskontrolle (► S. 163)

1. Erläutern Sie mithilfe von Bild 2 den Erbgang von HD.
2. 1934 trat im nationalsozialistischen Deutschland ein „Gesetz zur Verhütung erbkranken Nachwuchses“ in Kraft. Auf seiner Grundlage wurden auch HD-Patienten sterilisiert. Konnte mit dieser ethisch verwerflichen Maßnahme das vorgebliche Ziel überhaupt erreicht werden? Begründen Sie Ihre Ansicht.

Symptome der Krankheit und ihre Ursachen

Die körperlichen und psychischen Symptome von HD gehen auf den Untergang von Gehirnzellen zurück. Untersuchungen an Gehirnen von HD-Patienten zeigen, dass Teilbereiche der Basalganglien und die Großhirnrinde insgesamt um bis zu 60 % verkleinert sind (► Bild 1 und 2). Die Basalganglien gehören zu den Hirnregionen, die den Muskeltonus regeln und Koordinations- sowie unwillkürliche Bewegungen steuern (► S. 163). Hier werden Bewegungen so aufeinander abgestimmt, dass sie harmonisch ablaufen. Schon im Frühstadium lässt sich durch Positronen-Emissionstomographie (PET) eine Störung des Glucosestoffwechsels feststellen, der zu Reizüberempfindlichkeit und später zum Absterben der Neuronen führt.

Seit 1983 weiß man, dass das Gen für Chorea Huntington auf dem kurzen Arm des Chromosoms 4 liegt. Zunächst wurde das Gen mithilfe genetischer Marker kartiert – also polymorphen DNA-Sequenzen, deren Allele gemeinsam mit dem Huntington-Allel vererbt werden, die mit dem Zustandekommen der Krankheit aber nichts zu tun haben (► S. 141). Dazu untersuchte man große Familien, in denen HD gehäuft auftritt. Solche Familien gibt es beispielsweise in Venezuela.

Mithilfe der Markergene und durch Sequenzanalyse gelang es schließlich 1993, das für die Chorea verantwortliche Gen zu identifizieren. Es codiert für ein sehr großes Protein aus 3140 Aminosäuren. Dieses als Huntingtin bezeichnete Protein wird in Neuronen und vielen anderen Zellen gebildet, seine Funktion ist jedoch immer noch unbekannt. Die codierende Sequenz des normalen Huntingtin-Gens enthält an einer Stelle 11 bis 34 Wiederholungen des Basentripletts CAG. Bei HD-Patienten sind es 35 und mehr (► Tabelle unten). Dabei wirkt sich offenbar die Zahl der Tripletts auf den Zeitpunkt des Krankheitsausbruchs aus: je mehr Wiederholungen, desto früher treten die ersten Symptome auf und desto schwerwiegender äußert sich die Krankheit. Verlängerte Triplett-Wiederholungen sind bei Zellteilungen instabil. Sie können sich verlängern oder verkürzen.

CAG codiert für die Aminosäure Glutamin. Proteine, die 11 bis 34 Glutamin-Wiederholungen enthalten, liegen gelöst im Cytoplasma vor. Sind die Polyglutamin-Ketten dagegen länger, lagert sich das Protein in unlöslichen Aggregaten im Zellkern ab (► Bild 3). Offenbar kommt es zu Wechselwirkungen zwischen diesen sogenannten Plaques und Regulatorproteinen, die den Zelltod steuern. Wie sich dies auf die Lebensdauer der Nervenzellen auswirkt, ist noch nicht genau bekannt.

Inzwischen hat man auch bei anderen neurodegenerativen Erkrankungen solche Protein-Plaques in den Gehirnzellen der Patienten festgestellt, so bei der neuen Form der Creutzfeld-Jakob-Krankheit, der BSE sowie bei der Alzheimer- und Parkinson-Krankheit (► S. 166). Von der Forschung an transgenen Mäusen als Modellorganismen (► S. 140) erhofft man sich Erkenntnisse für die Behandlung von HD. In Zellkulturen von Neuronen solcher HD-Mäuse ist es bereits gelungen, den Einfluss der Plaques auf Regulationsprozesse im Zellkern zu unterbinden.

Länge des HD-Allels auf Chromosom 4 bei Gesunden und HD-Patienten

Wiederholungen des Trinucleotids CAG	Gesunde Personen (in %)	HD-Patienten (in %)
≥ 48	0	59
42–47	0	41
30–41	1	0
25–30	1	0
≤ 24	98	0

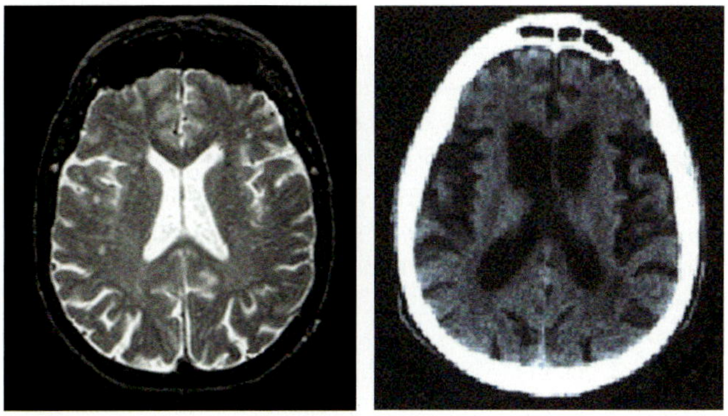

1 und 2 Computertomographie macht die Degeneration von Nervenzellen im Gehirn sichtbar (rechts: HD-Patient).

Basisinformationen

Markergene (► S. 141) • genetischer Code (► S. 88) • Hirnfunktionen (► S. 160) • Methoden der Hirnforschung (► S. 162) • DNA-Sequenzierung (► S. 83) • Genregulation (► S. 95)

1. **Erklären Sie den Zusammenhang zwischen der Veränderung des Huntingtin-Gens und den Symptomen von HD.**
2. **Informieren Sie sich über die Krankheitsbilder der anderen im Text erwähnten neurodegenerativen Erkrankungen.**
3. **Im Genom des Menschen gibt es auffällig viele Regionen, in denen kurze Basenfolgen vielfach wiederholt werden, sogenannte Mikrosatelliten. Diese Bereiche können sich leicht verlängern oder verkürzen. Viele Forscher betrachten diese Abschnitte als „Spielwiese“ der Evolution. Begründen Sie.**
4. **Erläutern Sie die Bedeutung von Satelliten-DNA für den genetischen Fingerabdruck (► S. 136).**

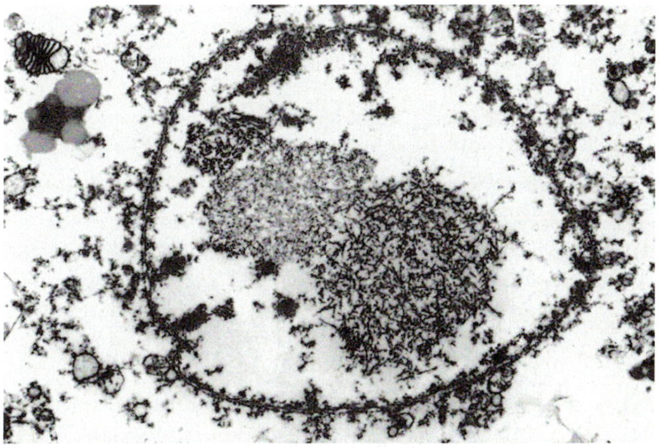

3 Proteinaggregate (Plaques) im Kern eines Neurons

Gendiagnostik

Seit 1993 gibt es einen direkten Test zum Nachweis von HD-Allelen. Er erfolgt anhand einer Blutprobe. Dazu wird DNA aus Lymphocyten isoliert und das Huntingtin-Gen durch *Polymerase-Kettenreaktion* (PCR) vervielfältigt. Die Primer binden dabei zu beiden Seiten der CAG-Wiederholungen an die DNA. Die PCR-Produkte werden mithilfe von *Gelelektrophorese* aufgetrennt. Da die Länge des vervielfältigten Genabschnitts von der Zahl der CAG-Wiederholungen abhängt, werden die PCR-Produkte der verschiedenen Huntingtin-Allele unterschiedlich weit transportiert. Sie lassen sich als Banden durch Färben oder radioaktive Markierung bei der PCR sichtbar machen.

Um das Risiko einer Fehldiagnose möglichst gering zu halten, wird der Test zweimal mit unterschiedlichen Primer-Paaren durchgeführt. Nur wenn beide Verfahren ein positives Ergebnis liefern, gilt die Diagnose als sicher.

Die Methoden zur Vervielfältigung und Auftrennung von DNA-Fragmenten lassen sich im Modellversuch nachvollziehen. Anstelle von menschlicher DNA verwendet man DNA des Phagen Lambda oder bakterielle Plasmid-DNA.

☞ Basisinformationen

PCR (► S. 82) • Gelelektrophorese (► S. 82) • medizinische Diagnostik (► S. 141)

Vervielfältigung von DNA durch PCR

Material: Proben-DNA, Primer (DNA-Oligonucleotide), Taq-Polymerase, Nucleotide (Desoxy-Nucleosid-Triphosphate), Puffer, steriles Wasser, Reaktionsgefäße, Reaktionsgefäßständer (z. B. aus Styropor®, auch als Schwimmer im Wasserbad geeignet), Mikropipettierhilfe mit Spitzen, Stoppuhr, 3 Wasserbäder (49 °C, 72 °C und 98 °C), Eiswasser oder Kühlschrank

Durchführung: Wasser, Puffer, Nucleotide und Primer werden in ein Reaktionsgefäß pipettiert und das Gemisch auf weitere Reaktionsgefäße verteilt. Geben Sie nun DNA und Polymerase zu. Verwenden Sie als Kontrollen einen Reaktionsansatz ohne Polymerase und einen ohne DNA.

Zunächst wird die DNA denaturiert. Dazu erhitzt man das Reaktionsgefäß beim ersten Durchlauf 2 min lang auf 98 °C. Bei allen folgenden Durchläufen beträgt die Denaturierungszeit nur noch 30 s. Anschließend wird die Probe 30 s in das Wasserbad mit 49 °C eingestellt. Im nächsten Schritt inkubiert man die Probe 1 min lang bei 72 °C. Danach beginnt der PCR-Zyklus von Neuem.

Wiederholen Sie das Verfahren 10- bis 14-mal. Achten Sie besonders darauf, die Temperaturwechsel exakt durchzuführen. Stoppen Sie die Reaktion ab, indem Sie die Proben in Eiswasser oder in den Kühlschrank stellen. Die vervielfältigte DNA kann nun mittels Gelelektrophorese aufgetrennt und durch Färben sichtbar gemacht werden (► S. 135). Durch Vergleich mit einem Molekulargewichtsmarker können Sie die Größe der verwendeten DNA-Probe bestimmen.

1 **Machen Sie sich klar, was bei den einzelnen Versuchsschritten passiert. Erläutern Sie den Modellcharakter des Versuchs.**

2 **Berechnen Sie die Zahl der angefertigten DNA-Kopien.**

3 **Informieren Sie sich über die Einsatzbereiche der PCR.**

4 **Das Bild unten zeigt den fingierten Stammbaum einer Familie, in der HD auftritt, sowie die PCR-Ergebnisse einiger Familienmitglieder. Jede Person besitzt zwei Allele für das Huntingtin-Gen, die nach den mendelschen Regeln vererbt werden. Analysieren Sie die Abbildung und ordnen Sie den untersuchten Personen die Zahl der CAG-Tripletts zu. Welche Besonderheiten zeigen sich bei der Vererbung der HD-Allele?**

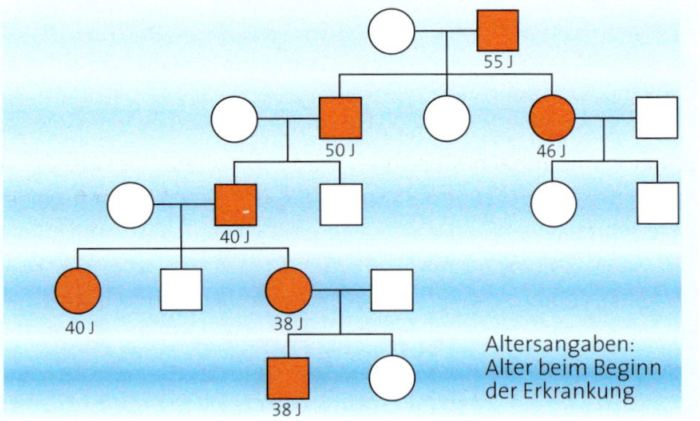

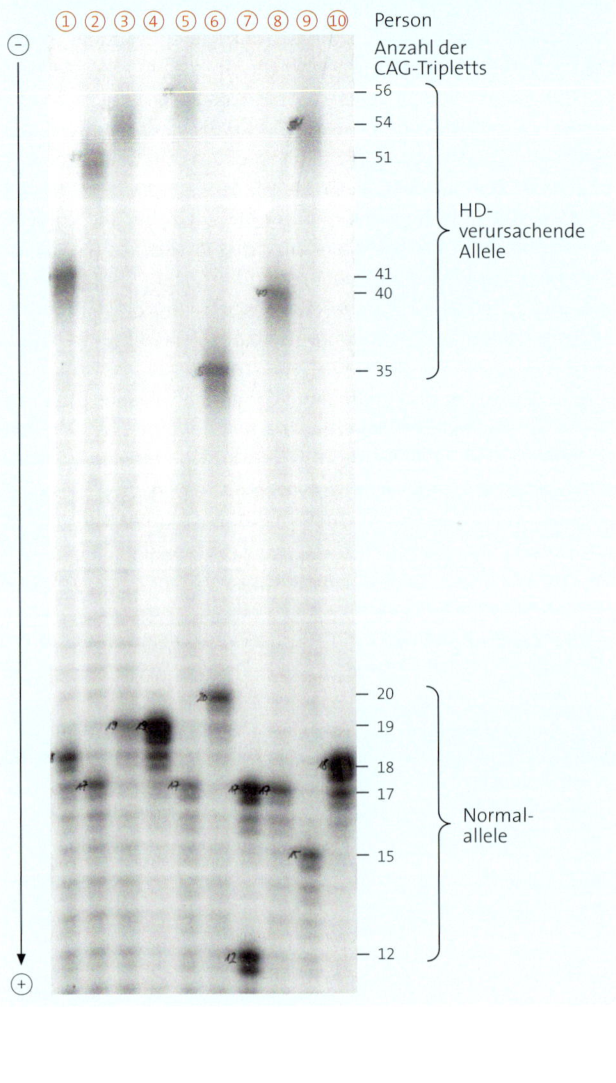

Wissen ist Ohnmacht – genetische Beratung bei Chorea Huntington

Obwohl das Allel, das Chorea Huntington verursacht, sicher zu identifizieren ist, machen nur etwa 5 bis 10 % der Ratsuchenden den Gentest. Dass die Krankheit zwar diagnostiziert, aber nicht geheilt werden kann, führt zu einem Dilemma: Während vielen Ratsuchenden die quälende Ungewissheit unerträglich ist, empfinden andere die Möglichkeit eines positiven Befunds als untragbare Belastung. Obwohl es nicht mehr nötig ist, andere Familienmitglieder in die Untersuchung mit einzubeziehen, gibt der Test einer Person auch Aufschluss über die Erkrankungswahrscheinlichkeit von Eltern und Geschwistern. Er ermöglicht hingegen keine Aussage über den Erkrankungszeitpunkt sowie Verlauf und Schwere der Krankheit.

Der am häufigsten genannte Grund dafür, den Test zu machen, ist der Wunsch nach Kindern. Aber auch andere Aspekte der Lebensplanung spielen eine Rolle wie die Berufswahl oder finanzielle Gesichtspunkte.

Der Ablauf einer genetischen Beratung bei HD folgt internationalen Leitlinien. Sie sehen vor, dass Ratsuchende während des gesamten Verfahrens von einem Humangenetiker, einem Psychotherapeuten und einer Vertrauensperson begleitet werden. Dem Test selbst gehen intensive Vorgespräche voraus. Darin werden Handlungsmöglichkeiten und Konsequenzen für den Fall besprochen, dass der Test positiv ausfällt. Es wird auch erwogen, ob die psychische Verfassung der Person stabil genug ist, mit einem ungünstigen Befund fertig zu werden. Mehr als die Hälfte der Ratsuchenden entscheidet sich nach den Vorgesprächen gegen den Test. Aber auch nachdem eine Blutprobe entnommen wurde, können Betroffene noch entscheiden, ob sie das Ergebnis erfahren möchten (▶ Bild 2).

Dank der psychosozialen Begleitung reagieren positiv Getestete meist stabil, selten jedoch auch mit Depressionen und Selbstmordgedanken. Auch Personen mit einer negativen Diagnose müssen oft mit Entlastungsdepressionen und Schuldgefühlen gegenüber betroffenen Eltern oder Geschwistern fertig werden. Selbsthilfeorganisationen wie die Deutsche Huntington-Hilfe und soziale Dienste bieten ihnen Hilfe an.

Patienten und ihre Familien setzen große Hoffnungen in die Verbesserung der Behandlungsmöglichkeiten, vor allem durch eine Gentherapie. Zu deren Weiterentwicklung sind jedoch genauere Kenntnisse der Krankheitsentstehung notwendig.

☞ Basisinformationen

genetische Beratung (▶ S. 118), Gentherapie (▶ S. 143)

Besuch einer genetischen Beratungsstelle

Humangenetische Institute an Universitäten, viele Krankenhäuser, humangenetisch ausgebildete niedergelassene Ärzte oder auch Gesundheitsämter bieten genetische Beratung an. Finden Sie heraus, wo in Ihrer Region genetische Beratung durchgeführt wird, und vereinbaren Sie einen Besuchstermin. Informieren Sie sich vorher über die Arbeitsschwerpunkte der Beratungsstelle und die Einrichtungen, mit denen sie eventuell zusammenarbeitet. Bereiten Sie Fragen zur Arbeitsweise der Berater, der Art der Anfragen und zum Umgang der Ratsuchenden mit der Beratung vor.

1 *Beratungsgespräch in einer genetischen Beratungsstelle*

1 Diskutieren Sie den folgenden hypothetischen Fall: Frau F. ist schwanger. Beim Vater ihres Ehemanns ist vor kurzem HD diagnostiziert worden. Frau F. möchte wissen, ob ihr Kind ebenfalls betroffen sein wird. Eine Abtreibung lehnt Frau F. jedoch ab. Herr F. ist Dachdecker, sein Arbeitgeber verlangt nun von ihm eine Gendiagnose.
Wie könnte in einem solchen Fall ein Beratungsgespräch verlaufen? Berücksichtigen Sie auch die Erkrankungswahrscheinlichkeit für das Kind, die sich bei positivem beziehungsweise negativem Befund bei Herrn F. ergibt.

2 Entwickeln Sie ein Konzept für die Gentherapie von HD.

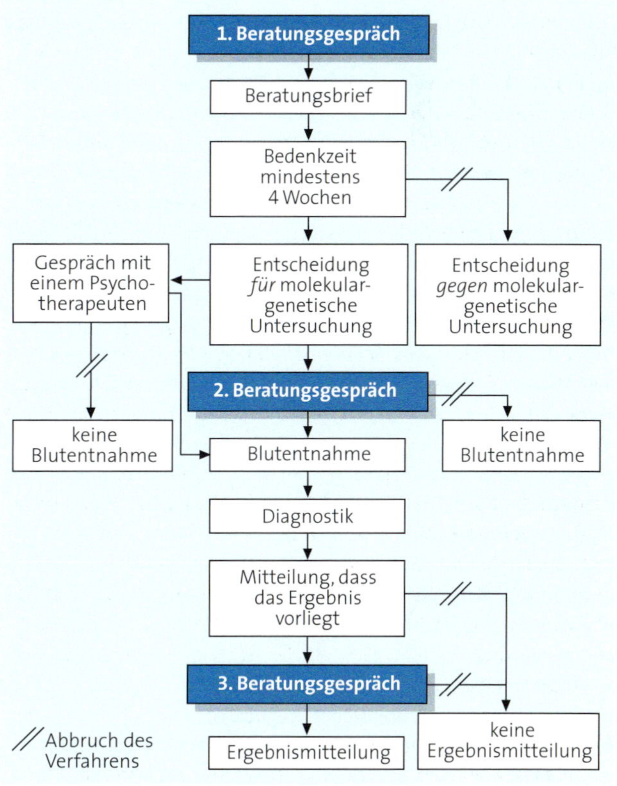

2 *Verlauf der genetischen Beratung bei HD*

Angewandte Genetik

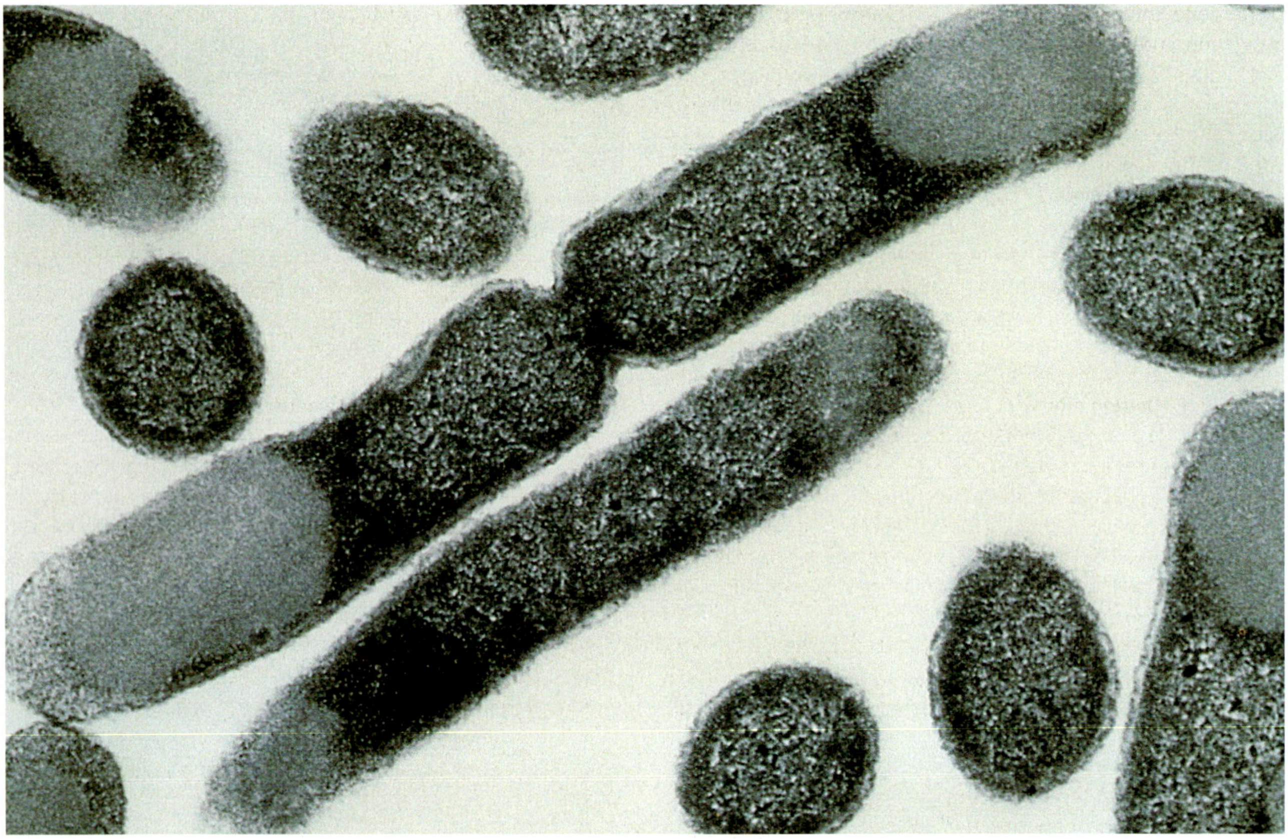

1 Bakterien, in die das menschliche Gen für Insulin eingepflanzt wurde, stellen Humaninsulin her und speichern es.

Vor etwa 30 Jahren gelang es Wissenschaftlern zum ersten Mal, in Bakterienzellen ein Gen aus einem anderen Organismus einzuschleusen und damit in den Bakterien ein Merkmal einer anderen Art genetisch zu verankern. Nur 10 Jahre später wurden mit inzwischen weiterentwickelten Methoden Laborstämme von Coli-Bakterien genetisch so umprogrammiert, dass sie menschliches Insulin herstellen konnten. Das Humaninsulin aus Bakterien ersetzte bei der Behandlung von Diabetes den Wirkstoff, der bisher in einem aufwendigen Verfahren aus der Bauchspeicheldrüse von Schweinen und Rindern gewonnen worden war. Ein neues Zeitalter, das Zeitalter der Gentechnik, hatte begonnen.

Im Blickpunkt

- Methoden der Züchtung – wie Natur menschlichen Zwecken angepasst wird
- Grundlagen und Werkzeuge der Gentechnik
- Pflanzen nach Maß
- neuartige Lebensmittel durch Gentechnik
- transgene Tiere
- Medikamente – von Bakterien produziert
- neue Wege der medizinischen Diagnostik
- molekulare Medizin – Heilung von Erbkrankheiten durch Genersatz
- Entschlüsselung des menschlichen Genoms

GRUNDLAGEN Seit Jahrtausenden nutzen Menschen die natürliche Vielfalt von Pflanzen und Tieren. Anfangs wählten sie Individuen mit günstigen Eigenschaften aus und kombinierten diese durch gezielte Kreuzung. In nur 10 000 Jahren gelang es so, aus den Wildformen eine begrenzte Zahl von Kulturformen – Nutzpflanzen und Haustiere – zu züchten, die den Ansprüchen der Menschen immer besser entsprachen. Der Spielraum blieb dabei auf das natürliche genetische Potenzial der Arten begrenzt.

Moderne biochemische sowie zell- und molekularbiologische Verfahren ermöglichen es heute, Gene von Mikroorganismen, Pflanzen, Tieren und Menschen genau zu analysieren und in ihrer Funktion zu bestimmen. Diese Verfahren haben zu enormen Fortschritten in der molekulargenetischen Grundlagenforschung geführt. Mit denselben Methoden lassen sich jedoch auch einzelne Gene ausschneiden, vermehren, neu kombinieren und in andere Organismen einschleusen, wo sie repliziert und exprimiert werden. Damit ist es möglich, Lebewesen gezielt genetisch umzuprogrammieren, ihnen also fremde Gene einzubauen mit dem Ziel, sie mit neuen, vom Menschen gewünschten Eigenschaften auszustatten.

Die Gentechnik erweitert also die bisherigen Möglichkeiten der Pflanzen- und Tierzucht erheblich. Darüber hinaus schafft sie Voraussetzungen für die Erkennung und Behandlung mancher Krankheiten. Mit der vollständigen Entschlüsselung des menschlichen Genoms begann ein neues Zeitalter der Gentechnik.

[Z] Züchtung

Die gezielte Entwicklung und Erhaltung von Pflanzen und Tieren mit erwünschten Eigenschaften durch den Menschen bezeichnet man als *Züchtung*. Sie beruht – genau wie die Entwicklung und Veränderung von Merkmalen durch Evolution – auf genetisch bedingten Unterschieden. Modifikationen spielen dagegen bei der Züchtung keine Rolle, da sie nicht erblich sind.

Bedeutung. Bis vor etwa 12 000 Jahren nutzten Menschen die Natur, indem sie Pflanzen und Pilze sammelten und Tiere jagten. Zu Beginn der Jungsteinzeit vollzog sich dann – wahrscheinlich zuerst in dem als „fruchtbarer Halbmond" bezeichneten Gebiet Vorderasiens – eine völlige Umwälzung der Lebensweise: Die vorher nomadisierenden Jäger- und Sammlergruppen wurden sesshaft und begannen Ackerbau zu treiben und Tiere zu halten. Mit dieser *neolithischen Revolution* ging die *Domestikation* von Wildpflanzen zu Kulturpflanzen und von Wildtieren zu Haustieren einher.

Seither sichern Landwirtschaft und Züchtung den Fortbestand des größten Teils der Menschheit: Sie haben bisher entscheidend dazu beigetragen, die Nahrungsmittelversorgung der exponentiell wachsenden Weltbevölkerung sicherzustellen. Von ihrer weiteren Entwicklung wird abhängen, ob es gelingt, den Bedarf an Nahrungsmitteln in der Zukunft zu befriedigen und die bereits bestehenden Versorgungslücken zu schließen.

Merkmale von Kulturformen. Alle Kulturformen stammen von Wildarten ab und lassen sich mit diesen – sofern sie nicht ausgestorben sind – kreuzen. Wild- und Kulturform gehören derselben Art an. Viele Pflanzensorten und Haustierrassen weisen typische *Kulturformenmerkmale* auf, teilweise aufgrund ähnlicher Zuchtziele, teilweise aber auch als unerwünschte Begleiterscheinungen der Domestikation.

- Kulturpflanzen, aber auch manche Haustiere zeichnen sich häufig durch *Gigaswuchs*, also besondere Größe aus.
- Die natürlichen Fortpflanzungs- und Verbreitungsmittel vieler Kulturpflanzen wie Samen, Ausläufer oder Grannen sind oft funktionell reduziert. Samenlose Früchte wie Banane oder manche Zitrusfrüchte muss man vegetativ vermehren.
- Bitter- und Giftstoffe, die zahlreiche Wildpflanzen vor Fraß schützen, gehen durch Züchtung verloren. Dies macht einen höheren Pflegeaufwand notwendig.
- Ein Bestand von Kulturpflanzen entwickelt sich weitgehend synchron. Die gleichzeitige Fruchtreife des ganzen Bestands erleichtert den planmäßigen Anbau und die Ernte.
- Haustiere sind in der Regel früher geschlechtsreif, häufiger fortpflanzungsbereit und haben oft mehr Junge als die entsprechenden Wildformen.
- Haar- und Pigmentverlust, aber auch bestimmte Fellzeichnungen sind für Haussäugetiere typisch.
- Bei vielen Haustierrassen ist das Gehirn kleiner, die Sinne sind weniger empfindlich als bei ihren wilden Artgenossen.

1 Durch Züchtung veränderte sich die Größe der Knollen von der Wildform (links) zur modernen Kulturform (rechts) der Kartoffel. Merkmale wie Blütenfarbe und Schalenfarbe der Sprossknollen sind bei der modernen Kulturform je nach Sorte variabel.

[Z] Methoden und Ergebnisse der Pflanzen- und Tierzucht

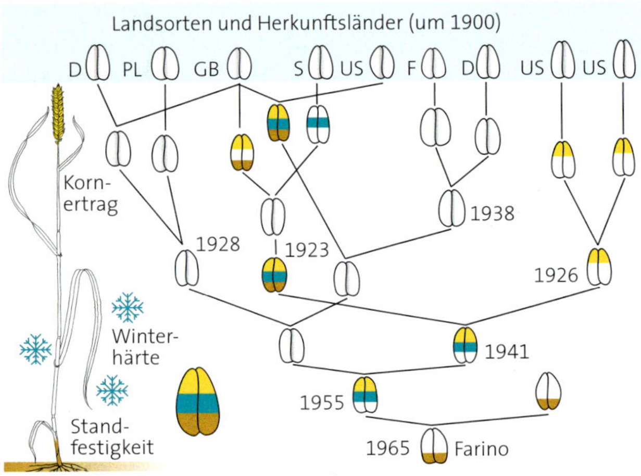

1 *Durch Kreuzungszucht wurden die Merkmale zahlreicher Weizensorten in einer Hochleistungssorte kombiniert.*

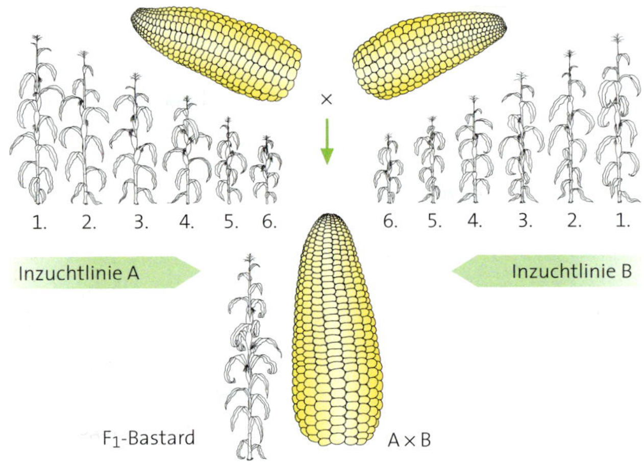

2 *Der Heterosiseffekt ist bei der Kreuzung von Inzuchtlinien in der ersten Filialgeneration am größten.*

Lange Zeit züchteten Menschen Pflanzen und Tiere, ohne die zugrunde liegenden Vererbungsvorgänge zu kennen: Sie wählten solche Lebewesen für die Weiterzucht aus, die erwünschte Eigenschaften hatten, und entfernten diejenigen mit unerwünschten Merkmalen. Die *Auslesezucht* hatte Erfolg, wenn die ausgelesenen Varianten genetisch verschieden waren. Durch diese „vorwissenschaftliche" Züchtung wurden manche Kulturformen so verändert, dass ihre Herkunft von Wildformen kaum mehr erkennbar ist und sie unabhängig vom Menschen in der Natur nicht mehr lebensfähig sind.

Mit zunehmenden Kenntnissen über Vererbungsvorgänge entwickelten sich verschiedene Zuchtmethoden. Den *„klassischen"* Methoden, die auf der Ebene von Individuen ansetzen, werden oft die „modernen" oder *biotechnischen* Methoden gegenübergestellt, die mit Geweben oder einzelnen Zellen arbeiten. Ihnen liegt – anders als bei gentechnischen Verfahren – stets das *gesamte Genom* eines Lebewesens zugrunde.

Auslesezucht. Grundlage jeder züchterischen Arbeit ist das Auffinden und die gezielte Auslese oder *Selektion* von Individuen mit genetisch bedingten, günstigen Eigenschaften. Sie geht in der Regel von vorhandenen Kulturformen aus, in Einzelfällen auch von Wildformen. Bei *Massenauslese* werden ganze Bestände mit gewünschten Eigenschaften ausgewählt und zur Fortpflanzung gebracht. Dieses Verfahren ist heute nur noch für die *Erhaltungszucht* von Bedeutung, durch die man der natürlichen Degeneration von Sorten und Rassen durch Mutationen entgegenwirkt. *Individualauslese* beruht auf der Auswahl einzelner auffälliger Individuen mit besonderen Merkmalen, vor allem im Bereich der Gartenkultur.

Durch jahrhundertelange Auslesezucht waren Ende des 19. Jahrhunderts zahlreiche regional verschiedene *„Landrassen"* und *„Landsorten"* entstanden. Diese aus heutiger Sicht wenig ertragreichen, aber sehr robusten und anspruchslosen Formen sind inzwischen größtenteils verschwunden.

Kreuzungs- oder Kombinationszucht. Grundlage der Kreuzungszucht ist die 3. mendelsche Regel, nach der die Allele in der 2. Filialgeneration unabhängig aufspalten und Merkmalskombinationen hervorbringen, die bei keinem der Eltern vorhanden waren (▶ S. 108). Damit jedoch eine erwünschte Merkmalskombination reinerbig auftritt, sind meist *Inzuchtkreuzungen* notwendig, also Kreuzungen unter den nahe verwandten Mischlingen: bei selbstbestäubenden Pflanzen als *Ramsch- oder Populationskreuzung* innerhalb eines ganzen Pflanzenbestands über mehrere Generationen, bei Fremdbestäubern und Tieren in aufwendiger *Pärchenkreuzung* und anschließender Individualauslese. Eine durch Inzucht über mehrere Generationen reinerbig gewordene Sorte oder Rasse bezeichnet man auch als *Inzuchtlinie*. Bei vielen unserer Kulturpflanzen wie Weizen, Reis, Mais, Raps und Haustieren wie Rind, Schwein oder Huhn wurden durch dieses Verfahren *Hochleistungssorten* beziehungsweise *-rassen* gezüchtet.

Hybridzucht und Heterosiseffekt. Bei der Zucht von Nutzpflanzen lässt sich immer wieder beobachten, dass heterozygote Individuen größer und vitaler sind und höhere Erträge erbringen als homozygote. Dieser *Heterosiseffekt* ist bei der Kreuzung von Inzuchtlinien am größten und in der ersten Nachkommengeneration maximal ausgeprägt, da diese den höchsten Grad an Heterozygotie aufweist. Das Phänomen könnte darauf beruhen, dass beide Allele eines Gens einen günstigen, aber unterschiedlichen Effekt haben. Ein Beispiel sind Allele, die für Enzymvarianten mit verschiedenen Temperaturoptima codieren. Heterozygote Individuen sind dadurch an einen größeren Temperaturbereich angepasst und deshalb gegenüber den Homozygoten begünstigt.

Wird der Heterosiseffekt gezielt züchterisch eingesetzt wie bei Mais, Tomate, Sonnenblume oder Schwein, spricht man von *Hybridzucht*. Dabei werden zunächst bei möglichst verschiedenen Sorten oder Rassen homozygote Linien erzeugt. Durch Probekreuzungen zwischen diesen Inzuchtlinien wird überprüft, bei welchen Kombinationen ein Heterosiseffekt auftritt. Diese Kombinationen dienen dann zur Erzeugung der Hybriden. Da sich der Heterosiseffekt in den Folgegenerationen verliert, müssen *Hybridsaatgut* und *Hybridtiere* stets neu durch Kreuzung der Inzuchtlinien erzeugt werden.

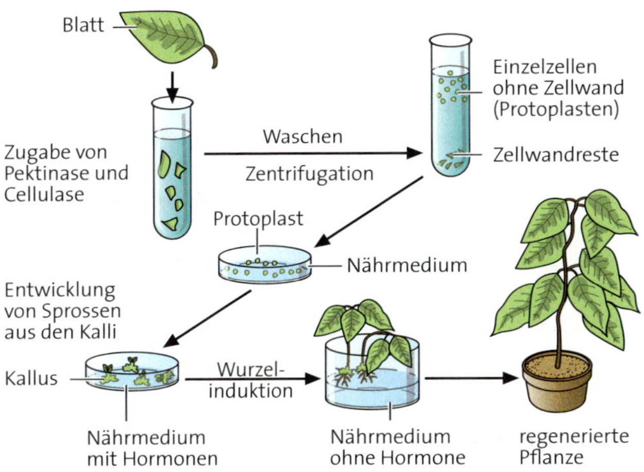

1 Klonierung durch Zellkulturtechnik: Aus jedem einzelnen Protoplasten entwickelt sich eine Tabakpflanze.

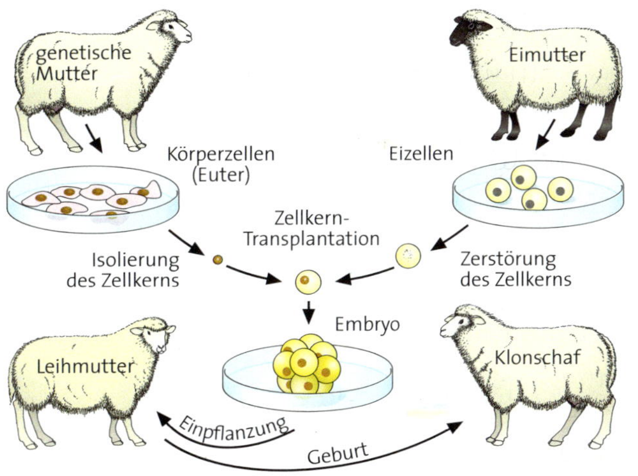

2 Erstmalige Klonierung eines Säugetiers (1997) durch Reprogrammierung einer differenzierten Körperzelle

Mutationszucht. Genetische Variabilität – und damit auch Züchtung – beruhen auf Mutationen. Die niedrige natürliche Mutationsrate kann bei Pflanzen durch Röntgen- oder Neutronenbestrahlung, Temperaturschocks und Einwirkung mutagener Chemikalien auf Stecklinge, Pollen oder Samen stark erhöht werden. Dabei entstehen alle Formen von Mutationen, die auch spontan vorkommen: Gen-, Chromosomen- und Genommutationen (► S. 112). Für die Tierzucht ist dieses Verfahren wegen der geringen Fortpflanzungsrate der Tiere, der langen Generationsdauer und des häufigen Auftretens von *letalen*, also tödlichen Mutationen kaum geeignet.

Die meisten Genmutationen sind rezessiv und zeigen sich bei Homozygoten frühestens in der zweiten Generation, in der dann die Auslese geeigneter Mutanten für die Weiterzucht beginnt. Da Mutationen immer ungerichtet erfolgen, ist die Ausbeute an Mutanten mit erwünschten Eigenschaften äußerst gering – sie liegt meist unter 1 %.

Besondere Bedeutung in der Mutationszucht hat jedoch die Erzeugung von ***polyploiden*** Pflanzen mithilfe von Colchicin:

- Polyploide Pflanzen sind größer und häufig auch widerstandsfähiger als diploide.
- Pflanzen mit einer ungeraden Anzahl von Chromosomensätzen sind meist steril und bilden daher auch keine Samen, was beispielsweise bei Citrusfrüchten, Bananen und Tafeltrauben erwünscht ist.
- Sterile Bastarde zwischen verwandten Arten, wie sie bei Pflanzen nicht selten sind, können durch die Verdopplung der beiden nicht homologen Chromosomensätze fortpflanzungsfähig werden. Man spricht dann von *Allopolyploidie*.

Zell- und Gewebekultur in der Pflanzenzucht. Während die klassische Pflanzenzucht mit ganzen Pflanzen im Gewächshaus oder auf dem Feld arbeitet, genügen bei biotechnischen Verfahren Gewebe oder Zellen, um die gleichen Schritte im Labor durchzuführen. Diese Verfahren basieren auf der Fähigkeit von Pflanzen, aus Gewebe, Pollen, Einzelzellen oder Protoplasten ganze Pflanzen zu regenerieren. Bei der *Protoplastenkultur* wird Gewebe, zum Beispiel von einem Blatt, entnommen und zur Trennung der Zellen voneinander mit dem Enzym Pektinase behandelt. Die Zellwände werden mit Cellulase aufgelöst. Durch Zugabe geeigneter Pflanzenhormone kann jeder der Protoplasten zur Zellteilung angeregt werden, sodass ein undifferenzierter Zellhaufen, *Kallus* genannt, entsteht. In speziellen Kulturverfahren entwickelt sich aus jedem Kallus eine vollständige Pflanze.

Das Verfahren dient dazu, aus *einer* Pflanze viele genetisch identische Nachkommen zu erzeugen, die man als *Klon* bezeichnet. Werden Kalli aus haploiden Pollenkörnern kultiviert, lassen sich auch rezessive Merkmale sofort erkennen und auslesen.

Unter geeigneten Bedingungen kann man Protoplasten fusionieren und damit *Zellhybriden* aus verschiedenen Pflanzenarten erzeugen, zum Beispiel aus Tomate und Kartoffel. Die Hoffnung auf eine Kombination ihrer Eigenschaften hat sich bisher jedoch weder bei der „Tomoffel" noch bei anderen vegetativen Hybriden erfüllt.

Embryotransfer in der Tierzucht. Fortpflanzungstechnische Methoden optimieren inzwischen die Ergebnisse der Hochleistungszucht. Wertvolle Muttertiere werden künstlich besamt, um die Zahl der Nachkommen zu maximieren. Die entstehenden Embryonen lassen sich in einem frühen Stadium teilen, in die Gebärmutter von „Ammentieren" einpflanzen und zu einem Klon genetisch identischer Mehrlinge heranziehen. Überschüssige Embryonen kann man, tiefgefroren in flüssigem Stickstoff, praktisch unbegrenzt lagern. Wenn sie in Ammentiere übertragen werden, können sie sich auch nach dem Tod ihrer Elterntiere noch entwickeln.

Kerntransplantation – Zuchtmethode der Zukunft? 1997 gelang es erstmals, ein erwachsenes Säugetier zu klonieren. Es entstand aus der entkernten Eizelle eines Schafs, in die der Zellkern einer Körperzelle eines anderen Schafs transplantiert worden war. Mit dieser Methode könnte es in Zukunft möglich werden, die besondere Merkmalskombination eines Einzeltiers beliebig oft zu vervielfältigen. Allerdings ist die Erfolgsquote des Verfahrens bislang noch immer gering.

Grundlagen der Gentechnik

1973 berichtete ein amerikanisches Wissenschaftsmagazin über ein Experiment von STANLEY COHEN und seinen Mitarbeitern, das als *Geburt der Gentechnik* angesehen wird: Es war ihnen gelungen, im Reagenzglas, *in vitro*, DNA-Fragmente aus zwei verschiedenen Bakterienarten miteinander zu kombinieren und in eine dritte Art, Escherichia coli, einzuschleusen. Die DNA-Fragmente enthielten die Gene für die Resistenz gegenüber zwei verschiedenen Antibiotika. Nach der Genübertragung waren die *transgenen* Coli-Bakterien gegen beide Antibiotika resistent.

Grundoperationen der Gentechnik. Um fremde DNA in eine Zelle zu übertragen, sind immer die folgenden grundlegenden Schritte notwendig:

- DNA aus dem Spenderorganismus wird isoliert und mithilfe eines Enzyms in Fragmente zerlegt.
- Zur Übertragung der Spender-DNA wird in der Regel ein Transportmolekül benötigt, ein *Vektor*. Er besteht ebenfalls aus DNA. Die Vektor-DNA wird isoliert und mithilfe des gleichen Enzyms aufgeschnitten, sodass sich die Spender-DNA anlagern kann.
- Durch das Enzym DNA-Ligase werden beide DNA-Moleküle verbunden.
- Die neu zusammengefügte, sogenannte *rekombinante* DNA wird in die Zellen eines Empfängerorganismus eingebracht.
- Zellen, die die rekombinante DNA aufgenommen haben, werden selektiert und vermehrt.

Anwendungsmöglichkeiten. Was dann mit den transgenen Zellen passiert, hängt von der Zielsetzung des Experiments ab. Ist das Ziel, größere Mengen der eingeschleusten *Fremd-DNA* zu gewinnen, werden die transgenen Zellen vermehrt. Anschließend wird die Fremd-DNA daraus extrahiert. Geht es darum, das *Protein* zu gewinnen, für das die Fremd-DNA codiert, müssen die transgenen Zellen zur Genexpression, also zur Proteinbiosynthese angeregt werden. Dazu ist es ebenfalls nötig, die Zellen zu vermehren. Das von den Zellen hergestellte Protein wird anschließend isoliert und gereinigt (► S.135). Ist das Ziel, einem *Organismus* eine neue Eigenschaft zu verleihen, werden aus den einzelnen transgenen Zellen mehrzellige Organismen regeneriert, die dann die neue Eigenschaft an ihre Nachkommen weitergeben können.

In allen Fällen entstehen Zellen mit identischer Erbinformation. Dieses Verfahren, mit dem sich DNA beliebig vervielfältigen lässt, wird dementsprechend auch als *Genklonierung* bezeichnet.

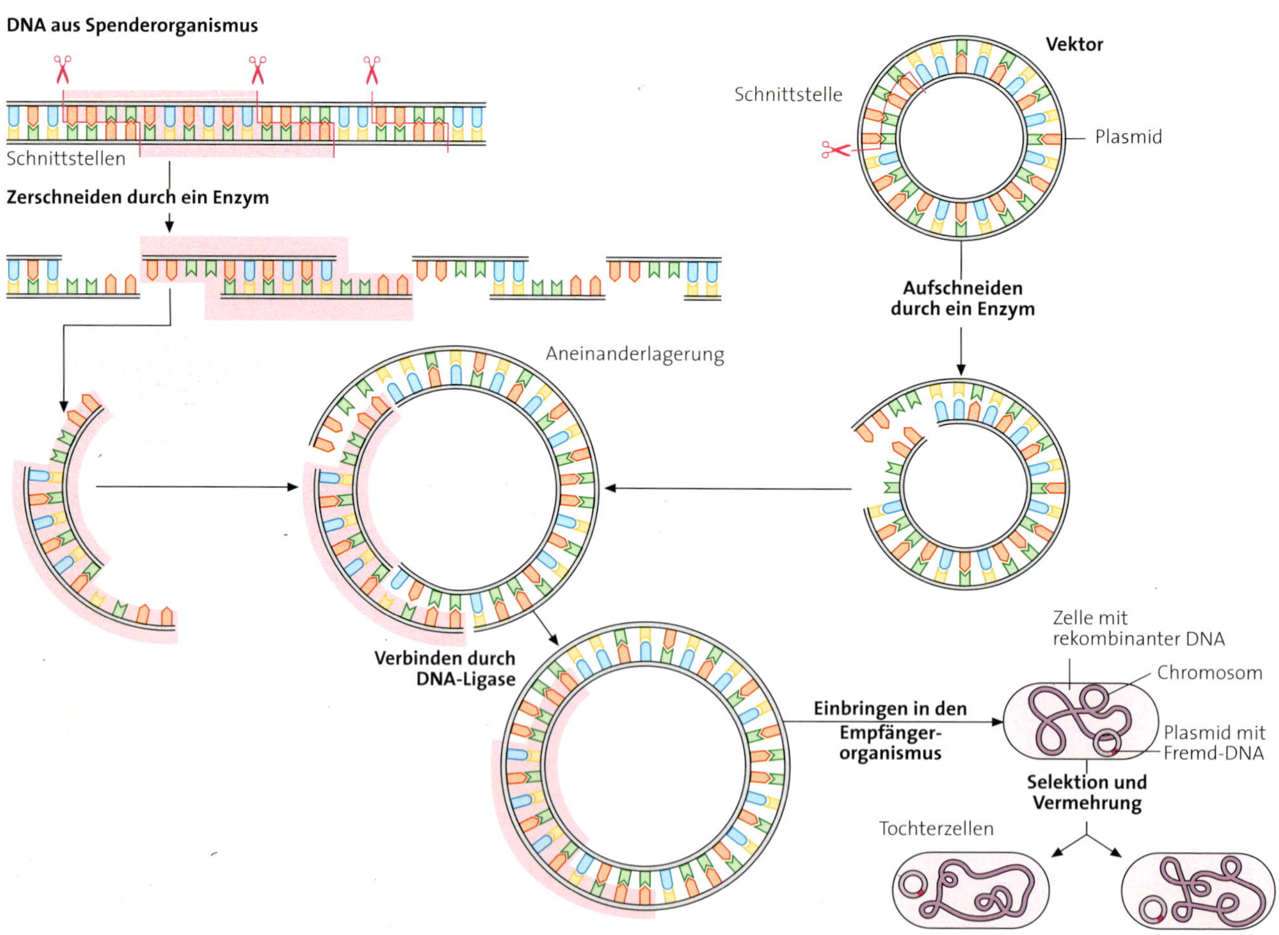

1 Grundoperationen der Gentechnik: Durch das Einschleusen von fremder DNA in die Zellen eines Empfängerorganismus lassen sich Eigenschaften verschiedener Arten gezielt kombinieren. So entstehen transgene Zellen und Organismen.

Grundoperationen der Gentechnik: Schneiden von DNA

Eines der wichtigsten Werkzeuge der Gentechnik sind *Restriktionsenzyme*. Sie dienen sowohl dazu, die DNA aus dem Spenderorganismus in Bruchstücke zu zerlegen, als auch zum Aufschneiden der Transport-DNA, in die die Spender-DNA eingefügt werden soll. Restriktionsenzyme lassen sich aus Bakterien gewinnen, die sich mithilfe dieser Enzyme gegen eingedrungene Fremd-DNA schützen. Die Enzyme zerschneiden beispielsweise die eingeschleuste DNA von Bakteriophagen, sodass sich diese in der Bakterienzelle nicht mehr vermehren können (▶ S. 84). Wegen dieser Einschränkung oder *Restriktion* der Phagenvermehrung werden die Enzyme als Restriktionsenzyme bezeichnet. Exakt heißen sie *Restriktionsendonucleasen*, weil sie DNA nicht vom Ende des Moleküls her, sondern von innen abbauen.

Die Benennung der verschiedenen Restriktionsenzyme richtet sich vor allem nach den Bakterien, aus denen sie isoliert wurden: Eco steht zum Beispiel für *E*scherichia *co*li, Hae für *H*aemophilus *ae*gypticus, Hin für *H*aemophilus *in*fluenzae. Weitere Buchstaben bezeichnen den jeweiligen Bakterienstamm. Eine römische Ziffer gibt zusätzlich die zeitliche Reihenfolge ihrer Entdeckung an.

Substratspezifität. Restriktionsenzyme sind – wie alle Enzyme – *substrat- und wirkspezifisch* (▶ S. 36). Jede Enzymart spaltet die DNA spezifisch an einer bestimmten Schnittstelle, die sie an der DNA-Sequenz erkennt. Diese *Erkennungssequenzen* zeigen häufig eine spezielle Symmetrie: Die Basensequenz des einen DNA-Strangs entspricht von links nach rechts gelesen der Basenfolge des komplementären Strangs in umgekehrter Lesrichtung. Solche *Palindrome* gibt es auch in der Sprache: Wörter, die vorwärts und rückwärts gelesen werden können wie STETS, REGALLAGER oder RELIEFPFEILER. Die Bakterien schützen ihre eigene DNA vor den Restriktionsenzymen, indem sie die Erkennungssequenzen durch *Methylierung* „tarnen". In seltenen Fällen wird die DNA eingedrungender Phagen methyliert, sodass auch diese gegen den Abbau durch Restriktionsenzyme geschützt sind.

Wirkspezifität. Restriktionsenzyme spalten die Zucker-Phosphat-Bindungen in beiden DNA-Strängen. Dabei schneiden sie stets zwischen den gleichen Nucleotiden. HaeIII schneidet zum Beispiel immer zwischen G und C. Da es sich in diesem Fall um komplementäre Basen handelt, liegen die Schnittstellen auf beiden Strängen einander genau gegenüber. Die meisten Enzyme schneiden die DNA-Stränge jedoch versetzt, sodass die Schnitte einige Nucleotide voneinander entfernt liegen. Bei EcoRI sind die Schnittstellen beispielsweise um vier Basenpaare versetzt. Dadurch bleiben nach dem Schnitt einzelsträngige Enden stehen. Da diese Einzelstrangenden zueinander komplementär sind und sich wegen der Basenpaarung wieder zusammenfinden können, werden sie als *„klebrige Enden"* bezeichnet.

Anwendung. Inzwischen sind mehr als 3800 verschiedene Restriktionsenzyme bekannt und über 600 im Handel erhältlich, mit denen man DNA beliebiger Herkunft in Fragmente unterschiedlicher Größe zerlegen kann. Da jede DNA, die mit demselben Enzym geschnitten wurde, die gleichen klebrigen Enden aufweist, lassen sich DNA-Bruchstücke verschiedener Organismen miteinander verknüpfen. Die passenden Einzelstrangenden lagern sich spontan zusammen und werden durch das Enzym DNA-Ligase verbunden.

Die für ein Individuum typische Verteilung der Restriktionsschnittstellen auf dem DNA-Molekül ist die Grundlage für den genetischen Fingerabdruck (▶ S. 134, 136).

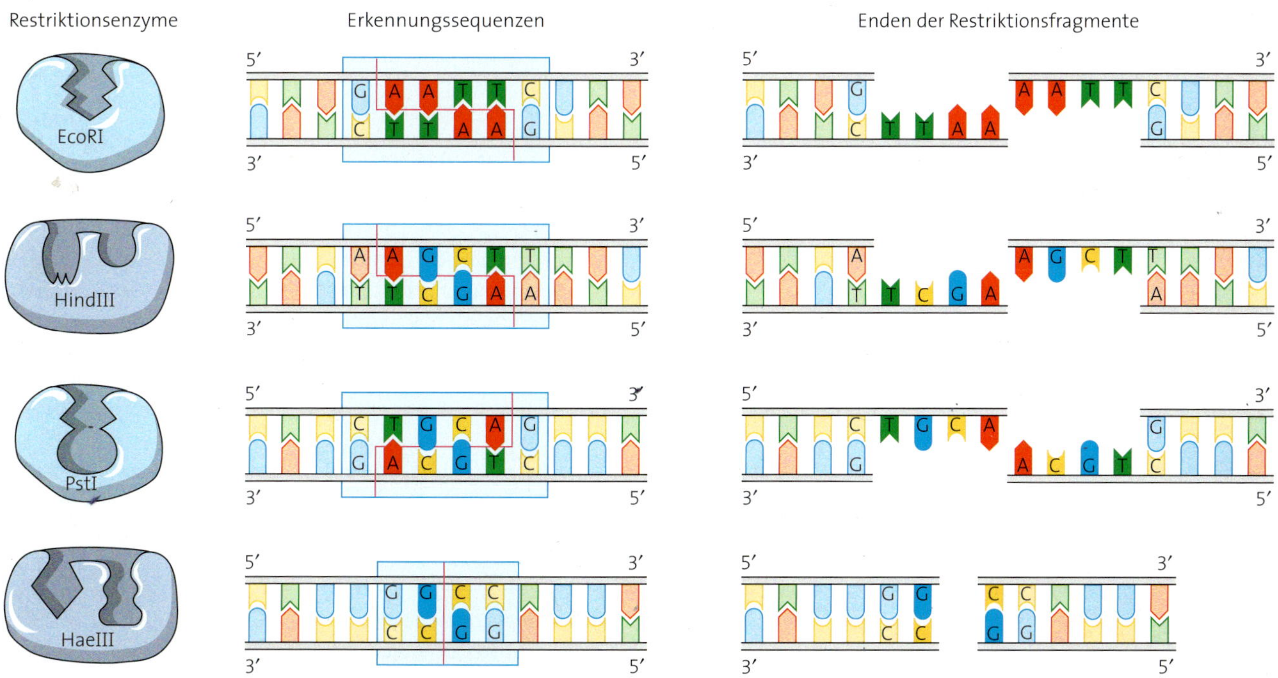

1 Erkennungssequenzen und Schnittstellen einiger Restriktionsenzyme. Sie dienen zum Zerschneiden von DNA. Gleichartige Schnittstellen sind die Voraussetzung dafür, dass DNA verschiedener Herkunft verbunden werden kann.

Grundoperationen der Gentechnik: Übertragen von DNA

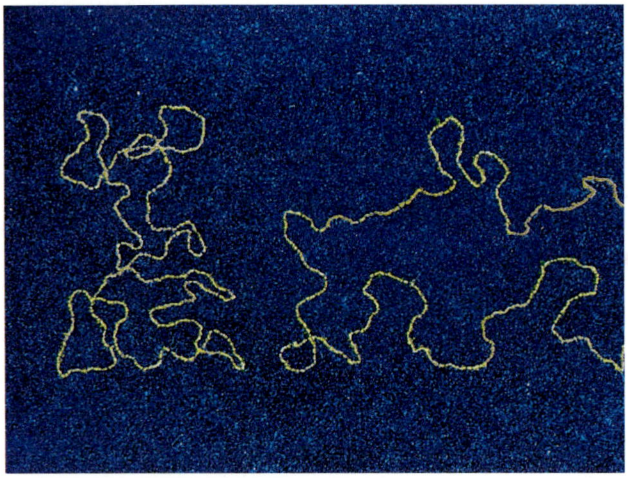

1 *EM-Aufnahme von Bakterienplasmiden*

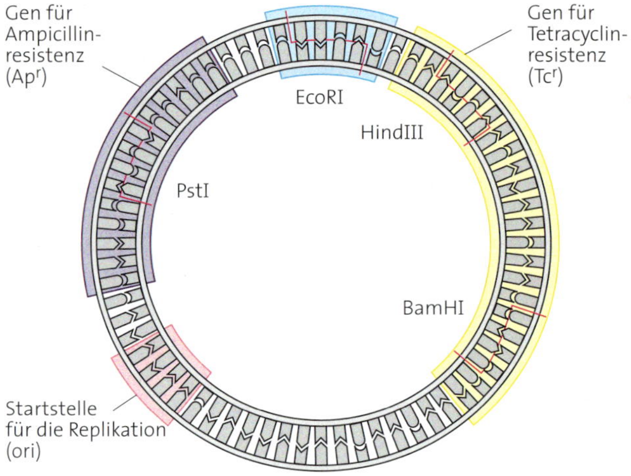

2 *pBR322 – ein künstlich erzeugtes Plasmid*

Rekombinante DNA kann nur dann in Genprodukte umgesetzt werden, wenn sie in eine Wirtszelle gelangt. Für die Übertragung benutzt man häufig *Vektoren*, DNA-Moleküle, die bestimmte Eigenschaften haben sollten. Vektoren müssen *replizierbar* sein, das heißt eine Sequenz aufweisen, die als Replikationsursprung dient (► S. 81). Außerdem sollte die Vektor-DNA *Markergene* enthalten, also zumindest für ein erkennbares Merkmal codieren, sodass sich leicht überprüfen lässt, ob die Übertragung erfolgreich war. Als Vektoren dienen *Plasmide* und *Viren*. Inzwischen gibt es aber auch verschiedene Verfahren zur direkten Übertragung von DNA.

Plasmide als Vektoren. Die gebräuchlichsten Vektoren für die Genübertragung in Bakterien sind *Plasmide*. In gentechnischen Verfahren finden häufig konstruierte Plasmide Verwendung, die – entsprechend den Erfordernissen des jeweiligen Versuchs – aus Bestandteilen mehrerer natürlicher Plasmide zusammengebaut werden. Solche Plasmide werden dann nach ihrem Hersteller benannt: pSC101 ist das Plasmid, das STANLEY COHEN bei seinem historischen Experiment benutzte (► S. 130).

Ein häufig verwendetes künstliches Plasmid ist *pBR322*. Es besteht aus einem Plasmid von E. coli mit dem Replikationsursprung, einem Gen für die Resistenz gegen das Antibiotikum Tetracyclin aus dem Plasmid pSC101 und einem Resistenzgen gegen das Antibiotikum Ampicillin. Beide Resistenzgene enthalten Schnittstellen für verschiedene Restriktionsenzyme.

Zum Einschleusen fremder Gene in Pflanzenzellen dient häufig ein Plasmid aus dem Bodenbakterium *Agrobacterium tumefaciens*, das Tumoren an zweikeimblättrigen Pflanzen verursacht. Auf diesem Plasmid befinden sich Gene, die den Gentransfer und das Tumorwachstum steuern. Man bezeichnet es daher als *Ti-Plasmid* (für *T*umor *i*nduzierend). Um die Tumorbildung zu verhindern, werden die daran beteiligten Gene entfernt und durch erwünschte Gene ersetzt.

Viren als Vektoren. Da Agrobacterium tumefaciens auf zweikeimblättrige Pflanzen spezialisiert ist, kann das Ti-Plasmid bei wichtigen Kulturpflanzen nicht eingesetzt werden. Für einkeimblättrige Pflanzen benutzt man daher spezielle *Viren* als Vektoren. Ein Nachteil dieses Verfahrens ist allerdings, dass die Vektor-DNA mit dem Fremdgen häufig nicht in das Genom der Empfängerzelle integriert wird. Außerdem kann die Infektion mit dem Virus die Pflanze schädigen.

Beim Gentransfer auf Tierzellen werden meist *modifizierte Viren* als Vektoren verwendet. Hierbei spielen vor allem *Retroviren* eine Rolle. Retroviren, zu denen auch HIV zählt, sind bei Wirbeltieren verbreitet. Ihre Erbsubstanz besteht aus *RNA*. Mithilfe von zwei Enzymen, reverser Transkriptase und Integrase, verankern sie ihr Genom stabil in den Chromosomen der jeweiligen Wirtszelle.

Direkte Genübertragung. Vor allem in der Pflanzenzucht wird wegen der Probleme mit Vektorsystemen DNA häufig direkt übertragen. Grundlage dafür ist die Protoplastenkultur. Alle Verfahren beruhen darauf, dass die DNA durch Zellmembran und Kernhülle hindurch in den Zellkern gelangt.

Die einfachste Methode ist die *Inkubation*. Dabei wird Fremd-DNA durch Endocytose in Protoplasten aufgenommen (► S. 21). Um die Aufnahme zu erleichtern, setzt man häufig Polyethylenglykol (PEG) ein, eine Substanz, die ursprünglich der Fusion von Protoplasten diente. Legt man für wenige Millisekunden eine hohe Spannung an, entstehen Poren in der Zellmembran, durch die DNA eingeschleust wird. Das Verfahren heißt *Elektroporation*. Beim *Partikelbeschuss* (engl. *gene-gun*) werden winzige Gold- oder Wolframkügelchen von 1 bis 3 µm Durchmesser mit Fremd-DNA überzogen und mit hoher Geschwindigkeit in die Pflanzenzellen geschossen.

Bei Tieren wird Fremd-DNA meist mithilfe einer feinen Hohlnadel oder Mikrokapillare in die Zellen injiziert. Das Verfahren, das auch in der Gentherapie bei Menschen Anwendung findet, wird als *Mikroinjektion* bezeichnet (► S. 140).

---

1 **Nennen Sie die spezifischen Eigenschaften, über die Vektoren verfügen sollten, damit die Fremd-DNA in der Wirtszelle auch exprimiert wird.**

2 **Erklären Sie, weshalb ein Plasmid höchstens eine Schnittstelle für ein bestimmtes Restriktionsenzym aufweisen sollte.**

Grundoperationen der Gentechnik: Selektion transgener Zellen

Fremd-DNA lässt sich nicht gezielt in einen Vektor einfügen. Zwar entscheidet die Wahl des Restriktionsenzyms darüber, an welcher Stelle der Vektor aufgeschnitten wird. Ob sich die DNA tatsächlich an die klebrigen Enden anlagert und in das Genom integriert wird, lässt sich jedoch nicht sicher voraussagen. Auch die *Transformation*, also die Aufnahme der Vektor-DNA in die Zellen, ist nicht immer erfolgreich (▶ S. 75). Für das weitere Verfahren ist es also notwendig, diejenigen Zellen zu selektieren, die das gewünschte Gen aufgenommen haben.

Transformation. Bei der Übertragung von DNA auf Plasmide entstehen im Reagenzglas DNA-Ringe mit und ohne Fremd-DNA, die sich zunächst nicht unterscheiden lassen.

Diese Mischung wird anschließend zu einer Kultur von Empfängerzellen hinzugegeben. Es wurden verschiedene Verfahren entwickelt, um die Transformation zu erleichtern. Coli-Bakterien behandelt man beispielsweise mit Calcium-Ionen, damit Zellwand und Zellmembran durchlässiger werden. Trotzdem nimmt nur etwa jede 100 000. Zelle ein Plasmid auf.

Das Plasmid pBR322 enthält zwei Resistenzgene gegen die Antibiotika Tetracyclin und Ampicillin. Behandelt man das Plasmid mit dem Restriktionsenzym PstI, so wird der DNA-Ring im Bereich des Ampicillin-Resistenzgens aufgeschnitten. Fremd-DNA, die sich dort einfügt, macht das Resistenzgen „unlesbar". In Plasmiden ohne Fremd-DNA bleibt das Ampicillin-Gen intakt.

Alle Plasmide werden durch Zugabe von DNA-Ligase wieder geschlossen. Anschließend transformiert man E.-coli-Zellen mit dem Plasmidgemisch.

Selektion. In einem ersten Schritt werden die Zellen ausgelesen, die überhaupt ein Plasmid aufgenommen haben. Der zweite Schritt dient dem Identifizieren der Zellen, deren Plasmid die Fremd-DNA enthält. Dazu kultiviert man die Bakterien zunächst auf einem Nährboden, der das Antibiotikum *Tetracyclin* enthält. Dabei gehen alle Zellen zugrunde, die kein Plasmid aufgenommen haben, während die Zellen *mit* Plasmid wegen der Tetracyclin-Resistenz zu Kolonien heranwachsen. Mithilfe eines Samtstempels überträgt man eine „Kopie" der Kolonien auf einen zweiten Nährboden, der das Antibiotikum *Ampicillin* enthält. Da auf dem Nährboden mit Ampicillin nur Bakterien mit Plasmiden *ohne* Fremd-DNA zu Kolonien heranwachsen, können durch Vergleich mit dem ersten Nährboden die Kolonien identifiziert werden, die von transformierten Bakterien stammen.

Heute benutzt man zur Selektion bevorzugt Markergene, die für *fluoreszierende Proteine* codieren. Pipettier-Roboter erkennen die fluoreszierenden Kulturen und wählen sie aus.

1. **Erklären Sie, weshalb nur solche Bakterien auf dem ampicillinhaltigen Nährboden zu Kolonien heranwachsen, die Plasmide ohne Fremd-DNA aufgenommen haben.**
2. **Wählen Sie anhand von Bild 1 auf Seite 131 und Bild 2 auf Seite 132 ein geeignetes Restriktionsenzym aus, um das Verfahren in umgekehrter Reihenfolge durchzuführen: Inaktivierung des Tetracyclin-Gens und Selektion mit Ampicillin.**
3. **Die Verwendung von Fluoreszenz-Markergenen bietet gegenüber dem Einsatz von Antibiotika-Resistenzgenen einen Vorteil. Geben Sie an, worin der Vorteil besteht.**

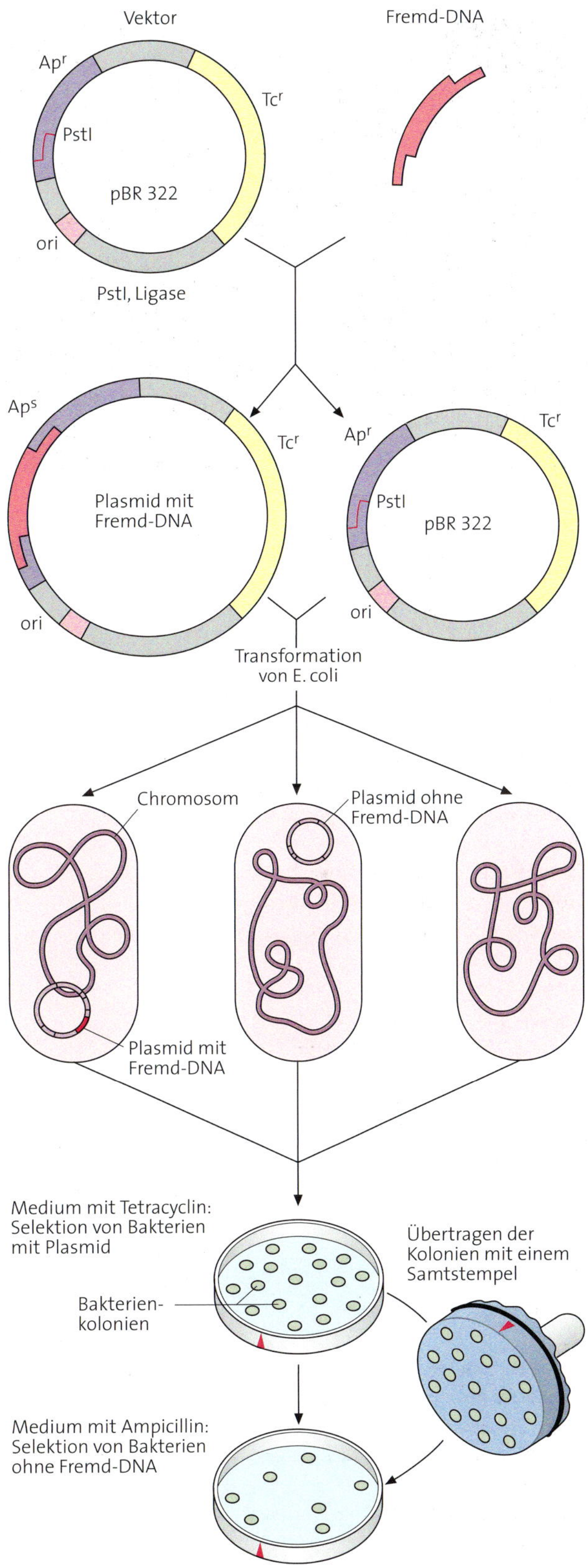

1 Schema der Selektion von transformierten Bakterien

Finden und Gewinnen von Genen

Um ein Merkmal eines Spenderorganismus in einem Empfängerorganismus zur Ausprägung zu bringen, muss man wissen, welches Gen für dieses Merkmal codiert. Das Problem besteht darin, im gesamten Genom eines Organismus genau den DNA-Abschnitt zu finden, der das betreffende Gen enthält. In der Praxis werden drei Informationsträger zur Gewinnung von Genen genutzt: die *Basensequenz* der *DNA* selbst, die Basensequenz der davon kopierten *mRNA* und die *Aminosäuresequenz* des danach synthetisierten Proteins.

Genomische Bibliotheken. Ein DNA-Abschnitt lässt sich nur dann direkt aus dem Genom eines Organismus gewinnen, wenn die Anordnung der Gene auf der DNA und die Verteilung der Schnittstellen für Restriktionsenzyme bekannt sind. Da dies in der Regel nicht zutrifft, arbeitet man nach dem *Schrotschuss-Verfahren*. Dazu spaltet man die gesamte DNA durch ein Restriktionsenzym in Fragmente, die anschließend einzeln in Plasmide oder Phagen eingebaut werden. Die Vektoren werden in Bakterien eingeschleust und kloniert. Als Ergebnis erhält man Klone mit Tausenden von Kopien jedes DNA-Fragments aus dem Spender-Genom. Eine solche Sammlung von Genom-Fragmenten heißt *genomische Bibliothek*.

Herstellung von cDNA. Zellen, die auf die Herstellung eines Proteins spezialisiert sind, enthalten große Mengen an mRNA für dieses Protein. Die mRNA lässt sich isolieren und als Vorlage für einen komplementären DNA-Strang verwenden. Diese „umgekehrte Transkription" wird durch das Enzym *reverse Transkriptase* katalysiert, das bei Retroviren das in RNA codierte Virengenom in DNA umschreibt. Nach enzymatischer Entfernung der mRNA-Vorlage wird mithilfe von DNA-Polymerase der komplementäre DNA-Strang ergänzt. Diese cDNA (von engl. *copy:* Kopie) ist die exakte DNA-Kopie einer mRNA.

Verwendet man für das Verfahren *alle* mRNA-Moleküle in einer Zelle, erhält man eine *cDNA-Bibliothek*. Sie ist bedeutend kleiner als eine genomische Bibliothek, da sie nur diejenigen DNA-Sequenzen enthält, die in der untersuchten Zelle gerade exprimiert wurden.

Hybridisierung mit Gensonden. Um Gene in einer cDNA- oder genomischen Bibliothek zu finden, verwendet man *Gensonden*. Das sind kurze, einzelsträngige DNA- oder RNA-Moleküle, die zu Abschnitten der Basensequenz des gesuchten Gens komplementär sind und mit diesen *hybridisieren*, also Basenpaarungen eingehen. Das Verfahren dient auch dazu, homologe Sequenzen in DNA-Proben unterschiedlicher Herkunft nachzuweisen und so deren Ähnlichkeit zu bestimmen.

Die Proben werden mit Restriktionsenzymen versetzt und durch Gelelektrophorese aufgetrennt. Für die Hybridisierung mit der Gensonde müssen die DNA-Fragmente auf einen festen Träger, meist eine Nitrocellulose- oder Nylonmembran, übertragen werden. Da man sich dabei der kapillaren Saugkraft der Membran bedient, wird die Methode nach ihrem Entdecker als Southern-Blotting bezeichnet (von engl. *blotting paper:* Löschpapier). Die DNA-Fragmente werden *denaturiert*, also in Einzelstränge gespalten, sodass sich die Sonde anlagern kann. Ist diese radioaktiv markiert, lässt sich die Lage der gesuchten DNA-Sequenz autoradiographisch ermitteln.

Durch *In-situ-Hybridisierung* (von lat. *in situ:* in der natürlichen Lage) lassen sich einzelne Gene oder DNA-Abschnitte auch *direkt* in Chromosomen- oder Gewebepräparaten sichtbar machen. Dafür verwendet man kurze DNA- oder RNA-Sonden, die mit unterschiedlichen Molekülen markiert werden. Für diese Moleküle gibt es jeweils spezifische Antikörper. Sind die Antikörper mit unterschiedlichen Fluoreszenzfarbstoffen gekoppelt, so kann man einzelne Gene im Fluoreszenzmikroskop anhand der Farbe lokalisieren.

RFLP-Analyse. Bei der gelelektrophoretischen Auftrennung von DNA-Fragmenten erzeugt jedes Fragment einer bestimmten Länge eine Bande. So entsteht ein charakteristisches Bandenmuster. Untersucht man homologe DNA-Abschnitte von verschiedenen Personen, die sich in ihren Basensequenzen geringfügig unterscheiden, so erhält man verschiedene Bandenmuster, wenn von den Unterschieden auch Restriktionsschnittstellen betroffen sind. Das führt dazu, dass die Restriktionsfragmente der homologen DNA-Abschnitte verschiedener Personen unterschiedlich lang sind. Dieses Phänomen bezeichnet man als *R*estriktions-*f*ragment-*L*ängen*p*olymorphismus (RFLP). Schon wenige solcher RFLPs können einen genetischen Fingerabdruck (▶ S. 136) eines Menschen liefern.

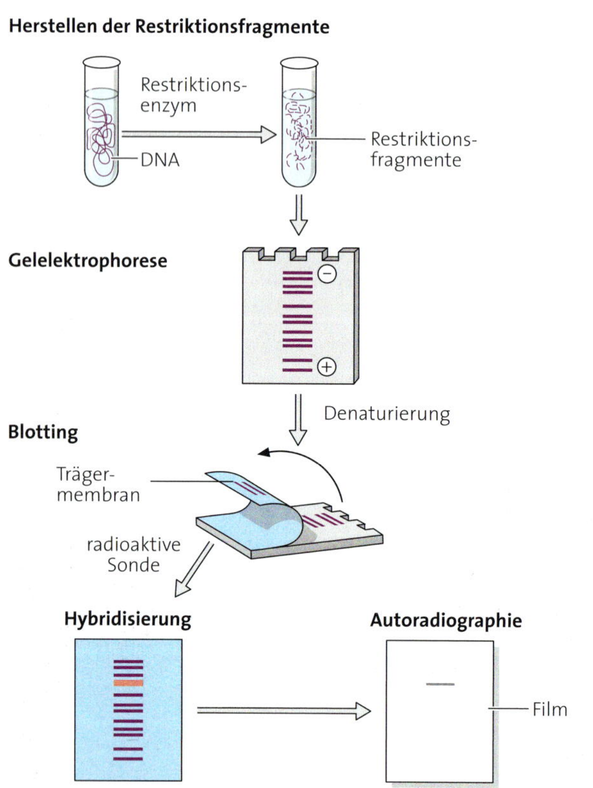

1 RFLPs lassen sich durch Southern-Blotting sichtbar machen, wenn man radioaktiv markierte Gensonden einsetzt.

1 Ein Gen aus einer eukaryotischen Zelle soll in Bakterien übertragen werden. Erläutern Sie, welches Problem man umgeht, wenn dazu die mRNA in eine cDNA umgeschrieben wird.

Gentechnik

Experimente mit rekombinanter DNA dürfen aus Sicherheitsgründen in der Schule nicht durchgeführt werden. Einzelne gentechnische Verfahrensweisen lassen sich jedoch in Modellversuchen erproben. Dazu gibt es komplette Versuchssets.

Insulin war das erste menschliche Protein, das von transgenen Bakterien hergestellt und als Medikament zugelassen wurde. Anhand des Herstellungsverfahrens von Humaninsulin lassen sich alle Einzelschritte nachvollziehen, die für die Synthese eukaryotischer Proteine durch Bakterien notwendig sind (▶ Bild rechts).

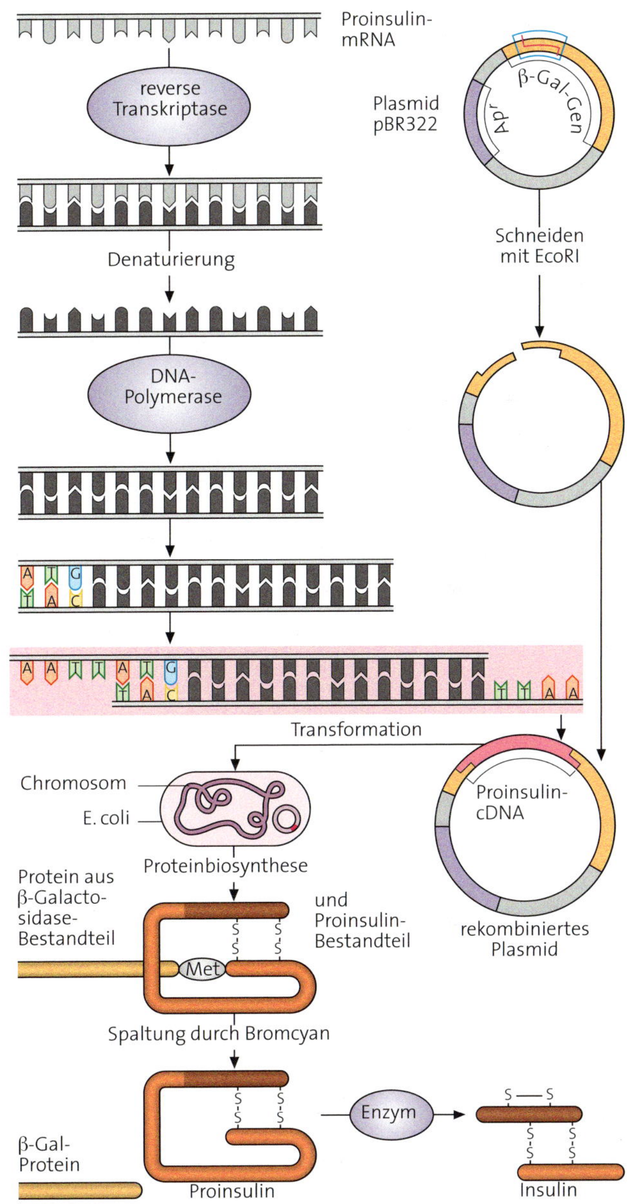

1 Erläutern Sie mithilfe des Schemas, wie das Proinsulin-Gen gewonnen wird. Welche Rolle spielt dabei die cDNA-Synthese?

2 Beschreiben Sie, welche Schritte zur Herstellung der cDNA notwendig sind. Worin unterscheidet sich die Proinsulin-cDNA von der Proinsulin-mRNA?

3 An die fertige cDNA wird zunächst ein synthetisches Trinucleotid angehängt. Anschließend wird der DNA-Strang mit einsträngigen komplementären Enden versehen. Erläutern Sie die Funktion der beiden Elemente.

4 Beschreiben Sie, wie die cDNA in das Plasmid gelangt. Beachten Sie, an welcher Stelle es in den Vektor eingebaut wird.

5 Anschließend werden die Plasmide zu einer Kultur von E. coli zugegeben. Beschreiben Sie, wie die Übertragung der rekombinanten DNA vor sich geht und welche Schwierigkeiten damit verbunden sind.

6 Wie werden diejenigen Bakterien selektiert, die das rekombinierte Plasmid aufgenommen haben?

7 Bei der Übertragung der cDNA auf den Vektor wurde das Proinsulin-Gen in das β-Galaktosidase-Gen des Plasmids integriert. Um die Proinsulin-Synthese zu starten, setzt man der Nährlösung Lactose zu. Erläutern Sie den Zusammenhang.

8 Finden Sie mögliche Gründe dafür, dass man die Bakterien Proinsulin und nicht fertiges Insulin herstellen lässt.

Restriktion und Gelelektrophorese von DNA

Material: getrocknete DNA-Probe (z.B. Phage Lambda), Restriktionsenzyme, Mikropipetten, Reaktionsröhrchen, Wasserbad, Geräte und Reagenzien für Gelelektrophorese

Durchführung: DNA wird mit Restriktionsenzymen geschnitten, die Fragmente werden mit Gelelektrophorese getrennt.

Verteilen Sie die in Wasser reaktivierte DNA gleichmäßig auf mehrere Reaktionsgefäße. Ein Gefäß dient als Kontrolle, die anderen sind mit verschiedenen Restriktionsenzymen beschickt. Die verschlossenen Röhrchen kommen für 30–45 min bei 37 °C in ein Wasserbad. In dieser Zeit wird die Gelelektrophorese durch Gießen des Agarose-Gels und Überschichten mit Pufferlösung vorbereitet. Befüllen Sie dann die Geltaschen mit den DNA-Lösungen und Markerfarbstoff und starten Sie die Elektrophorese. Sie wird beendet, wenn der Farbstoff das Ende der Kammer erreicht. Ersetzen Sie dann den Puffer durch Färbelösung. Nach einiger Zeit werden die gefärbten Banden der ungeschnittenen DNA (Kontrolle) und der DNA-Fragmente sichtbar. Ordnen Sie die Fragmente nach ihrer Größe einer Restriktionskarte des Phagen Lambda zu.

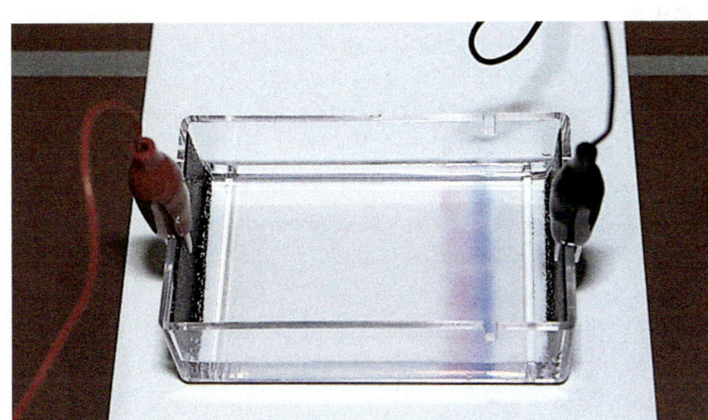

Stichworte zu weiteren Informationen

Diabetes • Insulin • Blutzuckerregulation • Lac-Operon

Der genetische Fingerabdruck

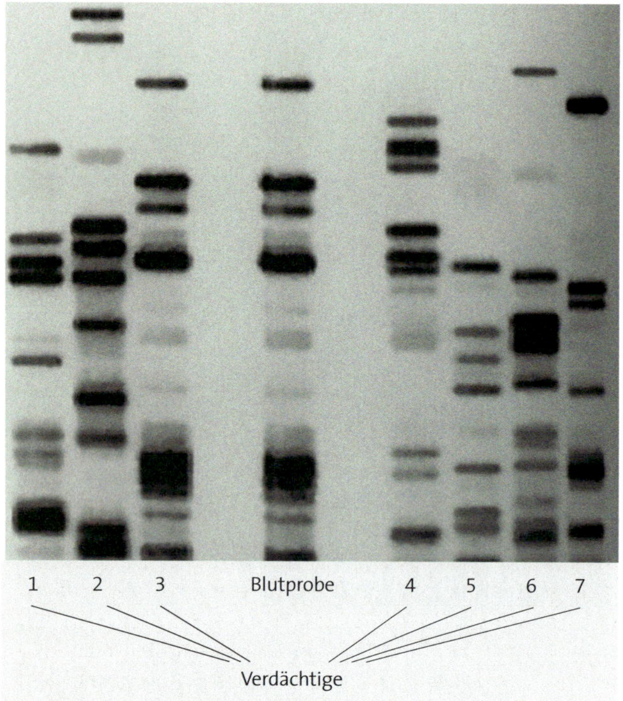

1 Ergebnis einer RFLP-Analyse

Als *genetischer Fingerabdruck (DNA-Profil)* werden Merkmale der DNA bezeichnet, die für ein Individuum in hohem Maß charakteristisch sind. Der Begriff wurde ursprünglich gewählt, weil die Strichmuster, die durch die autoradiographische Darstellung der aufgetrennten DNA-Fragmente im Southern-Blotting-Verfahren entstehen (▶ Bild 1; ▶ S. 134), dem Linienmuster eines „echten" Fingerabdrucks in ihrer Eindeutigkeit vergleichbar sind.

Genetische Marker. Obwohl alle Menschen dieselben Gene besitzen, gibt es eine Fülle individueller Unterschiede in den DNA-Sequenzen, die für einen genetischen Fingerabdruck herangezogen werden könnten. Als „genetische Marker" stehen zur Verfügung:

- *Punktmutationen* (▶ S. 92), auch als *SNPs* bezeichnet (Single Nucleotide Polymorphisms). Sie sind mit etwa 90 % der häufigste Typ genetischer Variabilität beim Menschen.
- *Restriktionsfragment-Längenpolymorphismen (RFLPs*; ▶ S. 134). Das ist eine Untergruppe von SNPs, die zufällig innerhalb der Erkennungssequenz von bakteriellen Restriktionsenzymen liegen. Auch RFLPs beruhen auf Mutationen eines einzelnen Basenpaars und kommen sowohl in codierenden als auch in nicht codierenden DNA-Abschnitten vor.
- *Minisatelliten*, auch *VNTRs* genannt (Variable Number of Tandem Repeats). Sie finden sich in der Regel nur in nicht codierenden DNA-Abschnitten und bestehen aus kurzen, mehrfach hintereinander wiederholten DNA-Sequenzen. Bei Minisatelliten ist die Basissequenz etwa 12 bis 100 Basenpaaren lang und wiederholt sich hundert- bis tausendfach.
- *Mikrosatelliten*, auch *STRs* genannt (Short Tandem Repeats). Mikrosatelliten bestehen aus einer Basissequenz von 2 bis 5 Basenpaaren Länge mit 10 bis 50 Wiederholungen. Für die meisten Sequenzwiederholungen sind etwa 80 Prozent der Bevölkerung heterozygot, das bedeutet, die Anzahl der Wiederholungseinheiten an einem Genort ist von Mensch zu Mensch verschieden.

DNA-Analytik in der Rechtsmedizin. Im Prinzip eignen sich alle vier Marker (SNP, RFLP, VNTR, STR) für einen genetischen Fingerabdruck. Bei der Ermittlung biologischer Verwandtschaft (Vaterschaftsnachweis) wird heute sowohl die „klassische", aber zeitaufwendige RFLP-Analyse als auch die einfachere STR-Analyse eingesetzt. Die Charakterisierung biologischer Spuren bei Kriminalfällen, bei denen meist nur sehr wenig brauchbares DNA-Material zur Verfügung steht, erfolgt heutzutage ausschließlich durch STR-Analyse. Als DNA-Quellen dienen Blut, Sperma, Speichel, Schweiß, Urin, Kot, Haare, Hautabrieb. Die Mengen an herausgelöster DNA, die sich meist im Bereich von Nanogramm (10^{-9}) oder Pikogramm (10^{-12}) bewegen, reichen in der Regel aus, um die infrage kommenden Mikrosatelliten mithilfe der Polymerase-Kettenreaktion (PCR) zu vervielfachen. Dabei werden sie zugleich mit verschiedenen Fluoreszenzfarbstoffen markiert. Anschließend erfolgt wie bei der RFLP-Analyse die Auftrennung durch Gelelektrophorese (▶ S. 82). An deren Ende werden die DNA-Fragmente durch Laserlicht zur Fluoreszenz angeregt und die Fluoreszenzsignale aufgezeichnet (▶ Bild 2).

Von den Tausenden von Mikrosatelliten in unserem Genom werden bei Kriminalfällen nur 8 Genorte verwendet, deren Häufigkeiten in der Bevölkerung bekannt sind. Bei Vaterschaftsgutachten müssen 12 Genorte analysiert werden, die auf 10 verschiedenen Chromosomen liegen.

Auswertung. Die Allele der Mikrosatelliten werden nach internationaler Übereinkunft entsprechend der Anzahl ihrer Wiederholungseinheiten („repeats") benannt. Die Auswertung einer STR-Analyse ergibt letztlich eine Zahlenkombination für die je zwei Allele an den untersuchten acht Genorten, die beispielsweise so aussehen kann: 17/23; 7/9; 22/23; 14/15; 16/16; 24/35; 28/30; 13/14. Die Wahrscheinlichkeit, dass zwei zufällig ausgesuchte Personen dieselbe Kombination besitzen, beträgt etwa 1 zu 60 Milliarden.

1 Untersuchen Sie, wer von den Verdächtigen (▶ Bild 1) als Täter infrage kommt.

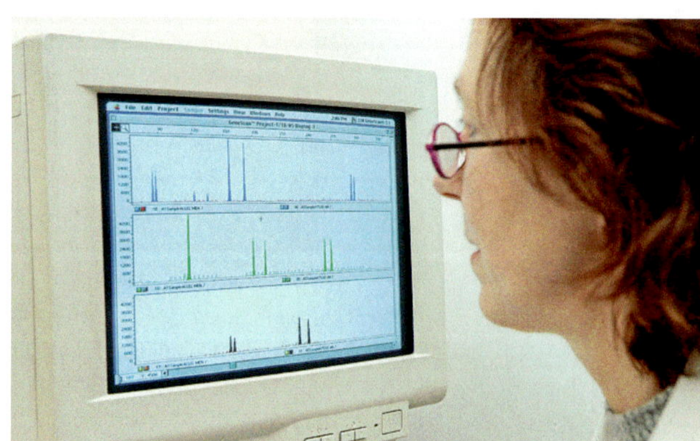

2 Ergebnis einer STR-Analyse

[Z] Das Humangenomprojekt

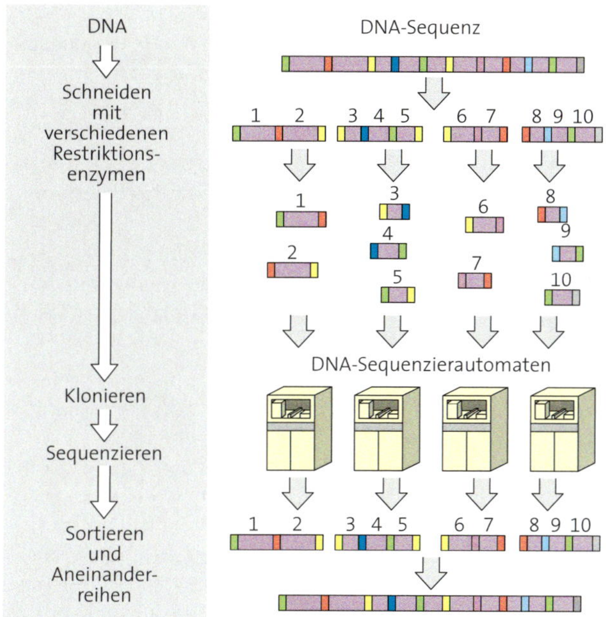

1 Beim Humangenomprojekt wird das menschliche Genom im hierarchischen Schrotschussverfahren sequenziert.

Von 1990 an arbeiteten über 1000 Wissenschaftler in vielen Ländern unter der Koordination der internationalen *Human Genome Organisation (HUGO)* daran, das Genom des Menschen vollständig zu entschlüsseln. Das Genom, also die gesamte genetische Information aus allen Genen und den nicht codierenden Abschnitten der DNA, umfasst beim Menschen 3 Milliarden Basenpaare. In einem ersten Schritt dieses bisher größten biologischen Forschungsprojekts wurde bis 2003 die Basensequenz der menschlichen DNA komplett ermittelt. Dazu wurde mit der *hierarchischen Sequenzierung* die DNA jedes Chromosoms schrittweise durch Restriktionsenzyme in immer kleinere Fragmente zerschnitten, kloniert, sequenziert und passend aneinandergereiht (► Bild 1).

Funktionelle Genomanalyse. Inzwischen sind die beteiligten Forscher dabei, die Gene eindeutig zu identifizieren und zu klären, welche Bedeutung das jeweilige Genprodukt für das Funktionieren des Organismus hat. Dazu vergleichen sie das menschliche Genom mit dem einfacherer Organismen wie der Hefe Saccharomyces, dem Fadenwurm Caenorhabditis und der Fruchtfliege Drosophila. Bei diesen Modellorganismen kennt man die Funktion vieler Gene durch Experimente schon relativ gut. Da überraschend viele DNA-Sequenzen hochkonservativ sind, sich also im Lauf der Evolution erhalten haben und daher bei sehr vielen Arten vorkommen, lässt sich durch Vergleich bekannter Sequenzen auf die Funktion der menschlichen Gene zurückschließen.

Nur etwa 1 bis 2 % der menschlichen DNA enthalten Bauanleitungen für Proteine. Für die nicht codierende DNA werden wichtige Funktionen bei der Genregulation vermutet.

Individuelle Unterschiede. 99,9 % der Erbinformation zweier beliebiger gesunder Menschen stimmen überein. Daher interessierten sich die Forscher zunächst für die Gemeinsamkeiten im Genom. Inzwischen wird aber auch die genetische Variation der Individuen untersucht. Geringfügige Unterschiede, oft schon die Variation in einer einzigen Base, können beispielsweise darüber entscheiden, ob und wie stark ein Mensch auf ein Medikament anspricht. Zur Erforschung dieser Unterschiede werden in einem ähnlichen Projekt Genvergleiche zwischen verschiedenen Individuen angestellt. Ziel ist es, eine Karte mit mehreren Hunderttausend Einzelnucleotid-Polymorphismen (SNPs) (► S. 136) zu erstellen.

Anwendungsbereiche. Arzneimittelhersteller wollen die Informationen aus der Genomanalyse nutzen, um maßgeschneiderte Medikamente herzustellen. Wissenschaftler versprechen sich eine völlig neue Basis für die Medizin. Sie soll ein zielgerichtetes Vorgehen in der Vorbeugung, Diagnose und Behandlung zahlreicher Erkrankungen ermöglichen.

Erhebliche Verbesserungen in der *Gendiagnostik* erwartet man von der DNA-Chip-Technologie. DNA-Chips sind mit mehreren Tausend kurzen Nucleotid-Sequenzen oder ganzen Genen versehen, die als Sonden dienen. Passende Nucleinsäure-Fragmente binden genau dort, wo die komplementäre Sonde auf dem Chip platziert ist. Da die Proben vorher mit Fluoreszenzfarbstoff behandelt werden, lässt sich das Ergebnis der Hybridisierung mithilfe von Digitalkamera und Computer auswerten. Der Computer analysiert die Verteilung der Leuchtpunkte auf dem Chip und bestimmt daraus, welche Nucleotid-Sequenzen in einer Probe vorhanden sind. So lassen sich nicht nur mutierte Gene nachweisen, sondern auch Genexpressionsprofile gesunder und kranker Zellen erstellen.

Einwände. Mit dem neuen Wissen entstehen jedoch auch neue Probleme. Durch Gentests können zwar genetische Veränderungen festgestellt werden, doch führt nicht jede Abweichung zu einer Erkrankung (► S. 141). Besonders problematisch sind Gentests für Krankheiten, gegen die es kein Mittel gibt. Chorea Huntington, für die schon seit 1993 ein Test zur Verfügung steht, ist dafür ein Paradebeispiel (► S. 122).

Kritiker befürchten zudem, dass genetische Daten möglicherweise ohne die Zustimmung oder das Wissen der Betroffenen erhoben und unerlaubt an Dritte weitergegeben werden. Damit bestünde die Gefahr, dass ein Mensch gegenüber Versicherungen oder auf dem Arbeitsmarkt benachteiligt wird, weil er die genetische Disposition für eine bestimmte Erkrankung hat.

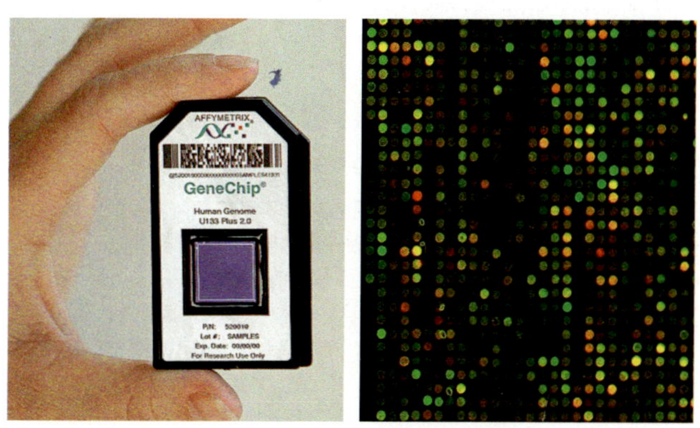

2 Genchip und Fluoreszenzbild, wie es nach Binden der fluoreszenzmarkierten DNA-Fragmente an den Sonden entsteht

Gentechnik in der Pflanzenzucht

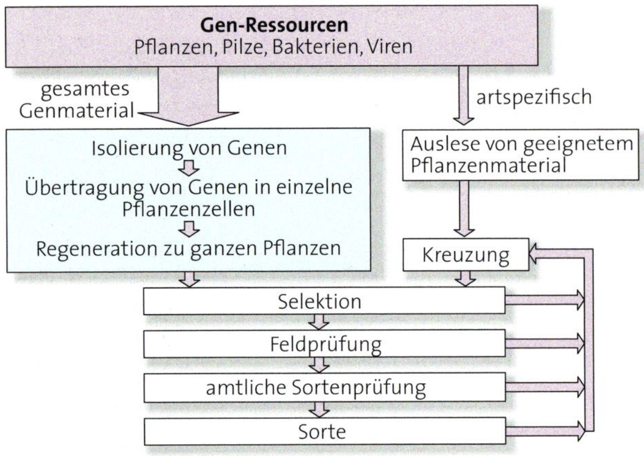

1 Vergleich der Vorgehensweise bei gentechnischen und klassischen Zuchtmethoden

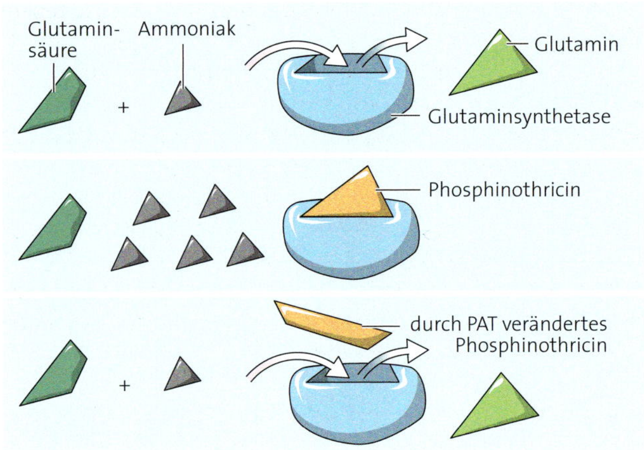

2 Kompetitive Hemmung des aktiven Zentrums der Glutaminsynthetase durch Phosphinothricin

Der Einsatz von gentechnischen Verfahren erweitert das Methodenspektrum der klassischen Pflanzenzucht. Während bei der klassischen Züchtung nur eng verwandte Arten gekreuzt werden können und es bei den Kreuzungen zur zufälligen Kombination aller genetisch codierten Eigenschaften der Elternpflanzen kommt, bringt die Gentechnik qualitative Neuerungen. Sie ermöglicht es zum einen, Gene unabhängig von ihrem Ursprung auf Pflanzen zu übertragen. Da die evolutiv entstandenen *Artgrenzen überwunden* werden, vergrößert sich der zur Verfügung stehende Genpool deutlich. Zum anderen können *gezielt einzelne Gene* eingebracht werden, ohne die sonstigen Eigenschaften der Pflanze zu verändern.

Anwendungsbereiche. Die Zuchtziele decken sich weitgehend mit denen herkömmlicher Züchtung: Die Pflanzen sollen vor allem ertragreich und robust sein. Dabei stehen Resistenzen gegenüber Krankheiten und Schädlingen im Vordergrund. Darüber hinaus wird versucht Stoffwechselprozesse zu optimieren und die Empfindlichkeit gegenüber Stressfaktoren wie Dürre und Kälte herabzusetzen. Ein neuartiges Zuchtziel ist die Toleranz gegenüber Herbiziden. Man erhofft sich dadurch, gezielter und effektiver gegen Unkräuter vorgehen zu können, ohne dabei die Kulturpflanzen zu schädigen.

Zu den Pflanzen, an denen geforscht wird, gehören neben zahlreichen Nahrungs- und Futterpflanzen auch Rohstofflieferanten wie Baumwolle und Pappel.

Herbizidtoleranz. Die meisten gentechnisch veränderten Pflanzen enthalten Gene, die sie gegen bestimmte Herbizide unempfindlich machen. Ein häufig eingesetztes Herbizid enthält den Wirkstoff Glufosinat. Dabei handelt es sich chemisch um eine modifizierte Aminosäure mit der Bezeichnung *Phosphinothricin*. Dieser Stoff wird von bodenlebenden Bakterien, *Streptomyceten*, aus Glutaminsäure hergestellt und wirkt antibiotisch. Die Streptomyceten wehren sich auf diese Weise gegen die Bakterienkonkurrenz in ihrem Lebensraum.

Phosphinothricin behindert die Synthese von Glutamin. Bei der Herstellung dieser Aminosäure wird Ammoniak durch das Enzym Glutaminsynthetase an Glutaminsäure gebunden. Phosphinothricin hemmt das katalysierende Enzym, sodass sich giftiges Ammoniak in den Zellen anreichert und sie abtötet. Auf diesem Effekt beruht auch die *herbizide Wirkung* von Phosphinothricin: Durch die Hemmung der Glutaminsynthetase vergiften sich die Zellen mit dem überschüssigen Ammoniak und sterben ab.

Die Phosphinothricin bildenden Streptomyceten schützen sich selbst gegen die antibiotische Wirkung mit einem Enzym, das das Antibiotikum inaktiviert. Durch die *Phosphinothricin-spezifische Acetyltransferase* (PAT) wird der Wirkstoff so verändert, dass er nicht mehr an das aktive Zentrum der Glutaminsynthetase binden kann. Das Gen, das für PAT codiert, wurde isoliert und in Kulturpflanzen eingebracht.

Freisetzung transgener Pflanzen. Gentechnisch veränderte Nutzpflanzen versprechen allenfalls dann kommerziellen Erfolg, wenn sie großflächig angebaut werden. Dies ist jedoch erst nach einer behördlichen Zulassung möglich, die nach dem *Gentechnikgesetz* von 2008 nur erteilt wird, wenn keine Gefährdung von Umwelt, Mensch und Tier zu erwarten ist.

Die Freisetzung wird in der Regel nur unter Auflagen – zum Beispiel Schutzzäune, Abstandsflächen, Beobachtungspflichten – genehmigt. Dadurch soll sichergestellt werden, dass sich die neu eingeführten Gene nicht unkontrolliert ausbreiten. Alle Flächen mit transgenen Pflanzen müssen in ein Standortregister eingetragen werden. Wenn gentechnisch verändertes Material aus Freilandversuchen in herkömmliche Ernten gerät, dürfen diese nicht als Futter- oder Lebensmittel vermarktet werden. Die ökologischen Risiken werden vor allem in der Ausbreitung der transgenen Pflanzen und ihren Wirkungen auf Pflanzenfresser gesehen (► S. 144).

1 Erklären Sie die Wirkungsweise von Phosphinothricin. Welche anderen Typen von Enzymhemmung kennen Sie?

2 Herbizide werden in der Regel prophylaktisch angewendet. Beurteilen Sie die Möglichkeit, durch den Anbau herbizidtoleranter Pflanzen die eingesetzte Herbizidmenge zu verringern.

3 Informieren Sie sich über die Wirkspezifität selektiver Herbizide. Warum richten sie sich nicht gegen Kulturpflanzen?

Gentechnik in der Lebensmittelherstellung

1994 kam in den USA das erste gentechnisch veränderte Lebensmittel auf den Markt, die Flavr-Savr-Tomate. Tomaten werden in der Regel grün geerntet, damit sie Transport und Lagerung überstehen. Die sogenannte „Anti-Matsch"-Tomate hingegen sollte, ohne weich zu werden, am Stock ihr volles Aroma entwickeln und erst in ausgereiftem Zustand geerntet werden. Die Pflanze enthielt ein Gen, das die Produktion des Enzyms Polygalacturonase (Pectinase) unterbindet. Dieses Enzym ist für den Abbau der Zellwände beim Reifen verantwortlich.

Herstellungsverfahren. Derzeit kann man bei Nahrungsmitteln, die mit gentechnischen Methoden hergestellt werden, unterscheiden zwischen Lebensmitteln, die
- selbst gentechnisch verändert sind,
- gentechnisch veränderten Organismen enthalten oder
- mithilfe von gentechnisch verändertern Organismen erzeugt werden.

Wie von der Tomate gibt es von Soja, Mais, Zuckerrübe, Kartoffel, Raps und Reis gentechnisch veränderte Sorten, deren Früchte oder andere Pflanzenteile *als Lebensmittel* verwendet und konsumiert werden. Aus transgenem, herbizidtoleranter Soja gewinnt die Lebensmittelindustrie außerdem *Rohstoffe*, die zur Herstellung von mehr als 30 000 verschiedenen Lebensmitteln genutzt werden, insbesondere Öl und den Emulgator Lecithin.

Mehr als ein Viertel unserer Lebensmittel – Milchprodukte, Brot, Bier, Wein und Sauergemüse – werden mithilfe von Milchsäurebakterien und Hefen hergestellt. Die *Mikroorganismen* sind auch im fertigen Lebensmittel enthalten. Ziel gentechnischer Veränderungen in diesem Bereich ist es, die Produktivität durch kürzere Herstellungszeiten zu steigern.

In der Lebensmittelproduktion haben *Enzyme*, die von gentechnisch veränderten Organismen erzeugt werden, derzeit die größte Bedeutung (► S. 44). Sie ersetzen die bisher aus konventionellen Organismen gewonnenen Enzyme. Da Enzyme als Proteine direkte Genprodukte sind, lassen sie sich in gentechnisch veränderten Organismen sehr einfach und mit hoher Ausbeute gewinnen, indem man die entsprechenden Gene mithilfe von aktiven Promotoren überexprimieren lässt.

Bei der Käseherstellung dient das Enzym *Chymosin*, auch *Labferment* genannt, dazu, das Milchprotein Casein auszufällen. Chymosin wird traditionell aus dem Labmagen von Kälbern gewonnen. Kälbermägen enthalten jedoch nur 4 bis 8 % Labferment. In gentechnisch gewonnenen Chymosinpräparaten liegt der Gehalt an aktivem Enzym dagegen bei 80 bis 90 %.

Von großer wirtschaftlicher Bedeutung ist die *enzymatische Stärkeverzuckerung*. Pflanzliche Stärke wird dabei durch verschiedene gentechnisch erzeugte Enzyme zu Zuckersirup abgebaut, der in vielen Back- und Süßwaren sowie Limonaden den traditionellen Zucker ersetzt.

1 Die Flavr-Savr-Tomate – das erste gentechnisch veränderte Lebensmittel

Zusatzstoffe in Lebensmitteln sind beispielsweise Aromen, Vitamine, Geschmacksverstärker, Süß-, Farb- und Konservierungsstoffe, Verdickungsmittel und Emulgatoren. Gentechnisch veränderte Organismen sollen diese Substanzen effektiver und billiger herstellen, als dies in chemischen Verfahren möglich ist. Da die meisten dieser Stoffe Endprodukte komplexer Stoffwechselwege sind, ist es schwieriger als bei Enzymen, die Organismen für die Herstellung zu optimieren. Bisher sind nur wenige Produkte wirtschaftlich von Bedeutung.

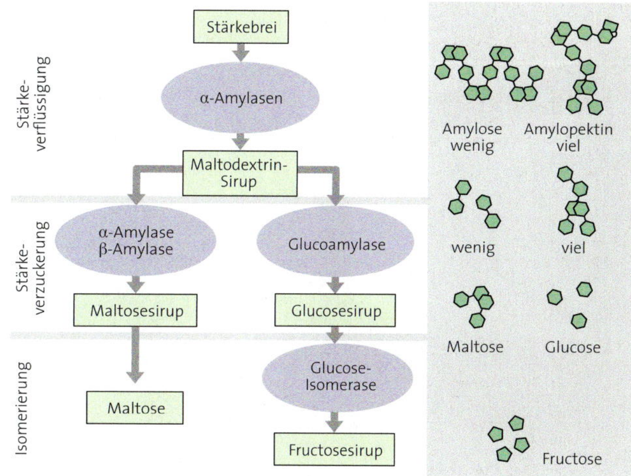

2 Enzyme aus transgenen Mikroorganismen bauen Stärke in drei Schritten zu Zuckersirup mit hoher Süßkraft ab.

Funktionelle Lebensmittel. Immer mehr Nahrungsmittel werden so verändert, dass sie Stoffe enthalten, die Krankheiten vorbeugen sollen. Gentechnisch veränderter Reis mit erhöhtem Gehalt an Provitamin A könnte beispielsweise dazu beitragen, das Risiko für Vitamin-A-Mangelerkrankungen in solchen Ländern zu senken, in denen Reis die Haupternährungsgrundlage darstellt. Eine Reismenge von 300 g würde ausreichen den Tagesbedarf an Vitamin A zu decken.

Kennzeichnung. In der EU müssen alle Lebens- und Futtermittel sowie Zusatzstoffe und Aromen, die gentechnisch veränderte Organismen (GVO) sind, beispielsweise Sojabohnen, oder aus ihnen hergestellt werden, beispielsweise Sojamehl, gekennzeichnet sein („genetisch verändert", „aus genetisch verändertem ... hergestellt"). Die Kennzeichnungspflicht gilt nicht, wenn der Anteil gentechnisch veränderter Substanz eines Produkts 0,9 % nicht übersteigt. Lebensmittel, die nicht *aus*, sondern *mithilfe von* GVO hergestellt werden, beispielsweise Fleisch, Eier, Milch oder Käse, müssen ebenfalls nicht gekennzeichnet werden.

Allergierisiko. Allergien werden vor allem durch bestimmte Proteine ausgelöst. Transgene Nutzpflanzen erzeugen neue, artfremde Proteine, deren allergenes Potenzial sich anhand von Sequenzvergleichen mit bekannten Allergieauslösern abschätzen lässt. Durch die Wechselwirkung zwischen Genen im Empfängerorganismus können jedoch auch neuartige Proteine entstehen. Das Risiko, das sich möglicherweise daraus ergibt, ist weitaus schwieriger abzuschätzen. Auf der anderen Seite ermöglicht Gentechnik die Bildung allergieauslösender Substanzen in Nahrungspflanzen zu unterbinden.

Gentechnik bei Tieren

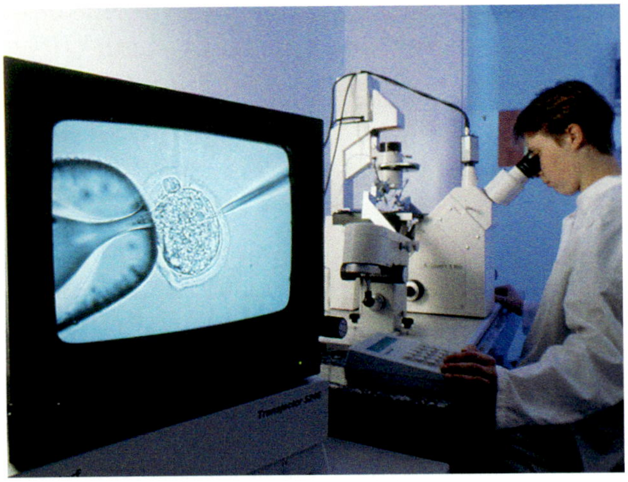
1 Gene werden mit feiner Nadel in die Zygote übertragen.

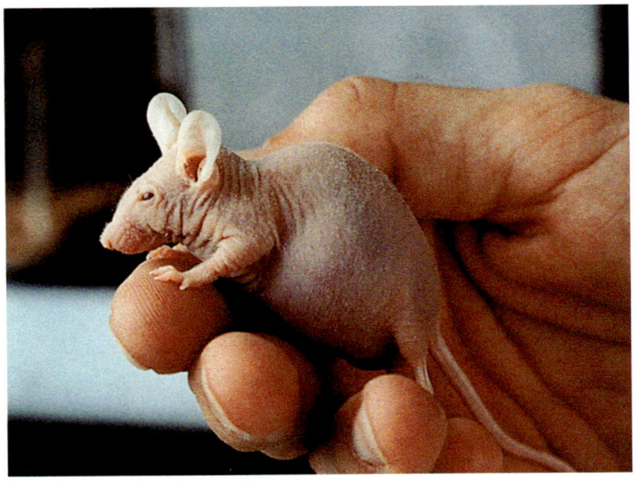
2 Maus als Modell für einen Immundefekt des Menschen

Damit ein Fremdgen in einer tierischen Zelle auch exprimiert wird, muss es mit einem geeigneten Promotor zusammengebracht werden. Ein solches Konstrukt bezeichnet man als Transgen. Das *Transgen* wird meist mithilfe der *Mikroinjektion* direkt in eine befruchtete Eizelle eingebracht.

Dazu entnimmt man einem weiblichen Tier mehrere Eizellen und befruchtet sie im Reagenzglas. Noch bevor sich die Kerne von Spermium und Eizelle vereinigen, injiziert man mithilfe einer extrem dünnen Nadel mehrere Tausend Kopien des Transgens in einen dieser sogenannten Vorkerne. Nach der Kernverschmelzung werden die Zygoten in Ammentiere überführt. Nicht alle befruchteten Eizellen überleben die Mikroinjektion, sodass sich nur aus einem kleinen Teil der Zygoten Nachkommen entwickeln. Die anderen sterben ab.

Da der Einbau ins Genom zufällig erfolgt, wird einige Wochen nach der Geburt durch PCR (► S. 82) überprüft, bei welchen Tieren sich das injizierte Transgen tatsächlich stabil in die DNA eingefügt hat. Diese *transgenen Tiere* stellen das gewünschte Genprodukt her und vererben das Transgen weiter.

Transgene Tiere als Nahrungsmittel. Bei der Nutztierzucht befindet sich die Gentechnik noch im Entwicklungsstadium. Das liegt unter anderem daran, dass die Tiere lange Generationszeiten und wenige Nachkommen haben, was die Forschung erschwert und verteuert. Bisher sind nur wenige Gene bekannt, die für landwirtschaftlich interessante Merkmale verantwortlich sind. Zudem überwiegen bei hochgezüchteten Nutztieren häufig die negativen Auswirkungen der genetischen Veränderungen.

Transgene Lachse sind die ersten Nutztiere, die als Lebensmittel auf den Markt kommen sollen. Den Lachsen wurde der Promotor eines Gens eingebaut, das bei Flundern aus arktischen Gewässern für Frosttoleranz sorgt. Dieser Promotor reguliert in den transgenen Lachsen das Gen für das *Wachstumshormon*. Die Lachse produzieren Wachstumshormon nun nicht nur während des Sommers, sondern das ganze Jahr über. Sie wachsen dadurch wesentlich schneller und weisen ein höheres Schlachtgewicht auf. Allerdings erreicht nur rund ein Drittel der Tiere das Fortpflanzungsalter.

Krankheitsmodelle. Bei der Suche nach den genetischen Ursachen von Krankheiten dienen Tiere als *Modellorganismen*. Bei Mäusen und Menschenaffen sind die Gene meist an derselben Stelle auf einem Chromosom zu finden wie beim Menschen. Während zunächst mit natürlichen Mutanten gearbeitet wurde, schaffen sich die Forscher inzwischen maßgeschneiderte Modelle. So entwickelte eine Arbeitsgruppe in den USA transgene Mäuse mit menschlichen Krebsgenen. An den sogenannten „Onko-Mäusen" wurde untersucht, welche Bedeutung verschiedenen Onkogenen bei der Entstehung von Brustkrebs zukommt. Transgene Mäuse werden jedoch auch als Modelle für die Entstehung von Osteoporose, Fettsucht und Herzinfarkt eingesetzt. Häufig übertragen die Forscher den Tieren DNA, bei der gezielt ein bestimmter Abschnitt inaktiviert wurde, um die Wirkung einzelner Gene zu erforschen. Diese Methode bezeichnet man als *Knock-out-Verfahren*.

Organzucht. Viele Menschen verdanken ihr Leben einer Organtransplantation. Die großen Fortschritte in der Transplantationsmedizin haben weltweit zu einem erheblichen Mangel an Spenderorganen geführt. Während die Nachfrage ständig steigt, nimmt die Bereitschaft zur Organspende ab. Um diese größer werdende Lücke zu schließen, werden inzwischen Tiere gezüchtet, die als Spender für *Xenotransplantationen* (von griech. *xenos:* fremd) infrage kommen. Als Spendertiere sind Schweine besonders geeignet, deren Organe etwa gleich groß und ähnlich gebaut sind wie die von Menschen.

Ein Problem besteht darin, dass die Transplantate innerhalb kurzer Zeit abgestoßen werden. Zum einen bemüht man sich daher, die Gene für Enzyme auszuschalten, die die Synthese von Oberflächenmolekülen katalysieren. Diese Oberflächenmoleküle vermitteln die *Abstoßungsreaktion*. Langfristig sollen die artspezifischen Membranproteine selbst, an denen das menschliche Immunsystem die Organe als fremd erkennt, durch menschliche Proteine ersetzt werden.

Voraussetzung für die Nutzung von Schweinen als Organlieferanten ist allerdings ein geeignetes Klonierungsverfahren. Außerdem besteht bislang die Gefahr, dass mit den Organen gefährliche Viren auf die Empfänger übertragen werden.

Gentechnik in der medizinischen Diagnostik

In der Humanmedizin werden gentechnische Verfahren vor allem dazu eingesetzt, die molekularen Ursachen genetisch bedingter Krankheiten zu erforschen. Parallel dazu entwickelten sich die Methoden der *Gendiagnose*. Gendiagnose dient in erster Linie dazu, Risiken für Erbkrankheiten frühzeitig festzustellen. Mit ihrer Hilfe lassen sich auch Krankheitserreger eindeutig identifizieren.

Krankheitsursachen. Für die Entstehung von Krankheiten, die nicht auf eine Infektion zurückgehen, sind sowohl genetische Faktoren als auch Umwelteinflüsse von Bedeutung. Nur etwa 2 bis 3 % aller Krankheiten lassen sich ausschließlich auf die Wirkung von Genveränderungen zurückführen. Es handelt sich um *Erbkrankheiten* im klassischen Sinn, von denen mittlerweile über 6 000 bekannt sind. Den meisten von ihnen liegen Veränderungen mehrerer Gene zugrunde. Nur einige Hundert sind *monogen*, also durch die Veränderung eines einzigen Gens verursacht. Ihre Häufigkeit in der Bevölkerung liegt unter 0,1 %. Bei den meisten monogen bedingten Krankheiten kommen unterschiedliche Mutationen in demselben Gen vor. Die Art der Mutation entscheidet über den Verlauf und die Schwere der Erkrankung (► Mukoviszidose, S. 93). Selten liegt – wie bei der Sichelzellanämie – bei allen Betroffenen dieselbe Mutation vor (► S. 92).

Die meisten Krankheiten in modernen Wohlstandsgesellschaften werden sowohl durch mehrere Gene als auch durch Umweltfaktoren beeinflusst. Diese Krankheiten sind also *multifaktoriell* verursacht. Menschen, die mutierte Gene tragen, haben eine *genetische Disposition* für eine Krankheit. Die Disposition führt jedoch in den meisten Fällen nur dann zur Erkrankung, wenn Umweltfaktoren wie ungesunde Ernährung, Stress und Infektionen hinzukommen. Zu diesen Krankheiten zählen unter anderem Bluthochdruck, Fettstoffwechselstörungen, Diabetes Typ I und II, bestimmte Krebsformen und Herz-Kreislauf-Erkrankungen.

Direkter Nachweis mutierter Gene. Um eine Mutation in einem Gen direkt nachzuweisen, muss man zumindest einen Teil dieses Gens klonieren. Der klonierte DNA-Abschnitt kann dann als *Gensonde* eingesetzt werden. Für den Nachweis genetisch bedingter Erkrankungen, die auf einer Punktmutation beruhen, werden zwei kurze, synthetisch hergestellte, radioaktiv markierte DNA-Einzelstränge verwendet, von denen der eine die normale Basensequenz und der andere die Basensequenz mit der Mutation enthält. Zwei DNA-Proben der zu untersuchenden Person werden mit Restriktionsenzymen zerschnitten und durch Gelelektrophorese aufgetrennt. Jede Probe wird mit einer der beiden Gensonden versetzt. Durch Autoradiographie wird sichtbar, welche der beiden Gensonden mit der DNA hybridisiert hat. Hybridisiert die Sonde mit der mutierten Basenfolge, liegt eine genetisch bedingte Erkrankung vor.

Auf diese Weise lässt sich zum Beispiel nachweisen, ob ein erhöhter Cholesterinspiegel durch falsche Ernährung oder durch einen genetisch bedingten Defekt der spezifischen Rezeptoren hervorgerufen wird (► S. 116). Gensonden setzt man auch in der Pränataldiagnostik ein (► S. 119).

Eine weitere Nachweismethode beruht auf der RFLP-Analyse, die Mutationen innerhalb der Schnittstellen von Restriktionsenzymen aufdeckt (► S. 134).

Indirekter Nachweis mutierter Gene. Für viele genetische Veränderungen, die Krankheiten verursachen können, liegen bislang keine Gensonden vor. In diesem Fall kann man auch Gene untersuchen, die eng benachbart dazu liegen. Diese Gene haben zwar ursächlich mit der Erkrankung nichts zu tun. Da sie aber fast immer gemeinsam vererbt werden, dienen sie als indirekter Nachweis für die benachbarte Mutation. Diese Gene werden als *Markergene* bezeichnet. Als Markergene sind nur solche DNA-Sequenzen geeignet, die bei Trägern der Krankheitsgene ebenfalls verändert sind, also in verschiedenen Varianten bei Gesunden und Betroffenen vorkommen.

Anwendung und Risiken von Gentests. Gentechnische Nachweisverfahren sind von zunehmender Bedeutung für die genetische Beratung (► S. 118), die pränatale Diagnostik (► S. 119) und die Untersuchung von Neugeborenen. Mithilfe von Gentests lassen sich immer mehr genetische Veränderungen nachweisen. Nur für wenige genetisch bedingte Krankheiten bestehen jedoch auch Behandlungsmöglichkeiten.

Da die Entwicklung von Gentests hohe Kosten verursacht, wird meist nur an Nachweisverfahren für relativ weit verbreitete Mutationen geforscht. Mukoviszidose, der in Westeuropa häufigsten genetisch bedingten Krankheit, liegen rund 600 verschiedene Mutationen zugrunde (► S. 93). Einen Gentest gibt es derzeit nur für die häufigste Mutation, die etwa 70 % der Erkrankungen an Mukoviszidose verursacht. Bei einem negativen Befund ist also nicht auszuschließen, dass die betreffende Person eine der selteneren Mutationen trägt.

Gentests geben lediglich Auskunft darüber, ob die Disposition für eine Krankheit besteht. Ob und wann eine Person tatsächlich erkranken wird, lässt sich nicht voraussagen. Das Leben mit einer „Erkrankungswahrscheinlichkeit" ist für die Betroffenen äußerst problematisch.

Die größte Gefahr sehen Kritiker in „genetischer Diskriminierung". In Zukunft könnten etwa Versicherungen einen Gentest als Voraussetzung für den Vertragsabschluss verlangen oder Arbeitgeber die Einstellung davon abhängig machen.

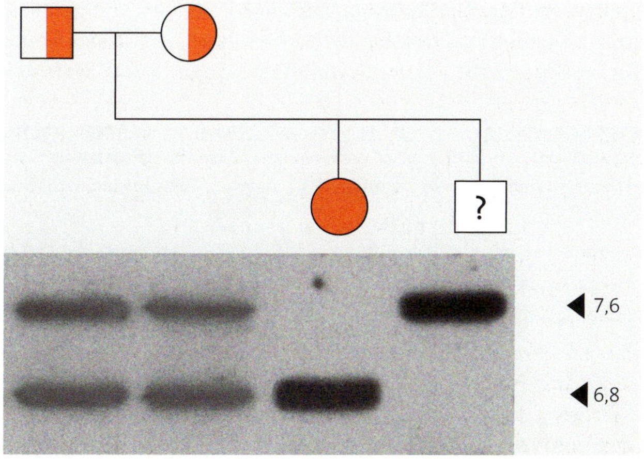

1 Stammbaum und Gentest für Mukoviszidose. Das Markergen ist polymorph, das heißt, durch Schneiden mit Restriktionsenzymen entstehen unterschiedlich lange DNA-Fragmente.

Gentechnik in der Medikamentenherstellung

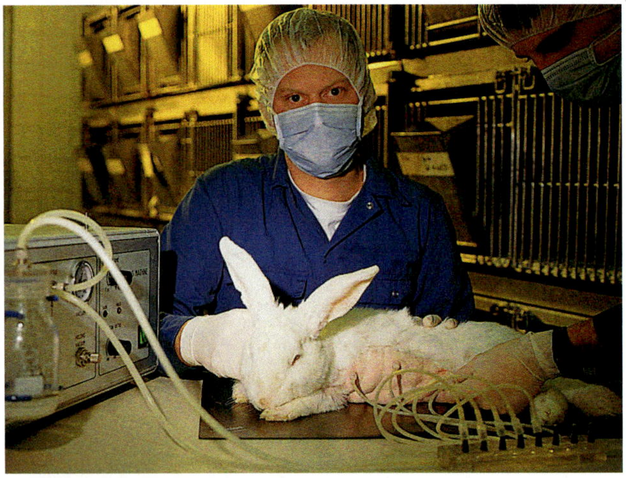

1 *Die Milch des transgenen Kaninchens enthält ein menschliches Protein, das als Medikament verwendet wird.*

Bei einer Reihe von Krankheiten werden Proteine als Medikamente eingesetzt. Bislang werden Proteine für therapeutische Zwecke aus tierischen oder menschlichen Geweben, Körperflüssigkeiten oder Zellkulturen gewonnen. Konventionelle Herstellungsverfahren sind in der Regel sehr aufwendig. Aus sechs Litern menschlichen Bluts lässt sich zum Beispiel nur ungefähr ein Milligramm des Blutgerinnungsfaktors VIII isolieren. Bluterkranke, bei denen dessen Fehlen zu einer lebensbedrohlichen Störung der Blutgerinnung führt, benötigen diese Dosis zweimal wöchentlich, um ein normales Leben führen zu können. In Deutschland decken Blutspenden nur etwa 10 % des Bedarfs. Zusätzliche Blutkonserven stammen aus Importen von teilweise zweifelhafter Herkunft. Medikamente aus Spenderblut sind stets mit dem Risiko behaftet, Viren und andere Krankheitserreger zu enthalten. Bei Produkten tierischen Ursprungs besteht die Gefahr von Abwehrreaktionen.

Herstellungsverfahren. Mithilfe der Gentechnik lassen sich weitaus mehr verschiedene Proteine für die Anwendung als Medikamente herstellen als auf konventionellem Weg. Sie werden meist in großtechnischem Maßstab in Fermentern von gentechnisch veränderten Stämmen des *Darmbakteriums E. coli* oder der *Bäckerhefe* erzeugt. Für große, kompliziert gebaute Wirkstoffe wie den Blutgerinnungsfaktor VIII wird allerdings ein kostenintensiveres Herstellungsverfahren in gentechnisch veränderten *Hamsterzellen* genutzt. Bakterien wären nicht in der Lage, die Zuckerseitenketten an das aus 2 332 Aminosäuren aufgebaute Grundgerüst des Glykoproteins anzufügen.

Eine weitere Möglichkeit, Medikamente auf gentechnischem Weg herzustellen, sind *transgene Tiere*. Inzwischen ist es gelungen, verschiedene menschliche Gene in weibliche Embryonen von Ziegen, Schafen, Schweinen, Kühen und Kaninchen einzuschleusen. Dabei wird das Transgen so in das Erbgut der Tiere integriert, dass das gewünschte Protein nur in den Milchdrüsen gebildet und mit der Milch ausgeschieden wird, aus der man es dann isolieren kann. Dieses sogenannte *Pharming* (Wortschöpfung aus engl. *farming:* Tierzucht und *Pharmazie*) ist allerdings sehr aufwendig. Bislang sind keine durch Pharming erzeugten Medikamente zugelassen. Zudem ist die Verwendung von Tieren als „Bioreaktoren" umstritten.

Produkte. Die meisten der gentechnisch erzeugten therapeutischen Proteine sind *Botenstoffe*, die an der Teilung, Reifung und Aktivierung von Knochenmark- und Blutzellen beteiligt sind, also *Wachstumsfaktoren, Interferone* und *Interleukine*. Einer dieser Wachstumsfaktoren, das *Erythropoetin* (EPO), wird in den Nieren produziert und mit dem Blut ins Knochenmark transportiert, wo es die Neubildung von Erythrocyten anregt. Der gentechnisch hergestellte Wirkstoff wird in erster Linie bei Dialysepatienten eingesetzt. Sie können aufgrund von eingeschränkter Nierenfunktion den natürlichen Botenstoff nicht herstellen und leiden daher häufig an Anämien. EPO dient auch dazu, bei Eigenblutspenden vor chirurgischen Eingriffen für eine rasche Nachbildung der entnommenen Blutmenge zu sorgen. Darüber hinaus erhöht EPO die Sauerstoffbindungskapazität des Bluts. Daher ist Doping mit EPO-Präparaten vor allem in Ausdauersportarten verbreitet.

Vermutlich werden auch gentechnisch hergestellte *Impfstoffe* stark an Bedeutung gewinnen. Der Vorteil gegenüber konventionellen Impfstoffen besteht darin, dass sich durch die Übertragung einzelner Gene eines Krankheitserregers auf harmlose Produktionsorganismen *nur die zur Immunisierung nötigen Bestandteile* herstellen lassen. Das Infektionsrisiko für das Personal und die Gefahr der Ansteckung durch infektiöse Bestandteile im Impfstoff ist damit ausgeschlossen.

Beispiele gentechnisch hergestellter Arzneimittel auf dem Markt

Handelsname	Wirkstoff	Biologische Funktion	Indikation	seit
Huminsulin®	Insulin	Senkung des Blutzuckerspiegels	Diabetes	1982
Actilyse®	Plasminogenaktivator	Auflösung von Blutgerinnseln	Herzinfarkt	1987
Humatrope®	Wachstumshormon	Bildung wachstumsfördernder Substanzen	Minderwuchs	1988
Proleukin®	Interleukin 2	Aktivierung von Zellen des Immunsystems	Krebs	1989
Recombinate®	Blutgerinnungsfaktor VIII	Aktivierung der Blutgerinnung	Hämophilie A	1993
Pulmozyme®	Desoxyribonuclease	Spaltung von DNA	Mukoviszidose	1994
Revasc®	Hirudin	Hemmung der Fibrin-Bildung	Antithrombotikum	1997
Mabthera®	monoklonaler Antikörper	Zerstörung maligner B-Lymphocyten	Lymphkrebs	1998
Ovitrelle®	Choriogonadotropin	Stimulierung der Eierstöcke und Auslösung des Eisprungs	Fertilitätsstörungen	2001
Raptiva®	Antikörper	Blockierung der Aktivierung von T-Zellen	Schuppenflechte	2004
Epoetin delta®	Erythropoetin	Bildung roter Blutzellen	Anämie	2007

Gentherapie

Genetisch bedingte Krankheiten können bisher nicht geheilt werden. Wenn ein Gendefekt bekannt ist, besteht jedoch prinzipiell die Möglichkeit, die Krankheitsursache durch das Einbringen intakter Gene zu beseitigen. Das Einschleusen von therapeutisch wirkendem genetischem Material in einen Organismus wird als *Gentherapie* bezeichnet.

Anwendungsbereiche. Bei der *somatischen Gentherapie* werden ausschließlich Körperzellen gentechnisch verändert. Die genetischen Veränderungen können daher nicht an die nächste Generation weitergegeben werden. Erfolgt die Korrektur eines genetischen Defekts in den Keimzellen oder in denjenigen Zellen des Körpers, aus denen Ei- oder Samenzellen hervorgehen können, spricht man von *Keimbahntherapie*. In diesem Fall werden die neuen genetischen Eigenschaften vererbt. In Deutschland ist die Keimbahntherapie bisher aufgrund des Embryonenschutzgesetzes von 1991 verboten.

Strategien der Gentherapie. Bisher unterscheidet man in der Gentherapie die folgenden Vorgehensweisen:

Substitution eines defekten Gens: Monogen bedingte Erbkrankheiten können dadurch geheilt werden, dass man das mutierte Gen durch eine intakte Kopie des entsprechenden Gens austauscht.

Hemmung eines Fremdgens: Diesen Ansatz verfolgt man bei Infektionskrankheiten, die auf der dauerhaften Integration viraler Gene beruhen, wie AIDS. Durch gezieltes Ausschalten dieser Gene soll die Virusvermehrung unterbunden werden.

Lokale Genexpression: Die Ursache polygen bedingter Erkrankungen lässt sich kaum beheben. Führt man jedoch Gene für ein therapeutisches Protein ein, so wird dieses in den Zellen wirksam und ermöglicht eine Heilung.

Methoden des Gentransfers. Zurzeit gibt es zwei Wege, Gene in Körperzellen von Patienten zu übertragen:

- Im *Ex-vivo-Verfahren* wird das therapeutische Gen außerhalb des Organismus in vorübergehend entnommene Zellen eingeführt.
- Im *In-vivo-Verfahren* wird das Gen in einen geeigneten Vektor eingebaut und durch eine Injektion direkt in den Körper des Patienten eingebracht.

Das *Ex-vivo-Verfahren* wurde erstmals 1990 bei einer Patientin mit einer schweren kombinierten Immunschwäche angewandt, die durch einen Mangel an *Adenosindesaminase* (ADA) verursacht wird. Das Enzym ADA ist am Abbau aller Adenosin-Nucleotide beteiligt. Fehlt das Enzym, so „vergiften" sich die Lymphocyten an nicht abgebauten Nucleotiden. Die Folge ist eine solche Schwächung des Immunsystems, dass eine für gesunde Menschen harmlose Infektion zum Tod führt.

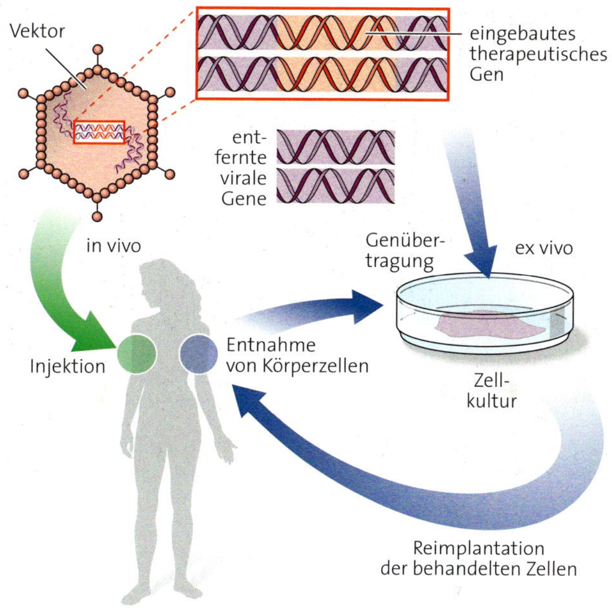

1 *Ex-vivo- und In-vivo-Verfahren der Gentherapie*

Ablauf eines gentherapeutischen Eingriffs. Die intakte Kopie des ADA-Gens wird in das Genom eines Virus eingebaut, das sich in menschlichen Lymphocyten vermehrt. Aus einer Blutprobe der Patientin werden Lymphocyten isoliert und mit den rekombinierten Viren infiziert. Einige Viren befallen Lymphocyten und setzen ihre DNA in den Wirtszellen frei. Lymphocyten, die die Fremd-DNA in ihr Genom integriert haben, werden in Kulturgefäßen vermehrt und anschließend in die Blutbahn der Patientin eingebracht. Sie siedeln sich in den Lymphorganen an und tragen zum Aufbau einer wirksamen Immunabwehr bei.

Zukunftsaussichten. Bisher haben nur sehr wenige gentherapeutische Versuche den gewünschten dauerhaften Erfolg erbracht. In einzelnen Fällen konnte die somatische Gentherapie jedoch den Gesundheitszustand der Patienten deutlich verbessern. Diese Therapieerfolge fördern die Hoffnung darauf, dass in Zukunft auch Krankheiten wie Krebs und AIDS heilbar sein werden. Weitere Fortschritte erhofft man sich auch von der vollständigen Sequenzierung des menschlichen Genoms (► S. 137).

1 **Nennen Sie die Strategie, die man im beschriebenen Fall verfolgte.**

2 **Nennen Sie mögliche Gründe dafür, dass gentherapeutische Behandlungsversuche häufig nicht zum Erfolg führen.**

Monogen bedingte Erbkrankheiten, für die gentherapeutische Eingriffe entwickelt werden

Erbkrankheit	Produkt des intakten Gens	Zielzellen
Thalassämie	Hämoglobin-Bestandteile	Knochenmarkszellen
Hämophilie A	Blutgerinnungsfaktor VIII	Leber- oder Bindegewebszellen
Hämophilie B	Blutgerinnungsfaktor IX	Leber- oder Bindegewebszellen
Hypercholesterinämie	LDL-Rezeptor	Leberzellen
Mukoviszidose	CFTR (Chlorid-Kanal)	Lungenzellen
Muskeldystrophie	Muskelprotein Dystrophin	Muskelzellen

Gentechnik in der Diskussion

Über Gentechnik wurde von Anfang an öffentlich diskutiert. Neben den Chancen neuartiger Anwendungen standen immer wieder auch die Gefahren und Risiken dieser Technologie zur Debatte. Während gentechnische Verfahren in der Medizin inzwischen weniger umstritten sind, gibt die sogenannte *Grüne Gentechnik* nach wie vor Anlass zu Auseinandersetzungen und Protesten.

Eine gentechnisch veränderte Nutzpflanze, um die heftig gestritten wird, ist der *Bt-Mais*. Bt-Mais enthält ein Gen aus dem Bodenbakterium Bacillus thuringiensis. Damit ist die Pflanze vor dem *Maiszünsler* geschützt – einem Schädling, den Forscher für 7 % der jährlichen Ernteausfälle verantwortlich machen. Die Larve dieses Nachtschmetterlings bohrt sich in den Stängel hinein und frisst sich bis zur Verpuppung von innen durch die Pflanze.

1 Maiszünsler

Bisher bekämpfte man den Maiszünsler mit einem Pflanzenschutzmittel, das den Giftstoff aus Bacillus-thuringiensis-Bakterien enthielt. Das Protein löst die Darmwand der Insektenlarven auf, sodass sie verenden. Da die Larven im Innern des Stängels jedoch geschützt sind, war die Methode nicht effizient. Die transgenen Pflanzen stellen das giftige Protein nun selbst her und der Einsatz des Pflanzenschutzmittels wird überflüssig.

Bt-Mais wurde mit einem *Markergen* versehen, das für eine Resistenz gegen das Antibiotikum Ampicillin codiert. Kritiker befürchten, dass sich die Antibiotikaresistenz auch auf Bodenbakterien oder auf Mikroorganismen im Darm des Menschen überträgt.

Umweltschützer befürchten, transgene Pflanzen könnten die *natürliche Vielfalt* bedrohen, indem sie Tiere schädigen, die sich von ihnen ernähren, oder andere Pflanzen verdrängen. Wissenschaftler in den USA untersuchten die Wirkung von Bt-Mais auf *phytophage Insekten*. Sie trugen Pollen der veränderten Maissorte auf die Nahrungspflanzen von Monarchfalter-Raupen auf, und zwar in einer Dosis, wie sie sich durch Windverwehung in der Nähe von Maisfeldern auf anderen Pflanzen ansammelt. Nach vier Tagen war die Hälfte der Schmetterlingsraupen verendet. Im Freiland ließ sich bislang, trotz des verbreiteten Anbaus von Bt-Mais in den USA, keine Beeinträchtigung der Falterbestände feststellen – vermutlich, weil die Raupen bereits einige Wochen vor der Zeit der Maisblüte heranwachsen.

2 Gentechnikgegner zerstören ein Feld mit Bt-Mais.

Der Effekt könnte sich in der *Nahrungskette* fortsetzen. In Laborexperimenten war die Sterblichkeit von Florfliegenlarven, die sich vor allem von Blattläusen und Maiszünslerlarven ernähren, auf Bt-Mais doppelt so hoch wie im Kontrollversuch. Freilandversuche bestätigten dieses Ergebnis nicht.

Es gibt inzwischen zahlreiche weitere Untersuchungen zu Wirkungen von Bt-Mais auf verschiedene Organismengruppen mit sehr unterschiedlichen Ergebnissen. Während beispielsweise Honigbienen und Regenwürmer bei Fütterungsversuchen wenig geschädigt wurden, ließen sich bei Schmetterlingen deutlichere Effekte beobachten.

Umweltbehörden sehen eine weitere Gefahr in der *Entstehung Bt-resistenter Maiszünsler-Populationen*. Während Insektizide, die das Bt-Gift enthalten, relativ schnell abgebaut oder mit dem Regen abgewaschen werden, wirkt das Toxin im Bt-Mais über die gesamte Vegetationsperiode. Die Wahrscheinlichkeit, dass Tiere gegen das Toxin resistent werden, ist sehr groß. In den USA müssen Felder, auf denen Bt-Mais angebaut wird, deshalb mindestens zu 20 % mit konventionellem Mais bepflanzt sein. Damit soll sichergestellt werden, dass nichtresistente Maiszünsler-Populationen, die auf diesen Flächen heranwachsen, sich mit resistenten Artgenossen paaren und die Bt-Unverträglichkeit auf diese Weise weitervererben.

Problematisch ist auch das Risiko der Vermischung des Genmaterials von Bt-Mais mit nicht transgenen Maissorten, da diese dann nicht mehr als gentechnikfrei vermarktet werden können.

Weiter wird befürchtet, dass sich das *Gen für das toxische Protein* von Bt-Mais *in die Wildform auskreuzen* könnte. Diese Gefahr besteht nur in Gebieten, in denen auch Wildmais wächst, etwa in Mexiko. Natürliche Genreservoirs für nicht resistente Sorten gingen dadurch verloren.

Ausgewilderte Pflanzen und deren Gene lassen sich *nicht zurückholen*. Die Freisetzung transgener Pflanzen ist daher an strenge Sicherheitsauflagen gebunden (► S. 138). Der in Deutschland seit 1998 zugelassene *Anbau* wurde zu Beginn des Jahres 2000 vom Bundesgesundheitsministerium vorübergehend mit der Begründung ausgesetzt, es bestehe die Gefahr, dass
- Krankheitserreger des Menschen vermehrt Antibiotikaresistenzen entwickeln könnten, wenn gentechnisch veränderte Pflanzen in größerem Umfang als Nahrungsmittel dienen;
- neben den Zielinsekten auch weitere Insekten vergiftet werden können;
- die Schadinsekten mittelfristig Resistenzen gegen das Bt-Gift entwickeln können.

Kritiker verweisen außerdem darauf, dass es sich bei Bt-Mais um eine – teure – patentierte Sorte handelt, bei der wirtschaftliche Interessen berührt sind. Sie fordern, wegen der zahlreichen Risiken auf transgene Nutzpflanzen ganz zu verzichten.

---

1 Stellen Sie Argumente für und gegen die Gentechnik zusammen. Diskutieren Sie die geschilderten Standpunkte.

Mithilfe dieses Kapitels können Sie

- Grundoperationen der Gentechnik beschreiben, erläutern und darstellen
- wichtige Anwendungsmöglichkeiten der Gentechnik in der Pflanzenzucht angeben und erklären
- die Herstellung gentechnisch veränderter Lebensmittel an Beispielen erläutern und nach Chancen und Risiken beurteilen
- begründen, weshalb transgene Tiere nicht nur als Nahrungsmittel von Interesse sind
- Möglichkeiten und Risiken gentechnischer Verfahren in der medizinischen Diagnostik beurteilen
- die gentechnischen Herstellungsverfahren von Medikamenten darstellen und deren Bedeutung beurteilen
- Möglichkeiten der Heilung von Erbkrankheiten durch Genersatz erläutern und bewerten
- über Für und Wider der Gentechnik mit konkreten Beispielen und begründeten Argumenten diskutieren

Testen Sie Ihre Kompetenzen

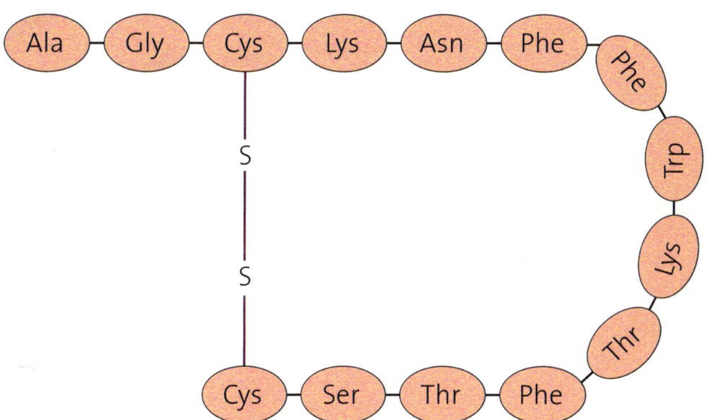

Somatostatin

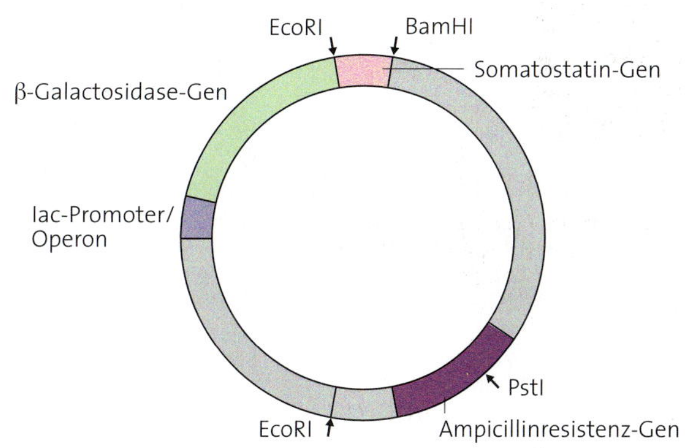

Plasmid mit eingebautem Somatostatin-Gen

Somatostatin ist ein Peptidhormon aus 14 Aminosäuren (▶ Bild oben), das ursprünglich im Hypothalamus entdeckt wurde. Es hemmt die Freisetzung von Wachstumshormon aus der Hypophyse. Später wurde Somatostatin in vielen anderen Körpergeweben gefunden, unter anderem in der Bauchspeicheldrüse, wo es die Abgabe von Insulin und Glucagon hemmt. Für die Gewinnung von 5 mg des Hormons musste der Entdecker eine halbe Million Schafhirne aufarbeiten.

Zum Zeitpunkt der ersten gentechnischen Herstellung von Somatostatin war es noch nicht gelungen, sein Gen aus menschlichen Zellen zu isolieren. Deshalb stellte man nach der Aminosäuresequenz ein künstliches Gen her, das zusammen mit der Nucleotidsequenz für die Aminosäure Methionin in ein Plasmid von E. coli eingefügt wurde.

1. **Leiten Sie mithilfe der Code-Sonne (▶ S. 89) eine mögliche Nucleotidsequenz für das Somatostatin-Gen ab.**
2. **Untersuchen Sie, welche Vorteile dieses Verfahren gegenüber der Gewinnung des Gens aus menschlichen Zellen haben könnte.**
3. **Begründen Sie, welche Funktion die eingebaute Nucleotidsequenz für Methionin hat.**
4. **Erklären Sie, was Plasmide sind und worin ihre Bedeutung für die Gentechnik liegt.**
5. **Stellen Sie dar, welche Arbeitsschritte nötig sind, um das künstliche Gen in ein Plasmid einzufügen.**
6. **Erläutern Sie den Aufbau des konstruierten Plasmids zur Herstellung von menschlichem Somatostatin (▶ Bild oben). Gehen Sie dabei auf die Funktion der einzelnen Bestandteile des Plasmids ein und begründen Sie diese im Einzelnen.**
7. **Erklären Sie den Bau des Plasmids an den mit Pfeilen markierten Stellen. Ziehen Sie dazu das Bild unten heran.**
8. **Erörtern Sie, welchen therapeutischen Nutzen Somatostatin als Medikament haben könnte.**
9. **Stellen Sie Vor- und Nachteile der gentechnischen Herstellung von Somatostatin der Gewinnung aus Tiergehirnen gegenüber.**

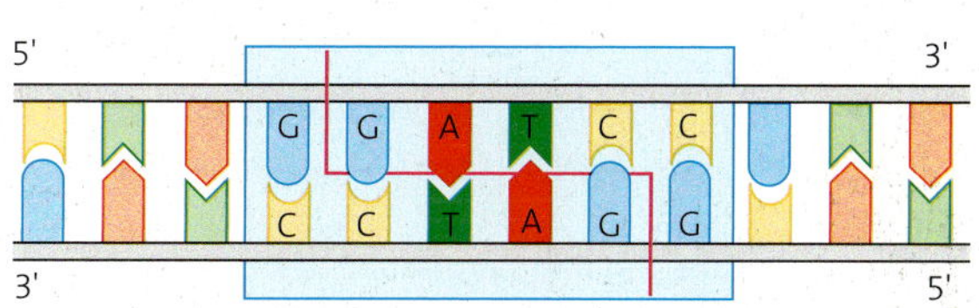

BamHI, Erkennungssequenz und Schnittstelle

Struktur und Funktion von Nervenzellen und Synapsen

1 *Eine Ringelnatter fixiert die potenzielle Beute. Noch ist offen, wessen Reaktion schneller sein wird.*

Eine Situation, wie sie alltäglich in der Natur vorkommt: Ein Räuber nimmt die Beute ins Visier. Der Angriff steht unmittelbar bevor. Sowohl für den Räuber als auch für das potenzielle Beutetier ist es jetzt von entscheidender Bedeutung, über ein System zur Informationsverarbeitung zu verfügen, das ein schnelles Erfassen der Situation und eine präzis gesteuerte Reaktion ermöglicht.
Nervenzellen sind im Verlauf der Evolution schon früh entstanden. Sie können Informationen mit hoher Geschwindigkeit über längere Strecken weiterleiten. Der Selektionsdruck in Richtung auf eine schnelle Informationsverarbeitung ist enorm: Schließlich geht es beim Wettstreit zwischen Räuber und Beute um nichts weniger als das Leben ...

Im Blickpunkt

- das Neuron – Grundelement der Informationsverarbeitung im Nervensystem
- elektrische Eigenschaften von Zellen
- die Ionentheorie von Ruhepotenzial und Aktionspotenzial
- alles oder nichts – das Aktionspotenzial als aktives Signal von Nervenzellen
- das Neuron, ein Kabel? – Erregungsleitung innerhalb der Nervenzelle
- Erregungsübertragung zwischen Nervenzellen: Synapsen

GRUNDLAGEN Über die Leistung des Nervensystems kann man nur staunen. In Sekundenbruchteilen verarbeitet es große Mengen an Informationen. Wie lässt sich etwas so Komplexes verstehen? Tatsächlich herrscht über die Funktionsweise zum Beispiel des menschlichen Gehirns noch große Unklarheit. Doch über Bau und Funktion der Zellen, aus denen es sich zusammensetzt, ist bereits eine Menge bekannt.

Zwei Haupttypen von Zellen bauen das Nervensystem auf: Gliazellen und Nervenzellen.

Gliazellen sind Bindegewebszellen, die für die hoch spezialisierten und nicht mehr teilungsfähigen Nervenzellen unter anderem Stützfunktion übernehmen und sie teilweise mit ernähren.

Die Nervenzellen selbst, auch Neurone genannt, sind heute besser erforscht als irgendein anderer Zelltyp. Alle Neurone haben denselben Grundbauplan und arbeiten nach gemeinsamen Prinzipien – gleich, ob sie Sinnesreize aufnehmen, im Gehirn Gedächtnisfunktion haben oder Muskelzellen zur Kontraktion veranlassen: Sie transportieren Informationen in Form von elektrischer Erregung. Welche Funktion eine Nervenzelle übernimmt, wird nur durch ihre Lage im Nervensystem und ihre Verschaltung mit anderen Neuronen bestimmt. Ein Einblick in ihre Struktur und Funktion erleichtert daher das Verständnis so verschiedener Vorgänge wie Sehen, Denken, Fühlen und die Steuerung von Bewegungen.

Das Neuron als Grundelement des Nervensystems

Bau und Funktion von Nervenzellen. Die Funktion einer Zelle und ihr Bau stehen in engem Zusammenhang. Daher verraten auch die Baumerkmale von Nervenzellen bereits einiges über deren Funktion: Deutlich erkennt man verschiedene Strukturen, die auf die Aufnahme, Weiterleitung und Übertragung von Signalen spezialisiert sind.

Neurone sind in der Regel extrem lang gestreckte Zellen. Einige werden über einen Meter lang, wobei der Durchmesser des Zellkörpers meist geringer als 0,1 mm ist. Hier drängt sich ein Vergleich mit der Technik auf: Nervenzellen erinnern an Kabel. Dies gilt umso mehr, wenn man weiß, dass auch Neurone elektrisch aktiv sind. Einige sind sogar ähnlich wie Kabel elektrisch isoliert. Bei den meisten Nervenzellen lassen sich drei Abschnitte gut voneinander abgrenzen:

- Der *Zellkörper* ist das biosynthetische Zentrum der Zelle. Er enthält den Zellkern und alle Zellorganellen, die für die Proteinbiosynthese notwendig sind: Ribosomen, endoplasmatisches Reticulum und Golgi-Apparat. Vom Zellkörper geht also das Wachstum der Nervenzelle aus.
- Die *Dendriten* (von griech. *dendron:* Baum) sind weitverzweigte Zellfortsätze, die sich wie Antennen im Raum ausbreiten. Die Dendriten stellen eine große Oberfläche für den Empfang von Signalen anderer Nervenzellen bereit. Bei einer typischen Nervenzelle gibt es an den Dendriten mehrere Tausend Verbindungen mit anderen Nervenzellen – sogenannte *Synapsen*. Der elektronenmikroskopische Bildausschnitt (▶ Bild 1) lässt ihre große Zahl erahnen.
- Das *Axon*, auch *Nervenfaser* genannt, ist ein einzelner Zellfortsatz, der länger als die Dendriten ist. Über das Axon werden die von den Dendriten aufgenommenen Signale weitergeleitet. Elektronenmikroskopische Bilder zeigen, dass im Axon Mitochondrien liegen. Das lässt darauf schließen, dass die Weiterleitung der elektrischen Signale im Axon ein aktiver, Energie benötigender Prozess ist. Axone von Wirbeltiernervenzellen sind oft von einer *Myelinscheide* umgeben (▶ Bild 3). Sie wird nicht von Neuronen, sondern von besonderen Gliazellen gebildet, den *schwannschen Zellen*. Die Myelinscheide isoliert das Axon elektrisch und hat eine wichtige Funktion bei der Erregungsleitung (▶ S. 155).
- Nahe seinem Ende verzweigt sich das Axon wieder und teilt sich in viele verdickte Strukturen auf. Das sind die *präsynaptischen Endigungen* der Nervenzelle. Sie bilden mit den Dendriten anderer Neurone oder mit Muskelzellen Synapsen. Hier werden die von der Nervenzelle transportierten Signale übertragen. Das elektronenmikroskopische Bild von präsynaptischen Endigungen (▶ Bild 4) zeigt Mitochondrien und mit Sekret gefüllte Vesikel. Das lässt bereits Rückschlüsse über die Art der Informationsübertragung an den Synapsen zu.

1 **Erläutern Sie Rückschlüsse über die Art der Informationsübertragung, die Sie aus der Anwesenheit von Mitochondrien und von sekretgefüllten Vesikeln in den präsynaptischen Endigungen ziehen würden. Begründen Sie Ihre Auffassung.**

2 **Vergleichen Sie eine Nervenzelle mit einem Antennenkabel. Wo gibt es Gemeinsamkeiten? Nennen Sie Unterschiede.**

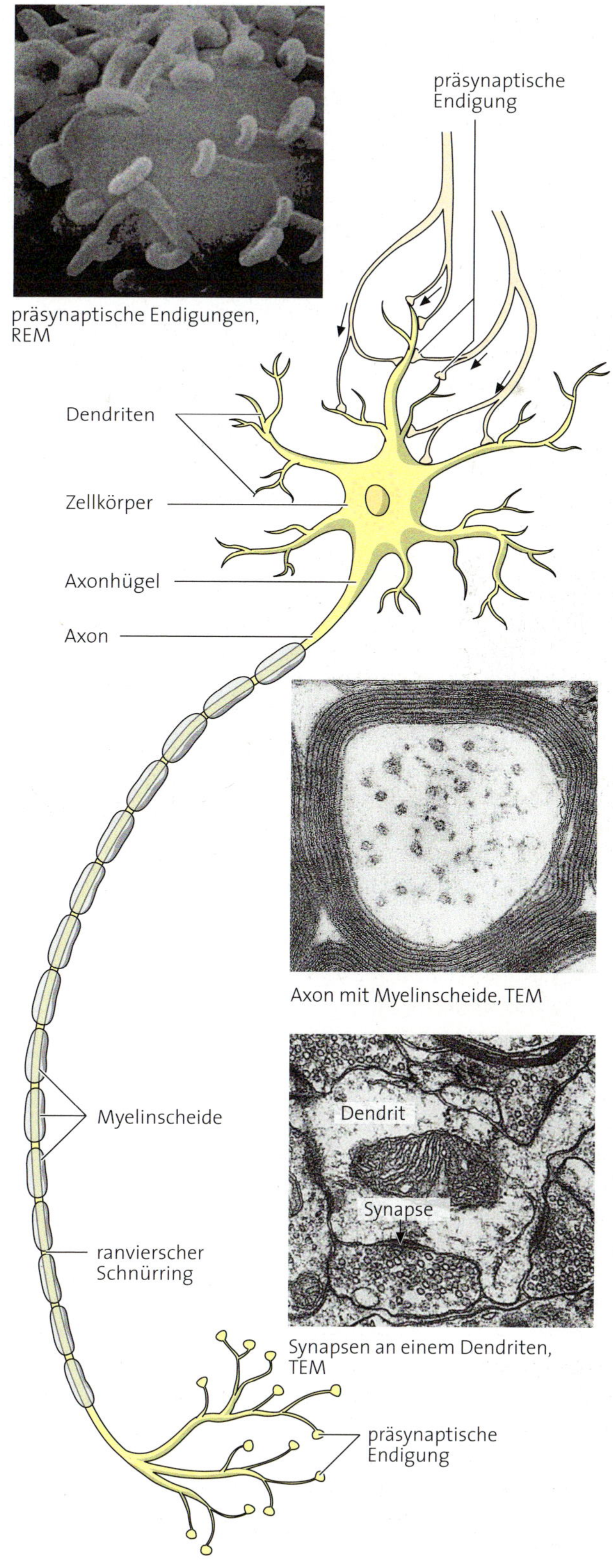

1–4 Schema eines typisch gebauten Wirbeltierneurons. Die elektronenmikroskopischen Bildausschnitte stammen nicht alle von derselben Zelle.

Grundlagen der Bioelektrizität

Hört man das Wort „Elektrizität", denkt man zuerst an Physik und Technik, aber nicht an Lebewesen. Höchstens erinnert man sich an die Existenz exotischer Fische mit elektrischen Organen wie den Zitteraal (▶ Bild 1). Dabei spielen elektrische Phänomene für alle Tiere eine bedeutende Rolle: Jede tierische Zelle – ob es sich um eine Darmzelle oder ein Neuron handelt – ist gegenüber dem Umgebungsmedium elektrisch geladen. Sinnes-, Muskel- und Nervenzellen sind sogar darauf spezialisiert, auf elektrische Erregung zu reagieren oder selbst elektrische Signale zu erzeugen. In Lebewesen wird Elektrizität allerdings völlig anders erzeugt und weitergeleitet, als man das aus der Technik kennt.

Ionenströme. Lebewesen bestehen zu etwa 80 % aus Wasser. Daher fließen die Ströme hier in einer wässrigen Lösung. Anders als in einem Leiter aus Metall, durch den Elektronen fließen, wird der Strom in wässrigen Lösungen durch *Ionen* getragen. Reines Wasser enthält kaum Ionen und leitet den elektrischen Strom schlecht. Löst man aber Salze im Wasser, dann erhöhen die gelösten Ionen die *elektrische Leitfähigkeit* der Lösung. Die positiv geladenen *Kationen* wandern zur negativen Elektrode (der *Kathode*), die negativ geladenen *Anionen* zur positiven Elektrode (der *Anode*). Auch die mit Flüssigkeit gefüllten Räume in den Lebewesen enthalten gelöste Salze.

Ladungstrennung durch Membranen. In einem Becherglas mit Salzwasser befinden sich unzählig viele elektrisch geladene Ionen. Dennoch fließt in diesem Becherglas kein Strom, denn die positiven und negativen Ladungen sind gleichmäßig verteilt. Damit überhaupt Strom fließen kann, müssen elektrische Ladungen getrennt werden. Nur durch *Ladungstrennung* baut sich eine *Potenzialdifferenz* auf, eine Spannung zwischen positivem und negativem Pol. In Zellen bewirkt die Zellmembran eine Ladungstrennung:

Die Lipiddoppelschicht der Zellmembran ist nahezu undurchlässig für Ionen. Sie stellt eine *elektrisch isolierende* Schicht dar. Eine Ungleichverteilung von Ladungen kann sich also nicht sofort wieder ausgleichen. Es entsteht eine als *Membranpotenzial* bezeichnete Potenzialdifferenz.

Die Lipiddoppelschicht der Membran ist sehr dünn (< 10 nm). Eine Potenzialdifferenz über der Membran erzeugt daher ein starkes elektrisches Feld, denn das elektrische Feld ist als Quotient aus Spannung (also der Potenzialdifferenz) und Abstand der Ladungen definiert *($E = U/d$)*. Dieses Verhalten gegenüber einer Potenzialdifferenz macht die Lipiddoppelschicht einem Kondensator vergleichbar.

Zwar ist die Lipiddoppelschicht für Ionen unpassierbar, aber in der Zellmembran befinden sich *Tunnelproteine* (▶ S. 20), die die Membran ganz durchdringen. Durch sie können Ionen hindurchtreten. Solche *Ionenkanäle* sind ausgesprochen *selektiv*: Meist lässt jeder Ionenkanal nur eine Sorte Ionen passieren. Fließen Ionen durch Kanäle über die Membran, misst man einen elektrischen Stromfluss, denn Strom ist nichts anderes als eine Nettobewegung von elektrisch geladenen Teilchen. Die Ionenkanäle *begrenzen* den Stromfluss über die Zellmembran. Es hängt von der Zahl der offenen Kanäle ab, wie viele Ionen die Membran durchqueren können. In dieser Hinsicht ähneln Ionenkanäle elektrischen Widerständen.

1 Zitteraale erzeugen Spannungen bis zu 800 Volt.

Ionenkonzentrationen in Zellen. Als Folge der selektiven Ionenpermeabilität von Biomembranen ergibt sich bei allen tierischen Zellen im Zellinnern eine andere Ionenkonzentration als in der Flüssigkeit außerhalb der Zelle. Das Zellinnere ist arm an Natrium- und Chloridionen, dafür aber reich an Kaliumionen (und organischen Anionen An^-), während auf der Außenseite der Zelle genau das Gegenteil zutrifft (▶ Bild 2). Diese Ungleichverteilung von Ionen ist der Grund dafür, dass sich eine Potenzialdifferenz über der Zellmembran ausbildet. Das geschieht automatisch allein aufgrund der unterschiedlichen Ionenkonzentrationen auf beiden Seiten der Membran.

Gleichgewichtspotenzial. Im Experiment lässt sich das Entstehen einer Potenzialdifferenz mit einem einfachen Modell simulieren. Hierfür wird in einem mit Kaliumchloridlösung gefüllten Becken eine Membran, die nur für Kaliumionen durchlässig ist, so aufgespannt, dass zwei getrennte Kammern entstehen (▶ Bild 2).

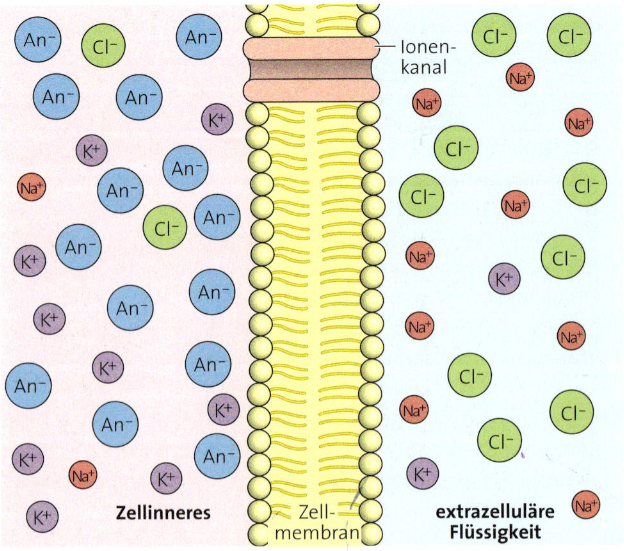

2 Ionenverteilung im Zellinnern und auf der Außenseite

Ionenkonzentrationen und Gleichgewichtspotenziale

Ionenart	intrazelluläre Konz. in Millimol/Liter	extrazelluläre Konz. in Millimol/Liter	Gleichgewichtspotenzial in mV
Riesenaxon des Tintenfischs Loligo			
Na^+	50	440	+55
K^+	400	20	–76
Cl^-	40	560	–66
Säugetierneuron			
Na^+	18	145	+56
K^+	135	3	–102
Cl^-	7	120	–76

Erhöht man in Kammer I die Kaliumchloridkonzentration, entsteht zwischen den Kammern ein *Konzentrationsgefälle*. Für die Chloridionen ist dies unerheblich, da sie die Membran nicht passieren können. Aber die Kaliumionen diffundieren nun entlang des Konzentrationsgefälles von Kammer I nach Kammer II. Denn wenn zum Beispiel die Konzentration in Kammer I zehnfach erhöht wird, steigt die Wahrscheinlichkeit, dass ein Kaliumion von Kammer I nach Kammer II diffundiert, ebenfalls um das Zehnfache. Die Wahrscheinlichkeit für die Diffusion in die Gegenrichtung bleibt gleich.

Wenn es zu einer Nettodiffusion von K^+-Ionen kommt, während die Cl^--Ionen die Membran nicht passieren können, dann sind die beiden Kammern nach einer Weile nicht mehr elektrisch neutral: Je mehr K^+-Ionen nach Kammer II diffundieren, desto negativer wird Kammer I gegenüber Kammer II. Mit einem Voltmeter kann man messen, dass sich eine Potenzialdifferenz über der die Kammern trennenden Membran aufbaut. Diese Potenzialdifferenz übt eine elektromotorische Kraft (EMK) auf die K^+-Ionen aus: Die positiv geladenen Ionen werden vom negativen Ladungsüberschuss in Kammer I zurückgehalten. Dadurch wird es für K^+-Ionen immer schwerer, die Membran in Richtung Kammer II zu passieren.

Schließlich ist ein Zustand erreicht, in dem keine Nettodiffusion von K^+-Ionen mehr erfolgt, obwohl die Kaliumkonzentration in beiden Kammern ungleich ist: Ein dynamisches Gleichgewicht stellt sich ein, wenn die Kraft, die das Konzentrationsgefälle auf die K^+-Ionen ausübt, genauso groß ist wie die elektromotorische Kraft, die die Ionen zurückhält. Es kommt zu keiner Konzentrationsveränderung mehr, weil auf jedes K^+-Ion zwei gleich große, aber entgegengesetzte Kräfte wirken. Die Spannung, die man in diesem Gleichgewichtszustand über der Membran messen kann, nennt man *Gleichgewichtspotenzial*. Es wird in mV gemessen; dabei wird das Potenzial der Zellaußenseite willkürlich auf null gesetzt. Die Potenzialdifferenz – obwohl eigentlich ein Betrag – wird also negativ, wenn das Zellinnere mehr negative Ladungen aufweist als die Zellaußenseite. Kennt man die Konzentrationen im Zellinnern und auf der Zellaußenseite, kann man für jedes Ion das Gleichgewichtspotenzial berechnen (▶ Tabelle). Es zeigt sich, dass das Gleichgewichtspotenzial eines Ions vom Konzentrationsverhältnis zwischen innen und außen, von der Temperatur und von der Ladung des Ions abhängt.

1 Erklären Sie, warum es beim hier beschriebenen Modell nicht zum Konzentrationsausgleich zwischen den beiden Kammern kommen kann. Was würde passieren, wenn statt Kaliumchlorid eine ungeladene Substanz verwendet würde?

2 In der Tabelle sind die intra- und extrazellulären Konzentrationen für einige Ionen sowie die jeweiligen Gleichgewichtspotenziale aufgelistet. Erklären Sie, weshalb das Gleichgewichtspotenzial für K^+ negative (d. h. das Zellinnere ist negativ) und für Na^+ positive Werte annimmt.

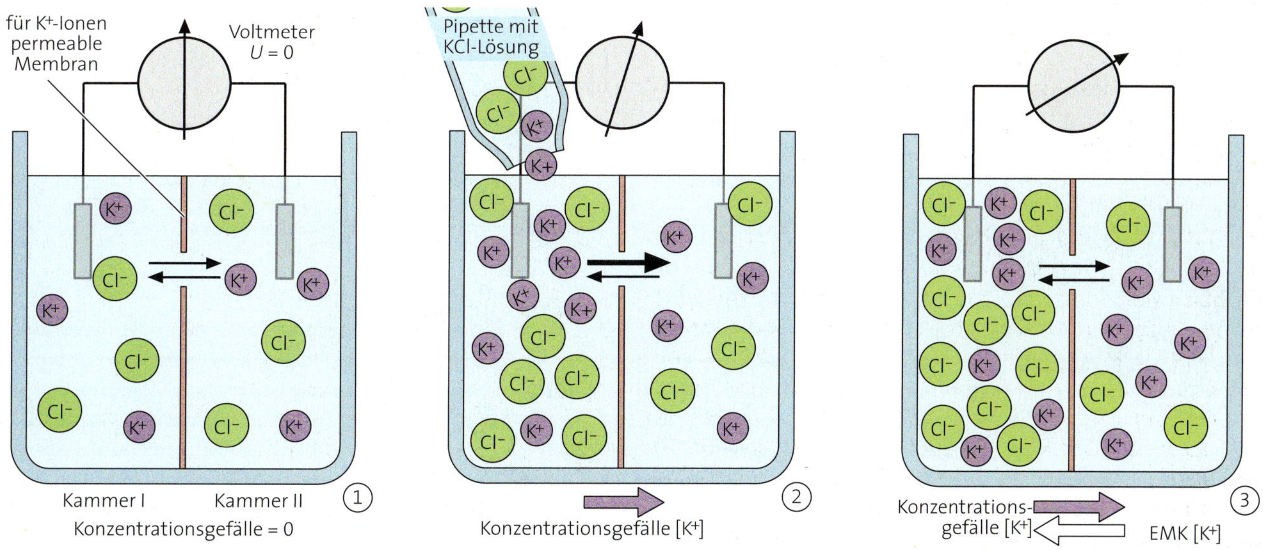

1 Das Gleichgewichtspotenzial entsteht automatisch als Folge der selektiven Durchlässigkeit der Membran (Modellversuch).

Elektrophysiologische Untersuchungen

Ein Techniker untersucht einen elektronischen Schaltkreis, indem er die Elektroden eines Messgeräts in den Schaltkreis einfügt und dann Spannungen und Ströme misst. Die elektrischen Eigenschaften von Zellen werden im Prinzip genauso untersucht: Da bei Zellen Spannungen zwischen dem Zellinnern und der Zellaußenseite auftreten, sticht man eine Elektrode – die *Ableitelektrode* – in die Zelle ein und misst die Potenzialdifferenz gegenüber einer zweiten Elektrode außerhalb der Zelle – *der Referenzelektrode* (► Bild rechts).

Kleine Elektroden ...
Selbstverständlich kann man nicht die Elektroden eines handelsüblichen Digitalmultimeters in eine winzige Nervenzelle einstechen. Deshalb konnten so lange keine direkten Ableitungen aus Nervenzellen gelingen, bis Ende der 1940er Jahre Glaskapillar-Mikroelektroden entwickelt wurden, deren Spitzendurchmesser nur 0,5–1 µm beträgt. Mit diesen Elektroden kann man in Nervenfasern einstechen, ohne sie ernsthaft zu beschädigen. Die Elektroden sind mit einer elektrisch leitenden Flüssigkeit (meist Kaliumchloridlösung) gefüllt, in die ein Silberdraht hineinragt.

... und Riesenzellen
Bevor die Mikrotechnik perfektioniert wurde, suchte man nach Zellen, die für die Messung mit Drahtelektroden groß genug waren. Man fand sie in den sogenannten Stellarganglien des Tintenfischs *Loligo* (► Bild rechts). Hier gibt es Nervenzellen, deren Axone über 0,5 mm dick werden können – man hielt sie wegen ihrer Größe zuerst für Blutgefäße. In diese Riesenaxone konnten Drahtelektroden für Ableitungen sogar in Längsrichtung des Axons eingeführt werden.

Verstärken und Aufzeichnen von Signalen
Da elektrische Signale von Nervenzellen nur winzige Ströme (im Bereich von µA = millionstel Ampere) und Spannungen (mV = tausendstel Volt) liefern, müssen leistungsfähige Verstärker eingesetzt werden. Das *Oszilloskop* ist ein solcher Verstärker, der zusätzlich auch die gemessenen Signale sichtbar macht. Es besteht im Wesentlichen aus einer *Kathodenstrahlröhre*, die einen Elektronenstrahl erzeugt, und einem fluoreszierenden Bildschirm (► Bild links). Während der Elektronenstrahl einen Punkt auf den Bildschirm schreibt, sorgen plattenförmige *Ablenkelektroden* dafür, dass der Strahl von links nach rechts geführt wird. Es entsteht ein horizontaler Strich auf dem Schirm, der der Zeitachse eines Diagramms entspricht. Auf ein zweites Paar Ablenkelektroden wird das elektrische Signal einer Zelle gelegt. Die Spannungsänderungen, die von der Ableitelektrode gemessen werden, zeigen sich als vertikale Ablenkung des Elektronenstrahls.

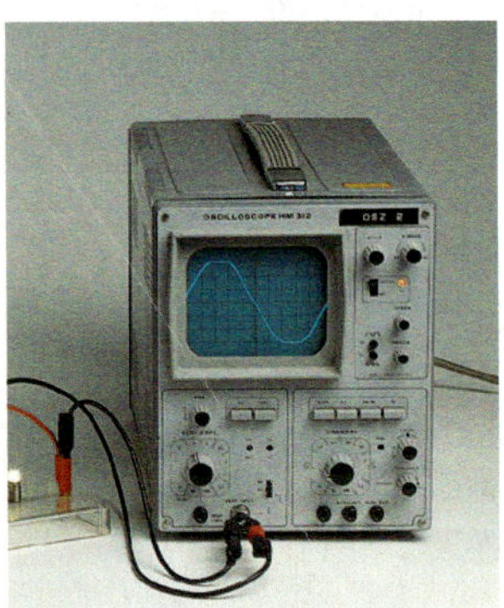

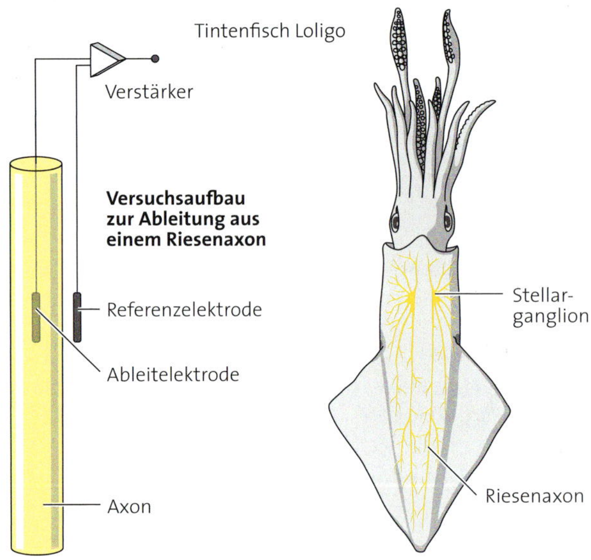

Modellversuch zum Gleichgewichtspotenzial

MATERIAL: Plastikwanne, durch eine kationenpermeable Membran in 2 Kammern getrennt, empfindliches Voltmeter, 2 Silberblechelektroden, Kabel, KCl-Lösung (10 %), Pipette
DURCHFÜHRUNG: Füllen Sie die Kammern mit demineralisiertem Wasser und bringen Sie in jeder Kammer eine Elektrode an, die über ein Kabel mit einem Eingang des Voltmeters verbunden wird. Stellen Sie das Voltmeter falls erforderlich auf null. Geben Sie in eine der Kammern wenig KCl und protokollieren Sie den Zeitverlauf der Spannungsänderung, die Sie am Voltmeter ablesen. Wird ein konstanter Wert erreicht?

Wiederholen Sie den Versuch mit größeren und kleineren Mengen zugegebener KCl. Wenn Sie ein Digitalmultimeter verwenden, können Sie auch den Zeitverlauf des Stromflusses messen. Interpretieren Sie Ihre Ergebnisse.

1 In einem Oszilloskop befinden sich zwei Paar Ablenkelektroden. Die Messwerte vom untersuchten Objekt gelangen nur auf die vertikalen Elektroden. Wären die horizontalen Ablenkelektroden dann nicht verzichtbar? Beschreiben Sie, wie das Bild auf dem Bildschirm ohne die horizontalen Ablenkelektroden aussähe.

Stichworte zu weiteren Informationen

Elektrotechnik • A. L. HODGKIN und A. F. HUXLEY • Mikroelektroden

Ruhepotenzial

Sticht man mit Mikroelektroden in eine beliebige Körperzelle ein, misst man immer eine Potenzialdifferenz gegenüber dem Umgebungsmedium. Fast immer ist das Zellinnere gegenüber der Außenseite negativ geladen. Bei dieser Potenzialdifferenz, die bei allen tierischen Zellen messbar ist, spricht man vom *Ruhepotenzial*.

K^+ und Na^+ bestimmen das Ruhepotenzial. Das Gleichgewichtspotenzial (► S. 148) stellt sich nur im hypothetischen Modell ein, bei dem die trennende Membran nur für eine Ionenart permeabel ist. Die Zellmembran der Zelle ist aber für verschiedene Ionen durchlässig. Alle vorkommenden Ionen zusammen bestimmen das Ruhepotenzial der Zelle.

Jedes Membranpotenzial kommt durch Ionen zustande, die Ladungen von der einen Seite der Membran auf die andere transportieren. Weil die Membran für einige der Ionen nicht permeabel ist, entsteht eine Ladungstrennung. Man kann weiter folgern, dass der Beitrag einer Ionenart zum Membranpotenzial umso kleiner sein wird, je geringer die Permeabilität für diese Ionenart ist. Daher wird die Ionenart, die am leichtesten die Membran durchdringt, den größten Beitrag zum Ruhepotenzial leisten.

Das Ruhepotenzial eines Säugetierneurons liegt typischerweise zwischen –40 und –75 mV. Dieser Wert ist positiver als das Gleichgewichtspotenzial von K^+, aber weit negativer als das Gleichgewichtspotenzial von Na^+ (► Tabelle S. 149). Das hat seinen Grund darin, dass die Zellmembran in Ruhe wesentlich besser für K^+ als für Na^+ permeabel ist. Das Ruhepotenzial von Neuronen wird demnach hauptsächlich durch K^+ bestimmt. Weil aber immer etwas Na^+ in die Zelle einsickert, leistet auch dieses Ion seinen Beitrag.

Gespeicherte Energie im Ruhepotenzial. Auch wenn Na^+-Ionen im Ruhezustand wenig zum Membranpotenzial einer Nervenzelle beitragen, lohnt es sich zu fragen, was passieren würde, wenn die Membran für Na^+-Ionen permeabel wäre: Für Na^+-Ionen ist das Konzentrationsgefälle ins Zellinnere gerichtet. Gleichzeitig werden diese Ionen vom elektrisch negativen Zellinnern angezogen (► Bild 1). Es besteht also eine sehr starke Tendenz für Na^+-Ionen, ins Zellinnere einzudringen – vergleichbar Wassermassen, die sich hinter einem Staudamm stauen. Das Ruhepotenzial stellt also eine Form von gespeicherter *elektrochemischer Energie* dar. Diese Energie kann sich in einen Stromfluss verwandeln, sobald die Membran für Natriumionen durchlässig wird.

Aufrechterhaltung des Ruhepotenzials. Da im Ruhezustand ständig einige Natriumionen in die Zelle einsickern, müsste das Ruhepotenzial eigentlich immer kleiner werden und allmählich verschwinden. Das ist nicht der Fall. Ein Transportprotein in der Zellmembran entfernt ständig die eindringenden Na^+-Ionen. Diese sogenannte *Natrium/Kalium-Pumpe* nimmt auf der Zellinnenseite Natriumionen auf und transportiert sie auf die Zellaußenseite. Im Gegenzug befördert dieser Carrier (► S. 20) Kaliumionen ins Zellinnere. ATP liefert die Energie für den Transport.

In Nervenzellen werden 50–70 % des gesamten Energieumsatzes für die Na^+/K^+-Pumpe aufgewendet. Die elektrochemische Energie, die das Ruhepotenzial darstellt, dient hier zur Erzeugung von elektrischen Signalen, den *Aktionspotenzialen* (► S. 152). Da Aktionspotenziale mit einem Einstrom von Na^+ in die Zelle verbunden sind, muss die Na^+/K^+-Pumpe verstärkt aktiv werden, um immer wieder das Ruhepotenzial zu regenerieren. Elektrisch inaktive Zellen, die kein Aktionspotenzial erzeugen, wenden dagegen nur 30 % ihres Energieumsatzes für die Na^+/K^+-Pumpe auf.

1 Im Zellinnern spielen negativ geladene organische Substanzen, wie Proteine und Aminosäuren, eine große Rolle. Diese Substanzen tragen nur indirekt zum Ruhepotenzial bei. Begründen Sie, weshalb das so ist.

2 Beschreiben Sie, in welcher Hinsicht das Ruhepotenzial gespeicherter elektrochemischer Energie entspricht.

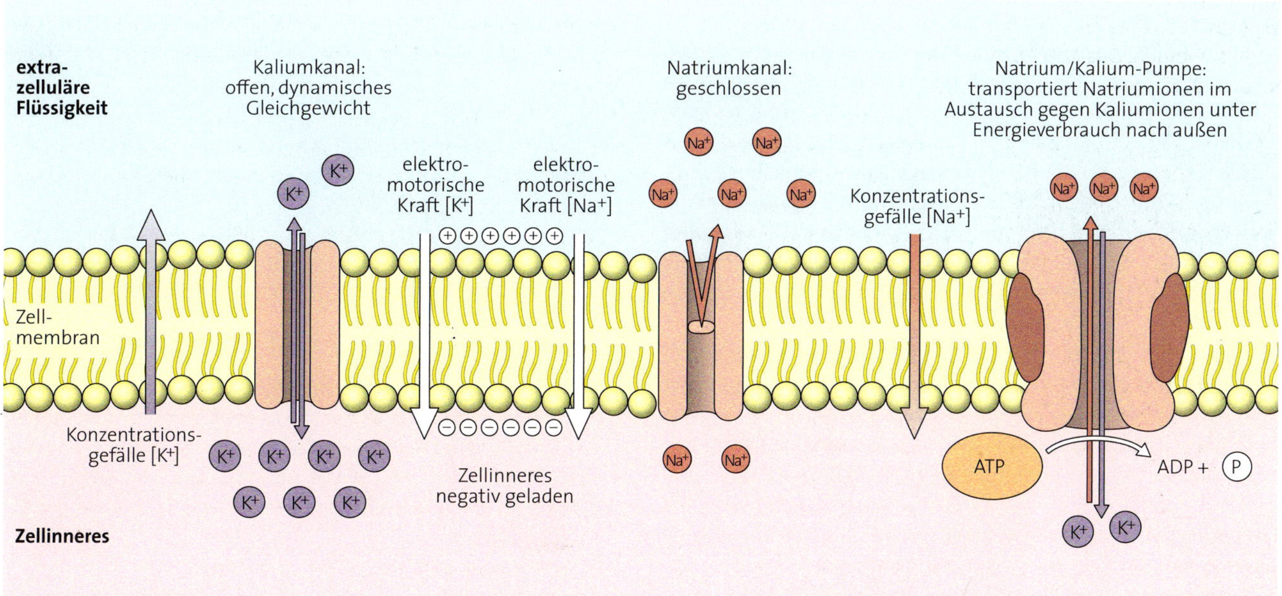

1 Zusammenfassung der wesentlichen Vorgänge, die zur Entstehung und Erhaltung des Ruhepotenzials beitragen

Aktionspotenzial

Wird die Zellmembran eines Neurons im Versuch mit einem kurzen Strompuls gereizt, lassen sich zwei grundsätzlich verschiedene Reaktionen beobachten (▶ Bild 1):

- Das Membranpotenzial kann *passiv* dem Reizstrom folgen und dann langsam zum Ruhepotenzial zurückkehren. Passiv nennt man die Reaktion deshalb, weil die Membran hier einfach wie ein Kondensator elektrische Ladung aufnimmt und dann ableitet. Diese Reaktion tritt auf, wenn der Strompuls eine *Hyperpolarisation* der Membran bewirkt, das Membranpotenzial also zunimmt (negativer wird), oder bei einer *schwachen Depolarisation*, wenn das Membranpotenzial etwas abnimmt (positiver wird).
- Wird die Membran des Neurons dagegen bis zu einem bestimmten *Schwellenwert* depolarisiert, erfolgt nicht die erwartete passive Antwort (▶ Bild 1, gestrichelte rote Linie), sondern es wird aktiv ein elektrisches Signal erzeugt (▶ Bild 1, durchgezogene rote Linie), das *Aktionspotenzial*, auch *Nervenimpuls* genannt. Dass es sich beim Aktionspotenzial um ein von der Zelle aktiv und unter Energieverbrauch erzeugtes Signal handelt, erkennt man daran, dass der Strom, der während des Impulses fließt, stärker ist als der Reizstrom. Das Ausgangssignal wird also verstärkt.

Eigenschaften des Aktionspotenzials. Zu den Eigenschaften von Aktionspotenzialen gehört es, dass sie nach dem *Alles-oder-nichts-Prinzip* ausgelöst werden: Die Höhe des Aktionspotenzials hängt nicht mit der Stärke des Reizstroms zusammen. Entweder wird das Schwellenpotenzial erreicht, dann entsteht ein voll ausgebildetes Aktionspotenzial, oder das Aktionspotenzial kommt gar nicht zustande. Die Situation ist vergleichbar mit dem Betätigen eines Lichtschalters: Wenn der Druck stark genug ist, den Schalter umzulegen, geht das Licht an, sonst bleibt es aus. Es ist nicht so, dass der Druck, mit dem der Lichtschalter betätigt wird, die Helligkeit der Lampe beeinflusst. Genauso hängt die Höhe des Aktionspotenzials, seine *Amplitude*, nicht vom Reizstrom, sondern von den Eigenschaften der Nervenzelle ab.

Stellt man Ableitungen von Aktionspotenzialen auf einem Oszilloskop dar, fällt ihre charakteristische Form auf. Nach einem eher langsamen Anstieg der Membrandepolarisierung bis zum Schwellenwert erfolgt eine blitzschnelle Depolarisation, die das Membranpotenzial über den Nullwert hinaus in positive Werte hinein verschiebt. Fast ebenso schnell wird die Membran dann aber *repolarisiert*, das heißt, sie wird gegenüber der Außenseite wieder negativ. Oft wird das Ruhepotenzial dabei sogar kurzzeitig unterschritten (Hyperpolarisation). Aktionspotenziale dauern meist nur 1 bis 2 Millisekunden.

Entsteht an einer Stelle der Zellmembran ein Impuls (▶ Bild 2), dann kann dort für eine gewisse Zeit kein zweiter Impuls gebildet werden. Offenbar ist die Membran direkt nach einem Aktionspotenzial nicht erregbar. Diese Zeitspanne, in der kein Impuls erzeugt werden kann, nennt man *Refraktärzeit*. Aus Bild 2 wird ersichtlich, dass es eine *absolute Refraktärzeit* gibt, in der die Erregbarkeit der Membran auf null absinkt. Ihr schließt sich eine *relative Refraktärzeit* an, in der die Membranerregbarkeit vermindert ist. Das Schwellenpotenzial ist dann höher als normal, die Amplitude der Impulse kleiner. Das Vorhandensein einer Refraktärzeit hat vor allem zwei Konsequenzen: Aktionspotenziale können nicht zu einer Art Dauererregung verschmelzen und es gibt eine *maximale Impulsfrequenz* für jede Nervenzelle, die von der Länge der Refraktärzeit abhängt.

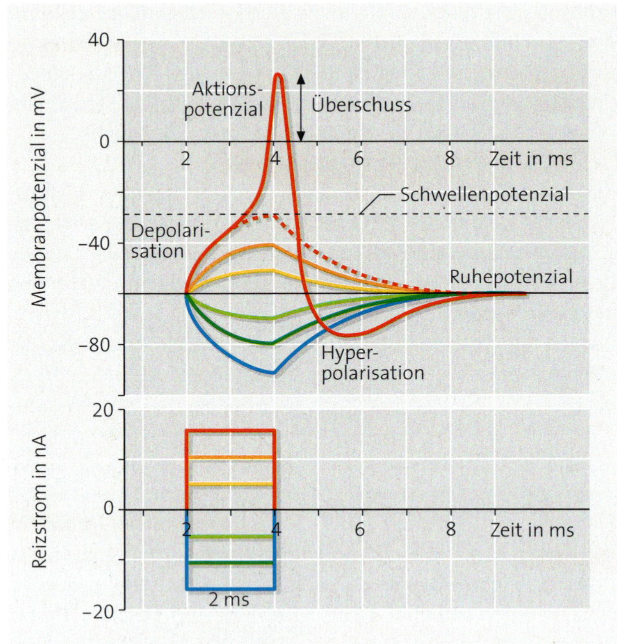

1 Die Membran eines Neurons kann passiv auf Reizströme reagieren oder mit einem Aktionspotenzial.

Entstehung des Aktionspotenzials. Wie Sie bereits wissen, ist im Ruhezustand das Zellinnere des Neurons gegenüber der Außenseite negativ geladen. Na^+-Ionen haben daher – und weil sie auf der Zellaußenseite etwa 10-fach höher konzentriert sind – eine starke Tendenz, ins Zellinnere einzudringen (▶ S. 151), doch ist die Zellmembran des Neurons für Na^+-Ionen fast undurchlässig. In der Membran gibt es zwar Ionenkanäle, die spezifisch für Na^+-Ionen

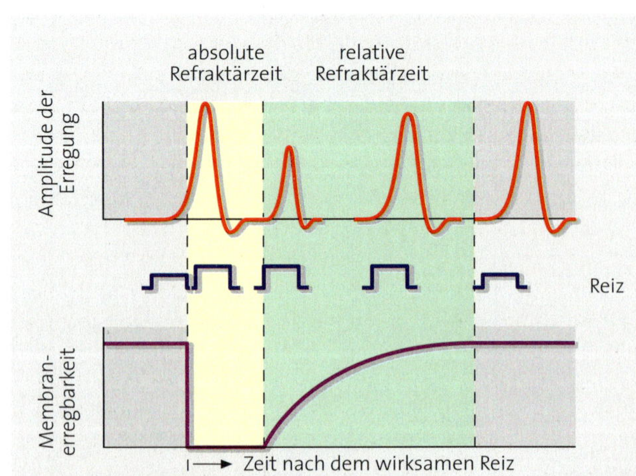

2 Direkt nach einem Aktionspotenzial ist die Membran eine Zeit lang nicht oder nur vermindert erregbar.

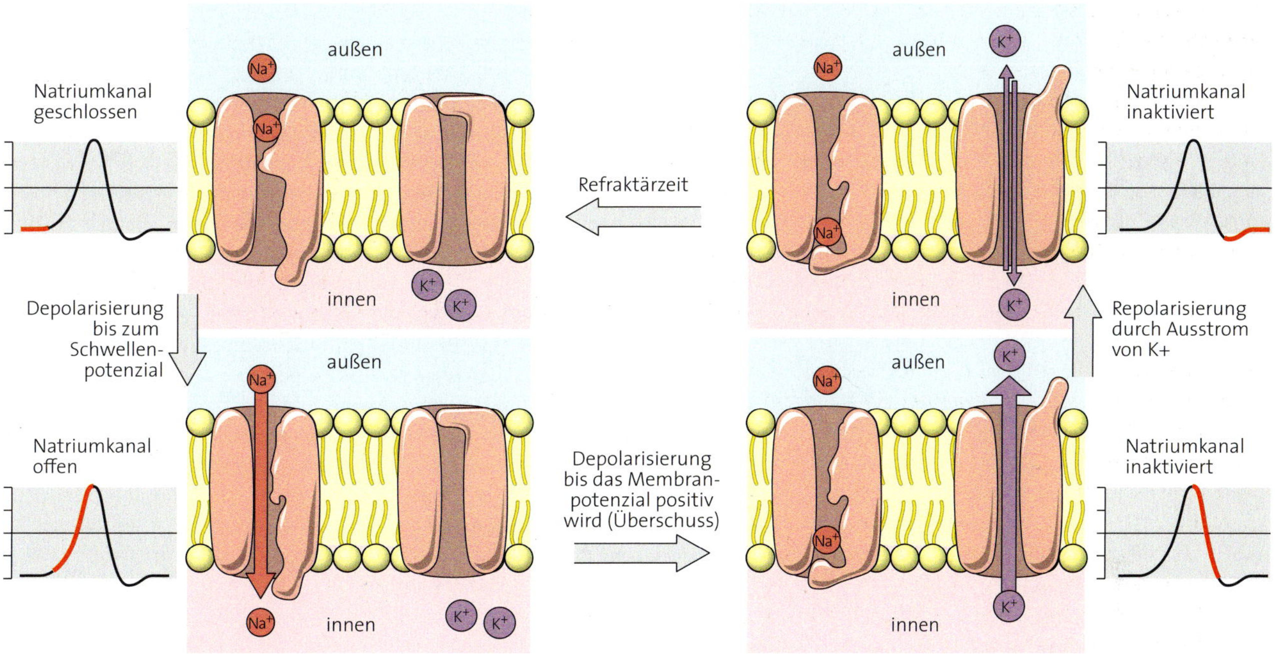

1 Vorgänge in der Zellmembran während eines Aktionspotenzials. Spannungsabhängige Natriumkanäle ermöglichen die Depolarisation. Die vier Teilbilder zeigen den Zustand der Ionenkanäle in den rot markierten Phasen des Aktionspotenzials.

sind, sie sind aber normalerweise verschlossen (▶ Bild 1 links oben). Die herausragende Besonderheit dieser Natriumkanäle liegt in ihrer ***Spannungsabhängigkeit***: Als Antwort auf eine Membrandepolarisation können sich die Natriumkanäle öffnen. Somit kommt ein Aktionspotenzial folgendermaßen zustande:

Wird die Zellmembran des Neurons bis zum Schwellenwert depolarisiert, beginnen sich einige Natriumkanäle zu öffnen (▶ Bild 1 links unten). Nun können Na^+-Ionen in die Zelle eindringen. Dadurch wird das Membranpotenzial positiver.

Je positiver das Membranpotenzial wird, desto mehr Natriumkanäle öffnen sich. Folglich dringen auch mehr Na^+-Ionen in die Zelle ein und umso schneller verschiebt sich das Membranpotenzial zum Positiven. Dieses Verhalten der Natriumkanäle ist eines der wenigen Beispiele für einen durch *positive Rückkopplung* gesteuerten Vorgang in der Biologie. Es erklärt, warum die Depolarisation so „explosionsartig" erfolgt.

Wenn sich das Membranpotenzial dem Natrium-Gleichgewichtspotenzial von etwa +50 mV nähert (▶ Tabelle S. 149), schließen sich die Natriumkanäle wieder, denn ein zweites „Tor" in den Kanälen sorgt dafür, dass sie immer nur kurzzeitig geöffnet bleiben (▶ Bild 1 rechts unten). Der Natriumeinstrom versiegt. Jetzt ist das Zellinnere im Vergleich zur Außenseite positiv geladen.

Das hat Auswirkungen auf die K^+-Ionen: Für sie zeigt das Konzentrationsgefälle von innen nach außen, und durch den Natriumeinstrom ist das Zellinnere jetzt positiv geladen. Wenn also – mit leichter Verzögerung gegenüber den Natriumkanälen – spannungsabhängige Kaliumkanäle in der Zellmembran öffnen, werden K^+-Ionen mit großer Kraft aus der Zelle getrieben, sodass das Zellinnere wieder negativ wird, es wird *repolarisiert*. Das Ruhepotenzial stellt sich wieder ein. Durch die Repolarisierung regenerieren sich die Natriumkanäle langsam wieder. Eine Konformationsänderung bringt sie in ihren ursprünglichen Zustand zurück. Erst dann sind die Natriumkanäle wieder durch eine Membrandepolarisierung erregbar. Die Zeit, die vergeht, bis alle Natriumkanäle wieder regeneriert sind, entspricht der Refraktärzeit.

Impuls und Information. Das Entstehen von Aktionspotenzialen ist der zentrale Vorgang der ***Erregungsbildung***. Solche Nervenimpulse sind die Voraussetzung für das Funktionieren von Nervensystemen. Denn nur bei Aktionspotenzialen wird das Ausgangssignal verstärkt. So lassen sich Signale verlustfrei über weite Strecken im Nervensystem fortleiten (▶ S. 154).

Die Amplitude eines Impulses ist etwa 5-mal höher als das Schwellenpotenzial. Das stellt eine Absicherung gegenüber Informationsverlust dar. Gleichzeitig bewirkt die Signalverstärkung auch eine Empfindlichkeitssteigerung, zum Beispiel von Sinnesorganen.

Die Fähigkeit, Aktionspotenziale zu bilden, war Voraussetzung dafür, dass sich in der Evolution Neurone entwickeln konnten, deren Axone viele Zentimeter lang sind. Tatsächlich sind Neurone, die keine Aktionspotenziale bilden, immer sehr klein. Das gilt zum Beispiel für manche Interneurone in der Netzhaut.

❶ Finden Sie weitere Beispiele für Vorgänge, die nach dem Alles-oder-nichts-Prinzip ausgelöst werden.

❷ Verdeutlichen Sie die Bedeutung der Kaliumionen für das Zustandekommen eines Aktionspotenzials.

❸ Erklären Sie, weshalb ein Aktionspotenzial in einem Neuron keine positiveren Werte annehmen kann als das Gleichgewichtspotenzial von Natrium.

Erregungsleitung im Axon

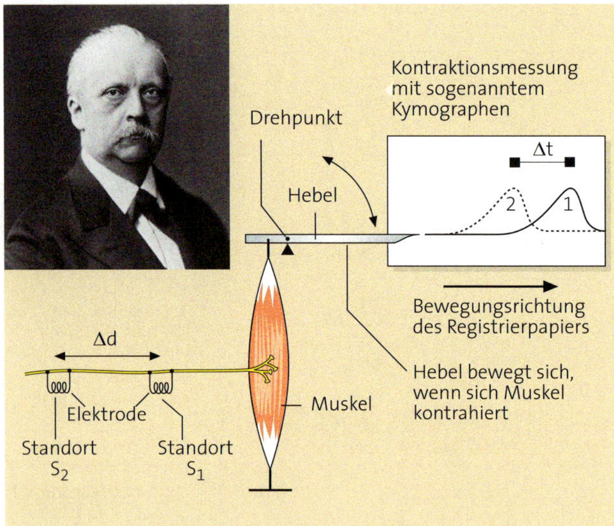

1 und 2 VON HELMHOLTZ und sein Experiment zur Bestimmung der Leitungsgeschwindigkeit im Axon

Leitungsgeschwindigkeit im Axon. Anfang des 19. Jahrhunderts herrschte die Meinung, dass elektrische Signale mit derselben Geschwindigkeit durch einen Nerv laufen wie elektrischer Strom durch ein Kabel – also fast mit Lichtgeschwindigkeit. Von HELMHOLTZ bewies mit einem einfachen Experiment das Gegenteil: Er präparierte einen Froschmuskel mit dem dazugehörigen Nerv und spannte den Muskel in eine Apparatur zur Kontraktionsmessung (▶ Bild 2). Nun reizte er den zuleitenden Nerv mit einer Elektrode (S_1) und bestimmte die Zeit bis zur Muskelzuckung. Dann platzierte er die Reizelektrode 3 cm weiter entfernt vom Muskel auf dem Nerv (S_2). Wieder wurde die Zeit bis zur Muskelzuckung gemessen. Der Abstand der Reizelektroden geteilt durch den Zeitunterschied bis zur Muskelzuckung ergaben dann die Leitungsgeschwindigkeit im Nerv, in diesem Fall 3 m/s. Inzwischen sind die Leitungsgeschwindigkeiten für eine Vielzahl von Nervenzellen gemessen worden. Je nach Zelltyp liegen sie zwischen 40 cm/s und 120 m/s.

Fortleitung von Aktionspotenzialen. Wenn bei einem Aktionspotenzial die Na^+-Ionen ins Neuroninnere einströmen, entsteht ein ins Axon gerichteter elektrischer Strom und das Zellinnere wird an dieser Stelle vorübergehend positiv geladen. Da in den benachbarten Bereichen die Innenseite der Membran immer noch negativ geladen ist, kommt es jetzt innerhalb des Axons zu einem seitlichen Stromfluss (▶ Bild 3), sodass nun auch Membranbereiche vor und hinter dem Aktionspotenzial *depolarisiert* werden. Ist diese Depolarisierung stark genug, dass durch sie das *Schwellenpotenzial* der Membran erreicht wird, öffnen sich auch an dieser Stelle der Membran Natriumkanäle. Ein neues Aktionspotenzial wird ausgelöst. So bewegt sich der Impuls wie eine Welle über das Axon: Der Natriumeinstrom während eines Aktionspotenzials verursacht einen elektrischen Strom, der sich entlang des Axons ausbreitet. Dadurch werden *vor* dem Aktionspotenzial liegende Bereiche der Membran depolarisiert, sodass dort ein neues Aktionspotenzial entsteht. Diese sogenannte *Strömchentheorie* erklärt, wie Impulse über das Axon weitergeleitet werden. Die Aktionspotenziale entstehen meist in der Nähe des Zellkörpers am *Axonhügel* (▶ S. 147) und laufen von dort bis zu den *präsynaptischen Endigungen*. Man kann sich fragen, warum die Impulse diesen Weg nicht auch wieder zurücklaufen, denn schließlich breitet sich der durch einen Impuls verursachte Strom in *beide* Richtungen aus (▶ Bild 3). Der Natriumeinstrom eines Impulses depolarisiert zwar auch Membranbereiche, die entgegen der Ausbreitungsrichtung liegen. Dadurch werden aber keine Impulse ausgelöst, weil die Natriumkanäle in dieser Membranregion noch in der *Refraktärphase* sind. Neurone können Nervenimpulse deshalb immer nur in einer Richtung – vom Zellkörper zu den präsynaptischen Endigungen – weiterleiten.

Schnelle und langsame Axone. Das Prinzip der Erregungsleitung im Axon ist für alle Nervenzellen gleich. Trotzdem leiten Axone verschiedener Nervenzelltypen die Aktionspotenziale unterschiedlich schnell. Bei manchen von ihnen bedeutet eine schnelle Impulsleitung einen großen Selektionsvorteil. Das trifft vor allem für Neurone zu, die an der Steuerung von Fluchtreaktionen oder Schutzreflexen beteiligt sind.

Man kann messen, dass ein Axon Impulse umso schneller leitet, je größer sein Durchmesser ist. Der Grund hierfür liegt in den passiven elektrischen Eigenschaften des Axons: Je größer der Durchmesser eines Axons ist, desto kleiner wird sein *Innenwiderstand* im Vergleich zum *Membranwiderstand*. Ein Strom, der – wie beim Aktionspotenzial – ins Axon eindringt, fließt also nicht so leicht über die Membran zurück, sondern breitet sich im Innern des Axons weiter aus (▶ Bild 3). Ein Aktionspotenzial kann also bei einem dicken Axon weiter vorn liegende Membranbereiche überschwellig depolarisieren als bei einem dünnen Axon. Damit steigt die Leitungsgeschwindigkeit. Die Axone von Nervenzellen, die schnelle Bewegungen steuern, sind daher bei vielen wirbellosen Tieren sehr dick. Ein berühmtes Beispiel sind die Riesenaxone des Tintenfischs *Loligo* (▶ S. 150).

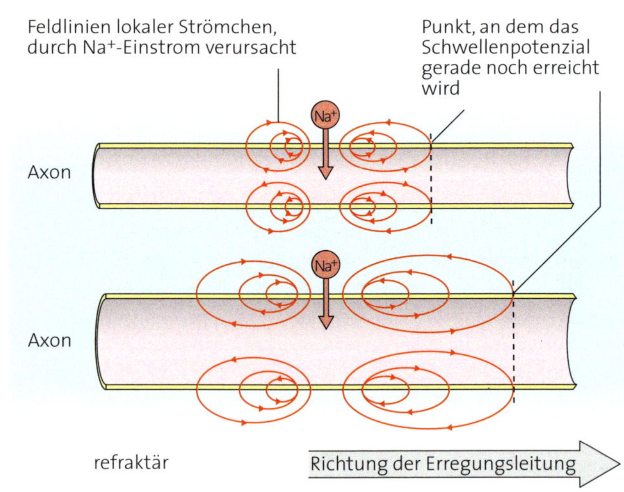

3 Je dicker ein Axon ist, desto weiter werden von einem Impuls verursachte lokale Strömchen vorausgeschickt.

Saltatorische Erregungsleitung. Bei Wirbeltieren hat die Evolution einen anderen Weg beschritten. Da die Leitungsgeschwindigkeit im Axon immer dann steigt, wenn mehr Strom im Innern des Axons fließt als über die Membran, kann dieser Effekt auch durch Erhöhung des Membranwiderstands erzielt werden. Ist der Stromfluss über die Membran erschwert, muss ebenfalls mehr Strom im Innern des Axons fließen. Aus diesem Grund sind bei Wirbeltieren zum Beispiel Neurone, die Willkürbewegungen steuern, mit einer *Myelinscheide* umgeben. Sie wird von einem bestimmten Typ von Gliazellen gebildet, den *schwannschen Zellen*. Das sind extrem abgeflachte Zellen, die sich in vielen Schichten um das Axon herumwickeln. Im Querschnitt erkennt man deshalb viele Anschnitte der Zellmembran. Dadurch wird das myelinisierte Axon elektrisch isoliert wie ein mit Kunststoff umhülltes Stromkabel. Nur an den regelmäßig auftretenden *ranvierschen Schnürringen* entlang des Axons fehlt die Myelinscheide.

Entsteht an einem dieser Schnürringe ein Aktionspotenzial, fließt ein von Na^+-Ionen getragener elektrischer Strom ins Axon. Dieser Strom kann frühestens am nächsten Schnürring der Zelle wieder auftreten (▶ Bild 1). Hier wird die Zellmembran depolarisiert und ein neues Aktionspotenzial ausgelöst. Die Impulse in Axonen mit Myelinscheide entstehen also nur noch an den Schnürringen. Die myelinisierten Bereiche werden sozusagen übersprungen. Durch diese *saltatorische Erregungsleitung* (von lat. *saltare:* springen, tanzen) wird die Leitungsgeschwindigkeit auch in dünnen Axonen enorm gesteigert (▶ Tabelle). Außerdem ist die saltatorische Erregungsleitung energetisch günstiger, weil die Na^+/K^+-Pumpe nur im Membranbereich der Schnürringe arbeitet.

Passive Erregungsleitung. Aktionspotenziale können nur entlang des Axons einer Nervenzelle gebildet werden. Einige Zellen des Nervensystems sind aber sehr klein und besitzen kein Axon. Ein Beispiel hierfür sind bestimmte Zelltypen in der Netzhaut. Diese Zellen treten nur mit unmittelbar benachbarten Neuronen in Kontakt. Auf elektrische Erregung reagieren sie mit einer Änderung des Membranpotenzials, die sich rein passiv – also ohne dass sich die Durchlässigkeit von Ionenkanälen ändert – über eine gewisse Distanz entlang des Zellkörpers ausbreitet. Dabei schwächt sich das elektrische Signal mit zunehmender Entfernung ab. Aus diesem Grund kann sich eine solche Membranpotenzialänderung nur dann über größere Strecken hinweg ausbreiten, wenn sie relativ groß ist.

Passive Erregungsleitung ist jedoch nicht auf besondere Neurontypen beschränkt. Man findet sie auch bei Neuronen, die Aktionspotenziale ausbilden können: Die Erregungsleitung von den Dendriten bis zum Axonhügel erfolgt immer passiv.

Leitungsgeschwindigkeiten verschiedener Neurone

Tierart, Fasertyp	Durchmesser in µm	Geschwindigkeit in m/s
Qualle	6–12	0,5
Schabe, Bauchmark	50	7
Loligo, Riesenfaser	650	25
Frosch, myelinisierte Faser	15	30
Katze, myelinisierte Faser	13–17	70–100
Katze, nicht myelinisierte Faser	0,5–1,0	0,6–2

1 **Beschreiben Sie die Vorgänge bei der saltatorischen Erregungsleitung im myelinisierten Axon. Weshalb wurde der Begriff „saltatorisch" gewählt?**

2 **Die Geschwindigkeit der Erregungsleitung kann auf verschiedene Weise gesteigert werden. Welche Vorteile sehen Sie in der Myelinisierung im Vergleich zur Steigerung des Axondurchmessers? Bedenken Sie bei Ihrer Antwort, dass das Zentralnervensystem des Menschen mehrere Milliarden Neurone enthält.**

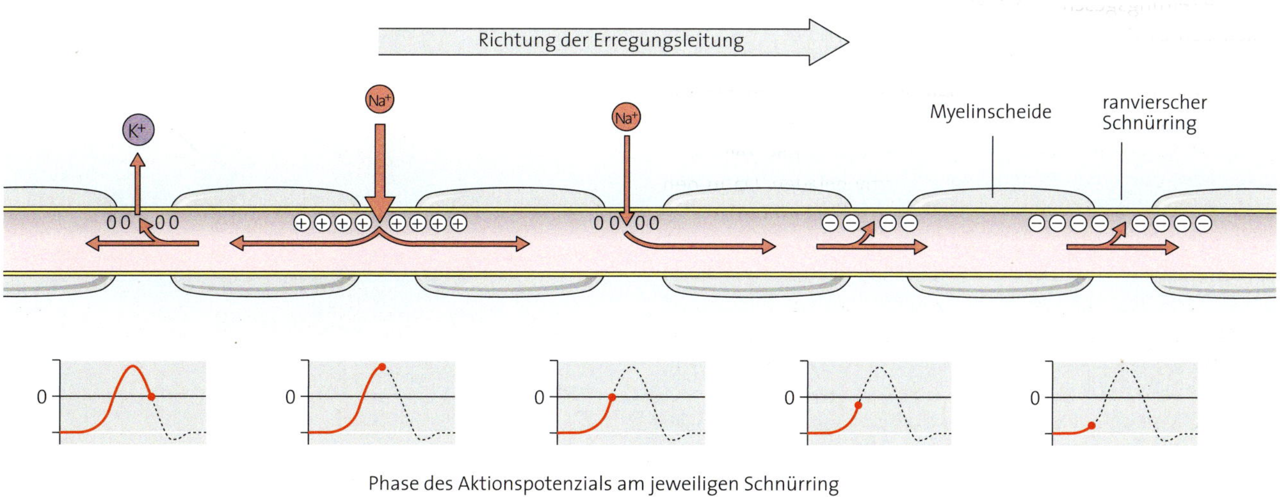

1 Saltatorische Erregungsleitung. Die elektrischen Ströme an den verschiedenen Schnürringen sind als rote Pfeile dargestellt. Der ungefähre Wert des Membranpotenzials am jeweiligen Schnürring wird durch +, – oder 0 angedeutet.

Erregungsübertragung an den Synapsen

Die Erregungsleitung innerhalb eines Neurons erfolgt durch elektrische Signale. Man könnte daher annehmen, dass auch zwischen den Nervenzellen elektrische Signale direkt ausgetauscht werden. Diesen Fall gibt es tatsächlich, nämlich wenn die betreffenden Zellen über *Kommunikationskontakte*, auch *gap junctions* genannt, miteinander in Verbindung stehen (► S.17). Man spricht dann von einer *elektrischen Synapse*. Meist erfolgt die Kommunikation zwischen zwei Nervenzellen jedoch auf stofflichem Weg. Die Struktur, an der sich eine solche Signalübertragung vollzieht, nennt man *chemische Synapse*.

Bau chemischer Synapsen. An der Synapse lassen sich drei verschiedene Bereiche unterscheiden:
- die präsynaptische Endigung des Neurons, das die Informationen überträgt; jede präsynaptische Endigung enthält mehrere Hundert synaptische Vesikel mit den als *Neurotransmitter* bezeichneten Überträgersubstanzen;
- der etwa 20–40 nm breite synaptische Spalt zwischen den beiden Neuronen; er ist mit Mucopolysacchariden gefüllt, die die präsynaptische Endigung am nachgeschalteten Neuron befestigen;
- die Zellmembran des nachgeschalteten Neurons, der postsynaptischen Zelle. Sie weist meist keine deutlich erkennbaren Ultrastrukturmerkmale auf. Es finden sich hier aber andere Ionenkanäle als im Axon.

Informationsübertragung an der Synapse. Damit ein Impuls über eine chemische Synapse übertragen wird, sind eine Reihe von aufeinanderfolgenden Ereignissen notwendig (► Bild 1):

Wenn ein Aktionspotenzial in einer präsynaptischen Endigung eintrifft, wird die Zellmembran depolarisiert. Durch diese Depolarisation öffnen sich *spannungsabhängige Calciumkanäle* in der Membran: Die Konzentration von Calciumionen in der präsynaptischen Endigung steigt dabei umso stärker an, je größer die Impulsfrequenz ist.

Der Anstieg der intrazellulären Calciumkonzentration wirkt als ein Signal, das dazu führt, dass einige synaptische Vesikel mit der Zellmembran verschmelzen *(Exocytose)*. Wie viele Vesikel ihren Inhalt in den synaptischen Spalt ergießen, hängt vom Anstieg der Calciumkonzentration ab. Es erfolgt aber immer eine Verstärkung des Ausgangssignals, denn jeder Vesikel enthält mehrere Tausend Moleküle Neurotransmitter.

Diese Transmittermoleküle aus den Vesikeln diffundieren schnell zur postsynaptischen Membran. Sie enthält *Transmitter gesteuerte Ionenkanäle,* die sich nur öffnen, wenn der passende Transmitter an sie bindet. Die Öffnung der Ionenkanäle bleibt zeitlich begrenzt, denn der Neurotransmitter wird durch ebenfalls in der postsynaptischen Membran liegende Enzyme schnell wieder gespalten. Die Transmitter gesteuerten Ionenkanäle sind also nur so lange geöffnet, wie sich Transmitter im synaptischen Spalt befindet.

Das Öffnen der Ionenkanäle bewirkt einen Ioneneinstrom, der so lange dauert, wie Transmitter im synaptischen Spalt vorhanden ist. Durch den Ioneneinstrom verändert sich das Membranpotenzial der postsynaptischen Membran. Die Amplitude der Potenzialänderung ist variabel, sie hängt von der Zahl der geöffneten Ionenkanäle ab. Dieses sogenannte *postsynaptische Potenzial (PSP)* ist damit also der ausgeschütteten Transmittermenge proportional.

Kann das PSP die postsynaptische Membran überschwellig depolarisieren, entsteht am Axonhügel dieses Neurons ein neues Aktionspotenzial. Da die Amplitude des PSP von der ausgeschütteten Transmittermenge und damit letztlich von der Erregung des präsynaptischen Neurons abhängt, ist gewährleistet, dass die Erregungsübertragung an der chemischen Synapse ohne Informationsverlust abläuft.

Neurotransmitter werden recycelt. Durch die enzymatische Spaltung des Transmitters an der postsynaptischen Membran wird sichergestellt, dass ein einzelnes Aktionspotenzial der präsynaptischen Zelle keine Dauererregung in der postsynaptischen Zelle hervorrufen kann. Manche Substanzen (Gifte, Drogen, Pharmaka) beruhen in ihrer Wirkung jedoch darauf, dass die Dauer der Transmitterwirkung verändert wird (► S.158).

In der präsynaptischen Endigung muss also immer wieder neu Transmitter synthetisiert werden. Dieser Nachteil wird dadurch gemildert, dass die Abbauprodukte des Transmitters *recycelt* werden. Im Fall des weitverbreiteten Transmitters *Acetylcholin,* der in Cholin und Essigsäure aufgespalten wird, diffundiert Cholin zur präsynaptischen Endigung zurück und wird dort aktiv aufgenommen. Hier wird ein Essigsäurerest auf das Cholin übertragen, sodass Acteylcholin entsteht. Der neu synthetisierte Transmitter wird dann wieder in synaptische Vesikel transportiert und steht für einen neuen Zyklus zur Verfügung (► Bild 1).

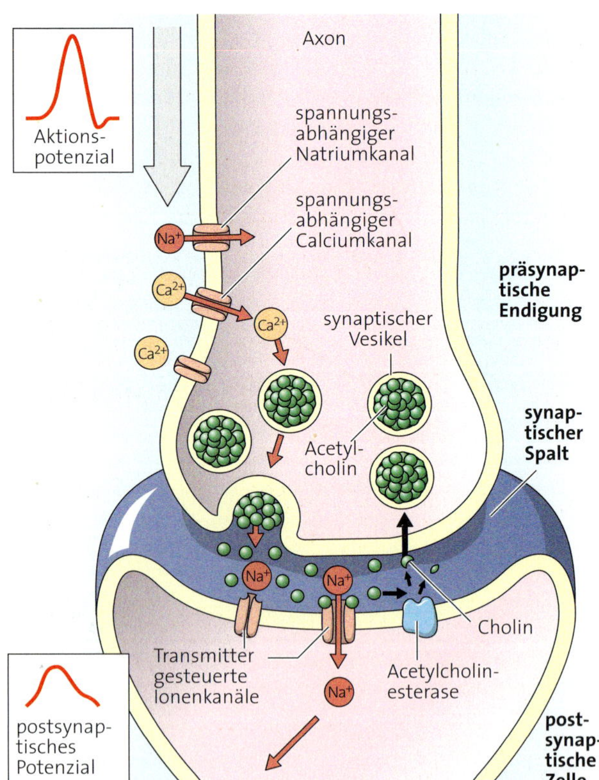

1 Signalübertragung an einer chemischen Synapse. Als Beispiel für einen Transmitter wurde Acetylcholin gewählt.

Codierung von Information im Nervensystem. Prinzipiell kommt es bei jeder Art von Informationsübermittlung darauf an, die Information so zu verschlüsseln, dass sie später wieder rekonstruiert werden kann. In Neuronen werden Informationen in Veränderungen des Membranpotenzials „übersetzt". Der Inhalt der Information bezieht sich immer auf die *Dauer* und die *Intensität* der Erregung beziehungsweise des Reizes. An verschiedenen Stellen des Neurons wird diese Botschaft aber auf unterschiedliche Weise verschlüsselt (codiert):

Die Dendriten und der Zellkörper des Neurons können keine Aktionspotenziale erzeugen. Auf eine Erregung (die Information) reagieren sie mit einer passiven Veränderung des Membranpotenzials (►Bild 1). Auch ein PSP ist eine solche passive Potenzialverschiebung. Hierbei wird die Information über den Reiz *analog* codiert: Je länger der Reiz dauert, desto länger bleibt die Potenzialverschiebung erhalten, und je stärker der Reiz ist, desto größer ist die *Amplitude* der Potenzialverschiebung. Analoge Codierung bedeutet also, dass das Signal die Form des Reizes nachbildet.

Im Axon werden Informationen in Form von Nervenimpulsen weitergeleitet. Hier ist die Information *digital* codiert: Die Dauer der Erregung ist nicht in der Dauer des einzelnen Impulses codiert, denn jeder Impuls dauert gleich lang. Stattdessen werden so lange Impulse gebildet, wie die Erregung anhält. Die Stärke der Erregung beeinflusst demnach nicht die Amplitude des Einzelimpulses, sondern die *Frequenz* der Impulsfolge. Schwache Erregungen erzeugen wenige Impulse pro Zeiteinheit, starke Erregungen dagegen viele Impulse.

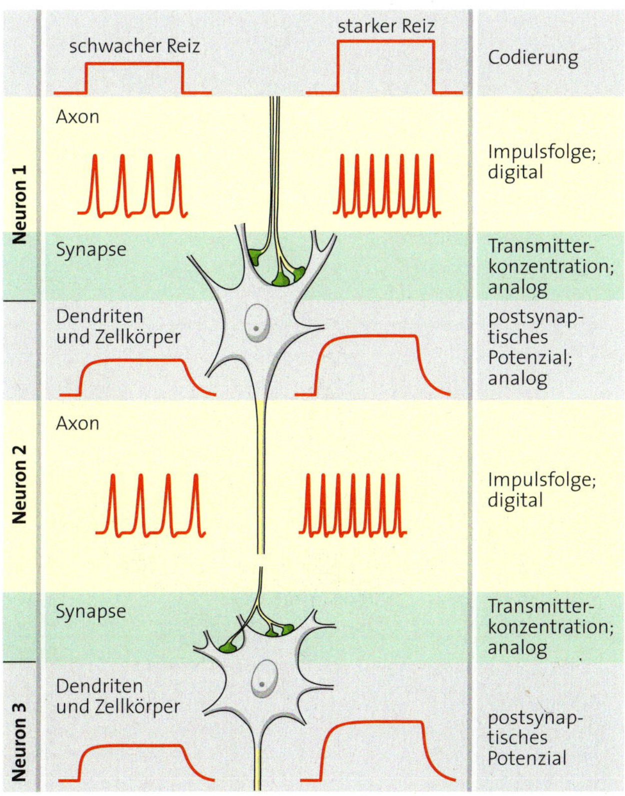

1 Bei der Erregungsleitung von einem Neuron zum nächsten wird die Information über die Erregung mehrfach umcodiert.

Bei der Erregungsübertragung von einem Neuron zum nächsten wird die Information mehrfach umcodiert: Es erfolgt ein ständiger Wechsel zwischen der digitalen Information der Impulse im Axon und der analogen Information bei der Erregungsübertragung an der Synapse.

Synaptische Integration. Nervenzellen empfangen über ihre Dendriten Informationen von bis zu 8 000 anderen Neuronen. Da nicht alle Zellen denselben Transmitter ausschütten – es sind heute etwa 30 verschiedene Transmittersubstanzen bekannt –, lässt sich die Herkunft bestimmter Signale anhand der ausgeschütteten Substanz erkennen.

Die verschiedenen Transmitter haben zum Teil entgegengesetzte Wirkungen auf die postsynaptische Zelle. Die meisten Transmitter, zum Beispiel *Acetylcholin, Serotonin* und *Dopamin,* öffnen Ionenkanäle, die eine *Depolarisierung* der Dendritenmembran bewirken. Man spricht hier von einem *erregenden postsynaptischen Potenzial, EPSP.* Einige Transmitter, zum Beispiel *γ-Aminobuttersäure,* bewirken dagegen eine *Hyperpolarisierung,* das PSP wird negativer. Ein solches PSP hat eine *hemmende* Wirkung, es macht die Entstehung eines Aktionspotenzials unwahrscheinlicher. Man bezeichnet es als *inhibitorisches postsynaptisches Potenzial, IPSP.*

Sind an den Dendriten eines Neurons verschiedene Synapsen gleichzeitig aktiv, beeinflussen sich deren postsynaptische Potenziale gegenseitig. Beispielsweise könnte ein Neuron Aktionspotenziale bilden, wenn es von fünf anderen Neuronen schwache erregende Signale erhält, von denen keines für sich allein eine Aktivierung zu bewirken vermag. Die an den fünf Synapsen entstehenden EPSPs summieren sich, sodass die Amplitude der Membrandepolarisierung größer wird als die jedes einzelnen EPSP. Dagegen werden keine Impulse gebildet, wenn gleichzeitig noch eine hemmende Synapse aktiv ist, denn die durch das IPSP verursachte Hyperpolarisierung der Dendritenmembran schwächt die Depolarisierung durch die EPSPs ab.

Die Erregung eines Neurons entspricht also der *Summe* der Signale, die diese Zelle über ihre Synapsen empfängt. Die Summation verschiedener synaptischer Inputs, die man *Verrechnung* oder *synaptische Integration* nennt, ist die zelluläre Grundlage der *Informationsverarbeitung* im Nervensystem. Jede Nervenzelle „überprüft" dabei anhand der Stärke der Erregung, ob eine Information wichtig genug ist, um weitergeleitet zu werden. Gleichzeitig werden eventuelle hemmende Einflüsse berücksichtigt.

In bestimmten Fällen kann das postsynaptische Potenzial allerdings wesentlich höher ausfallen, als es einer Summation entspricht (Langzeitpotenzierung, Bahnung ► S. 164).

1 Verfolgen Sie Schritt für Schritt die Informationsübertragung an einer chemischen Synapse beginnend mit der Impulsfolge im präsynaptischen Axon. Wie wird bei jedem Einzelschritt Dauer und Stärke der Erregung codiert?

2 Erläutern Sie den Begriff „synaptische Integration" genauer: Was wird integriert? Welche Mechanismen liegen der synaptischen Integration zugrunde? Worin besteht ihre Bedeutung?

Angriffspunkt Synapse: Stoffe wirken auf das Nervensystem

Ionenkanäle für elektrische und chemische Signale. Die Frage, ob die Informationsübertragung im Nervensystem vorwiegend auf chemischen oder elektrischen Signalen beruht, ist eigentlich unsinnig: Während Informationen innerhalb der Nervenzelle elektrisch weitergeleitet werden, erfolgt der Informationsaustausch zwischen Nervenzellen meist auf chemischem Weg. In beiden Fällen spielen *Ionenkanäle* die wichtigste Rolle. Spannungsabhängige Ionenkanäle im Axon ermöglichen Potenzialänderungen wie das Aktionspotenzial (► S. 152), Transmitter gesteuerte Ionenkanäle in der postsynaptischen Membran reagieren auf Neurotransmitter, also chemische Einflüsse (► S. 156). Daher bemühen sich Grundlagenforscher schon lange, Aufbau und Funktion der verschiedenen Ionenkanäle genauer zu verstehen.

Die Patch-Clamp-Methode. Während elektrische Ableitungen aus ganzen Zellen schon seit den 1950er Jahren möglich sind, gelang E. NEHER und B. SAKMANN in den 1970er Jahren die elektrische Ableitung von einzelnen Ionenkanälen. Dazu werden Glaspipetten mit extrem dünner Spitze auf eine Zellmembran aufgesetzt. Dann wird der Inhalt leicht angesaugt. So entsteht ein elektrisch isolierter Membranfleck, der sich einzeln untersuchen lässt (► Bild 1 A). Damit konnte das Öffnen einzelner Ionenkanäle in Anwesenheit von Acetylcholin nachgewiesen werden (► Bild 2). Es entstehen dabei „Elementarströme" von nicht mehr als 2,5 Picoampere (1 pA = 10^{-12} A). Mit Geschick lässt sich der Membranfleck in andere Lösungen überführen (► Bild 1 B) oder durch Ansaugen entfernen, sodass die ganze Zelle untersucht werden kann (► Bild 1 C).

Stoffliche Einflüsse auf das Nervensystem. Eine Vielzahl von Stoffen kann auf das Nervensystem einwirken. Nach ihrer Wirkung unterscheidet man Narkotika, Drogen, Pharmaka und Gifte. Die meisten von ihnen beeinflussen die Informationsübertragung an den Synapsen und lassen sich auf die Wechselwirkung mit Ionenkanälen zurückführen (► Bild 3):

– So blockiert das Bakterientoxin *Botulin (Botox)* die calciumabhängige Freisetzung von Transmittern. Es zählt deshalb zu den stärksten Giften überhaupt.
– Das Pfeilgift *Curare* blockiert als kompetitiver Hemmstoff von Acetylcholin dessen Rezeptoren in der postsynaptischen Membran.
– Andere Stoffe wie das Pilzgift *Muscarin*, aber auch *Nicotin* binden ähnlich dem Transmitter Acetylcholin an Rezeptoren der postsynaptischen Membran und wirken daher erregend.
– Manche Depressionen sind auf eine zu geringe Aktivität bestimmter Nervenzellen zurückzuführen. Antidepressiva erhöhen daher die Wirksamkeit der von diesen Nervenzellen ausgeschütteten Transmitter wie Dopamin, Noradrenalin oder Serotonin. Das kann durch eine Hemmung der Wiederaufnahme dieser Transmitter aus dem synaptischen Spalt erreicht werden, aber auch durch eine Hemmung derjenigen Enzyme, die die Transmitter abbauen.
– Viele Rauschdrogen verstärken die Wirkung von Dopamin, das im „Belohnungszentrum" des Gehirns ausgeschüttet wird. Sie führen zu rauschhaften Glückszuständen, aber auch zur Sucht, weil durch die Dauerreizung die Zahl der Dopaminrezeptoren abnimmt und die Dosis des Suchtmittels immer weiter gesteigert wird.

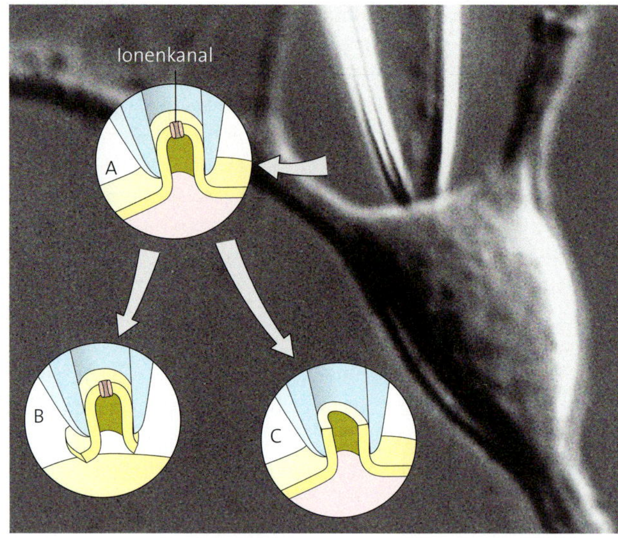

1 Patch-Clamp-Methode zur Untersuchung einzelner Ionenkanäle

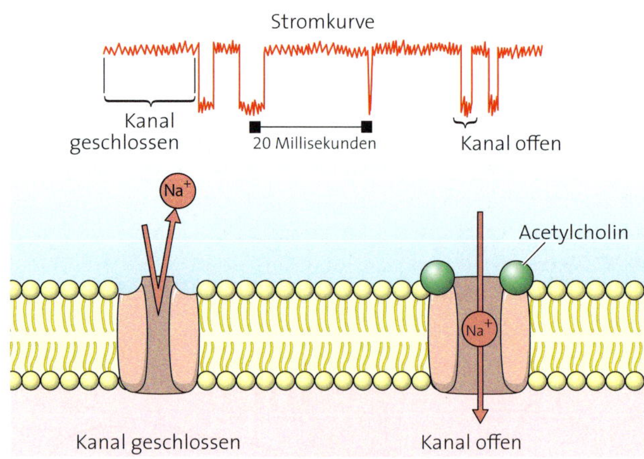

2 Gemessene Ströme beim Öffnen eines Ionenkanals

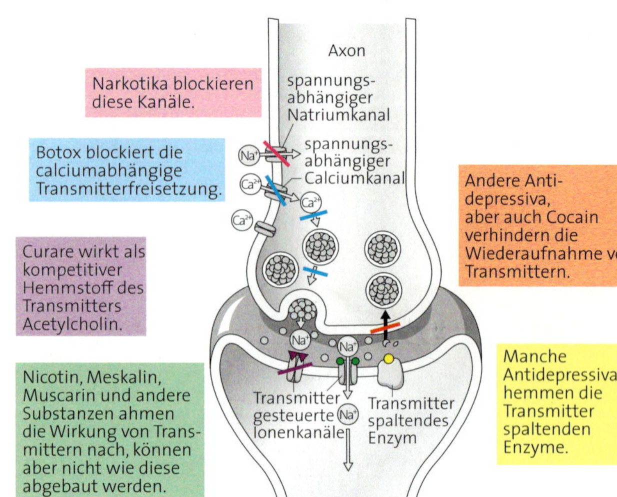

3 Angriffspunkte verschiedener Drogen und Gifte an Synapsen

[Z] Informationsverarbeitung im Zentralnervensystem

Über die Synapsen verbinden sich Nervenzellen zu einem komplexen Netzwerk, dem *Nervensystem*. Bei Wirbeltieren ist es in *Zentralnervensystem (ZNS)* mit Gehirn und Rückenmark und *peripheres Nervensystem* gegliedert. Wer sich näher mit Bau und Funktion des Zentralnervensystems und besonders des Gehirns befassen möchte, kann leicht vom komplizierten Bau und der Vielzahl der Funktionen des Organs verwirrt werden. Das Verständnis fällt jedoch leichter, wenn man nach einem allen Vorgängen im ZNS gemeinsamen Prinzip sucht, das zur Orientierung dienen kann.

Das EVA-Prinzip. Unabhängig von der Komplexität des einzelnen Vorgangs folgt jede Informationsverarbeitung im ZNS grundsätzlich demselben Prinzip:

- Sinneszellen nehmen Reize aus der Umwelt oder aus dem Körper selbst auf und leiten die darin enthaltenen Informationen über *sensorische Nerven* in Form von Aktionspotenzialen ins ZNS. Das entspricht einer *Informationseingabe*.
- Im ZNS werden die eingehenden Informationen erkannt, bewertet, manchmal auch mit gespeicherten Informationen verglichen; die Informationen werden also *verarbeitet*.
- Als Ergebnis der Informationsverarbeitung erfolgt oft eine sichtbare oder messbare Reaktion. Handelt es sich dabei um eine Bewegung oder Bewegungsfolge, werden vom ZNS *motorische Nerven* aktiviert, deren Aktionspotenziale von den Muskeln in Kontraktionen umgesetzt werden. Die Reaktion ist also das Ergebnis einer *Informationsausgabe* des ZNS.

Man kann so jeden Prozess, an dem das ZNS beteiligt ist, in *E*ingabe, *V*erarbeitung und *A*usgabe aufschlüsseln. Nach den Anfangsbuchstaben der Teilschritte wird diese Form der Informationsverarbeitung *EVA-Prinzip* genannt.

Informationsverarbeitung nach dem EVA-Prinzip ist in verschiedenen Komplexitätsstufen realisiert:

Im einfachsten Fall ist ein sensorisches Neuron zugleich Rezeptor und direkt mit einem motorischen Neuron gekoppelt (▶ Bild 1). Ein derart einfaches System ist in seiner Reaktion völlig unflexibel: Wird das sensorische Neuron durch einen Reiz erregt, gibt es seine Erregung direkt an das motorische Neuron weiter. Das heißt, dass unabhängig von sonstigen Bedingungen auf jeden Reiz unmittelbar die immer gleiche Reaktion folgt. Bestimmte Reflexe sind Beispiele dafür. Solche einfachen neuronalen Verschaltungen findet man bei allen Tieren mit Nervensystem, bei Quallen ebenso wie beim Menschen.

Wenn zwischen sensorische und motorische Neurone so genannte *Interneurone* geschaltet sind, entstehen zum Teil sehr komplexe *neuronale Schaltkreise*: Mit jedem eingefügten Interneuron steigt die Zahl der Synapsen zwischen Informationseingabe und Informationsausgabe. An jeder Synapse können erregende und hemmende Einflüsse (▶ S. 157) aus anderen Bereichen des ZNS einbezogen werden.

Erblickt beispielsweise ein Leopard in der Steppe eine Gazelle, wird er vielleicht versuchen die Beute zu schlagen. Das geschieht aber nicht immer und schon gar nicht immer auf dieselbe Weise: Die Entscheidung, ob und wie ein Angriff erfolgt, hängt von der *Motivation* des Tiers ab – wenn der Leopard satt ist, wird er nicht jagen –, aber auch von einer Reihe äußerer Einflüsse wie Windrichtung, zur Verfügung stehende Deckung, Nähe anderer Raubtiere ... Auch *Gedächtnisinhalte* in Form von *Erfahrungen* können die Entscheidung beeinflussen. Auf diese Weise können zwischen Informationseingabe und Informationsausgabe viele Verarbeitungsschritte liegen (▶ Bild 1). Solche komplexen neuronalen Schaltkreise ermöglichen ein *situationsangepasstes Verhalten*.

Allgemein gilt: Je komplexer und flexibler ein vom ZNS gesteuerter Vorgang ist, desto mehr Interneurone sind zwischen Informationseingabe und -ausgabe geschaltet. Doch unabhängig davon wird die Information meist nach dem EVA-Prinzip behandelt.

---

1 Das Konzept des EVA-Prinzips ist der Informatik entliehen. Ordnen Sie bei einer Computeranlage Eingabe- und Ausgabegeräte zu. Wo findet im Computer die Informationsverarbeitung statt?

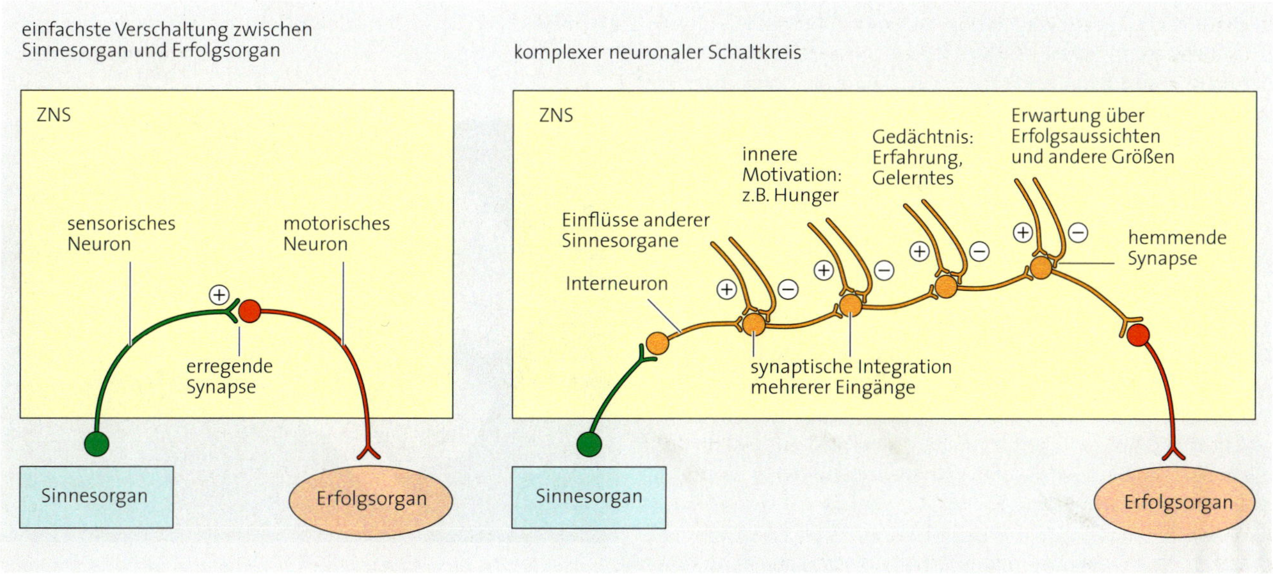

1 Einfaches und komplexes Beispiel für die Informationsverarbeitung nach dem EVA-Prinzip

Bau des Gehirns und Funktion der Hirnteile

Das Gehirn aller Wirbeltiere ist sehr ähnlich gebaut und nach Zahl und Anordnung der Hirnteile bei allen Wirbeltierklassen homolog. Unterschiede bestehen hauptsächlich in der relativen Größe und in der Funktion einzelner Hirnabschnitte (▶ Bild 1).

Hirnstamm. Den Übergang vom Rückenmark zum Gehirn bilden das *verlängerte Mark* und die *Brücke*, die man als *Nachhirn* zusammenfasst. Das Nachhirn und das darauf folgende *Mittelhirn* werden oft auch als *Hirnstamm* bezeichnet.

Der Hirnstamm ist vor allem eine Durchgangsstation für Nervenbahnen, die vom Rückenmark ins Gehirn und in umgekehrter Richtung laufen. Mit Ausnahme von Riech- und Sehnerv ist der Hirnstamm Ursprungs- bzw. Zielgebiet aller *Hirnnerven*: Augenmuskel-, Gesichts-, Zungen-, Kehlkopf-, Ohr- und Vagusnerv. Über sie werden – von *Funktions- oder Reflexzentren* des Hirnstamms aus – wichtige Körperfunktionen gesteuert und kontrolliert: Atmung und Herzschlag, Speichelfluss, Schlucken, Husten, Pupillen- und Augenbewegung.

Zwischenhirn. Ans Mittelhirn schließt sich das *Zwischenhirn* an, das im Wesentlichen aus Thalamus und Hypothalamus besteht. Der *Thalamus* ist die Hauptumschaltstelle zwischen den sensorischen Nerven von Auge, Innenohr sowie Haut und den Nervenbahnen, die ins Großhirn ziehen. Damit ist er zugleich die zentrale Sammelstelle für alle Sinnesinformationen.

Im relativ kleinen, aber sehr wichtigen *Hypothalamus* liegen die Steuer- und Regelzentren für eine große Zahl von Körperfunktionen wie Körpertemperatur, Wasserhaushalt, Blutzuckerkonzentration und Blutdruck. Der Hypothalamus ist eng mit dem Hormonsystem verknüpft und ist dessen übergeordnetes Steuerzentrum, da hier spezialisierte Neurone, sogenannte *neurosekretorische Zellen*, Hormone erzeugen, die die Tätigkeit der eng benachbarten Hypophyse und anderer Hormondrüsen steuern. Auf diesem Weg steuert und synchronisiert er auch Keimzellenreifung, Sexualverhalten und Schlaf-Wach-Rhythmus.

Kleinhirn. Anders als der Name vermuten lässt, ist das *Kleinhirn* der zweitgrößte Teil des menschlichen Gehirns. Seine Aufgabe liegt vor allem in der Koordination von Bewegungsabläufen und der Orientierung im Raum. Wird diese Funktion beeinträchtigt, beispielsweise durch einen Alkoholrausch, wird der Gang unsicher und schwankend und Bewegungen verfehlen oft ihr Ziel.

Bei allen Wirbeltieren, deren Bewegung besonders hohe Koordinationsleistungen erfordert, wie das Schwimmen der Fische, das Laufen der Säugetiere und das Fliegen der Vögel, ist das Kleinhirn auffallend groß und differenziert. Beim Menschen beträgt sein Anteil am Gesamtgewicht des Gehirns kurz nach der Geburt nur etwa 5 %, verdoppelt diesen Anteil aber in nur 2 Jahren fast auf den Wert des Erwachsenen.

Großhirn. Das *Großhirn* ist der entwicklungsgeschichtlich jüngste Teil unseres Gehirns. Ursprünglich war es nur das Riechhirn der Wirbeltiere, hat sich aber bei den Säugetieren zum höchsten, den anderen Abschnitten übergeordneten Gehirnteil entwickelt. Vor allem bei Primaten – allen voran dem Menschen – ist es zu besonderer Größe herangewachsen.

Eine Längsfurche teilt es in zwei Hälften oder *Hemisphären*, die durch den *Balken* – eine Struktur aus über 200 Millionen Axonen – verbunden sind. Drei tiefe Furchen unterteilen jede Hirnhälfte in *Stirn-*, *Scheitel-*, *Hinterhaupts-* und *Schläfenlappen*. Weitere Furchen und Windungen vergrößern die Oberfläche beim Menschen auf 1 000 cm². Dies ist insofern bedeutsam, als die Informationsverarbeitung in der nur 2 mm dicken *Großhirnrinde*, dem *Cortex*, abläuft. Er enthält als *graue Substanz* vollständige Neurone; dagegen besteht die *weiße Substanz* des Gehirninnern nur aus Axonen.

In der Großhirnrinde findet sich etwa ein Drittel der etwa 150 Milliarden Neurone, aus denen das gesamte Nervensystem besteht. Jedes Neuron im Cortex bildet im Durchschnitt 8 000 Synapsen aus. Insgesamt gibt es also etwa $4 \cdot 10^{14}$ Synapsen im Großhirn. Über wenige Interneurone ist hier jedes Neuron mit jedem anderen verbunden. Daraus ergibt sich eine unvorstellbare Zahl an Kombinationsmöglichkeiten neuronaler Zusammenarbeit. Sie ist die Grundlage aller unserer kognitiven Fähigkeiten wie Lernen, Gedächtnis, Intelligenz, Sprache und Bewusstsein.

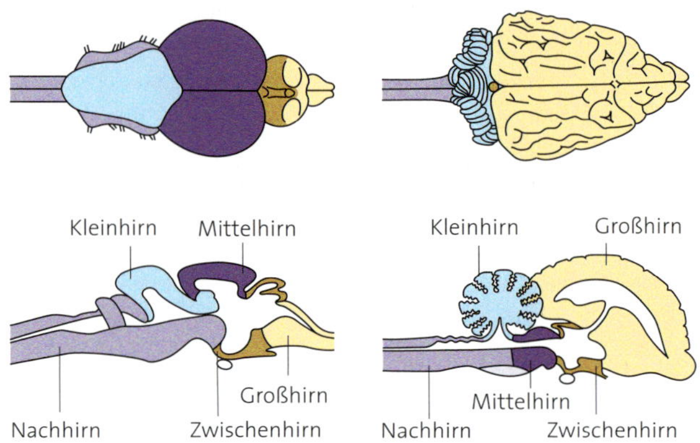

1 Gehirn von Knochenfisch und Säugetier im Vergleich. Oben Aufsicht, unten Längsschnitt

1 Erinnern Sie sich an Ihr Grundwissen aus der 8. Jahrgangsstufe und erklären Sie, was man unter dem Begriff homolog versteht.

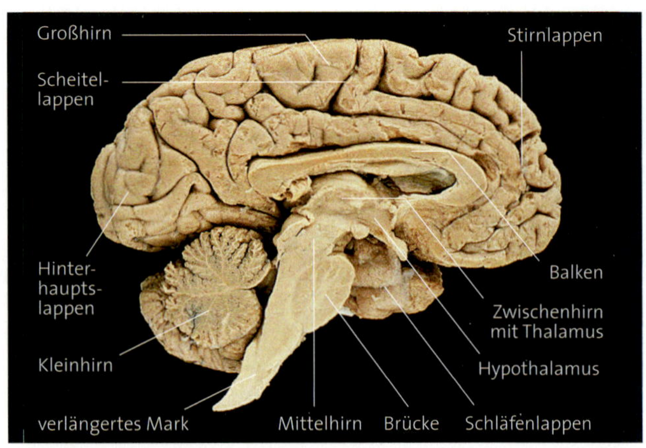

2 Menschliches Gehirn im Längsschnitt. Charakteristisch ist die stark gefurchte Großhirnrinde.

NACHGEHAKT

Die Felder der Großhirnrinde

Verschiedene Bereiche der Großhirnrinde erfüllen so unterschiedliche Funktionen wie die Bewegungssteuerung des kleinen Fingers, die Wahrnehmung von Tonhöhen oder das Speichern von Vokabeln. Ein erster Überblick über die verwirrende Vielfalt dieser Funktionen wird möglich, wenn man Areale der Gehirnrinde, die man als *Rindenfelder* bezeichnet, danach unterscheidet, ob sie Informationen von Sinnesorganen aufnehmen, Steuerbefehle an Muskeln ausgeben oder keines von beidem tun (▶ Bild 1):

- In *sensorischen Rindenfeldern* laufen Informationen von den Sinnesorganen ein.
- *Motorische Rindenfelder* steuern willkürlich ausgeführte Bewegungen.
- Die *assoziativen Rindenfelder* haben keine dieser Funktionen. Ihre Neurone verarbeiten Informationen, indem sie beispielsweise Sinneseindrücke mit Gedächtnisinhalten vergleichen, selbst Gedächtnisfunktion haben oder verschiedene Stimmungen gegeneinander abwägen.

Mithilfe der assoziativen Felder können wir Handlungen im Geiste durchspielen und auf ihre Erfolgsaussichten untersuchen. Diese Rindenfelder ermöglichen also planvolles *Denken*. Im Großhirn der meisten Wirbeltiere findet man fast ausschließlich motorische und sensorische Felder. Daher können Pferde oder Vögel nur begrenzt einsichtig handeln, während Primaten durch den Besitz assoziativer Rindenfelder in der Lage sind, komplexe Probleme zu lösen.

Lokalisation von Hirnfunktionen. Vor 150 Jahren war man davon überzeugt, dass geistige Fähigkeiten nicht an bestimmte Hirnstrukturen gebunden sind, sondern vom Gehirn als Ganzem erbracht werden. Durch verschiedene Untersuchungsmethoden (▶ S. 162) konnte diese Vorstellung inzwischen widerlegt werden: Bestimmten Großhirnarealen lassen sich ganz bestimmte Funktionen zuordnen (▶ Bild 1). So werden beispielsweise optische Sinneseindrücke im Hinterhauptslappen verarbeitet, akustische dagegen im Schläfenlappen. Vor und hinter der Zentralfurche liegen zwei Felder, in denen jeweils der gesamte Körper repräsentiert ist: Im Stirnlappen liegt das *primäre motorische Feld*, von dem aus alle bewusst ausgeführten Bewegungen gesteuert werden.

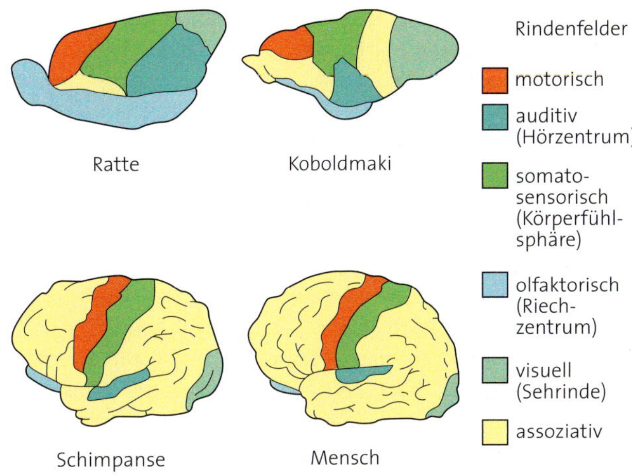

3 Körperfühlsphäre (links) und primäres motorisches Rindenfeld mit den dort repräsentierten Körperteilen

Dahinter im Scheitellappen liegt die ***Körperfühlsphäre***, auch ***somatosensorisches Rindenfeld*** genannt (▶ Bild 3). Hier laufen alle Informationen von den Sinnesorganen der Haut (Tastsinn, Temperatursinn, Schmerz) zusammen. In beiden Hirnarealen sind benachbarte Körperbereiche ebenfalls benachbart. Die „Abbildung" des Körpers ist aber nicht maßstabsgetreu. Gesicht und Hände sind zum Beispiel deutlich überrepräsentiert.

Die Lokalisation von Hirnfunktionen in der Großhirnrinde hat allerdings Grenzen, denn die Zuordnung bestimmter Hirnareale zu bestimmten Funktionen ist keineswegs völlig starr. So kann unter Umständen nach Schädigung eines Hirnbereichs ein anderer die Funktion des ausgefallenen Bereichs teilweise oder vollständig übernehmen. Auch ist inzwischen erwiesen, dass die Größe eines bestimmten Areals durch Gebrauch oder Vernachlässigung von Organen veränderbar ist (▶ S. 165).

1 Erklären Sie, warum verschiedene Körperteile in den Feldern der Großhirnrinde unterschiedlich repräsentiert sind.

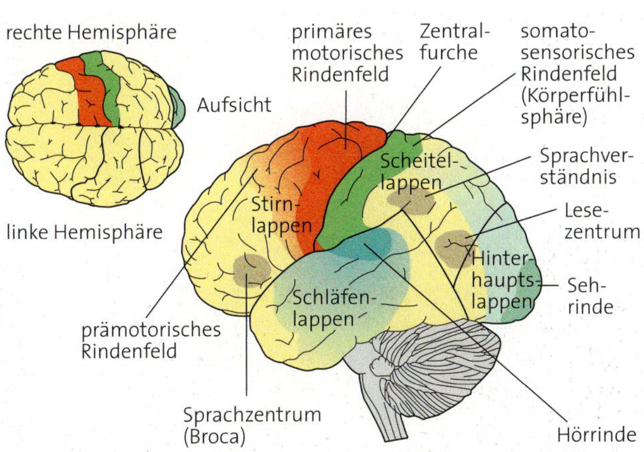

1 Bau des menschlichen Großhirns und Funktion der Rindenfelder

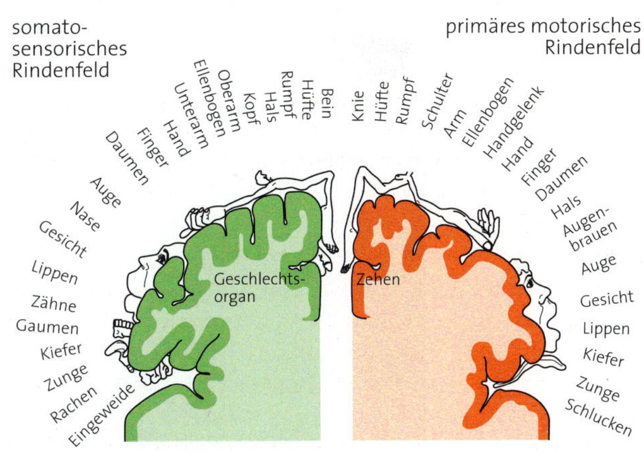

3 Körperfühlsphäre (links) und primäres motorisches Rindenfeld mit den dort repräsentierten Körperteilen

[Z] Erforschung der Hirnfunktionen

Was im Kopf eines Menschen vorgeht, war bislang einer wissenschaftlichen Untersuchung komplett unzugänglich. Reges Interesse an der Frage, wie das Gehirn arbeitet, stachelte die Forscher allerdings schon lange an. Seit Ende des vergangenen Jahrhunderts rückt die Möglichkeit langsam näher, vielleicht einmal die Gedanken eines Menschen lesen zu können.

Läsionsforschung. Schon im 19. Jahrhundert entdeckte der französische Arzt PIERRE PAUL BROCA, dass Patienten mit einer Verletzung in einem eng umgrenzten Bereich des linken Stirnlappens im Großhirn kaum noch sprechen konnten. Das Areal war wohl bei gesunden Menschen für die Sprachsteuerung unentbehrlich. Mit dieser Entdeckung wurde die *Läsionsforschung* geboren.

Auch heute noch studieren Neurowissenschaftler Funktionsausfälle, die aufgrund einer Läsion im Gehirn entstehen. Streng genommen erfährt man aber durch das Studium von Läsionen wenig über die Gehirnfunktion bei gesunden Menschen. Auch kommt es vor, dass die Funktion beschädigter Gehirnareale von anderen Bereichen übernommen wird.

Tomographische Verfahren. Heute stehen Wissenschaftlern Methoden zur Verfügung, mit denen man räumliche Bilder von Gehirnen lebender Menschen erzeugen kann. Spezielle bildgebende Verfahren ermöglichen sogar *Funktionsanalysen*, ohne dass Eingriffe ins Gehirn von außen nötig wären. Man kann sozusagen einem gesunden Gehirn beim Denken zuschauen.

Die Entwicklung der *Computertomographie (CT)* brachte den Durchbruch. Bei diesem Verfahren wird der Körper mit eng gebündelten Röntgenstrahlen durchleuchtet, die sich in einer Röhre kreisförmig um den Patienten herum bewegen. Fächerförmig angeordnete Detektoren auf der gegenüberliegenden Seite fangen die nicht vom Körper absorbierte Strahlung auf (▶ Bild 1). Weil der Körper aus mehreren Richtungen durchleuchtet wird, erhält man als Messergebnis viele verschiedene Schnittbilder des Körpers. Daraus kann ein Computer ein räumliches Bild errechnen. Bei einem CT-Scan fallen Datenmengen bis über hundert Gigabyte an. Die Entwicklung solcher Verfahren war daher erst möglich, nachdem leistungsstarke Computer zur Verfügung standen.

Die *Magnetresonanztomographie (MRT)* ähnelt im Prinzip der CT. Hier wird der Körper jedoch einem starken Magnetfeld ausgesetzt. Innerhalb des Magnetfelds können bestimmte Moleküle im Körper dazu angeregt werden, Signale auszusenden, die gemessen und zur Rekonstruktion eines Schnittbilds verwendet werden. Die MRT eignet sich besonders, um Fette, Wasser, Ödeme und Tumoren sichtbar zu machen. CT und MRT werden auch als Voraussetzung für Funktionsanalysen eingesetzt: Nur wenn vorher eine „Gehirnkarte" der Testperson erstellt wurde, kann man zuordnen, welche Areale bei bestimmten Aufgaben aktiv werden.

Funktionsanalysen. Die *Positronen-Emissions-Tomographie (PET)* ist ein tomographisches Verfahren, bei dem nicht Strukturen, sondern die *Stoffwechselaktivität*, also die Funktion eines Gewebes dargestellt wird. Für die Gehirnforschung sind PET-Scans von Nutzen, weil sie zeigen, welche Gehirnbereiche bei bestimmten Aufgabenstellungen besonders beansprucht werden. Als Marker für aktive Gehirnareale wird die stärkere Durchblutung gemessen: In stärker durchbluteten Bereichen tritt Wasser aus den Kapillaren ins Gewebe über. Wurde vor Versuchsbeginn radioaktiv markiertes Wasser gespritzt, lässt sich das messen.

Bei der *funktionellen Magnetresonanztomographie (fMRT)* sind nicht einmal radioaktive Marker nötig. Hier wird die stärkere Durchblutung über ein verändertes Verhältnis von oxigeniertem und desoxigeniertem Hämoglobin gemessen. Bei PET und fMRT muss jeder Versuch im *Subtraktionsverfahren* durchgeführt werden. Dabei werden Tomogramme von zwei verschiedenen Situationen aufgenommen: einer Kontrollbedingung (zum Beispiel Augen geschlossen) und einer Versuchsbedingung (zum Beispiel Augen offen). Anschließend werden mithilfe einer speziellen Software die Tomogramme voneinander abgezogen. So kann man die Stoffwechselaktivität ermitteln, die für die gestellte Aufgabe zusätzlich gebraucht wurde (▶ Bild 2).

---

1 **Erklären Sie, welcher Grundgedanke hinter dem Subtraktionsverfahren steckt, das bei der Erforschung der Hirnfunktion mittels PET und fMRT oft angewandt wird.**

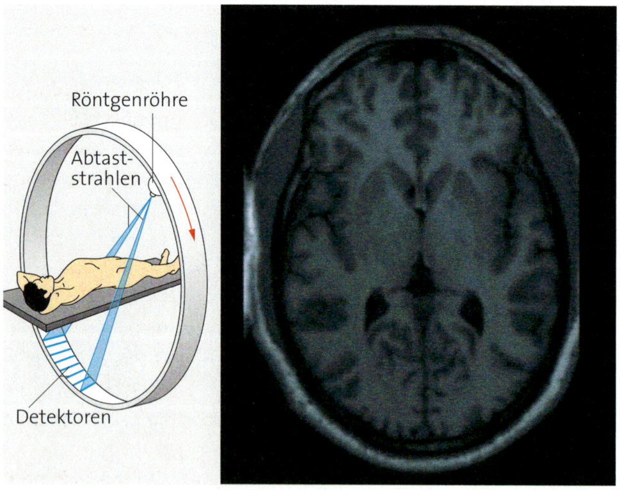

1 CT-Scanner und eines der Schnittbilder, die mit dieser Methode gemessen werden können

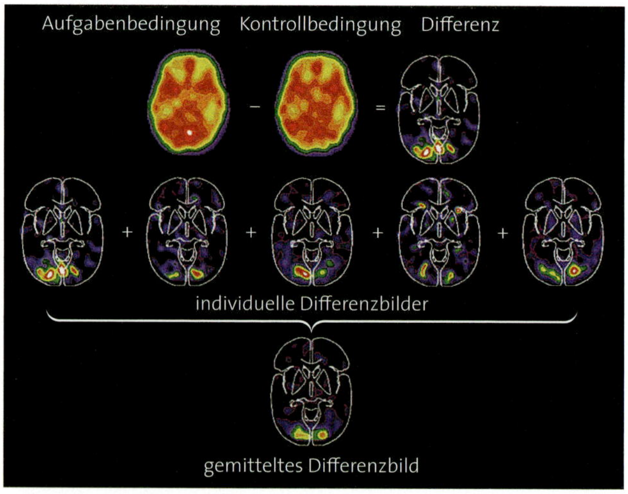

2 PET-Scans, aufgenommen unter Versuchs- und Kontrollbedingung, und daraus durch Substraktion entstandene Differenzbilder

[Z] Von der Absicht zur Bewegung – die Rolle des Gehirns bei Willkürbewegungen

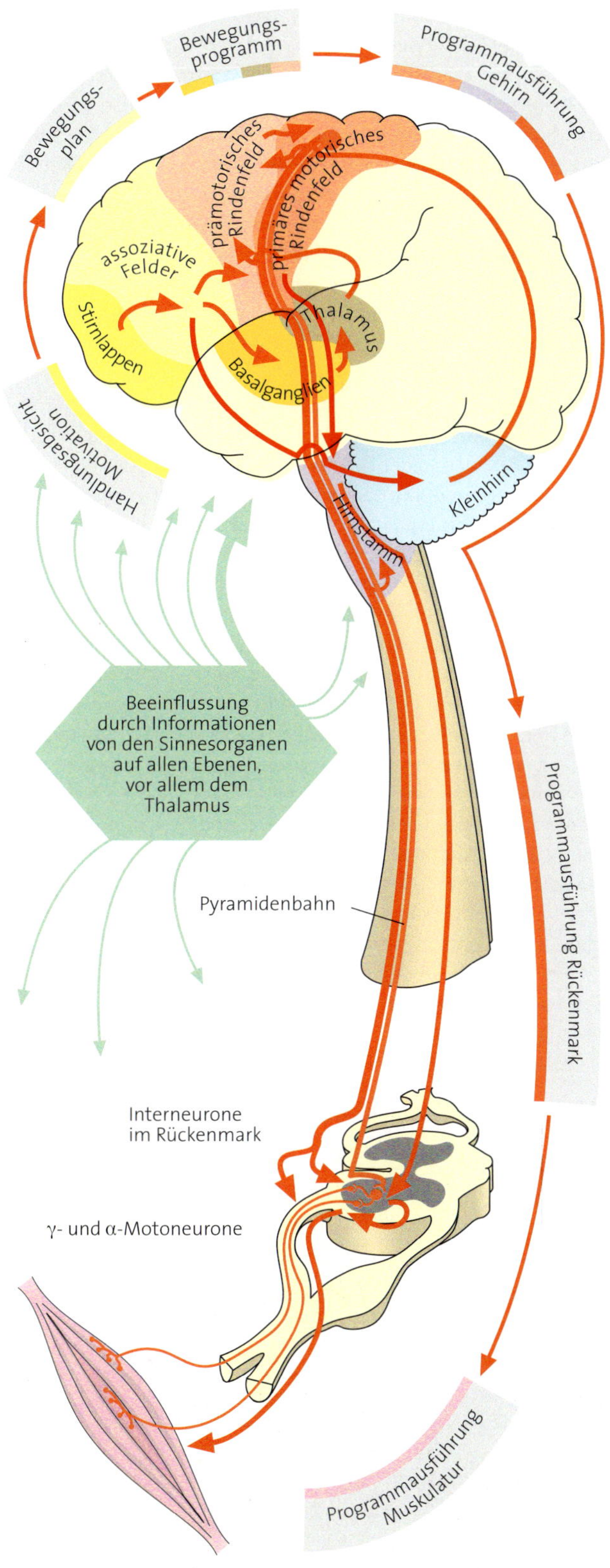

1 Ablauf einer Willkürbewegung

Wer Klavier spielt, kann mit Recht behaupten, dass es sich hierbei um eine vom Bewusstsein gesteuerte Bewegungsabfolge handelt. Aber wer könnte schon genau beschreiben, welche seiner Muskeln sich in welcher Reihenfolge kontrahieren, um ein bestimmtes Lied zu spielen? Man kann im Gegenteil sogar annehmen, dass man sich viel häufiger verspielt, wenn man sich zu sehr auf seine Finger konzentriert. Offensichtlich wird das Bewusstsein auch bei Willkürbewegungen von vielen Detailaufgaben entlastet.

Motivation und Bewegungsplan. Willkürbewegungen setzen eine Absicht voraus. Mit einer Bewegungsabfolge soll ein bestimmtes *Ziel* erreicht werden. Insofern entstehen Willkürbewegungen zunächst im *limbischen System* (von lat. *limbus:* Saum), das den Balken (► S. 160) saumartig umgibt, und im *Stirnlappen des Großhirns*, zwei Bereichen, die eng mit der *Willensbildung* zusammenhängen. Wie das Beispiel oben zeigt, hat man meist keine konkrete Vorstellung von der Bewegungsabfolge selbst, sondern nur von dem Ziel, das durch die Bewegung erreicht werden soll (► Bild 1).

Wie die Bewegung aussehen muss, um das beabsichtigte Ziel zu erreichen, wird in den *assoziativen Feldern* der Großhirnrinde errechnet. Es entsteht ein *Bewegungsplan*, sozusagen ein Ablaufschema für die Bewegung.

Bewegungsprogramm. Informationen über den Bewegungsplan gelangen nun an die Basalganglien, den Hirnstamm und das Kleinhirn. Hier wird überprüft, ob die geplanten Bewegungen mit Veränderungen der Körperhaltung oder einer Verlagerung des Körperschwerpunkts verbunden sind. Wenn das der Fall ist, wird der Bewegungsplan um geeignete Ausgleichsbewegungen ergänzt. Es entsteht ein detailliertes *Bewegungsprogramm*, das alle notwendigen Teilschritte und deren zeitliche Abfolge enthält. Dieses Bewegungsprogramm wird zu den primären motorischen Rindenfeldern geleitet. Dort beginnt dann die Ausführung der Bewegung.

Programmablauf. Das Bewegungsprogramm wird Schritt für Schritt abgearbeitet, indem Steuerbefehle von den primären motorischen Rindenfeldern über die Pyramidenbahn ins Rückenmark gelangen. Hier werden α- und γ-Motoneurone aktiviert, die die Muskeln zu Kontraktionen veranlassen.

Gleichzeitig laufen auf jeder der genannten Ebenen sensorische Informationen über den Erfolg der Bewegungsabfolge ein (► Bild 1). So halten zum Beispiel die Eigenreflexe der Muskeln die angestrebte Muskelspannung aufrecht, die Lagesinnesorgane informieren ständig über die Körperhaltung und mit den Augen wird erfasst, ob die Bewegungsabfolge zum Ziel führt. Ständig werden kleine Abweichungen vom Bewegungsprogramm gemeldet und entsprechend korrigiert.

---

1 **Führen Sie eine Bewegung oder Bewegungsabfolge möglichst bewusst aus. Beschreiben Sie detailliert alle Einzelkomponenten dieser Bewegung. Welche Erfahrung machen Sie dabei? Erklären Sie diese Erfahrung mithilfe des Textes.**

2 **Bewegungsabfolgen, die man schon oft eingeübt hat, erfordern nur noch wenig Aufmerksamkeit. Worin besteht hier wohl der Lernerfolg?**

[Z] Lernen und Gedächtnis

Von den Informationsmengen, die in jeder Sekunde über die Sinnesorgane auf uns einströmen, wird uns das allermeiste nicht bewusst. Und selbst von dem, was bewusst erlebt wird, kann man später nur noch lückenhaft berichten. Einige wenige Informationen aber werden zu neuem Wissen. Den Erwerb neuen Wissens oder Verhaltens nennt man *Lernen*. Unter *Gedächtnis* versteht man die Fähigkeit, dieses Wissen abrufbar zu speichern.

Verschiedene Lernformen. Es gibt eine Reihe verschiedener Lernformen, die sich in Ablauf und Komplexität unterscheiden. Einen Text auswendig zu lernen ist etwas anderes als Radfahren zu lernen. Auch aus neurobiologischer Sicht lassen sich zwei grundsätzlich verschiedene Lernformen unterscheiden:

Als *kognitives, deklaratives* oder *explizites Lernen* wird das bezeichnet, was man auch im allgemeinen Sprachgebrauch unter Lernen versteht, also alles Lernen, das eine bewusste Anteilnahme erfordert. Charakteristisch für diese Lernform ist, dass man die Lerninhalte sprachlich wiedergeben kann. Oft werden dabei Begriffe logisch verknüpft. Hierzu müssen die neuronalen Netze, die die Begriffe repräsentieren, *gleichzeitig aktiv* sein.

Beim *nichtkognitiven, prozeduralen* oder *impliziten Lernen* ist eine bewusste Anteilnahme nicht erforderlich. Es handelt sich mehr um ein Einüben. Typisch für implizites Lernen ist, dass hier eine *Abfolge von Ereignissen* erlernt wird. Beim Binden einer Schleife zum Beispiel kommt es auf die Abfolge der Handbewegungen an.

Die Vorgänge, die sich beim Lernen auf der Ebene der Neuronen abspielen, folgen jedoch immer demselben Prinzip: Die Lerneffekte beruhen darauf, dass sich die *Wirksamkeit von Synapsen* zwischen zwei Neuronen *verändert*, also bei gleicher Erregung mehr oder auch weniger Transmitter ausgeschüttet wird.

Implizites Lernen durch Bahnung. Viele Menschen zucken zusammen, sobald sie das Geräusch eines Zahnarztbohrers hören. Wer oft genug die Erfahrung gemacht hat, dass auf dieses Geräusch ein Schmerzreiz folgt, reagiert bereits auf das Geräusch allein. Bei diesem Lernvorgang handelt es sich um eine *klassische Konditionierung*. Hierbei wird ein neutraler Reiz zu einem reaktionsauslösenden (konditionierten) Reiz. Sie kann als Beispiel für implizites Lernen dienen.

Bei einem neutralen Reiz führt die Erregung im sensorischen Nerv zur Ausschüttung von nur wenig Transmitter an der Synapse zum Motoneuron. Dessen Erregung ist daher unterschwellig. Trifft an dieser Synapse, kurz nachdem sie aktiv war, ein stark erregendes Signal ein, reichern sich Calciumionen in der präsynaptischen Endigung an. Das führt zu einer Reihe von Veränderungen, die eine vermehrte Transmitterausschüttung zur Folge haben (► Bild 2). Jetzt wirkt auch der ehemals neutrale Reiz reaktionsauslösend. Das starke Signal muss dazu kurz nach der Aktivierung der Synapse eintreffen. In Bild 2 stammt es von einem sensorischen Neuron, das Informationen über einen Schmerzreiz transportiert und über ein Interneuron vermittelt wird. Da die Verstärkung der Synapsenwirksamkeit nur eintritt, wenn sie gerade aktiv war, spricht man von *aktivitätsabhängiger Bahnung*.

Explizites Lernen durch Langzeitpotenzierung. Für explizites Lernen sind mehrere Mechanismen von Bedeutung, darunter die *Langzeitpotenzierung*. Dabei wird die Wirksamkeit einer Synapse erhöht, wenn sie zuvor eine Serie schnell aufeinanderfolgender Aktionspotenziale übermittelte. Über Stunden oder Tage hat dann auch ein einzelnes Aktionspotenzial einen stärkeren Effekt als zuvor. Dieser Zustand wird durch ein Signal der postsynaptischen Zelle – vermutlich *Stickstoffmonooxid* – an die präsynaptische Zelle bewirkt. Bei der assoziativen Form der Langszeitpotenzierung wird die Wirkung einer schwach erregten Synapse verstärkt, wenn eine benachbarte Synapse gleichzeitig viel Transmitter ausschüttet. Man kann sich vorstellen, dass logische Verknüpfungen oder räumliche Beziehungen so gelernt werden.

Gedächtnisebenen. Eine Telefonnummer, die man zugerufen bekommt, kann man sich nur so lange merken, bis man sie eingetippt hat. Seine Muttersprache oder manche Kindheitserinnerungen vergisst man dagegen ein Leben lang nicht. Informationen werden offenbar je nach ihrer Bedeutung für uns unterschiedlich lange gespeichert. Man unterscheidet daher verschiedene Gedächtnisebenen.

1 *Implizites Lernen. Die Bewegungsabfolge beim Schleifenbinden wird eingeübt.*

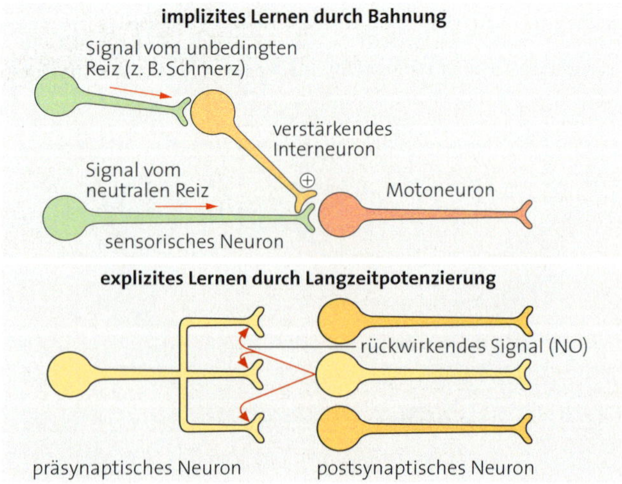

2 *Neuronale Verschaltungen, die explizitem und implizitem Lernen zugrunde liegen (Schema)*

- Das *sensorische Gedächtnis* oder *Ultrakurzzeitgedächtnis* (▶ Bild 1) beruht auf einem Nachschwingen neuronaler Erregung auf der Ebene der Sinnesorgane. Nicht alle Wissenschaftler bezeichnen das schon als Gedächtnisleistung.
- Das *Kurzzeitgedächtnis* wird oft noch in das *primäre Gedächtnis* und das *Arbeitsgedächtnis* untergliedert. Im primären Gedächtnis sind die Informationen abgelegt, die uns momentan bewusst sind. Das sind nur etwa 7 Einzelinformationen gleichzeitig. Werden sie nicht mehr gebraucht, sind sie nach 30 Sekunden vergessen. Das Arbeitsgedächtnis hat eine größere Kapazität und hält Informationen bis zu einer Stunde verfügbar. Grundlage des Kurzzeitgedächtnisses sind Aktivitätsveränderungen an Synapsen wie etwa durch Langzeitpotenzierung.
- Im *Langzeitgedächtnis* sind Informationen auf Dauer gespeichert. Das ist mit einer permanenten Veränderung der Wirksamkeit von Synapsen verbunden. Wie groß die Kapazität des Langzeitgedächtnisses ist, lässt sich bisher kaum abschätzen: Im Lauf eines Lebens könnte die dauerhaft gespeicherte Information 10^{10} bis 10^{14} Bit umfassen, was dem Inhalt von 3000 bis 30 Millionen Büchern vom Umfang dieses Buchs entspräche.

Ort und Art der Speicherung. Im *Hippocampus* und im *Mandelkern,* die beide zum limbischen System (▶ S. 163) gehören, werden Informationen ins Langzeitgedächtnis überführt. Die *Konsolidierung* genannte Fähigkeit ist an diese Hirnregionen gebunden. Schädigungen – wie auch Schädigungen von Thalamus, Riechhirn und Großhirnrinde – können zu Gedächtnisstörungen führen.

Die dauerhafte Speicherung von Gedächtnisinhalten erfolgt stufenweise: Erst werden Synapsen verstärkt, zum Beispiel durch Bahnung. Dann werden Gene aktiviert, die für Proteine codieren, die die Signalübertragung beeinflussen. So können beispielsweise vermehrt Ionenkanäle in präsynaptischen Endigungen entstehen. Eine dauerhafte Fixierung von Inhalten wird erreicht, indem sich zwischen oft gebrauchten Verknüpfungen von Neuronen zusätzliche Synapsen bilden; an selten gebrauchten Verknüpfungen werden Synapsen abgebaut. Selbst die Neubildung von Neuronen spielt für das Lernen eine Rolle, etwa im Hippocampus.

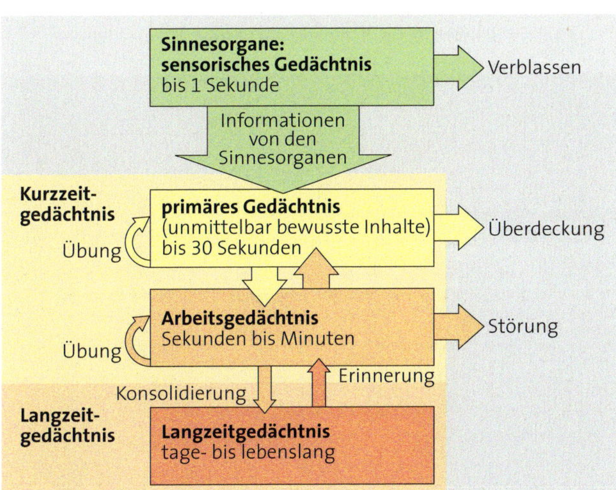

1 Gedächtnisinhalte bleiben in der verschiedenen Gedächtnisebenen unterschiedlich lange erhalten.

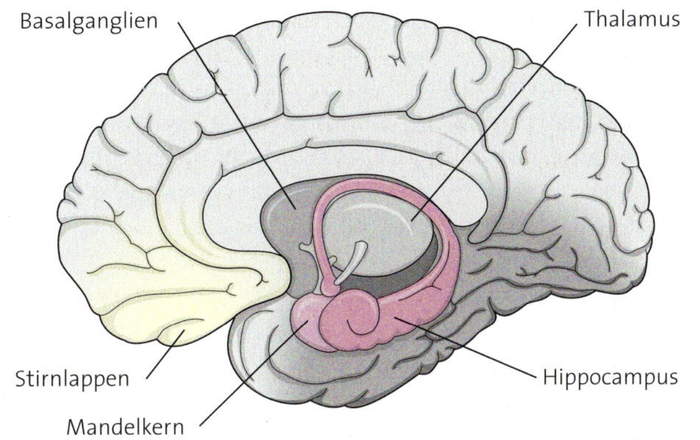

2 Hirnregionen, deren Schädigung in der Regel Gedächtnisstörungen zur Folge hat.

Erfahrungen verändern das Gehirn. Am impliziten Lernen ist der Hippocampus nicht beteiligt, dafür oft Basalganglien und Kleinhirn. Es ließ sich zeigen, dass Lernprozesse strukturelle Veränderungen im Gehirn bewirken. So fand man in Untersuchungen an Nachtaffen, dass sich die somatosensorischen Rindenfelder (▶ S. 161) häufig gebrauchter Körperteile vergrößern (▶ Bild 3).

Erinnern. Heute beginnt man zu verstehen, was im Gehirn abläuft, wenn wir uns an etwas erinnern. Bei der Erinnerung handelt es sich wohl um eine Art *Protokoll* eines *neuronalen Aktivitätsmusters.* Wenn wir uns zum Beispiel an einen Apfel erinnern, werden dieselben Nervenzellen im Gehirn aktiv, die auch beim Anblick, beim Betasten, Riechen und Schmecken des Apfels erregt waren. Dabei steht das Aktivitätsmuster der Neuronen – nicht die Nervenzellen selbst – für den Begriff. So kann ein Neuron an der Repräsentation verschiedener Begriffe beteiligt sein. Offenbar bilden Gruppen neuronaler Netze zusammen einen Begriff: So könnte eine Gruppe für Nahrung stehen, eine zweite für Obst und eine dritte – kleinere – für Apfel. Durch diese Aufteilung des Begriffs auf verschiedene „Module" lassen sich Informationen sehr platzsparend abspeichern.

3 Durch Training bestimmter Finger vergrößerten sich bei Nachtaffen die zugehörigen somatosensorischen Felder.

[Z] Erkrankungen des menschlichen Nervensystems

Das Zentralnervensystem (ZNS) des Menschen verarbeitet Sinneseindrücke, steuert Bewegungen und ist Sitz von Gedächtnis und Persönlichkeit. Entsprechend können Erkrankungen des ZNS zu Sinnestäuschungen, Lähmungen, Sprachstörungen sowie zu Beeinträchtigungen von Intelligenz, Gedächtnis und Persönlichkeit führen – je nach betroffenen Gehirnarealen. Welche Auswirkungen krankhafte Veränderungen des ZNS haben können, zeigen die folgenden drei Beispiele.

Multiple Sklerose. Mit 80–120 Erkrankten auf 100 000 Einwohner ist die *multiple Sklerose* eine der häufigsten neurologischen Erkrankungen in Mitteleuropa. Sie betrifft überwiegend Frauen. Meist treten erste Symptome zwischen dem 20. und 40. Lebensjahr auf. Im Rahmen dieser Erkrankung greift das Immunsystem körpereigene Zellen an, nämlich die Myelinscheiden von Neuronen im ZNS. Diese lipidreichen Zellen umhüllen die Axone von verschiedenen Neuronentypen im ZNS (► S. 147, 155). Gehen sie zugrunde, sterben bald auch die Axone ab und mit ihnen die ganze Nervenzelle. Die dadurch entstehenden Ausfallerscheinungen wie Doppelbilder, Muskelschwäche, Gefühlstaubheit oder Sprach- und Persönlichkeitsstörungen lassen sich nicht wieder rückgängig machen. Daher beschränken sich Therapieansätze darauf, den Krankheitsverlauf zu verlangsamen.

Die Angriffe des Immunsystems ereignen sich meist schubweise und sind dann von heftigen Entzündungsreaktionen begleitet (► Bild 1). Man versucht daher, die Symptome mit Cortison und anderen entzündungshemmenden Medikamenten zu mildern. Die genauen Ursachen der multiplen Sklerose sind unter Experten noch umstritten. Sicher ist nur, dass die Entzündungen auf einer *Autoimmunreaktion* beruhen. Aber ob diese Immunreaktion eventuell durch eine vorangegangene Infektion oder durch bestimmte Umweltfaktoren begünstigt wird (die Krankheit tritt fast nur in Mitteleuropa und Nordamerika auf), weiß man noch nicht. Auch eine erbliche Komponente ist sehr wahrscheinlich.

Parkinson-Syndrom. Das *Parkinson-Syndrom,* auch *Schüttellähmung* genannt, wird meist durch eine degenerative Erkrankung des ZNS verursacht. Die genaue Ursache dieser bislang unheilbaren Erkrankung ist noch nicht bekannt. Obduktionen ergaben, dass bei Betroffenen Nervenzellen in den Basalganglien zugrunde gehen, die den Neurotransmitter Dopamin ausschütten. Mit bildgebenden Verfahren lässt sich der Dopaminmangel am lebenden Patienten nachweisen (► Bild 2). Da die Basalganglien, die von der Krankheit betroffen sind, eine wichtige Rolle bei der Bewegungssteuerung haben (► S. 163), sind für Parkinson-Patienten Lähmungen, zittrige und sehr langsame Bewegungen sowie eine instabile Körperhaltung typisch. Die Standardbehandlung erfolgt mit Dopamin oder ähnlich wirkenden Substanzen.

Alzheimer-Demenz. Als Konsequenz der medizinischen Errungenschaften des letzten Jahrhunderts werden die Menschen in den Industrienationen heute erheblich älter. Infolgedessen häufen sich solche Erkrankungen des Nervensystems, die meist erst in der zweiten Lebenshälfte auftreten. Bei der *Alzheimer-Demenz,* die innerhalb von 8 bis 15 Jahren nach dem ersten Auftreten zum Tod führt, glaubt man inzwischen zu wissen, weshalb im Verlauf der Krankheit immer mehr Nervenzellen absterben und schließlich zum völligen Verlust von Gedächtnis und Persönlichkeit sowie zuletzt zum Versagen auch der Körperfunktionen führen.

Beim Abbau eines bestimmten Membranproteins entstehen wasserunlösliche Bruchstücke, die β-Amyloid genannt werden. Entstehen sie in großer Menge, bilden sich außerhalb der Nervenzellen *Amyloid-Plaques*. Diese Ablagerungen stören den Stoffwechsel der Nervenzellen offenbar so sehr, dass die Zellen zugrunde gehen können. Außerdem scheint auch innerhalb der Nervenzellen einiges zu entgleisen: Bestimmte Proteine, die die normale Struktur der Mikrotubuli im Innern der Neuronen stabilisieren, entarten. Daher ist der Stofftransport in den Zellen nicht mehr gewährleistet. Therapieansätze zielen meist darauf ab, die Bildung von Amyloid-Plaques zu verhindern. Ein Durchbruch ist hier aber noch nicht in Sicht.

---

1 Versuchen Sie eine Erklärung dafür zu finden, dass Demenzerkrankungen vor dem Ende des zweiten Weltkriegs in der Medizin praktisch keine Rolle spielten.

2 Erklären Sie, weshalb bei multipler Sklerose oft Lähmungen auftreten, die die Patienten an den Rollstuhl fesseln, während beim Parkinson-Syndrom die Bewegungen meist unsicher und unkoordiniert werden. Lesen Sie dazu die Seite 163 im Lehrbuch.

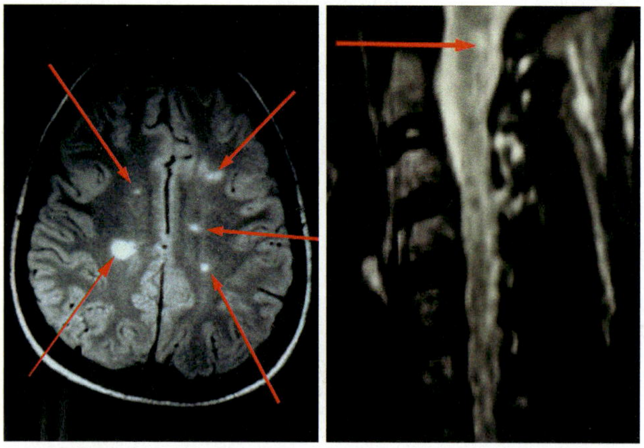

1 Bei multipler Sklerose lassen sich Entzündungsherde in Gehirn und Rückenmark mit MRT-Scans nachweisen.

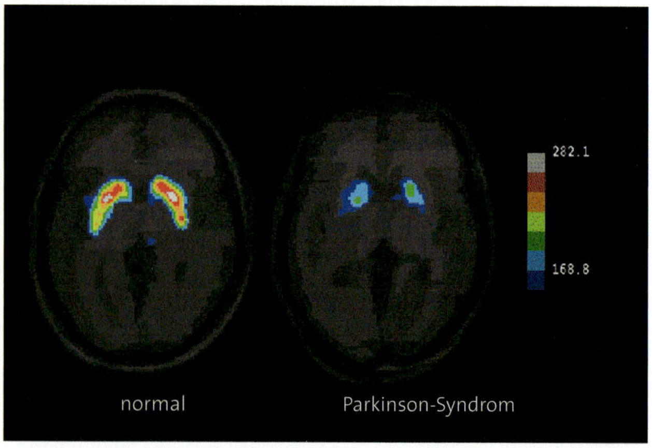

2 Typisch für die Parkinsonkrankheit ist ein Mangel an Dopamin im Gehirn, der sich mit bildgebenden Verfahren sichtbar machen lässt.

Mithilfe dieses Kapitels können Sie

- eine typische Nervenzelle skizzieren, beschreiben und die Zusammenhänge von Struktur und Funktion aufzeigen
- beschreiben, wie das Ruhepotenzial einer Nervenzelle zustande kommt, und erklären, weshalb im Ruhepotenzial elektrochemische Energie gespeichert ist
- Charakteristika eines Aktionspotenzials grafisch darstellen und erklären
- das Alles-oder-nichts-Prinzip am Beispiel eines Aktionspotenzials erklären
- die Erregungsleitung in verschiedenen Neuronentypen vergleichen
- Bau und Funktion chemischer Synapsen beschreiben
- erklären, wie durch synaptische Integration innerhalb von Neuronenverbänden Informationen verarbeitet werden
- Charakteristika analog und digital codierter Signale zeichnerisch darstellen und erklären
- die Wirkung von Drogen und Giften auf das Nervensystem erklären
- Methoden zur Erforschung des Gehirns beschreiben
- erläutern, welche molekularen und zellulären Veränderungen an Neuronen mit Lernvorgängen verbunden sind
- Beispiele für Erkrankungen des Nervensystems nennen und die für sie typischen Ausfallerscheinungen auf neurologische Veränderungen zurückführen

Testen Sie Ihre Kompetenzen

Bei manchen Insektenarten, die sich ausschließlich von Pflanzen ernähren, weist das Nervensystems eine Besonderheit auf: Die Nervenstränge sind von einer Hülle, dem Perineurium, umgeben. Diese Hülle schafft ein mit Flüssigkeit gefülltes Kompartiment, das die Nerven von der Hämolymphe (Insektenblut) abschottet.

1 Erläutern Sie, weshalb pflanzenfressende Insekten unter einem starken Natriummangel leiden. Beachten Sie dazu die Angaben unten.

2 Erörtern Sie, welche Konsequenzen es für die Funktion des Nervensystems haben dürfte, wenn die Flüssigkeit außerhalb der Zellen wenig Natrium enthält.

3 Stellen Sie eine Hypothese über die Funktion des Perineuriums auf. Gehen Sie dabei davon aus, dass die vom Perineurium umschlossene Flüssigkeit nicht dieselbe Zusammensetzung haben muss wie die Hämolymphe.

4 Landwirte, die ihr Vieh ausschließlich auf der Weide halten und nur mit Gras ernähren, geben den Tieren Lecksteine aus Kochsalz. Diskutieren Sie im Zusammenhang mit den Ergebnissen der Aufgaben 1–3, welchen Nutzen die Maßnahme hat.

Konzentrationen von Natrium- und Kaliumionen in der Hämolymphe pflanzenfressender Insekten

Art	Na^+	K^+ in mmol pro Liter
Seidenspinner	9,0	41,3
Ligusterschwärmer	3,6	49,8
Pfauenspinner	2,5	54,1
Stabheuschrecke	15,0	18,0
Zum Vergleich:		
Küchenschabe (Allesfresser)	161,0	7,9

Die Asche von Blättern enthält 30 % Kaliumoxid und nur 3 % Natriumoxid.

Natrium spielt auch bei der Entstehung von postsynaptischen Potenzialen (PSP) eine Rolle. Im Bild unten deuten die roten Punkte die Dichte der spannungsabhängigen Natriumkanäle an. Gleichzeitig finden Sie in der Grafik Angaben über die Amplitude eines PSP in Abhängigkeit von der Entfernung zur Synapse.

5 Erklären Sie, warum Impulse immer am Axonhügel entstehen, obwohl das PSP im Dendriten und im Zellkörper wesentlich höher ist.

6 Erörtern Sie die biologische Bedeutung der Tatsache, dass Aktionspotenziale immer am Axonhügel entstehen. Welche Konsequenzen hat dies für die synaptische Integration? Bedenken Sie, dass an den Dendriten einer Nervenzelle meist viele präsynaptische Endigungen Transmitter ausschütten. Dabei kann es sich um erregende und um hemmende Transmitter handeln.

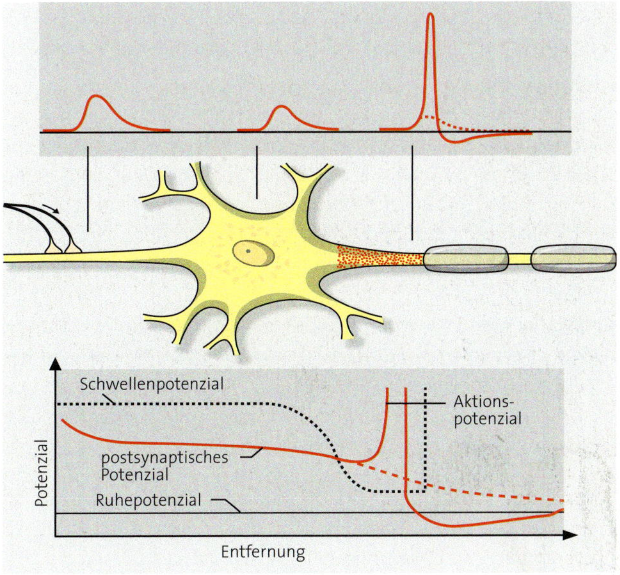

Grundwissen

STRUKTURELLE UND ENERGETISCHE GRUNDLAGEN DES LEBENS

aktiver Transport: Stofftransport gegen ein Konzentrationsgefälle, also von einem Ort niedriger zu einem Ort höherer Konzentration. Im Unterschied zu passivem Transport durch Diffusion und Osmose benötigt aktiver Transport den Einsatz von Energie, meist in Form von ATP.

aktives Zentrum: Stelle (Einbuchtung, Tasche) im ► Enzym-Molekül, die die vom Enzym umgesetzten Stoffe (► Substrat) bindet und deren Reaktion katalysiert.

Aktivierungsenergie: Energie, die erforderlich ist, um Moleküle in einen reaktionsbereiten Zustand zu versetzen, indem bestehende chemische Bindungen gelockert und neue geknüpft werden.

ATP (Adenosintriphosphat): energiereiches Molekül, das in der Zelle unmittelbar zur Verrichtung von Arbeit verwendet wird. Dabei entsteht das energieärmere Adenosindiphosphat (ADP). Der ATP-Vorrat der Zelle ist begrenzt und muss ständig durch Energieträger wie Glucose oder Fettsäuren aus ADP regeneriert werden.

Anabolismus: Teil des Stoffwechsels, durch den körperfremde Stoffe in körpereigene überführt werden wie beim Baustoffwechsel der Tiere oder der Fotosynthese der Pflanzen. Gegensatz: ► Katabolismus.

Atmung: Energieversorgung von Zellen und Organismen durch Reaktion von Sauerstoff mit energiereichen Stoffen in den ► Mitochondrien (Zellatmung oder innere Atmung). Den bei Vielzellern dazu meist erforderlichen Austausch der Atemgase Sauerstoff und Kohlenstoffdioxid bezeichnet man als äußere Atmung.

autotroph: „sich selbst ernährend"; Stoffwechsel, der nur anorganische Ausgangsstoffe benötigt, zum Beispiel sind Pflanzen durch ► Fotosynthese und manche Bakterien durch ► Chemosynthese „kohlenstoffautotroph", indem sie CO_2 als Kohlenstoffquelle nutzen.

Biokatalyse: Herabsetzung der ► Aktivierungsenergie biochemischer Reaktionen durch ► Enzyme. Durch Biokatalyse werden die meisten biochemischen Reaktionen so beschleunigt, dass sie auch bei gemäßigten, physiologischen Bedingungen in lebenden Zellen mit hinreichender Geschwindigkeit verlaufen.

Chloroplasten: von einer Doppelmembran umhüllte Zellorganellen pflanzlicher ► Eucyten, in denen sämtliche Prozesse der ► Fotosynthese ablaufen.

Diffusion: Bewegung von Teilchen, zum Beispiel eines Gases, aufgrund ihrer kinetischen Energie. Ungehinderte Diffusion führt zu einer gleichmäßigen Verteilung der Teilchen im Raum.

endoplasmatisches Reticulum (ER): inneres Membransystem der ► Eucyte für Synthese, Verarbeitung und Transport von Stoffen.

Energieumsatz: bilanzierende Betrachtung der Energieumwandlung in Lebewesen mit aufgenommener, gespeicherter und in Arbeit und Wärme umgewandelter Energie. Fälschlich manchmal als „Energieverbrauch" bezeichnet.

Enzym: Protein, das eine Reaktion eines oder mehrerer Stoffe (► Substrate) nach deren vorübergehender Bindung (Enzym-Substrat-Komplex) katalysiert (► Biokatalyse). Aufgrund seines räumlichen Baus (► aktives Zentrum) setzt ein Enzym nur bestimmte Moleküle um (Substratspezifität) und katalysiert an ihnen nur bestimmte Reaktionen (Wirkungsspezifität). Die Reaktionsgeschwindigkeit hängt dabei von Temperatur und Substratmenge ab.

Enzymregulation: die vor allem durch Enzyme bewirkte Steuerung und Regelung des Stoffwechsels. Sie erfolgt zum Beispiel durch Neubildung oder Abbau von Enzymen, aber auch durch spezifische Enzymaktivatoren oder -inhibitoren (Hemmstoffe).

Eucyte: Zelltyp der ► Eukaryoten. Gegensatz: ► Protocyte.

Eukaryoten: Lebewesen, deren Zellen (Eucyte) einen membranumschlossenen Zellkern, durch ► Membranen gebildete Transportsysteme und Reaktionsräume ► Kompartimentierung sowie weitere Zellorganellen besitzen.

Fotosynthese: Summe aller Vorgänge, durch die ► fototrophe Organismen die Energie des Lichts in chemisch gebundene Energie überführen und in Form energiereicher Stoffe speichern. Bei der Fotosynthese der grünen Pflanzen und Cyanobakterien dienen Wasser und Kohlenstoffdioxid als energiearme Ausgangsstoffe zur Bildung von Glucose, wobei Sauerstoff freigesetzt wird.

Fotosystem: Molekülkomplex zur Umwandlung von Licht in andere Energieformen. Biologisch besonders bedeutsam sind die mit Chlorophyll und anderen Pigmenten ausgestatteten Fotosysteme I und II der ► Chloroplasten.

fototroph: Lebewesen, die durch den Besitz von ► Fotosystemen Licht als Energiequelle nutzen wie Pflanzen, Cyanobakterien, Schwefel- und Purpurbakterien.

Gärung: anaerobe Formen der ► Dissimilation, bei denen der Wasserstoff aus dem Abbau organischer Stoffe nicht wie bei der ► Atmung auf Sauerstoff, sondern auf Zwischenprodukte des Abbaus übertragen wird. Nach den dabei gebildeten, relativ energiereichen Gärungsprodukten wie Alkohol oder Milchsäure werden die verschiedenen Gärungen benannt. Ihre Energieausbeute ist viel geringer als die der Atmung.

Glykolyse: erster Abschnitt des Abbauwegs der Kohlenhydrate zur Energiegewinnung bei ► Atmung und ► Gärung.

Katabolismus: Gesamtheit des abbauenden Stoffwechsels (Betriebsstoffwechsel) durch ► Dissimilation.

Kompartimentierung: Abgrenzung von Räumen oder Bereichen in lebenden Systemen aller Organisationsebenen, insbesondere die Abgrenzung von Reaktionsräumen durch ► Membranen innerhalb von ► Eucyte und Zellorganellen.

Lichtreaktionen: Lichtabhängige Reaktionsfolgen der ► Fotosynthese, durch die Wasser gespalten, ► ATP gebildet und Sauerstoff freigesetzt werden.

Membran: grundlegendes Bauelement aller Zellen zur Abgrenzung von der Umgebung. In ► Eucyten bilden Membranen auch Transportsysteme und dienen der ► Kompartimentierung von Reaktionsräumen. Baugerüst aller Membranen ist eine Doppelschicht aus Lipidmolekülen, in die je nach Funktion verschiedene Proteine und Kohlenhydrate (z.B. ► Enzyme oder Rezeptormoleküle) eingebaut sein können.

Mitochondrien: von einer Doppelmembran umhüllte Zellorganellen der ► Eucyten, in deren Kompartimenten Citratzyklus und ► Atmungskette zur aeroben Bildung von ATP ablaufen.

Prokaryoten: einzellige Lebewesen (Bakterien, Cyanobakterien, Archaeen) mit ► Protocyten.

Protocyte: Zelltyp der ► Prokaryoten. In der Zelle ohne Zellkern liegt DNA frei im Zellplasma. Von Membranen umschlossene Zellorganellen, Reaktionsräume und Transportsysteme fehlen.

Ribosomen: nur elektronenmikroskopisch sichtbare, aus RNA und Proteinen bestehende Zellbestandteile der Protocyte und Eucyte, an denen die Biosynthese der Proteine abläuft.

Substrat: Stoff, dessen Reaktion (meist spezifisch) von einem ► Enzym katalysiert wird.

Viren: Gebilde aus Nucleinsäure und Proteinhülle ohne Stoffwechsel, die nach Einschleusung ihrer Nucleinsäure in bestimmte Wirtszellen durch diese vermehrt werden und die infizierte Zelle dadurch zerstören.

Zellatmung: Im engeren Sinne Stoffwechselvorgänge in der Zelle, bei denen Sauerstoff gebunden wird; im weiteren Sinne alle Stoffwechselwege, die NADH liefern.

GENETIK UND GENTECHNIK

Allel: Variante eines ► Gens für ein bestimmtes Merkmal. Von vielen Genen existieren mehrere Allele (multiple Allelie), die ursprünglich durch ► Mutation entstanden sind und somit verschiedene Mutationszustände des Gens darstellen.

Chromatin: gut färbbare Verbindung von ► DNA und Proteinen im Zellkern eukaryotischer Zellen, stellt die im Zustand der Interphase nicht sichtbaren ► Chromosomen dar.

Chromosomen: Träger der Erbinformation, die im ► Zellzyklus unterschiedlich organisiert vorliegen (► Chromatin) und in ihrer Transportform während ► Mitose und ► Meiose als leicht färbbare, fädige Strukturen von definierter Zahl, Größe und Gestalt lichtmikroskopisch sichtbar sind (► Karyogramm). Chromosomen, in denen sich die Geschlechter unterscheiden, nennt man Gonosomen, alle anderen Autosomen. Auch die ringförmige DNA der Prokaryoten wird als (Bakterien-)Chromosom bezeichnet.

diploid: doppelter Chromosomensatz mit paarweise in Größe, Gestalt und Aufbau einander entsprechenden (homologen) Chromosomen, wie er in den Körperzellen der meisten Organismen vorliegt; Gegensatz: haploid.

DNA (Desoxyribonucleinsäure): molekularer Träger der genetischen Information aller Lebewesen. Besteht aus einem doppelsträngigen Makromolekül aus Nucleotiden (► Nucleinsäure) mit dem Zucker Desoxyribose. Der Doppelstrang aus zwei gegenläufigen Desoxyribose-Phosphatketten ist mit Wasserstoffbrücken zwischen jedem Paar seiner Basen so verknüpft, dass jede Base des einen Strangs mit einer bestimmten anderen Base des zweiten Strangs verbunden ist (komplementäre Basenpaarung). Die Reihenfolge der Basen in einem der DNA-Stränge stellt die Erbinformation dar.

Erbgang: Art und Weise der Vererbung von Merkmalen von Vorfahren auf Nachkommen. Erbgänge werden durch Kreuzungsexperimente (► mendelsche Regeln), beim Menschen durch ► Stammbaumanalyse ermittelt und nach der Zahl analysierter Merkmale (monohybrid, dihybrid), nach der Genwirkung (dominant-rezessiv, intermediär) oder nach beteiligten Chromosomen (autosomal, gonosomal) unterschieden.

Gen: nach heutigem Verständnis ein Abschnitt der ► DNA, der die Information zur Synthese eines oder mehrerer Proteine codiert und damit Struktur oder Funktion erblicher Merkmale bestimmt. Bei eukaryotischen Genen (Mosaikgene) sind zwischen die codierenden Abschnitte (Exons) der DNA nicht codierende Introns eingeschoben, deren in mRNA transkribierte Abschnitte vor der ► Proteinbiosynthese durch Enzyme herausgeschnitten werden (Spleißen, ► Transkription).

genetischer Code: Eine festgelegte Abfolge von 3 Nucleotidbasen (Basentripletts) der ► DNA oder nach deren ► Transkription der mRNA codiert für eine bestimmte bei der ► Translation zur ► Proteinbiosynthese verwendete Aminosäure. Die Zuordnung der 64 verschiedenen Basentripletts der Nucleinsäure zu den 20 verschiedenen Aminosäuren eines Polypeptids bezeichnet man als genetischen Code. Meist wird er als Zuordnung der mRNA-Tripletts (Codons) zu den Aminosäuren angegeben.

genetischer Fingerabdruck: molekulargenetische Verfahren zur Unterscheidung verschiedener Individuen aufgrund der Basensequenz ihrer ► DNA. Meist werden dabei nicht codierende Abschnitte der DNA mit individuell variabler Anzahl von Wiederholungen kurzer Basensequenzen analysiert.

Genkopplung: eingeschränkte freie Kombinierbarkeit (► Rekombination) von ► Genen, die auf dem gleichen ► Chromosom liegen.

Genom: Gesamtheit der genetischen Information sowie der nicht codierenden DNA eines Inividuums oder einer Art.

Genotyp: die spezifische Gen- oder ► Allelkombination eines Individuums.

Genregulation: Regulation der Genaktivität. In einer einzelnen Zelle sind – abhängig von ihrer spezifischen Differenzierung und den Erfordernissen ihres Zellstoffwechsels – jeweils nur bestimmte Gene aktiv. Die Aktivität der Gene wird vor allem über die ► Transkription geregelt, wobei verschiedene regulatorisch wirkende Proteine beteiligt sind.

Gentechnik: molekulargenetische Verfahren, durch die ► DNA-Abschnitte unterschiedlicher Herkunft in vitro neu kombiniert (► Rekombination), in Wirtszellen eingeschleust und in diesen exprimiert werden. Dazu gehören das Auffinden bestimmter DNA-Abschnitte mithilfe von Gensonden, ihre Einschleusung durch ► Plasmide oder Viren als Vektoren, die Selektion transgener Zellen mithilfe von Markergenen und deren Klonierung (► Klon).

haploid: einfacher Chromosomensatz, wie er in den Keimzellen der meisten Organismen vorliegt. Gegensatz: ► diploid.

Karyogramm: Darstellung (Mikrofoto oder Zeichnung) aller ► Chromosomen einer Zelle in geordneter Form.

Klon: erbgleiche Nachkommen eines Individuums oder einer Zelle. Die Erzeugung eines Klons, insbesondere die Vervielfachung von Zellen mit eingeschleuster rekombinierter DNA in der ► Gentechnik, nennt man Klonierung.

Meiose: zur Bildung ► haploider Keimzellen aus ► diploiden Zellen führende Zellteilungen. Während in der ersten meiotischen Teilung (Reduktionsteilung) – im Unterschied zur ► Mitose – die homologen Chromosomen auf die Tochterzellen verteilt und dadurch auf den haploiden Satz reduziert werden, verläuft die anschließende zweite meiotische Teilung (Äquationsteilung) genau wie eine Mitose. Da die homologen Chromosomen zufallsgemäß auf die Tochterzellen verteilt werden, außerdem durch Stückaustausch homologer Chromosomenabschnitte auch ein Austausch der ► Allele gekoppelter Gene (Genaustausch, Crossing-over) stattfinden kann, bewirkt Meiose neben der Reduktion der Chromosomensätze auch genetische ► Rekombination.

mendelsche Regeln: von GREGOR MENDEL um 1866 zur Erklärung seiner Kreuzungsexperimente mit Gartenerbsen gefundene Regeln mit statistischem Charakter (Uniformitätsregel, Spaltungsregel, Unabhängigkeitsregel). Sie erlauben Wahrscheinlichkeitsaussagen über den ► Erbgang einzelner monogen (durch ein Gen) vererbter Merkmale und sind die Grundlage für Züchtung und ► Stammbaumanalyse.

Mitose (Kernteilung): Abschnitt im ► Zellzyklus der Eucyte, der der eigentlichen Zellteilung (Cytokinese) vorausgeht. Die in mehreren Phasen (Pro-, Meta- Ana-, Telophase) verlaufende Mitose dient vor allem der geordneten, fehlerfreien Verteilung der in den ► Chromosomen verpackten ► DNA. Diese wurde zuvor in der Interphase des Zellzyklus durch ► Replikation identisch verdoppelt. Jedes Chromosom besteht daher vor der Mitose aus zwei identischen Hälften (Chromatiden). Die Chromatiden werden im Verlauf der Mitose voneinander getrennt und auf jede der beiden entstehenden Tochterzellen verteilt.

Mutation: zufällige und sprunghafte, nicht durch Vererbung bedingte Veränderung der Erbinformation. Sie kann auf der Ebene der DNA (Gen-M.), der Chromosomenstruktur (Chromosomen-M.) oder der Chromosomenzahl (Genom-M., numerische Chromosomenaberration) erfolgen. Bestimmte Chemikalien und energiereiche Strahlung erhöhen die Häufigkeit von Mutationen.

Nucleinsäure: Makromolekül (► DNA, ► RNA) für die Speicherung und Übertragung von Erbinformation. Seine als Nucleotide bezeichneten Monomere bestehen aus je einem Molekül Zucker, Phosphat und einer organischen Base (Adenin, Cytosin, Guanin, Thymin bzw Uracil bei RNA).

PCR (Polymerasekettenreaktion): Vervielfältigung isolierter ► DNA-Abschnitte im Thermocycler. Dabei werden die Molekülstränge bei wechselnder Temperatur wiederholt getrennt und mit Polymerase-Enzymen polymerisiert.

Phänotyp: Erscheinungsbild eines Lebewesens, Gesamtheit seiner erkennbaren Merkmale

Plasmid: doppelsträngiger DNA-Ring mit wenigen Genen im Cytoplasma von Bakterien. Plasmide dienen als Vektoren.

Polygenie: Beteiligung mehrerer Gene an der Ausprägung eines Merkmals.

Proteinbiosynthese: Aufbau von Proteinen aus Aminosäuren nach der in der ► DNA codierten genetischen Information. Im ersten Teil, der ► Transkription, wird die Basensequenz der DNA in mRNA (► RNA) umgeschrieben. In der anschließenden ► Translation wird an den Ribosomen im Cytoplasma mithilfe von tRNA die Basensequenz der mRNA, dem ► genetischen Code entsprechend, in die Aminosäuresequenz des Proteins übersetzt.

Rekombination: Neukombination genetischer Information bei ► Meiose, sexueller Fortpflanzung oder durch ► Gentechnik.

Replikation: identische Verdopplung von ► DNA durch den semikonservativen Replikationsmechanismus, bei dem jeweils einer der DNA-Stränge als Matrize für die Bildung des komplementären zweiten Strangs dient und somit erhalten bleibt.

RNA (Ribonucleinsäure): ► Nucleotide der RNA enthalten Phosphat, den Zucker Ribose und eine der Basen Adenin, Cytosin, Guanin oder Uracil. Einsträngige mRNA (messenger-RNA) und tRNA (transfer-RNA) wirken als Überträger der Erbinformation bei der ► Proteinbiosynthese.

Stammbaumanalyse: Analyse des ► Erbgangs bestimmter Merkmale in einer Verwandtengruppe.

Transkription: erster Teil der ► Proteinbiosynthese, Synthese einsträngiger mRNA an einem Abschnitt der DNA durch Anlagerung von ► Nucleotiden mit komplementären Basen, katalysiert durch die RNA-Polymerase. Bei Eukaryoten werden noch im Zellkern die Introns (► Gen) durch Spleißen aus der gebildeten (Prä-)mRNA herausgetrennt.

Translation: zweiter Teil der ► Proteinbiosynthese mit der eigentlichen Synthese des Proteins im Zusammenwirken von mRNA, mit Aminosäuremolekülen beladener tRNA und Ribosomen. Dabei werden an den Ribosomen tRNA-Moleküle mit einem Basentriplett (Anticodon) komplementär zum Codon der mRNA gebunden und die Aminosäuremoleküle über Peptidbindungen miteinander verknüpft. Die dem ► genetischen Code entsprechende Bindung jeder Aminosäure an die für sie spezifische tRNA wird durch ein Enzym bewirkt.

Zellzyklus: Folge von Wachstum und Teilung einer (teilungsfähigen) Zelle mit den Abschnitten Interphase, ► Mitose und Cytokinese. Die Interphase entspricht der Arbeitsphase der Zelle mit hoher Stoffwechselaktivität und der Vermehrung des Cytoplasmas. Während der Interphase findet auch die ► Replikation der ► DNA statt.

NEURONALE INFORMATIONSVERARBEITUNG

Aktionspotenzial: kurze Änderung des ► Ruhepotenzials einer erregbaren Zelle (Neuron, Sinneszelle), ausgelöst durch das Öffnen und Schließen spannungsabhängiger Ionenkanäle in der Zellmembran. Es ist bei unterschiedlicher Stärke der Erregung von immer gleichem Betrag, aber unterschiedlicher Frequenz und zeigt einen charakteristischen Verlauf mit Depolarisation und Repolarisation. Während seiner Dauer ist die Zelle unerregbar (absolute Refraktärphase), kurz danach nur durch starke Reize erregbar (relative Refraktärphase).

Erregung: Zustand von ► Neuronen (auch Drüsen- und Muskelzellen), wenn sie Informationen durch Änderung ihres ► Membranpotenzials codieren und zum Beispiel als ► Aktionspotenzial weiterleiten.

Erregungsleitung: Fortleitung von ► Aktionspotenzialen in Nervenfasern und über ► Synapsen.

Membranpotenzial: elektrische Spannung, die zwischen den beiden Seiten einer selektiv permeablen Membran (zum Beispiel Zellmembran) entsteht, wenn diese für verschiedene Ionen unterschiedlich permeabel ist (► Ruhepotenzial).

Neuron (Nervenzelle): Zelltyp von Tieren, der auf Bildung, Verarbeitung und Leitung von ► Erregung spezialisiert ist, wichtigste Bau- und Funktionseinheit des Nervensystems. Neben dem Zellkörper besitzen Neurone verschiedene Zellfortsätze: mehrere bis viele kurze, verzweigte Dendriten zum Empfang von Signalen anderer Neurone und ein meist langes Axon (Nervenfaser) zur Leitung von ► Aktionspotenzialen. Das Axon kann von einer Myelinscheide umhüllt sein, verzweigt sich am Ende und trägt hier verdickte präsynaptische Endigungen (► Synapse).

Ruhepotenzial: ► Membranpotenzial tierischer Zellen im unerregten Zustand. Es ist durch einen negativen Ladungsüberschuss im Zellinnern charakterisiert, der im Wesentlichen durch die unterschiedliche Verteilung von Na^+- und K^+-Ionen bedingt wird und durch die Natrium/Kalium-Pumpe unter Verbrauch von ATP aufrechterhalten wird.

Synapse: Kontaktstelle zwischen ► Neuronen oder zwischen Neuronen und anderen Zellen (Drüsenzellen, Muskelzellen), an der die ► Erregung meist durch Botenstoffe (Neurotransmitter) übertragen wird (chemische Synapse). Die in den präsynaptischen Endigungen eines Axons gebildeten Neurotransmitter werden durch ankommende Aktionspotenziale freigesetzt und beeinflussen das ► Membranpotenzial der postsynaptischer Zellen, indem sie mit Rezeptoren in deren Zellmembran reagieren. Wird das Membranpotenzial verringert, spricht man von erregenden, wird es erhöht, von hemmenden Synapsen. Erregende und hemmende Synapsen sind Grundlage für die Verarbeitung von Informationen im Nervensystem. Zugleich sind sie auch Hauptangriffspunkte von Drogen, Nervengiften und bestimmten Medikamenten.

ZNS (Zentralnervensystem): Teil des Nervensystems (Gehirn, Rückenmark) mit hohem Vernetzungsgrad der Neuronen zur Verarbeitung von Sinnesinformationen, der Speicherung von Gedächtnisinhalten und zur Koordination von Bewegungen.

Register

Bildverzeichnis

Fotos

Medworld AG, Berlin: 123.2 | A1PIX/BIS: 72.2 | Acadèmie de Besancon, SVT: 73.1 | action press:139.1 | Affymetrix Inc.: 137.2 l. | Agentur Focus/J.C. Revy: 132.1 | Agentur Focus/SPL: 28.1, 29.1, 29.3, 95.2, Agentur Fokus/SPL/Andrews: Titelfoto | AKG-Images: 69.1, 108.3, 154.1 | Aventis Pharma: 126.1 | Bayer AG, Leverkusen: 44.2 | Bellmann H., Lonsee: 32.1 | BIUM, Paris: 122 o. | Buff W., Biberach: 19.1, 19.2, 19.3, 50.1 | Bulls Press, Frankfurt: 102.1 | Carl Zeiss Jena GmbH, Jena: 7.2 | CMLS: 64.2a | Das Fotoarchiv/Jochen Tack: 98 o., /Ted Spiegel: 140.2 | Delius Dr. Hajo, DKFZ, Heidelberg: 78.1 | Digitalstock.de: 12.1 u.l., 12.1 u.r., 36.2, 40.3 | Döring, V., Hohen Neuendorf: 37.3, 125.1 | dpa/ZB: 144.2 | Eck H., Ammerbuch: 44.1 | Embley, Bob, NOAA, PMEL: 64.1 | F1 online/Wirtz: 36.1 | Fotolia.com/Franz Pfluegl: 87.3 | GEN-AU: 137.2 r. | GfÖ, Deutscher Brauerbund e.V. Berlin: 37.1 | Götting Prof. Dr. K.-J., Gießen: 150 o.r. | Gräbe G., Sprockhövel: 101.3 | Hans Erni Stiftung, Luzern: 74.1 | Hausmann K., Berlin: 7.1, 9.2, 24.1, 25.1, 27 u.l. | Hecker, Panten-Hammer: 36.3 | Institut für Humangenetik und Anthropologie, Erlangen: 112.2 | Institut für Pflanzengentechnik und Kulturpflanzenforschung Gatersleben, Genbank Außenstelle Groß Lüsewitz/Schüler: 127.1 u. | Institut für wissenschaftliche Fotografie Kage, Lauterstein: 8.2, 70.1 l., 96.1 | IRAMIS, CEA: 64.2d | Jastrow, H. Gau-Oderheim: 31.1, 31 u.l. | Karly F., München: 162.1, /Wanner: 19.4, 19.5, 19.6, 28.2, 55.2, 55.3 | Keystone/Schulz: 136.2 | Kleinig H., Freiburg/Falk: 22.2, 22.3, 23.3, 23.4, 24.2, 27 o.r., 27 u.r., 50.3, /Schliewa: 24.3, /V.Speth: 9.3, 22.1 | Kollmann, Kiel: 23.1 | Leica Microsysteme GmbH, Wien/Austria: 8.1 | Lieder, Ludwigsburg: 79.2 r., 103.1, 105.1-9, 106.1 r., 110.1 | mauritius images/age fotostock: 164.1, / Foto-Take New York: 84.1, / Oechslein: 114.2 | MEMOREC Stoffel GmbH, Köln: 140.1 | Montreal, Neurological Institute, BIC: 166.2 | Mutschler, Arzneimittelwirkungen, S. 659: 43.3 l. | Naturwissenschaftliche Rundschau 53, S. 512, 2000, Stephan Davies: 123.3 | Neher E., Göttingen: 158.1 | Nilsson L., Stockholm: 87.1 Hintergrund | Nordzucker GmbH: 12.1 o.r. | Okapia/Biophoto Associates: 25.2, / Science Source: 6.1 | Okapia/CNRJ/De Meyr: 104.1 | Okapia/Hartl: 146, /J. Sauvanet/BIOS: 165.3, /Klage: 147.1, /LSF/OSF: 160.2, / NAS/D.M. Phillips: 111.2, /NAS/Dimijian: 66.1 | PDB, Protein Data Bank: 38.1 | plus 49/Visum: 98.2, /Pflaum: 142.1 | Raichle, Prof. M. E., Washington University: 162.2 | Reinhard, Heiligkreuzsteinach: 46.1, 53.1, | 148.1 | Richard, Michael: 64.2c | Robinson, Heidelberg: 21.2.1–3 | Roche, Mannheim: 43.1 o. | Rose John, Utah: 166.1 | photothek.net/Grabowsky: 114.1 | Science Source/Photo Researchers Inc., New York: 77.1 | Speicher Dr. M., München, LMU: 113.1–3 | Steinbach Prof. Dr. Peter, Uniklinik Ulm, Humangenetik/ DNA-Diagnostik: 124 u. | Syngenta: 144.1 | Universität Tübingen, Institute for Ophthalmic Research: 37.2 | University of California, JGI Eukaryotic Genomics: 64.2b, 64.2e | Uribe, Rufino/Wikipedia: 12.1 o.l. | W.H. Freeman & Co., New York/E.C. Friedberg: 100 r. | Weber U., Süßen: 38.2, 59.2, 135 u.r. | Woehl, Germano, Jr.: 43.2 o. | Zellbiologie, Spektrum Akademischer Verlag, Heidelberg/Berlin, 1999: 147.3, 147.4 | Zentgraf Dr. H., DKFZ, Heidelberg: 78.2

Die nicht aufgeführten Bilder entstammen dem Archiv des Verlags.

Grafiken

Krischke K., Marbach: 50.2, 50.4, 50.5, 50.6, 60.1, 61.1, 61.2, 61.4, 63.1, 70.1 | Mackensen U., Heidelberg: 127.1 | 128.1, 128.2, 129.2, 163.1, 165.2 | Mair J., München: 7.3, 8.3, 9.1, 10.1, 10.2, 10.3, 11.1, 11.2, 12.2, 13, 14.1, 14.2, 14.3, 15.1, 15.2, 16.1, 17.1, 18.1, 20.1, 20.2, 21.1, 22.4, 23.2, 24 m.r., 24 m.l., 26 u.r., 29.2, 29.4, 30.1, 31 o.r., 31 u.r., 33.1, 35.2, 40.1, 40.2, 41.1, 41.2, 42.1, 42.2, 43.1 u., 43.3 r., 47.1, 48.1, 48.2, 49.1–3, 51.1, 51.2, 51.3, 52.1, 52.2, 53.2, 53.3, 53.4, 54.1, 55.1, 56.1, 56.2, 56.3, 56.4, 57.1, 57.2, 57.3, 58.1, 58.2, 59.1, 61.3, 65 u.l, 65 m.r., 65 u.r., 68.1, 71.1, 72.1, 73.2, 73.3, 75.1, 75.2, 78.3, 79.1, 79.2, 84.2, 85.1, 85.2, 86.1, 86.2, 90.1, 91.1, 92.1, 92.2, 93.1, 93.2, 95.1, 95.3, 96.2, 97.1, 97.2, 98 o., 98.1, 98.3, 99.2, 100 l., 101.1, 101.2, 103.2, 104.2, 105.1, 106.1 l., 107.1, 107.2, 108.1, 108.2, 109.1, 110.3, 111.1, 111.3, 111.4, 116.2, 120.1, 120.2, 122 o., 122.1, 129.1, 134.1, 137.1, 138.1, 138.2, 139.2, 143.1, 144 m.l., 147.2, 148.2, 149.1, 150 o.r., 151.1, 152.1, 152.2, 153.1, 154.2, 154.3, 155.1, 156.1, 157.1, 158.2, 158.3, 158.4, 159.1., 162.1, 167 u.r. | Mall K., Berlin: 25 m.l., 26 u.l., 33.2, 34.1, 34.2, 34.3, 35.1, 39.1, 41.2, 43.2 u., 45 u.l., 45 m.r.. 45 u.r., 62.1, 64.2 r., 67.2, 69.2, 76.1, 76.2, 77.2, 77.3, 80.1, 80.2, 80.3, 81.1, 82.1, 83.1, 83.2, 87.1, 87.2, 88.1, 88.2, 89.1, 89.2, 92.1, 99.1, 99.3, 99.4, 112.1, 115.1, 116.1, 116.3, 117.1, 118.1, 119.1, 121.1, 122.2, 124 o., 124 u., 125.2, 130.1, 131.1, 132.2, 133.1, 135 o.r., 141.1 o., 145 m.r., 145 u.r., 160.1, 161.1, 161.2, 161.3, 164.2, 165.1, 165.3

Prinzipien des Lebendigen

STRUKTUR UND FUNKTION

Lebewesen und Lebensvorgänge sind an Strukturen gebunden; es gibt einen Zusammenhang von Struktur und Funktion.

ORGANISATIONSEBENEN

Lebensphänomene lassen sich auf verschiedenen Organisationsebenen erklären.

STOFF- UND ENERGIEUMWANDLUNG

Lebewesen sind offene Systeme; sie sind gebunden an Stoff- und Energieumwandlungen.

STEUERUNG UND REGELUNG

Lebende Systeme halten bestimmte Zustände durch Regulation aufrecht und reagieren auf Veränderungen.

INFORMATION UND KOMMUNIKATION

Lebewesen nehmen Informationen auf, speichern und verarbeiten sie und kommunizieren.

REPRODUKTION

Lebewesen sind fähig zur Reproduktion (Fortpflanzung); damit verbunden ist die Weitergabe von Erbinformationen.

VARIABILITÄT UND ANGEPASSTHEIT

Lebewesen sind bezüglich Bau und Funktion an ihre Umwelt angepasst. Angepasstheit wird durch Variabilität ermöglicht. Grundlage dieser Variabilität sind Mutation, Rekombination und Modifikation.

ENTWICKLUNG

Lebendige Systeme verändern sich mit der Zeit. Man unterscheidet die Individualentwicklung und die evolutionäre Entwicklung.

STEUERUNG UND REGELUNG

Lebende Systeme müssen bestimmte Rahmenbedingungen ihrer Existenz durch Steuerung und Regelung stabil halten. Von zentraler Bedeutung ist die Steuerung und Regelung des Stoffwechsels:

- Verstärkter Energiebedarf von Organen oder Zellen setzt katabole Prozesse in Gang, während in Ruhe- und Erholungsphasen anabole Prozesse überwiegen (► S. 66, 67).
- Enzyme übernehmen die Feinabstimmung des stofflich-energetischen Gleichgewichts in den Zellen (► S. 42, 67) bis hin zur Aktivierung oder Deaktivierung bestimmter Gene (► S. 92, 93).

Turmfalke bei der Jagd. Die Nahrungssuche ist Teil der Stoffwechselregulation.

REPRODUKTION

Zellen vermehren sich durch Teilung. Bei dieser Reproduktion entstehen zwei Tochterzellen, die durch Wachstum das Volumen der Ausgangszelle erreichen und sich dann ihrerseits teilen. Jede Zelle durchläuft so einen charakteristischen Zellzyklus, währenddessen die genetische Information kopiert und geordnet auf die Tochterzellen verteilt wird (► S. 103). Bei Vielzellern übernehmen spezialisierte Zellen die Reproduktion des Organismus (► S. 106, 107).

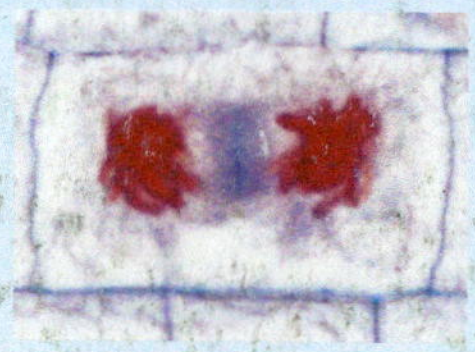

Reproduktion einer Pflanzenzelle. Die Kernteilung (Mitose) ist fast beendet, die Zellwand bildet sich aus.

ORGANISATIONSEBENEN

Lebewesen sind auf verschiedenen Organisationsebenen strukturiert (► S. 50). Bei Vielzellern entspricht diese Gliederung in Organe, Gewebe und Zellen meist auch einer Kompartimentierung in Bereiche getrennter Funktion. Innerhalb einer Eucyte grenzen Membranen Reaktionsräume ab (► S. 9). In diesen Kompartimenten können verschiedene Stoffwechselreaktionen ungestört gleichzeitig ablaufen (► S. 62): So werden Fettsäuren im Cytoplasma synthetisiert und in den Mitochondrien abgebaut; die Primärreaktionen der Fotosynthese sind in den Thylakoiden, die Sekundärreaktionen im Stroma der Chloroplasten lokalisiert (► S. 54, 55).

Laubblätter sind die Organe der Fotosynthese.

ENTWICKLUNG

Alle heute existierenden Organismen und ihre Funktionen haben sich in 3,5 Milliarden Jahren Evolution aus einem gemeinsamen Ursprung entwickelt. Die ersten Zellen ähnelten heutigen Bakterien (► S. 28, 29). Vor etwa 2 Milliarden Jahren entstanden durch Endosymbiose aus Prokaryoten einzellige Eukaryoten, die sich zu vielzelligen Organismen weiterentwickelten (► S. 30).

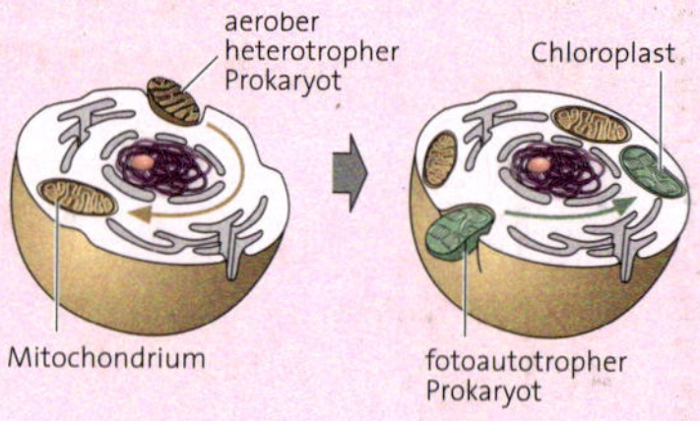

Entstehung der Eucyte nach der Endosymbiontentheorie